切削单元智能制造应用技术

·中文版·

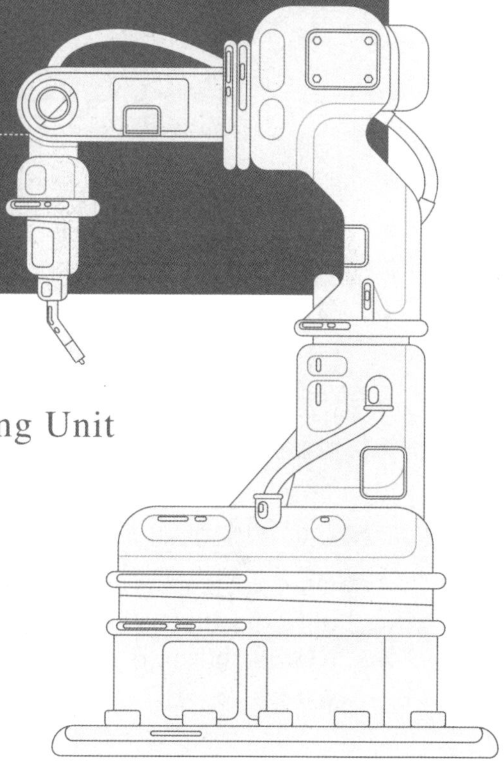

Application Technology of Intelligent Manufacturing for Cutting Unit

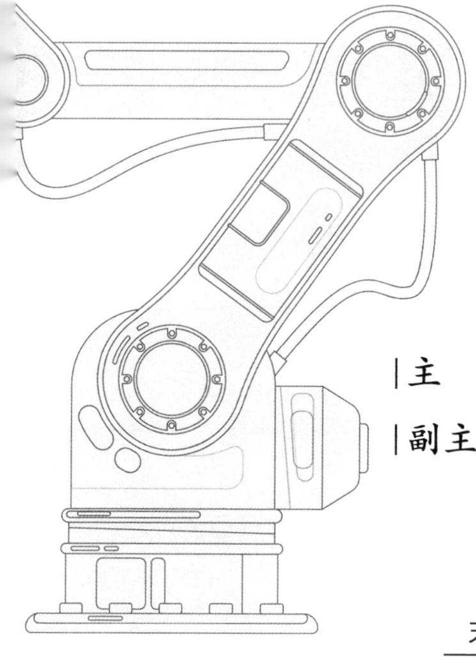

|主　编|王同庆、杨国星
|副主编|周树银、赵　慧、周　京、蒋建文

天津出版传媒集团
天津科学技术出版社

图书在版编目(CIP)数据

切削单元智能制造应用技术:汉英对照/王同庆,杨国星编. -- 天津:天津科学技术出版社,2023.9
ISBN 978-7-5742-0656-4

Ⅰ.①切… Ⅱ.①王… ②杨… Ⅲ.①工业机器人-智能机器人-机器人技术-汉、英 Ⅳ.①TP242.2

中国版本图书馆 CIP 数据核字(2022)第 205332 号

切削单元智能制造应用技术:汉英对照
QIEXIAO DANYUAN ZHINENG ZHIZAO YINGYONG JISHU: HANYING DUIZHAO
责任编辑:刘　磊
出　　版:天津出版传媒集团 / 天津科学技术出版社
地　　址:天津市西康路 35 号
邮　　编:300051
电　　话:(022) 23332695
网　　址:www.tjkjcbs.com.cn
发　　行:新华书店经销
印　　刷:北京盛通印刷股份有限公司

开本 710×1000　1/16　印张 33.25　字数 300 000
2023 年 9 月第 1 版第 1 次印刷
定价:68.00 元

编委会

主　　编　王同庆　杨国星

副 主 编　周树银　赵　慧　周　京　蒋建文

参编人员　李文强　张婷婷　王　娟　陈　虹

前　言

制造业是一个国家经济的支柱产业，没有发达先进的制造业就不可能有真正繁荣和富强的国家。随着计算机、信息、微电子和自动化等技术的发展和应用,制造业对人的劳动需求在逐步减少,人的劳动由大众劳动逐步向精英劳动转化。近年来工业化国家一直在不遗余力地发展先进制造技术,其目的就是要在激烈的全球经济竞争中占有一席之地。

智能制造是先进制造技术中最典型的制造模式之一，智能制造技术是制造技术、自动化技术、系统工程与人工智能等学科互相渗透、互相交织而形成的一门综合技术。智能制造是新世纪制造业的发展方向,是新一轮工业革命的核心内容,同时也是中国制造走向世界的突破口和主攻方向。发展智能制造，将信息化和工业化深度融合,打造经济发展新动能,对推动产业提质增效、转型升级,实现制造强国战略目标具有决定性的意义。

本书面向智能制造数字化、网络化、智能化技术的发展需求,结合典型智能生产场景及其职业岗位工作实际，系统地介绍了智能制造单元主要硬件设备和控制系统的安装与调试、智能制造单元集成技术、PLC 编程与应用、通信设置、工业机器人基本操作与通信、MES 软件通信与管控调试、典型应用项目案例。本书内容新颖、易教易学,注重学生知识全面性的培养。重点培养学生智能制造单元主要硬件设备和控制系统的安装与调试能力，注重安装调试的规范性和平台的标准化，为推动智能制造领域高素质复合型技能人才的培养和技术提升提供帮助。

本书适合作为高职高专工业机器人技术、智能制造技术、机电一体化技术和电气自动化技术等相关专业的教材，也可以作为工程技术人员的职业技能培训、自学的参考资料。为满足中国智能制造技术职业教育更好地走上国际道路,特结合我国职业技能等级标准,采用 EPIP(工程实践创新项目)教学模式以及中英文双语对照方式编写本书。

目　录

第 1 章

智能制造概述

1.1 智能制造系统简介

20 世纪 80 年代末 90 年代初，人们提出了智能制造技术（IMT——Intelligent Manufacturing Technology）和智能制造系统（IMS——Intelligent Manufacturing System）的概念。智能制造应当包含智能制造技术和智能制造系统，其中智能制造系统是智能制造技术集成应用的环境，也是智能制造模式展现的载体，经过多年发展，智能制造技术和智能制造系统日趋成熟。

智能制造系统是一种由智能机器和人类专家共同组成的人机一体化系统。它在制造诸多环节中，以一种高度柔性与集成的方式，借助计算机模拟人类专家的智能活动，进行分析、判断、推理、构思和决策，取代或延伸制造环境中人的部分脑力劳动，同时收集、存储、完善、共享、继承和发展人类专家的智能。

如图 1-1 所示，第一次工业革命和第二次工业革命，分别以蒸汽机和电力的发展和应用作为根本动力，极大地提升了生产力，人类社会进入了现代工业社会；第三次工业革命以数字化技术的创新和应用为标志，推动了工业革命的先进发展。而新一代智能制造技术的突破和广泛应用，贯穿工业设计、生产、管理与服务等各个生产制造环节，实现产品的智能化、柔性化生产与管理，将推动形成第四次工业革命的新浪潮。

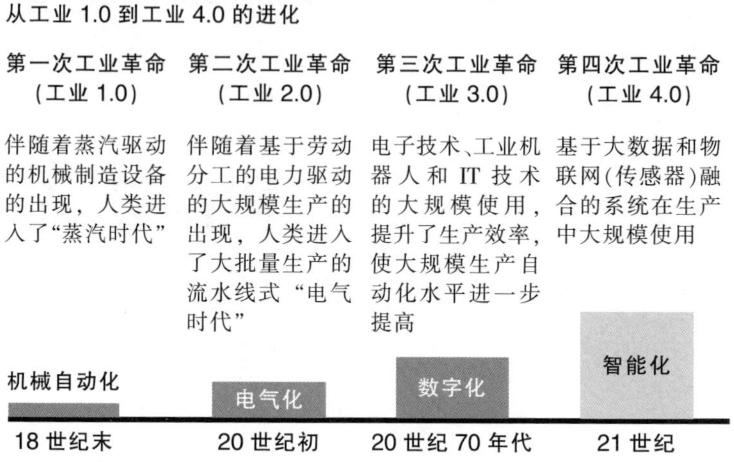
从工业 1.0 到工业 4.0 的进化
第一次工业革命
(工业 1.0)
伴随着蒸汽驱动的机械制造设备的出现，人类进入了“蒸汽时代”
第二次工业革命
(工业 2.0)
伴随着基于劳动分工的电力驱动的大规模生产的出现，人类进入了大批量生产的流水线式“电气时代”
第三次工业革命
(工业 3.0)
电子技术、工业机器人和 IT 技术的大规模使用，提升了生产效率，使大规模生产自动化水平进一步提高
第四次工业革命
(工业 4.0)
基于大数据和物联网(传感器)融合的系统在生产中大规模使用
机械自动化
电气化
数字化
智能化
18 世纪末
20 世纪初
20 世纪 70 年代
21 世纪

图 1–1　工业制造进化图

1.2 智能制造系统的组成

智能制造系统架构具体可分为生产基础自动化应用层、生产执行层、生产过程及状态信息采集的感知层、产品全生命周期管理层、企业管控与支撑层、企业计算与数据中心(私有云)层,以及由网络和云应用为基础构成的整个制造业的制造网络层。这些架构要求涵盖产品的全生命周期,实现不同系统之间的互联和数据集成,在建立智能化制造业价值网络的同时,还要保持高度的灵活性和根据发展情况持续演进优化的能力。

智能制造系统按大小和自动化程度不同,其组成架构也有区别,但基本都会包含以下四部分:①生产基础自动化应用为各种生产需求提供解决方案,主要包括智能工厂和自动化生产线。②生产执行层使用各种智能装备,如机器人、智能机床、增材制造设备等生产数据自动化的装备实现自动化作业。③感知层通过 RFID(射频识别)、机器视觉等各种传感器收集作业过程中产生的数据。④网络层则通过工业互联网通信手段,将生产数据通过 SCADA(数据采集与监视控制)系统进行采集监控,或上传至云端进行处理分析。

典型的智能制造系统通过将工业机器人、智能制造单元、柔性物流和自动装夹等自动化组件、工件识别系统等集成为柔性制造系统,利用 MES(生产过程执行管理系统)进行生产管控,可实现零件的自动识别、装夹和加工,使智能化工厂在无人值守的情况下实现 24 小时的连续生产。

1.3 智能制造核心技术

1.3.1 工业机器人

在工业领域,工业机器人是指多关节机械手或多自由度的机器装置,它们靠自身动力和控制系统,自动执行工作。可接受人工或 MES 系统下达的指令,按照事先编程好的程序自动运行。工业机器人因为其生产效率相比人工有不可比拟的优势,能够被大量用在智能制造中,应用于重复性生产线和危险环境中,可以减少生产风险,提高生产效率,使得智能制造有更高效和更安全的生产模式。

机器人大规模替代人工进行生产是智能制造的重要标志,也是实现智能制造的必要条件。工业机器人在智能制造中具有重要地位,一是机器人在持续工作之下也能够保证生产精度,提高产品生产质量;二是机器人能够针对不同的生产要求做出快速反应,满足多元化生产;三是机器人需要的休息时间很短,能有效降低人工成本。因此在智能制造中,工业机器人的应用可提高产品质量、降低生产成本,帮助企业获得更高的经济利益。

工业机器人在智能制造中的应用十分广泛,能够满足大部分传统行业转型智能制造的要求,可与诸多生产制造工况相结合,如焊接、切割、搬运、码垛、喷涂、上下料、装配等,在汽车、3C 产品(中国强制性产品认证)、金属制品、模具等行业广泛应用。

1.3.2 切削单元联网

智能制造系统执行层的主要组成部分是各种数控加工设备。进行数控机床联网实现机床信息采集、远程控制,是实现制造业向智能化转型的关键技术之一。数控系统是数控机床的核心部件,可通过 RS-232 接口、以太网接口、PLC 的 I/O 接口、现场总线接口等与外部设备进行通信。其中以太网接口具有传输距离长、速度快、组网方便等特点,因此得到广泛应用,可实现 NC 数字计算机控制数据传输、远程控制及远程 DNC 加工等;通过二次开发还可以实现数控机床远程诊断、远程加工和维修等。

1.3.3 可编程逻辑控制器(Programmable Logic Controller,PLC)控制

PLC 是种专门为在工业环境下应用而设计的数字运算操作电子系统。它采用一种可编程的存储器,在其内部存储执行逻辑运算、顺序控制、定时、计数和算术运算等操作的指令,通过数字式或模拟式的输入输出来控制各种类型的机械设备或生产过程。

在智能制造系统中,PLC 不仅仅是机械装备和生产线的控制器,而且还是制造信息的采集器和转发器。PLC 作为设备和装置的控制器,除了具有传统的逻辑控制、顺序控制、运动控制、安全控制功能之外,还承担着工业 4.0 和智能制造赋予的以下任务:越来越多的传感器被用来监控环境、设备的健康状态和生产过程的各类参数,这些工业大数据的有效采集,迫使 PLC 的 I/O 由集中安装在机架上,必须转型为分布式 I/O。各类智能部件普遍采用嵌入式 PLC 或者微小型 PLC,以尽可能多地在现场完成越来越复杂的控制任务。应用软件编程的平台化进一步发展强化了工程设计的自动化和智能化。大幅提升无缝连通能力,使相关的控制参数和设备的状态可直接被传输至上位的各个系统和应用软件,甚至被送往云端。概括而言,即满足工业大数据采集的需求,就地实时自治控制,实现编程的自动化和智能化,提升无缝的连通能力。

1.3.4 RFID 技术

无线射频识别技术(RFID)是一种非接触的自动识别技术,其基本原理是利用射频信号和空间耦合(电感或电磁耦合)或雷达反射的传输特性,实现对被识别物体的自动识别和数据交换。RFID 技术具有以下优点。

(1)RFID 不仅可以嵌入或附着在不同形状、类型的产品上,而且可以为标签数据的读写设置密码保护,从而具有更高的安全性。

(2)标签数据可动态更改:利用编程器可以向其中写入数据,从而赋予 RFID 标签交互式便携数据文件的功能,而且写入时间相比打印条形码更少。

(3)动态实时通信:标签以每秒 50~100 次的频率与解读器进行通信,所以只要 RFID 标签所附着的物体出现在解读器的有效识别范围内,就可以对其位置进行动态的追踪和监控。

(4)识别速度快:标签一进入磁场,解读器就可以即时读取其中的信息,而且能够同时处理多个标签,实现批量识别。

(5)数据容量大:数据容量最大的二维条形码,最多也只能存储 2725 个数字;若包含字母,存储量则会更少。RFID 标签则可以根据用户的需要扩充到数千字节。

(6)使用寿命长、应用范围广:其无线电通信方式,使其可以被应用于粉尘、油污等高污染环境和放射性环境,而且其封闭式包装使得其寿命大大超过印刷的条形码,RFID 读写器及 RFID 芯片特别适用于工业环境。

(7)读取方便快捷:数据的读取无需光源,甚至可以透过外包装来进行。有效识别距离更大,采用自带电池的主动标签时,有效识别距离可达到 30 米以上。

1.3.5 MES 系统

MES(Manufacturing Execution System)即制造执行系统,是由美国 AMR 公司在 20 世纪 90 年代初提出的,旨在提高制造业生产过程管控能力,将计划生产与现场管理联系起来,通过 MES 信息化系统对整个生产过程进行合理调配,以达到提高生产效率的目的。MES 在智能制造领域中的应用越来越广泛,是智能制造的重要组成部分,是智能制造建设的核心。MES 的生产管控能力直接决定了智能制造的工作效率。

MES 系统管控的设备包括可编程序控制器、二维码、机电设备、传感器、检测仪表、工业机器人、数控机床等。MES 系统运用精准的实时更新的数据,指导、启动、响应并记录车间生产活动,能够对生产条件的变化做出迅速的响应,从而减少非增值活动,提高效率。MES 不但可以改善资本运作收益率,而且有助于及时交货、加快存货周转、增加企业利润和提高资金利用率。MES 通过多通道信息交互形式,为管理者提供包括制造数据管理、计划排程管理、生产调度管理、库存管理、质量管理、人力资源管理、设备管理、采购管理、成本管理、项目看板管理、上层数据分解、底层数据集成分析及生产过程控制等管理模块,为生产制造过程的智能化打造一个扎实、可靠、全面、可行的制造协同管理平台。

MES 系统的主要任务是对智能制造进行过程管控。生产制造的整个流程都离不开 MES 系统,MES 系统是智能制造的核心。如果企业在生产执行层面没办法做到信息的及时、准确收集,在更高层面没办法对生产信息进行整理、分析、加工和判断,就很难对生产设备、制造流程、人员调配进行有效的管控,企业的智能化改造就很难实施。MES 作为智能制造建设的基础,覆盖了整个智能制造的生产过程,它与制造企业的各项业务紧密相连,所以 MES 系统被人们称为智能制造建设的“最后一公里”工程。MES 与企业的生产信息采集、工艺设计、排程管理、生产流程、资源管理和调度、设备调度等都有密切联系,是智能制造重点建设的内容。

1.4 智能制造技术发展方向

在人工智能、云计算、大数据、物联网、5G 等科技创新技术的影响下,中国智能制造业正处于快速发展阶段,机遇与挑战并存,主要发展方向如下。

1.4.1 工业互联网与智能制造深度融合

作为新一代信息技术与制造业深度融合的产物,工业互联网是制造业资源共享的载体,它可以下连万物,上接应用,日益成为新工业革命的关键支撑和深化“互联网+先进制造业”战略的重要基石。然而在工业场景中,工业互联网的应用仍面临诸多挑战,机器设备如何更有效地利用智能化技术,还需要不断创新。工业互联网以智能制造为主攻方向,是实现智能制造的基础设施和路径。

1.4.2 工业软件产业研究任重道远

虽然经过 30 多年的发展,我国工业软件的产品种类已经比较齐全,覆盖汽车、工程机械、航空航天、高科技电子、家电、国防军工、石油化工、食品饮料、生物医药等多个行业,具备了一定的行业解决方案研发能力和服务支持能力。但还没真正拥有完整的工业软件体系产品,与德国、美国等发达国家相比还有一定差距。

1.4.3 增材/减材制造相结合

随着增材制造服务产业与信息技术、新材料技术、新设计理念的加速融合,制造业的方方面面有望被重塑。以增材制造(3D 打印)为核心技术,综合运用增/减材及等材制造工艺技术为基础,发展多种工艺各取所长、优势互补的新型智能制造技术。

1.4.4 人工智能和大数据分析加速制造业智能变革

当前,制造企业的人工智能与大数据分析应用正在加速落地,无论是产品、质量、运营还是能耗都可以通过人工智能和大数据分析算法来进行分析。人工智能和大数据技术应用的最根本的核心是让复杂的东西变得简单化、便捷化、人性化和个性化。

1.4.5 仿真技术走向平民化，驱动企业创新发展

随着仿真技术的进一步发展，很多厂商都开始着力于将仿真技术普及化、平民化，进而带来了更加革命性的变化——仿真驱动企业创新发展。模拟仿真注重于建立尽可能表达现实对象的数学模型，使用符合实际的参数进行计算机分析处理，来取代或辅助某些实物测试实验，使得安全性和效率都得到了极大的提高。

1.4.6 边缘计算兴起，云边协同成为趋势

在工业互联网、5G 商用探索等热潮的引领下，边缘计算在 2019 年备受产业关注，不仅仅是云计算巨头，还包括制造企业、运营商、产业研究机构以及各种联盟，都对边缘计算倾注了极大的热情，2019 年甚至被认为是“边缘计算元年”。制造企业从典型的业务需求场景出发，综合考虑成本因素和实际效果，逐步将部分能力下沉到边缘侧。

1.4.7 5G 商用元年，制造业应用场景仍需探索

2019 年 6 月，随着 5G 商用牌照的发放，中国正式进入 5G 时代。5G 产业也由技术验证阶段进入商用化阶段。在针对行业应用的需求调查中，制造业占比要远高于其他行业，占比高达 37%，特别是数据采集、远程控制、视频监控、产品检测等应用需求比较强烈。未来，随着 5G 商用化进程的加快，5G 网络各种指标能力的不断提升，以及与人工智能、边缘计算、大数据的融合应用，对制造业应用场景的支撑能力也会不断加强。

1.4.8 数字孪生概念热门，应用场景尚需突破

2019 年以来，数字孪生技术(Digital Twin)已经成为我国智能制造领域的热点。数字孪生技术的应用场景不断丰富，跨越了产品设计、制造到运营服务的全生命周期。数字孪生技术的发展，源于 CAD 技术、虚拟仿真技术、工业物联网、VR/AR 等智能制造相关技术的发展与交叉融合。

1.4.9 统一架构标准,加速 IT 与 OT 融合集成

随着智能制造战略的深入,推动企业的运营管理系统与制造执行系统的纵向集成与贯通已成为当前企业新的应用需求,也加速了 IT(信息技术)与 OT(运营技术)的融合进程。同时,OT 厂商和 IT 厂商也开始重视统一架构标准的建设工作。IT 与 OT 融合时常被作为重要的产业趋势,旨在通过两者的融合打通运营管理系统与制造执行系统之间的数据链路,将二者整合在一个统一的信息平台上,从而帮助企业提升在运营决策与制造执行等各方面的综合效益。

1.4.10 智能工厂集成商的发展

近年来,国家积极加快制造强国建设,发展先进制造业,培育若干世界级先进制造业集群,促进我国产业迈向全球价值链中高端,以及拓展“智能+”等战略,以一系列政策为引领,为制造业转型升级赋能;在传统制造企业层面,众多企业也积极推进数字化转型,改造原有的生产制造方式,着力建设智能工厂,以提高生产效率,提升产品质量,重塑企业竞争优势,实现可持续发展。

第 2 章

智能制造切削单元集成

本书对接全国智能制造应用技术技能大赛中的智能制造单元技术标准，详细讲解智能制造切削单元的集成和应用技术。智能制造切削单元技术平台布局如图 2-1 所示，包含数控车床、三轴加工中心、在检测单元、六轴工业机器人、立体仓库、中央控制系统、MES 软件和电子看板等，详细配置清单如表 2-1 所示。

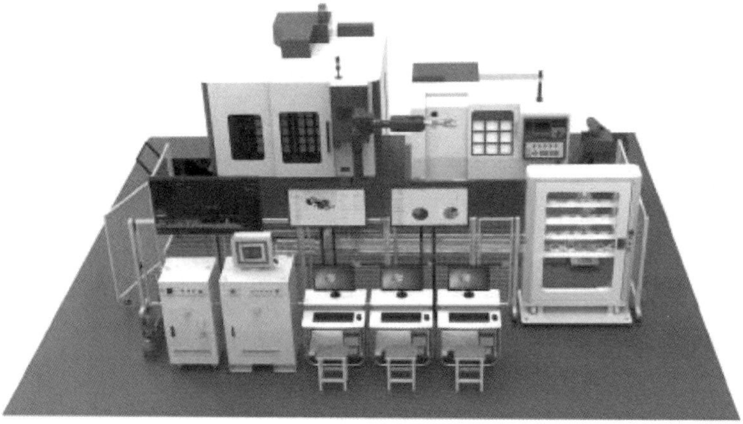

图 2-1 智能制造切削单元技术平台布局图

整个平台按照“设备自动化+生产柔性化+信息数字化+管理信息化”的构建理念，将数控加工设备、工业机器人、检测设备、数据信息采集设备等典型加工制造设备，集成为智能制造单元的“硬件”系统；结合数字化设计技术、智能

表 2-1 智能制造切削单元技术平台主要配置清单

序号	设备名称	数量
1	数控车床	1
2	三轴数控加工中心	1
3	在线测量装置	1
4	气动精密平口钳	1
5	六轴工业机器人(附加行走第七轴)	1
6	零点快换夹具	1
7	工业机器人快换夹持系统	1
8	工业机器人快换工作台 1	1
9	立体仓库	1
10	可视化显示系统	1
11	中央电气控制系统	1
12	MES 系统	1
13	RFID 识别系统	1
14	安全防护系统	1

化控制技术、高效加工技术、工业物联网技术、RFID 数字信息技术等“软件”的综合运用,构成智能制造切削单元的技术平台。整个平台具备零件数字化设计和工艺规划、加工过程实时制造数据采集、加工过程自动化、基于 RFID 加工状态可追溯以及加工柔性化等功能。

智能制造切削单元技术平台的主要组成部分及其功能、技术参数如下。

2.1 数控车床及数控系统

数控车床及数控系统作为智能制造系统的重要加工单元,除了满足车削尺寸、精度等要求,还需满足以下联网要求。

(1)具有以太网接口,可直接与 MES 系统连接,进行程序传输。

(2)数控车床的内存容量大于 5kB,且有数据磁盘。

(3)提供自动化接口,能实现数控车床的远程启动、程序可上传到车床内存,能获取车床的状态信息、机床的模式、主轴的位置信息。

(4)数控车床自动化夹具和自动门的控制与反馈信号可以直接接入机床自身的 I/O 模块,并且由机床自身来控制,其状态可以通过网络反馈给工控机。

(5)数控车床能够停在原点位置并把原点状态通过网络传输给工控机。

(6)机床内置摄像头,镜头前装有气动清洁喷嘴。

本书所用技术平台的数控车床采用辰榜 SL52a 斜床身数控车床,如图 2-2 所示。该数控车床采用 FANUC Oi TF 数控系统,高抗拉强度密烘铸铁(Meehanite)45°整体斜床身,X、Z 轴滑轨采用线性滚动导轨,C3 级高精度滚珠丝杆,主轴采用刚性高、承载能力强的大直径、高精度(P4 级)双列滚柱轴承,十工位液压刀架采用液压锁紧。具有刚性好、稳定性高、精度高、生产效率高、寿命长等优点。

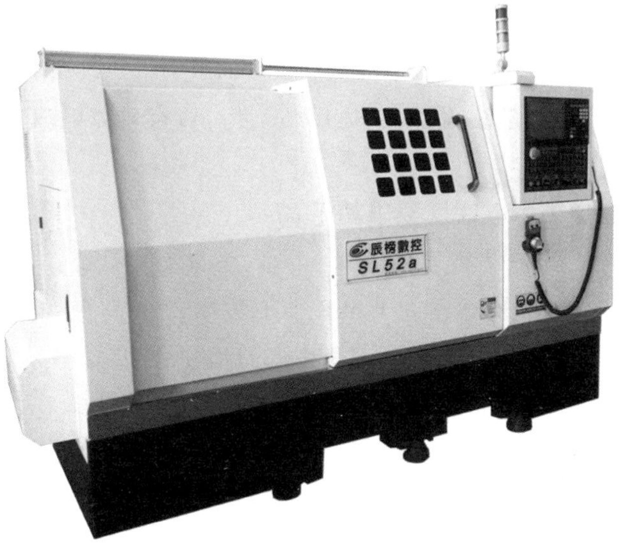

图 2-2　辰榜 SL52a 数控车床

数控车床主要技术参数如下。

(1)最大回转直径:420mm。

(2)顶尖距:0~350mm。

(3)主轴转速:3000~6000rpm。

(4)斜床身结构。

(5)液压三爪卡盘:6inch。

(6)主轴通孔直径:Φ56mm。

(7)交流伺服主电机:7.5kW。

(8)进给轴快移速度:24m/min。

(9)刀架工位数:8(液压)。

(10)数控系统:FANUC 0i TF。

(11)自动冷却、集中润滑、链板排屑(或者水箱式直排)。

(12)正面气动门。

2.2 三轴数控加工中心及数控系统

不同于数控车床,主要用来加工回转体零部件,数控加工中心主要适合用于加工各种形状复杂、工序多、精度要求比较高的工件,一次装夹可以完成钻、铣、镗、扩、铰削、攻丝等多种工序加工。数控加工中心和数控车床组成的智能制造系统优势互补,系统柔性高、适用范围广,可有效兼顾成本和效率两大指标。

三轴数控加工中心联网要求如下。

(1)加工中心配备以太网接口。

(2)加工中心的内存容量大于5kB,且有数据磁盘。

(3)提供自动化接口,能实现加工中心的远程启动、程序可上传到机床内存,能获取机床的状态信息、机床的模式、主轴的位置信息。

(4)加工中心自动化夹具和自动门的控制与反馈信号可以直接接入机床自身的I/O模块,并且由机床自身来控制,其状态可以通过网络反馈给PLC。

(5)加工中心能够停在原点位置并把原点状态通过网络传输给PLC。

(6)机床内置摄像头,镜头前装有气动清洁喷嘴。

(7)配备零点快换装置和气动平口钳,要求定位精度高,可靠性好。

(8)加工中心配备测量功能,实现对工件的测量,以在线检测加工是否合格。将在线测量装置作为一种刀具,通过对加工中心进行编程实现测量,然后MES系统通过以太网获取检测数据,通过换刀实现测量装置的调用。

本书所用技术平台加工中心采用辰榜AVL650e三轴数控加工中心,如图2-3所示。该加工中心采用"A"字形高刚性结构设计,三轴线性滚动导轨,C3

级精密滚珠丝杆,最高转速 10000rpm 的高刚性主轴,24 刀位刀臂式自动换刀装置。具有刚性好、精度高、稳定性好、经济性良好等优点。

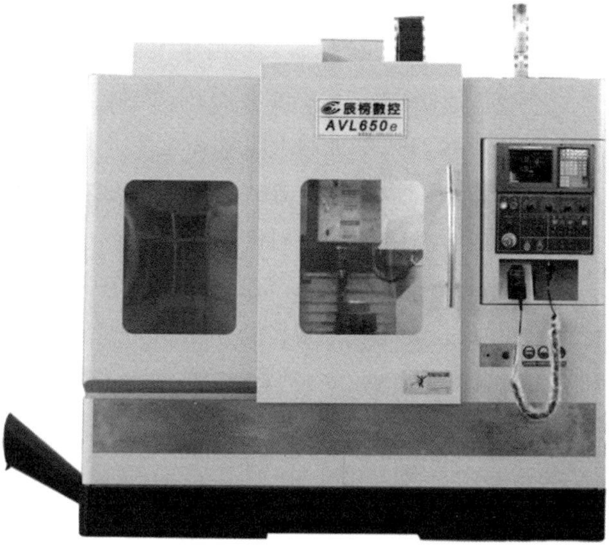

图 2–3 辰榜 AVL650e 加工中心

三轴数控加工中心主要技术参数如下。

(1)工作台尺寸:650mm×400mm。

(2)三轴行程:XYZ 600mm×400mm×450mm。

(3)主轴转速:8000rpm。

(4)刀柄标准:BT40。

(5)进给轴快移速度:36m/min。

(6)刀库:机械臂式,24 刀位。

(7)气源压力:0.5~0.7MPa。

(8)正面气动门。

(9)配备在线测头接口。

(10)配备气动平口钳和零点快换装置的气源和控制接口。

(11)自动冷却、集中润滑、螺杆(或链板)排屑。

2.3 工业机器人

工业机器人在智能制造切削单元系统中的作用一般为搬运物料及完成加工设备的上下料,最常用的是六轴和四轴工业机器人,选用时应根据实际生产需求,先确定机器人种类、轴数,然后根据工作范围、负载、精度选择具体型号。为满足不同工件大小和形状的抓取机器人末端需配置不同夹具;为扩展工业机器人的工作范围可采用附加行走轴的方式,导轨可以实现机器人在立体仓库、数控车床、加工中心等设备之间的物料搬运。本书所用技术平台的上下料机械手采用辰榜 RUN20 通用性六轴工业机器人,该设备采用高精度减速机、结构轻巧,有效负载为 20Kg,最大工作半径为 1718mm,具有工作空间大、重复定位精度高、性能稳定、运行速度快、安装方式灵活等特点。可进行搬运、码垛、上下料、焊接、装配等作业。

工业机器人主要技术参数。

(1)自由度:6。

(2)负载:20kg。

(3)臂展:1717mm。

(4)重复定位精度:±0.05mm。

(5)第七轴形式:地轨。

(6)地轨总长度:5000mm。

(7)地轨有效行程:4000mm。

(8)地轨最高行走速度:600mm/s。

(9)地轨重复定位精度:±0.2mm。

机器人夹具手爪是重要的末端执行器,夹持器的驱动方式通常在电动或气动之间进行选择。气动夹爪由压缩空气驱动气缸实现夹取动作,具有控制简单、速度快、成本低的特点,是目前使用最为广泛的机器人手爪驱动方式。

本书所用技术平台的机器人夹具采用图 2-4 所示的平行手指气缸,其工作原理是通过两个活塞动作,使每一活塞由一个滚轮和一个双曲炳与气功手指相连,形成一个特殊的驱动单元。实现气功手指总是轴向对心移动,每个手指不能单独移动。如果手指反向移动,则先前受压的活塞处于排气状态,而另一个活塞处于受压状态。另外,在手爪上安装有反射型光电开关,可以检测机器人手爪有无工件。在手爪上还装有磁性开关,可检测手爪是否张开到位。加上 RFID 读写器,可实现物料信息的读写和识别。

图 2–4　平行手爪气缸

近年来,电动夹爪在工业自动化领域的应用越来越多,与气动手指相比较有如下特点。

(1)部分型号具有自锁机构,防止掉电造成工件、设备损伤,比气动手指更安全。

(2)夹爪的开合具有可编程控制的功能,实现多点定位,而气动夹爪只有两个位置停止点,电动夹爪可以有 256 个以上位置停止点。

(3)电动手指的加减速可控,对工件的冲击可以减至最小,而气动夹爪的夹取是一个撞击过程,冲击在原理上存在,难以消除。

(4)电动夹爪的夹持力可以调整,并可以实现力的闭环控制,夹持力的精度可以到 0.01N、测量精度可以到 0.005mm,而气动夹爪的力量和速度基本是不可控制,无法用于高柔性的精细作业场合。

(5)电动夹爪的控制复杂、价格昂贵,在一定程度上限制了其应用范围。

此外,工业机器人还应开放以下接口,以满足联网要求。

(1)机器人支持以太网接口。

(2)机器人控制系统具有不小于 16 个 I/O 点。

(3)由工业机器人控制第七轴联动。

2.4 在线测量装置

传统的零件测量常常采用离线测量,需把被测零件从加工设备转移到测量设备上,对于稍微复杂的零件,其生产过程中可能需要进行多次检测,有时还需要根据测量结果对加工进行补偿再加工。这不仅增加了工艺路线长度、装夹次数,更增加了加工时间和生产成本。

在线测量装置利用机床自身精度,采用红宝石测头、无线电跳频技术实现在线测量,如图 2-5 所示,测头接收器安装在加工中心上。数控机床的在线检测,首先在计算机辅助编程系统上自动生成检测主程序,将检测主程序由通信接口传输给数控机床,通过跳步指令,使测头按程序规定路径运动,当测球接触工件时发出触发信号, 通过测头与数控系统的专用接口将触发信号传到转换器,并将转换后的触发信号传给机床的控制系统,使该点的坐标被记录下来。信号被接收后,机床停止运动,测量点的坐标通过通信接口传回计算机,然后进行下一个测量动作。

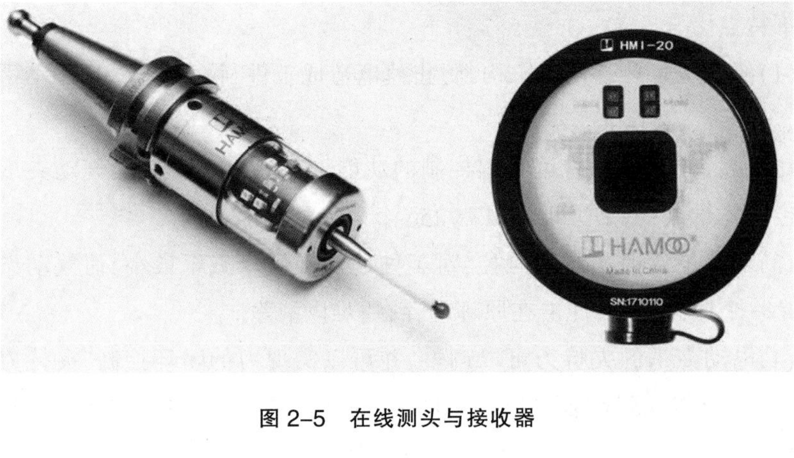

图 2-5 在线测头与接收器

由此可见,通过使用在线测量来代替离线测量,可以在检测的效率和精确度得到保证的条件下,使质量检测过程更靠近加工过程,从而保证工件从加工设备上卸下的时候就是合格品。在线测量可替代人工用于自动找正、寻边、测量,减少机床辅助设置时间并提高成品的尺寸精度。

本书所用技术平台的在线测量装置主要技术参数如下。

(1)测针触发方向：±X、±Y、+Z。

(2)测针各向触发保护行程：XY±15°,Z+5mm。

(3)测针各向触发力：XY=1.0N,Z=8.0N。

(4)测针任意单向触发重复(2σ)精度：≤1μm。

(5)无线电信号传输范围：≤10m。

(6)防护等级：IP67。

2.5 零点快换夹具

零点定位系统在自动化、智能化生产中扮演着重要的角色,可以大大减少工件安装、找正的时间,在各种金属加工中均有运用,尤其在加工中心中的运用,其更是“快换专家”。简单地说,它是一个独特的定位和锁紧装置,能保持工件从一个工位到另一个工位,一个工序到另一个工序,或一台机床到另一台机床的过程中,零点始终保持不变。这样可以节省重新找正零点的辅助时间,从而保证工作的连续性,提高工作效率。

零点定位系统是利用零点定位销将不同类型的产品或不同工序的坐标系统一为唯一的坐标系,再通过机床上的标准化夹具接口进行定位和拉紧。它能够直接得到工件在不同机床间的统一位置关系,消除多工序间的累计误差。最重要的是,它统一了设计基准、工艺基准和检测基准,使整个加工过程有效、可控,这点在自动化生产线上十分重要。目前工业上主流的零点定位系统原理有“钢球锁紧+钢球定位”(如图 2-6 所示)、“卡舌锁紧+短锥定位”、“夹套锁紧+夹套定位”、“弹簧片锁紧+短锥定位”等几种。组合使用不同类型的定位销,可以补偿定位销和零点定位器件的位置公差。

图 2-6 中的零点夹具主要包括两部分：零点定位器(凹头或卡盘)和定位接头(凸头或拉钉),零点定位器通过大直径高刚度的滚珠夹紧定位接头,当给零点定位器通入 60bar 的液压或者 6bar 气压时,滚珠向两侧散开,定位接头可自由进出零点定位器;当切断压力时,滚珠向中心聚拢并锁紧定位接头。这两部分之间的重复定位精度可达 0.002mm,同时提供 5kN 至 30kN 的夹紧力。零点定位系统在选用时主要考虑以下性能参数。

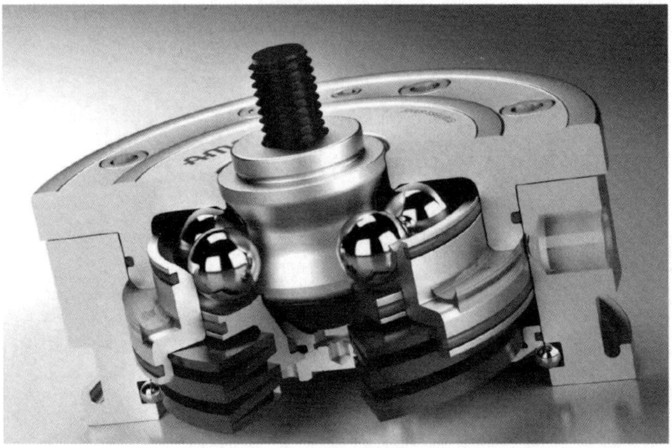

图 2-6　零点快换夹具图

(1)夹紧力:夹紧力描述的是锁紧销被拉入零点定位器中被滚珠夹紧时受到的力。拉紧力则是锁紧销的最大允许拉力。高精密滚珠保证了更有效的力传递,例如 SET 零点定位系统中单颗锁紧销的拉紧力可达 40kN。

(2)重复定位精度:重复定位精度指的是工件上的参考点在工件从夹具上移开、再重复装夹后,同一工件上参考点位置变动的公差范围,零点定位系统装夹的重复定位精度一般小于 0.005mm,部分可以达到 0.002mm。

零点定位系统具有弹簧驱动和自锁功能,无须持续连接压力源。当压力源切断时,集成的弹簧力可永久性锁紧模块,保证了工件的安全和可靠的夹紧。当零件尺寸较大或切削力较大时,可选用单个夹紧力更大的夹具或采用托盘安装多个零点定位系统的方式,使其可以适用于任何场所。此外,零点定位系统还可用于自动化机械手末端的快换,多种组合的传感器系统保证了机械手抓取的安全性。

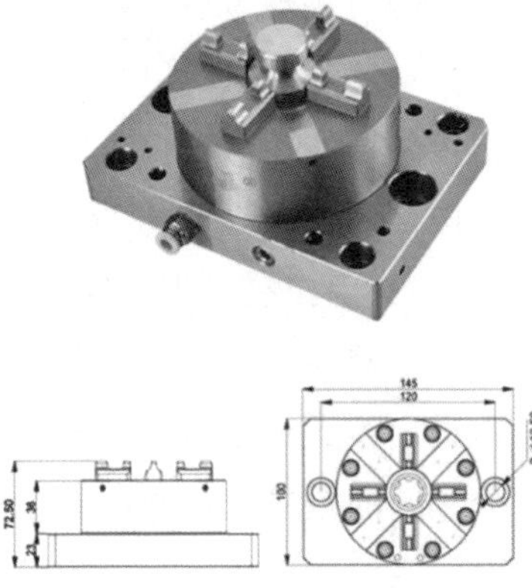

图 2-7　EROWA 零点夹具

本书所用技术平台配备高精度 EROWA 零点夹具,如图 2-7 所示。零件及其夹头安装在基准托盘上,基准托盘与机床工作台上的气动卡盘连接并精准定位,重复定位精度在 0.002mm 以内,不需要人工进行打表找正工件,这样就消除了人为找正的误差,确保零件加工的高精度和自动化。

2.6 气动精密平口钳

平口钳属于通用可调夹具,同时也可以作为组合夹具的一种“合件”(指在组装过程中不拆散使用的独立部件),特别适用于多品种小批量的生产加工,定位精度高、夹紧快速、适用性强,是单件小批量生产中应用最广泛的一种机床夹具。气动精密平口钳可以与数控系统或智能制造系统对接,以控制气动油压平口钳自动松开、夹紧来实现全自动装夹,可作为零点夹具的重要补充,扩大智能制造系统的适用范围。

本书所用技术平台数控加工中心的平口钳采用 6 寸气液增压精密平口钳,气源压力 0.7MPa,最大夹紧力 5000kg,兼容多种尺寸规格零件,如图 2-8 所示。

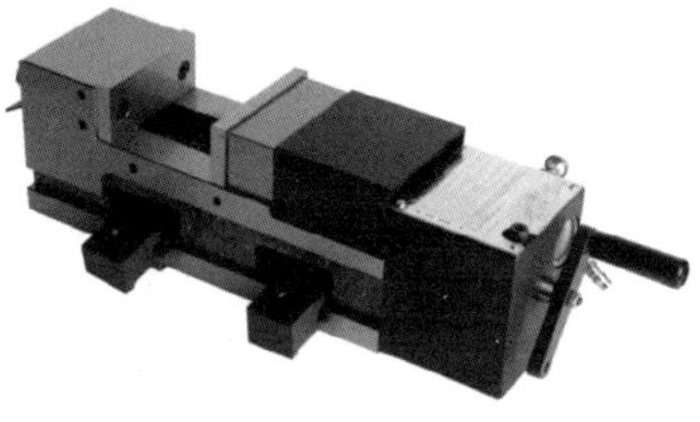

图 2-8　气液增压精密平口钳

2.7 机器人快换夹具

机器人快换夹具即工具快换装置(Automatic Tool Changer),使单个机器人能够在生产过程中交替使用不同的末端执行器以增加柔性,被广泛应用于自动点焊、弧焊、材料抓举、冲压、检测、卷边、装配、材料去除、毛刺清理(打磨)、包装等操作中,具有生产线更换快速、有效降低停工时间等多种优势。工具快换装置主要有以下特点。

(1)通用性好:机器人快换盘属具与快换装置一律采用国际标准接口,具有非常好的通用性和匹配性。

(2)结构紧凑:机器人快换盘采用单活塞杆式快换液压缸,并采用悬挂放置方式,保证了其在快换架上安装的同轴性;另外,单活塞杆式可获得更多的运动行程,保证了连接销的伸出长度。

(3)可靠性高:机器人快换盘可以对液压缸和连接销进行支撑,另一方面可以对快换装置的伸缩过程起导向作用,从而进一步提高快换装置的可靠性。

工业机器人工具快换盘由两部分组成，如图 2-9 所示，左侧为机器人侧(Master Side)，右侧为工具侧(Tool Side)。机器人侧安装在机器人前端手臂上，工具侧安装在执行工具上(工具是焊钳、抓手等)。工具快换装置能快捷地实现机器人侧与执行工具之间电、气体和液体的相通。一个机器人侧可以根据用户的实际情况与多个工具侧配合使用，增加机器人生产线的柔性制造、提高生产线的效率和降低生产成本。主要表现在以下方面。

图 2-9 机器人工具快换

(1)生产线更换可以在数秒内完成。

(2)维护和修理工具可以快速更换，大大减少停工时间。

(3)通过在应用中使用 1 个以上的末端执行器，使整个系统柔性增加。

(4)使用自动交换单一功能的末端执行器，代替原有笨重复杂的多功能工装执行器。

本书所用技术平台的工业机器人快换夹持系统，由 1 套机器人侧快换装置(如图 2-10 所示)和 3 种(如图 2-11 所示)工具侧快换手爪组成，实现三种机器人手爪的快速更换。两个棒料手爪夹持范围分别是：Φ20~Φ40mm、Φ60~Φ80mm。

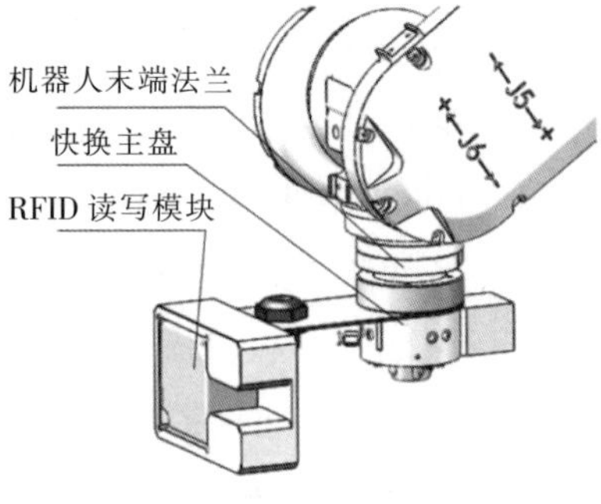

图 2-10 快换手爪机器人侧接口示意图

机器人快换夹具工作台放置于机

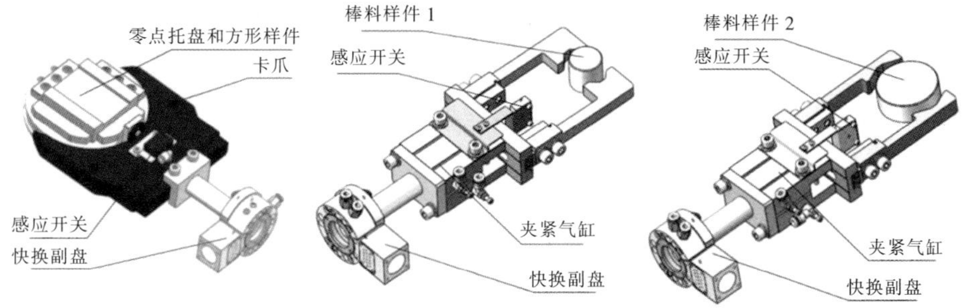

图 2-11　3 种快换手爪工具侧接口示意图

器人第七轴侧面端，详细结构如图 2-12 所示。快换夹具工作台安装靠近料仓侧并与行走轴本体端固定，快换夹具工作台配备三款手爪的放置仓位，每个位置都配置手爪放置到位检测传感器，用于机器人上下料不同夹爪的快速更换。

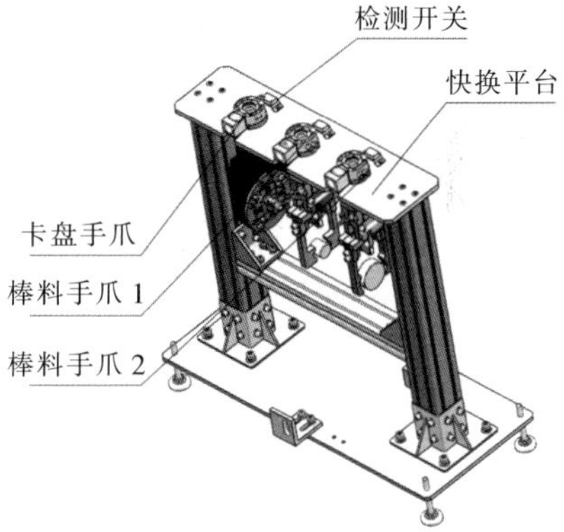

图 2-12　机器人快换夹具工作台

2.8 立体仓库

立体仓库即自动化立体仓库，主要用于智能制造生产过程中存放待加工毛坯、半成品中转和成品的存储等，立体仓库设计和选用时应考虑以下因素。

(1)立体仓库的仓位配置应根据生产实际满足不同种类、大小产品的存放需求，如图 2-13 所示，底层放置方料，中间两层放置大棒料，上面两层放置小棒料。

(2)立体仓库应带有安全防护外罩及安全门，采用工业级安全电磁锁，操作面板配备急停开关、解锁许可、门锁解除、运行等按钮和指示灯。

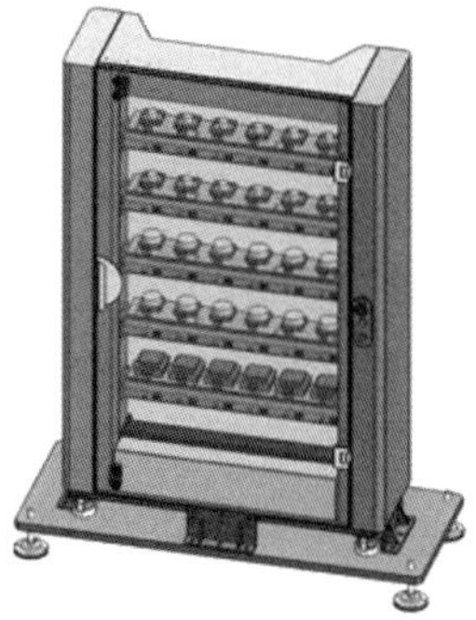

图 2-13　立体仓库示意图

(3)每个仓位或标准托盘配置 RFID 标签,以及传感器和状态指示灯,传感器用于检测该位置是否有工件,状态指示灯分别用不同的颜色指示毛坯、车床加工完成、加工中心加工完成、合格、不合格五种状态。

2.9 中央电气控制系统

中央电气控制系统包含 PLC 电气控制及 I/O 通信系统,主要负责周边设备及机器人控制,实现智能制造单元的流程和逻辑总控。主要包括 Modbus TCP/IP 通信模块和 DI/DQ 模块。MODBUS/TCP 协议是一种自动化标准的协议,也是一种在现代工业控制领域中广泛应用的通信协议。通过该协议,可将控制器相互之间或通过网络与其他硬件设备之间建立通信,Modbus 协议使用的是主从通信技术,即由主设备主动查询和操作从设备。

在智能制造系统中,主要通过 PLC 编程平台与 MES 系统连接、与 HMI 连接、与 RFID 读卡器模块通信以及与机器人连接。本书所用技术平台的中央控制系统主要配置如下。

(1)主控 PLC 采用西门子 S7-1200 的 CPU1215C DC/DC/DC,配有 Modbus TCP/IP 通信模块,并配置 16 路输入和 16 路输出模块。

(2)配有 16 口工业交换机。

2.10 MES 系统

本书所用技术平台的 MES 系统主要由 7 个功能模块组成,详细功能如图 2-14 所示。

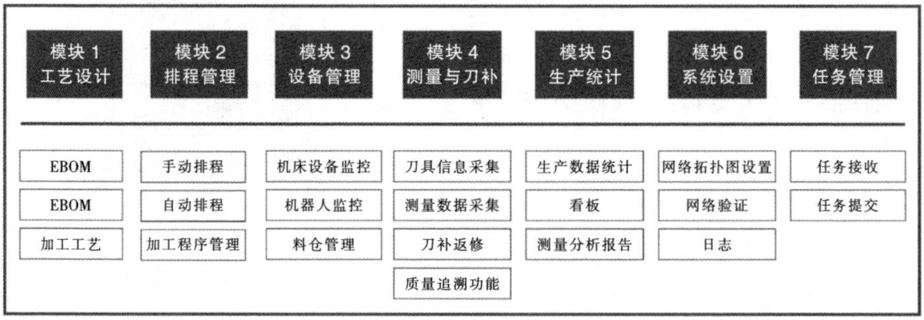

图 2-14　MES 系统功能图

MES 管控软件系统主要功能如下。

(1)加工任务创建、加工任务管理。

(2)立体仓库管理和监控。

(3)机床启停、初始化和管理。

(4)加工程序管理和上传。

(5)在线检测实时显示和刀具补偿修正。

(6)智能看板功能:实时监控设备、立体仓库信息以及机床刀具监控等。

(7)工单下达、排程、生产数据管理、报表管理等。

2.11 RFID 识别系统

RFID 是一种简单的无线系统,只有两个基本器件,该系统用于控制、检测和跟踪物体。系统由一个询问器(或读写器)和很多应答器(或标签)组成。RFID 按照能源的供给方式分为无源 RFID、有源 RFID、半有源 RFID。无源 RFID 读写距离近,价格低;有源 RFID 可以提供更远的读写距离。RFID 按应用频率的不同分为低频(LF)、高频(HF)、超高频(UHF)、微波(MW),相对应的代表性频率分别为:低频 135kHz 以下、高频 13.56MHz、超高频 860M~960MHz、微波 2.4~5.8G。频率是智能制造系统选用 RFID 系统时的一个重要考虑因素。

(1)低频(LF):使用的频段范围为 10kHz~1MHz,常见的主要规格有 125kHz/135kHz 等,这个频段的电子标签一般都是被动式的,通过电感耦合方式进行能量供应和数据传输。最大的优点在于其标签靠近金属或液体的物品时标签受到的影响较小,同时低频系统非常成熟,读写设备的价格低廉。缺点是读取距离短,无法同时进行多标签读取(抗冲突)、以及信息量较低,一般的存储容量在 125 位到 512 位。主要应用于门禁系统、动物芯片、汽车防盗器和玩具等。

(2)高频(HF):使用的频段范围为 1~400MHz,常见的主要规格为 13.56MHz 这个 ISM 频段,这个频段的标签还是以被动式为主,也是通过电感耦合方式进行能量供应和数据传输,这个频段中最大的应用就是我们所熟知的非接触式智能卡。和低频相较,其传输速读较快,通常在 100BS 以上,且可进行多标签辨识(各个国际标准都有成熟的抗冲突机制)。该频段的系统得益于非接触式智能卡的应用和普及,系统也比较成熟,读写设备的价格较低。高频产品最丰富,存储容量从 128 位到 8K 以上字节都有,而且可以支持很高的安全特性,从最简单的写锁定,到加密,甚至是加密协处理器都有集成。一般应用于身份识别、产品管理等。对于安全性要求较高的RFID应用,目前该频段是唯一选择。

(3)超高频:使用的频段范围为400MHz~1GHZ,常见的主要规格有433MHz、868~950MHz。这个频段通过电磁波方式进行能量和信息的传输。主动式和被动式的应用在这个频段都很常见,被动式标签读取距离为3~10m,传输速率较快,一般也可以达到100KBS左右,而且因为天线可采用蚀刻或印刷的方式制造,因此成本相对较低。由于读取距离较远、信息传输速率较快,而且可以同时进行大数量标签的读取与辨识,因此特别适用于物流和供应链管理等领域。但是,这个频段的缺点是在金属与液体的物品上的应用较不理想,同时系统还不成熟,读写设备的价格非常昂贵,应用和维护的成本也很高。

此外,RFID的读写还应考虑实际应用中多个电子标签之间的最小距离、是否需要抗金属等因素。本书所用技术平台RFID系统采用晨控CK-FR08工业级RFID高频读写器(如图2-15所示)和13.56MHz高频RFID标签。

图2-15 RFID读写器

读卡器同时支持标准工业通信协议ProfiNet和Modbus TCP,方便用户集成到PLC等控制系统中。支持MODBUS RTU通信协议,读写距离小于10cm;读卡器内部集成了射频部分通信协议,用户只需通过以太网接口接收数据便能完成对标签的读取操作,而无须理解复杂的射频通信协议。具有适用于恶劣环境、使用寿命长、数据性能稳定等优点，主要性能参数如下。

（1）供电方式：POE 供电（以太网供电 46~54V），直流 24V。

（2）工作频率：13.56MHz。

（3）协议标准：ISO15693。

（4）支持标签类型：I-CODE2、I-CODE SLI。

（5）读卡距离：0~100mm。

（6）读卡速度：读 UID 8Byte 4m/s、读数据块 8Byte 3m/s、写数据块 8Byte 1m/s。

（7）通信接口：以太网。

（8）通信协议：ProfiNet、MODBUS TCP。

（9）工作湿度：10%~90% RH。

（10）工作温度：-25~+85℃。

（11）防护等级：IP-67。

第 3 章

PLC 编程基础

智能制造切削单元要正常工作，首先要解决 PLC 与机器人、RFID 系统、数控机床、立体仓库、MES 软件等之间的连接和通信，通过 PLC 编程与调试可以实现信号采集与指令下发。

3.1 PLC 简介

PLC(Programmable Logic Controller)，可编程逻辑控制器，是一种专门为在工业环境下应用而设计的数字运算操作电子系统。它采用一种可编程的存储器，在其内部存储执行逻辑运算、顺序控制、定时、计数和算术运算等操作的指令，通过数字式或模拟式的输入输出来控制各种类型的机械设备或生产过程。

可编程控制器由 CPU、指令及数据内存、输入/输出接口、电源、数字模拟转换等功能单元组成。早期的可编程逻辑控制器只有逻辑控制的功能，所以被命名为可编程逻辑控制器后来随着不断的发展，这些当初功能简单的计算机模块已经有了包括逻辑控制、时序控制、模拟控制、多机通信等各类功能，名称也改为可编程控制器(Programmable Controller)。但是由于它的简写 PC 与个人电脑(Personal Computer)的简写相冲突，加上习惯的原因，人们还是经常使用可编程逻辑控制器这一称呼，并仍使用 PLC 这一缩写。

现在工业上使用的可编程逻辑控制器已经相当或接近于一台紧凑型电脑的主机，因其在扩展性和可靠性方面的优势，被广泛应用于目前的各类工业控制领域。不管是在计算机直接控制系统，还是集中分散式控制系统 DCS，或者现场总线控制系统 FCS 中，总是有各类 PLC 控制器的大量使用。PLC 的生产厂商很多，如西门子、施耐德、三菱、台达等，几乎涉及工业自动化领域的厂商都会有其 PLC 产品提供。本书所用技术平台主控 PLC 采用西门子 S7-1200 的 CPU1215C DC/DC/DC。

(1)中央处理器(CPU)。中央处理器是 PLC 的控制中枢,也是 PLC 的核心部件,其性能决定了 PLC 的性能。中央处理器由控制器、运算器和寄存器组成,这些电路都集中在一块芯片上,通过地址总线、控制总线与存储器的输入/输出接口电路相连。中央处理器的作用是处理和运行用户程序,进行逻辑和数学运算,控制整个系统使之协调运转。

(2)存储器。存储器是具有记忆功能的半导体电路,它的作用是存放系统程序、用户程序、逻辑变量和其他一些信息。其中系统程序是控制 PLC 实现各种功能的程序,由 PLC 生产厂家编写,并固化到只读存储器(ROM)中,用户无法访问。

(3)输入单元。输入单元是 PLC 与被控设备相连的输入接口,是信号进入 PLC 的桥梁,它的作用是接收主令元件、检测元件传来的信号。输入的类型有直流输入、交流输入、交直流输入。

(4)输出单元。输出单元也是 PLC 与被控设备之间的连接部件,它的作用是把 PLC 的输出信号传送给被控设备,即将中央处理器送出的弱电信号转换成电平信号,驱动被控设备的执行元件。输出的类型有继电器输出、晶体管输出、晶闸门输出。

3.2 PLC 工作原理

当可编程逻辑控制器投入运行后,其工作过程一般分为三个阶段,即输入采样、用户程序执行和输出刷新三个阶段。完成上述三个阶段称作一个扫描周期。在整个运行期间,可编程逻辑控制器的 CPU 以一定的扫描速度重复执行上述三个阶段。另一种划分方式为五个阶段:自诊断—处理通信—读输入—执行用户程序—写输出。扫描周期是弹性的,多数情况下越短越好,组态时可设置最大值,实际扫描周期超出最大值时 CPU 会报错。

3.2.1 输入采样

在输入采样阶段,可编程逻辑控制器以扫描的方式依次读入所有输入状态和数据,并将它们存入 I/O 映象区中的相应的单元内。输入采样结束后,转入用户程序执行和输出刷新阶段。在这两个阶段中,即使输入状态和数据发生了变化,I/O 映象区中的相应单元的状态和数据也不会改变。因此,如果输入的是脉冲信号,则该脉冲信号的宽度必须大于一个扫描周期,才能保证在任何情况下,该输入均能被读入。

3.2.2 用户程序执行

在用户程序执行阶段,可编程逻辑控制器总是按由上而下的顺序依次地扫描用户程序(梯形图)。在扫描每一条梯形图时,又总是先扫描梯形图左边的由各触点构成的控制线路,并按先左后右、先上后下的顺序对由触点构成的控制线路进行逻辑运算,然后根据逻辑运算的结果,刷新该逻辑线圈在系统 RAM 存储区中对应位的状态;或者刷新该输出线圈在 I/O 映象区中对应位的状态;或者确定是否要执行该梯形图所规定的特殊功能指令。

在用户程序执行过程中,只有输入点在 I/O 映象区内的状态和数据不会发生变化,而其他输出点和软设备在 I/O 映象区或系统 RAM 存储区内的状态和数据都有可能发生变化,而且排在上面的梯形图,其程序执行结果会对排在下面的凡是用到这些线圈或数据的梯形图起作用;相反,排在下面的梯形图,其被刷新的逻辑线圈的状态或数据只能到下一个扫描周期才能对排在其上面的程序起作用。

3.2.3 输出刷新

扫描用户程序结束后,可编程逻辑控制器进入输出刷新阶段。在此期间,CPU 按照 I/O 映象区内对应的状态和数据刷新所有的输出锁存电路,再输出至电路驱动相应的外设。这时,才是可编程逻辑控制器的真正输出。

CPU 的工作模式有三种:启动(startup)、运行(running)、停止(stop)。

(1)启动(startup):CPU 从停止转换到运行时为启动模式。四个要点——清输入、始输出、启 OB、排中断。具体为清理输入缓冲区(I 区)、初始化输出缓冲区(Q 区)、执行启动 OB、排列中断队列,但不处理。注意,此时启动 OB 读取 I 区时结果为 0,必须读取物理输入。

(2)运行(running):五个要点——写输出、写输入、行 OB、自诊断、附断信。具体为 Q 区写输出,输入写 I 区,执行用户程序,执行自诊断,如此循环。循环中任何时候都会处理中断和外来通信。

(3)停止(stop):四个要点——停程序、禁输出、不刷新、仅通信诊断。具体为:停止执行用户 OB,禁止输出或保持最后输出值,不刷新输入输出过程映像,仅仅处理通信和自诊断。

图 3-1 所示为 CPU 启动和运行模式的工作流程。PLC 的工作方式是逐行扫描,逐行工作指下一指令的执行始于上一指令的结束,逐行扫描指每次循环扫描所有指令并刷新变量。

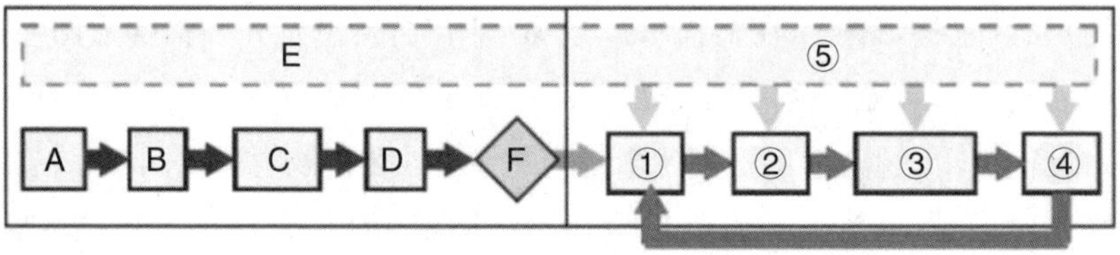

STARTUP
A 消除 1(映像)存储区
B 使用上一个值或替换值对输出执行初始化
C 执行启动 OB
D 将物理输入的状态复制到 1 存储器
E 将所有中断事件存储到要在进入 RUN 模式后处理的队列中
F 启用 Q 存储器到物理输出的写入操作

RUN
①将 Q 存储器写入物理输出
②将物理输入的状态复制到 1 存储器
③执行程序循环 OB
④执行自检诊断
⑤在扫描周期的任何阶段处理中断和通信

图 3-1　CPU 的启动和运行

3.3 S7-1200_CPU1215C DC/DC/DC

S7-1200 是 SIMATIC S7-1200 的简称,是一款紧凑型、模块化的 PLC,是可完成简单逻辑控制、高级逻辑控制、HMI 和网络通信等任务的控制器,是单机小型自动化系统的完美解决方案。SIMATIC S7-1200 系统有五种不同模块,分别为 CPU 1211C、CPU 1212C、CPU 1214C、CPU 1215C 和 CPU 1217C,其中的每一种模块都可以进行扩展,以满足系统需求。

根据 CPU 的供电电源的型号和数字量输出的类型,CPU 1215C 又可以分为 CPU 1215C AC/DC/RLY、CPU 1215C DC/DC/RLY、CPU 1215C DC/DC/DC 三种型号,以 CPU 1215C DC/DC/DC(如图 3-2 所示)型号为例,第一个“DC”表示

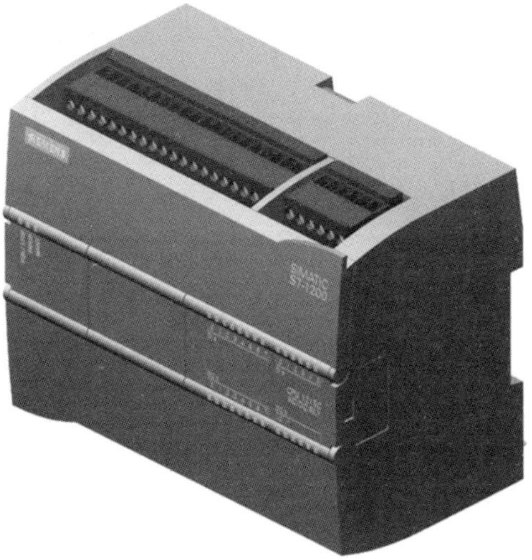

图 3-2　S7-1200——CPU1215C DC/DC/DC

该款型号 PLC 的供电电源为直流 24V，第二个“DC”表示 PLC 的数字量输入为晶体管型信号输入，且数字量输入只能是晶体管型，第三个“DC”表示 PLC 的数字量输出类型为晶体管型。而型号中的“RLY”表示数字量的输出类型为继电器型。不同的数字量输出类型对应不同的负载和带载能力。

CPU 1215C DC/DC/DC 工作存储器 125KB；24V DC 电源，板载 DI14 × 24VDC 漏型/源型，板载 DQ10 × 24VDC、AI2 和 AQ2；板载 6 个高速计数器和 4 路脉冲输出；信号板扩展板载式 I/O；多达 3 个可进行串行通信的通信模块；多达 8 个用于 I/O 扩展的信号模块；0.04ms/1000 条指令；2 个 PROFINET 端口，用于编程、HMI 和 PLC 间的数据通信。

3.4 PLC 编程基础

3.4.1 编程单位

如表 3-1 所示，PLC 编程单位为程序代码块，具体分为以下几类。

组织块 OB（Organization Block）：由操作系统调用，OB 间不可互相调用。OB 可调用子函数如 FB/FC。由程序循环组织块（扫描循环执行）、启动组织块（startup，启动时执行一次，默认编号 100）、中断组织块组成。

表 3-1 用户程序代码块

	组织块 OB	操作系统与用户程序的接口,架构用户程序
	功能块 FB	附加背景数据块的子程序
	功能 FC	不附加背景数据块的子程序
	背景数据块 DB	保存 FB 的输入、输出变量、静态变量
	全局数据块 DB	存储用户数据,所有代码块共享

功能块 FB(Function Block):子函数,内部含有静态变量,须附加背景数据块 DB,多数情况下需要多个扫描周期内执行完毕。

功能 FC(Function):子函数,一个扫描周期内执行完毕。

背景数据块 DB/全局数据块 DB(Data Block):存储全局静态数据。

各程序代码块的编程结构如图 3-3 所示。

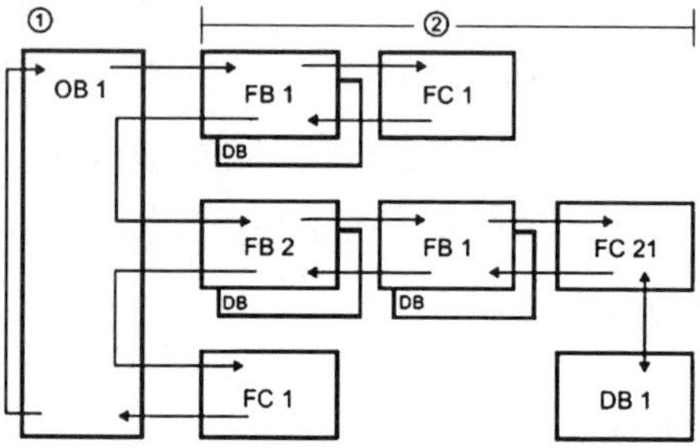

图 3-3 代码块的编程结构

3.4.2 编程语言

(1)梯形图(Ladder Diagram,LAD):类似继电器电路图,由触电、线圈和方框表示的指令框组成。特别适合于数字量逻辑控制,直观易懂。假想“能流”(Power Flow)自上而下,自左而右,如图 3-4 所示。

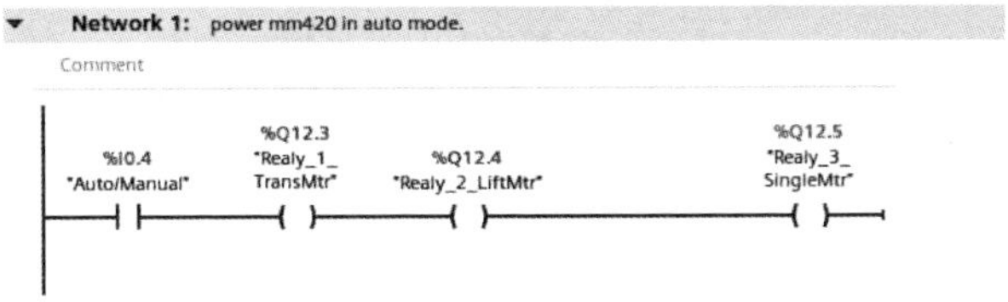

图 3–4　梯形图示例

(2)功能块图(Function Block Diagram,FBD):类似于输电的图形逻辑符号,用类似与或非门表示逻辑运算关系,如图 3–5 所示。

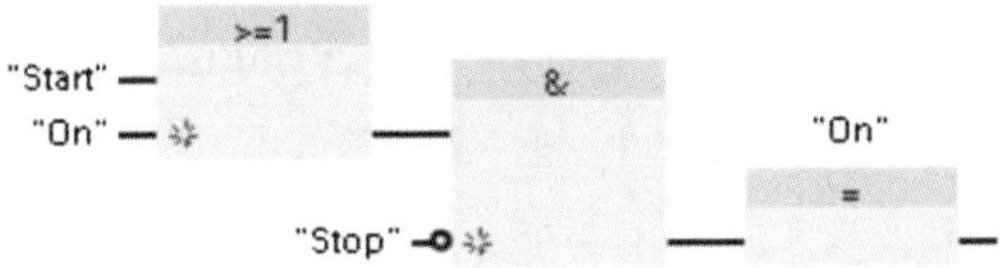

图 3–5　功能块图示例

(3)结构化控制语言(Structured Control Language):类似于 PASCAL、C 语言的简化版高级语言,如图 3–6 所示。它的语言功能强于图形语言,可读性也强于指令语言,适于编写算法复杂的程序,但不如图形语言直观。

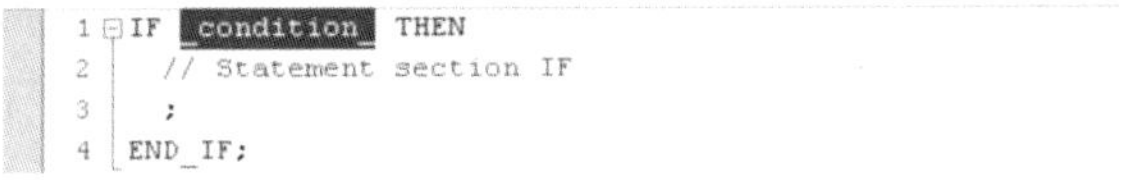

图 3–6　结构化控制语言示例

3.4.3 数据存储

过程映像输入(I):可按照位、字节、字、双字访问。I0.0,IB0,IW0,ID0。

物理输入(I:P):立即读取输入。

过程映像输出(Q):可按照位、字节、字、双字访问。Q0.0,QB0,QW0,QD0。

物理输出(Q:P):立即写输出。

位存储区(M):全局性的,可保持,用于存储操作的中间状态或其他控制信息,可按照位、字节、字、双字访问。

临时局部存储区(L):块的临时局部数据,CPU 运行时自行分配。

数据块(DB):可保持。

3.4.4 数据类型

用于指定数据元素大小以及解释数据。

(1)基础数据类型:Bool(1bit)、Byte(8bit)、Word(16bit)、Dword(32bit)、USint(8bit)、Sint(8bit)、Uint(16bit)、Int(16bit)、UDint(32bit)、Dint(32bit)、Real(32bit)、LReal(64bit)、Sturct、数组。

(2)时间和日期:Time(32 位 IEC 时间,T#1d_2h_15m_30s_45ms)、Date(16 位日期值,D#2009-12-31)、TOD (32 位日时钟值,TOD#10:20:30.400)、DT(64 位日期和时间值,DTL#2008-12-16-20:30:20.250)。

(3)字符和字符串:char(8bit 单个字符)、String(256 个 byte,存储最长 254 个字符),关于 String 特别说明如下,第一个字节存储最大字符串长度,第二个字节存储当前字符串长度,如表 3-2 所示。

表 3-2　String 数据类型示例

总字符数	当前字符数	字符 1	字符 2	字符 3	……	字符 11
1	3	‘C’(16#43)	‘A’(16#41)	‘T’(16#54)		
字节	字节 1	字节 2	字节 3	字节 4	……	字节 11

(4)PLC 数据类型:可自定义在程序中多次使用的数据结构。

(5)指针数据类型:pointer、any、variant(不占用存储器的任何空间)。

Any 示例:P#DB11.DBX20.0INT10(DB11 中从 DBB20.0 开始的 10 个字)。

Any 示例:P#M20.0BYTE10(从 MB20.0 开始的 10 个字节)。

Any 示例:P#I1.0BOOL1(输入 I1.0)。

数据片段访问有以下四种方式。

(1)按位访问:变量名称>".xn、"<数据块名称>".<变量名称>.xn。

(2)按字节访问:变量名称>".bn、"<数据块名称>".<变量名称>.bn。

(3)按字访问:变量名称>".wn、"<数据块名称>".<变量名称>.wn。

(4)AT 访问:以不同于原有变量数据类型的方式访问变量。如利用 arrayof bool 访问 byte 变量。

具体步骤如下。

(1)在待覆盖变量下方选择 AT 变量类型,编辑器随即创建该覆盖,如图 3-7 所示。

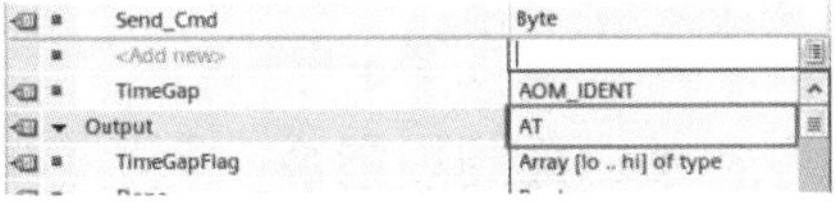

图 3–7　AT 覆盖(1)

(2)重命名 AT 变量名称,选择用于覆盖的新的数据类型、结构、数组,如图 3–8 所示。

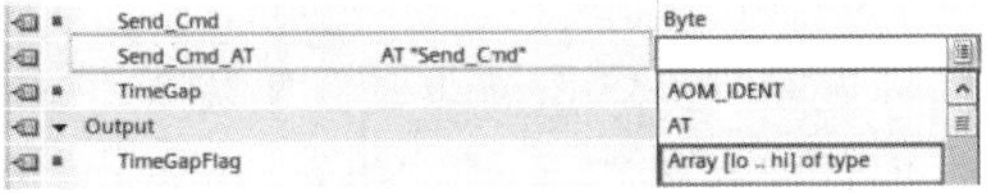

图 3–8　AT 覆盖(2)

3.5 编程准备

首先安装 STEP7 Basic/Profession TlA Portal(eg. V14)软件,通过 RJ–45 接口网线连接编程 PC 和 S7–1200(eg. 1215C/DC/DC/DC),向 S7–1200 以及其他模块供 DC24V 电源。

PLC 编程一般步骤如下。

(1)新建项目。

(2)组态硬件配置:特指硬件组态,指在设备和网络编辑器中生成一个与实际系统对应的虚拟系统,PLC 模块的型号、订货号、版本、安装位置、设备通信连接、参数配置都应当与实际硬件系统完全相同。

(3)编写用户程序。

(4)编译和下载至 S7–1200CPU。

(5)在线监测设备运行情况,调试修改。

3.6 注意事项

3.6.1 能流

能流流经某个具备 EN 和 ENO 的指令,并不一定代表该指令功能执行完成,只代表该扫描周期的扫描完成;只有算数运算、bool 变量操作等单扫描周期指令的 ENO 输出才代表该指令执行完成。

3.6.2 单扫描周期指令和多扫描周期指令

单扫描周期指令将在本扫描周期内执行完毕;单扫描周期指令的循环操作也在本扫描周期内完成;多扫描周期指令的 EN 或者 REQ 只使能一个扫描周期,某些指令将不能成功执行,例如大多数的通信指令。

3.6.3 能流与扫描

FB/FC 的 EN 端将为能流提供扫描通道、EN 端断路、能流无扫描通路,内部变量将不再刷新,即该函数不再执行;当 FB/FC 的 EN 端总是使能,Enable 输入断开,块内部仍有能流通路,相应变量会被扫描以致刷新。

如图 3-9 所示,FB12 内部的变量总会被扫描,而图 3-10 在 M3.0 或 DB_Valve.done 为 1 时,内部变量不会被扫描;相应的,前者 done 变量将被下一扫描周期置 0,而后者 done 置 1 后,将因能流不通不能扫描而自行保持。

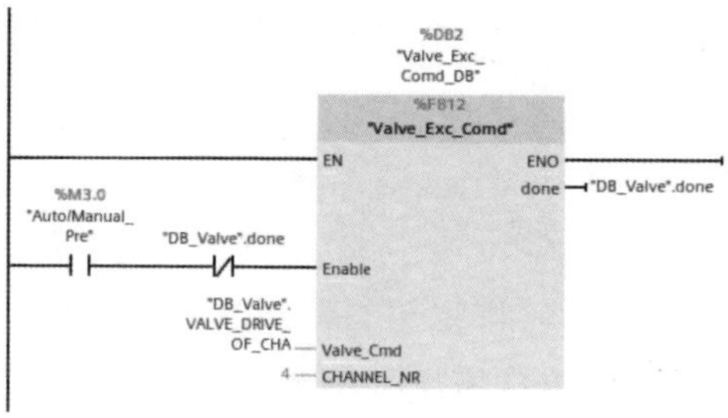

图 3-9　内部能流扫描

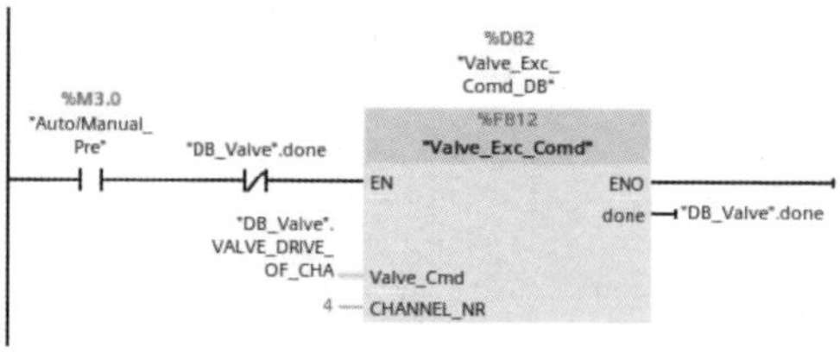

图 3-10　内部能流不扫描

3.6.4 变量赋值顺序

变量被多次赋值时的先后顺序很重要，因为变量的值总会被最后执行动作更新，前面的值将被覆盖。如图 3-11 所示，程序初衷为当接受响应完成时 ERR 置位，或响应超时 ERR 置位，这时程序是可以完成正常功能的。

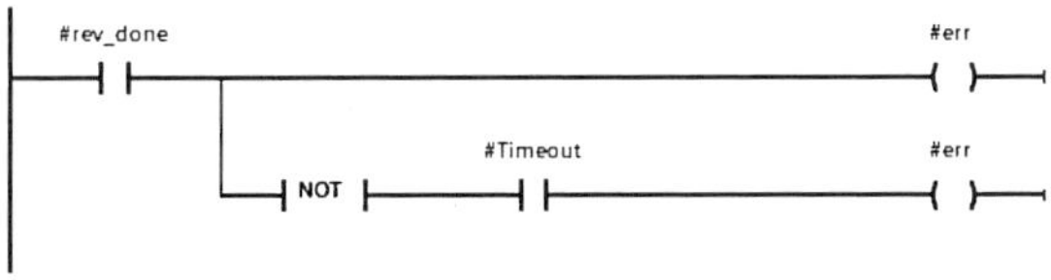

图 3-11　梯形图 1

但若二者互换，如图 3-12 所示，接收超时时，ERR 不会置位，因为 rev_done 为 0，ERR 被复位。

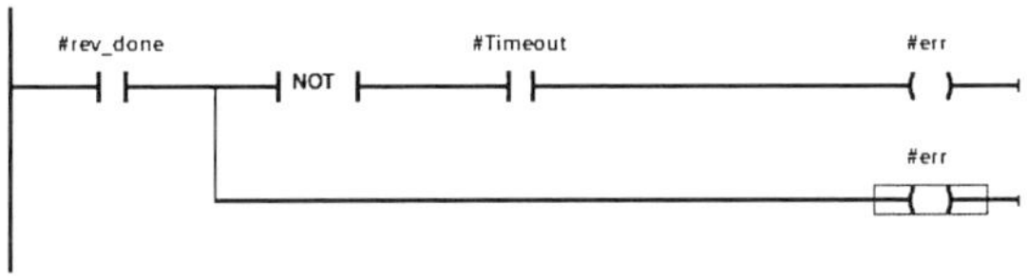

图 3-12　梯形图 2

3.6.5 FB 与 FC 的参数

- FB 块的输入输出形参存储于背景数据块中，在调用该 FB 时实参可选。
- FB 块的输入输出参数虽不是静态变量，但亦有保持功能，具体视程序而定。
- FC 块的输入输出参数是临时内存，必须指定实参才能运行。

FC 中的临时(Temp)变量也不会自动清零。

3.6.6 上升沿和下降沿的读取

单个扫描周期中，一个布尔变量的上升/下降沿只能读取一次。因为读取一次之后，其 Pre 变量已被立即刷新，所以后续的读取不能成功读到该变量的状态变化。

3.6.7 数组的使用

数组访问越界将导致 CPU 错误,ERR 灯闪烁。

使用数组索引时(例如 array[i])一定要初始化,上电时该变量内存为随机分配,不一定为 0。

3.6.8 SEND_PTP

EN 是使能该命令的能流,REQ 触发该命令的执行,上升沿和保持为 1 都只触发命令执行一次。

3.6.9 REV_PTP

使用自由口通信协议时,必须指定消息的开始和结束条件(Condition),保证正确、及时地发送和接收,否则会因非必要的延时而增大通信负载。RCV_CFG 命令用于配置消息开始和结束条件。

3.6.10 Message timeout/Response timeout

Message timeout 是指从接收到第一个字符起的等待时间,该时间超出后将不再接收消息;Response timeout 是指从传送结束到接收到第一个字符之间的时间,超出该时间将不再接收消息,视为消息结束。

3.6.11 STEP7 在线监控的刷新频率

STEP7 中的梯形图操作数、能流的监控特征色(蓝绿)以及监控表中的布尔变量的刷新频率有限,可能不能反映真实的实时运行状况,可借助一个累加器来监视程序的运行状态,如图 3-13 所示。

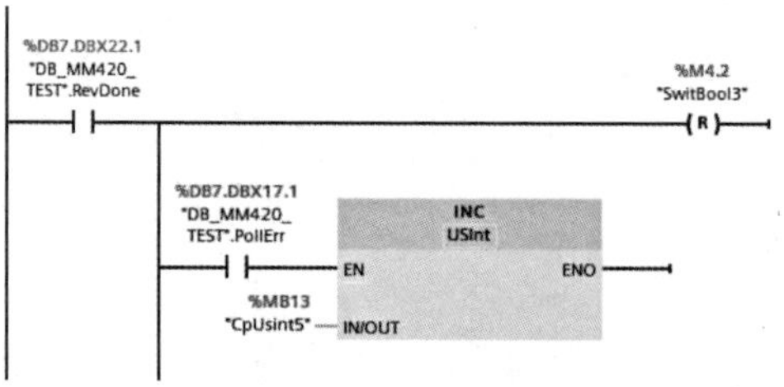

图 3-13　累加器监控程序

3.6.12 数组下标越界与数据类型

一数组共计 15 个元素，array[0..14]，执行队列先入先出操作，循环内判断索引是否大于 0，如图 3–14 所示。

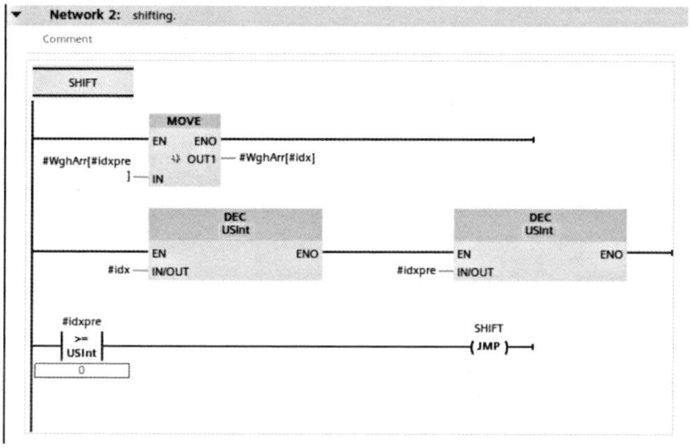

图 3–14　数组索引的错误判断

上图执行结果将为数组下表访问越界。因为索引的数据类型定义为 Usint，即无符号 8 位整数，值域为 0~255，当 idxpre 为 0 时，下一循环的 DEC 操作导致其变为 255 而非−1。所以，正确的做法是重设索引数据类型为 sint，或修改判断条件。

第 4 章

MODBUS 通信设置

4.1 PLC 硬件组态

新建一个 PLC 项目后，应当先设置硬件组态，硬件组态是项目程序编写的基础，PLC 组态硬件创建与配置的详细步骤如下。

(1)创建新项目：打开 TIA Portal 软件，点击启动，创建新项目，界面如图 4-1 所示。输入项目名称，默认版本号即可。

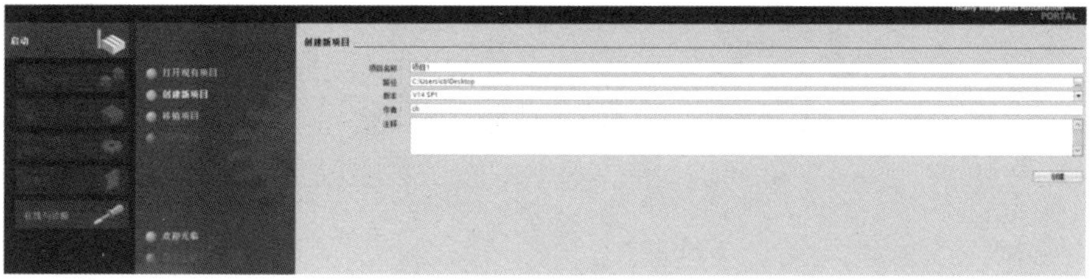

图 4-1　创建新项目界面

(2)组态硬件：进入项目视图→打开设备与网络界面，如图 4-2 所示。

(3)添加 PLC 硬件：订货号要保持一致，版本号必须为 V4.2，索引目录如图硬件目录-控制器-S71200-CPU-1215DC/DC/CD-1AG40→双击硬件或拖动硬件都可以实现添加，如图 4-3 所示。

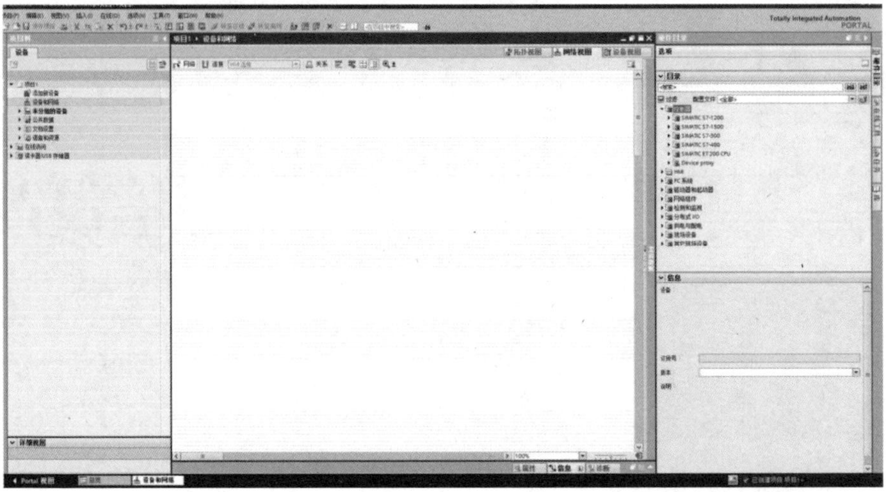

图 4–2　设备与网络界面

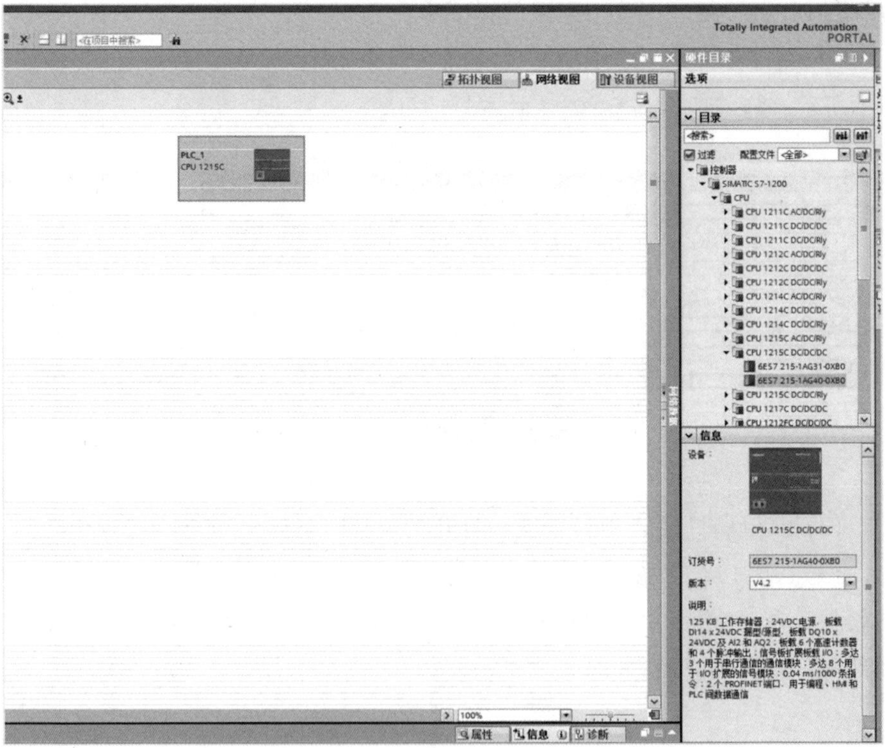

图 4–3　添加 PLC 硬件

(4)添加 IO 模块：按订货号添加 IO 模块，如图 4-4 所示。

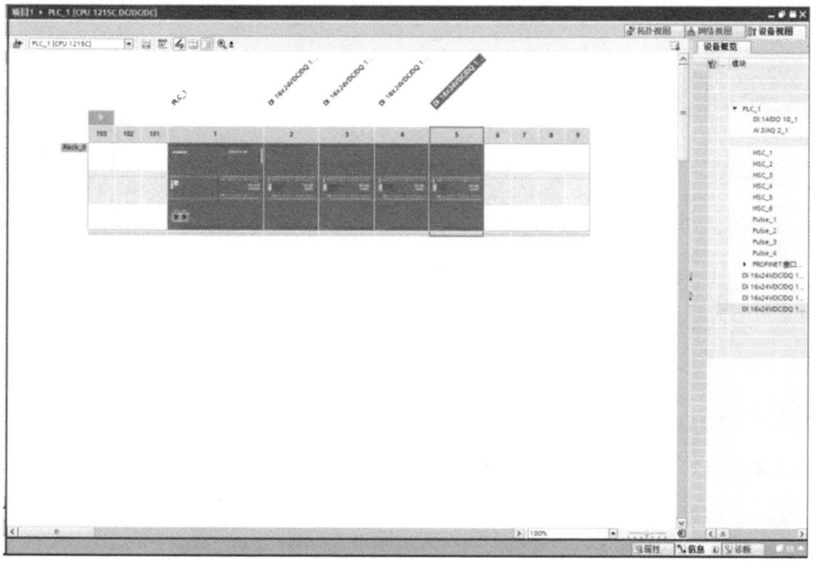

图 4-4　添加 IO 模块

(5)设置 IO 模块的起始地址：右击模块属性里的 IO 地址，将输入输出的起始地址依次设置为 2、4、6、8，如图 4-5 所示。

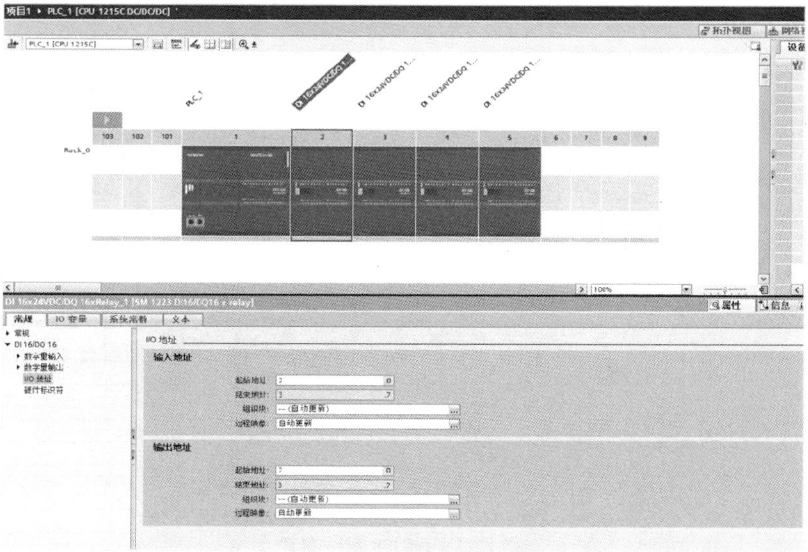

图 4-5　设置 IO 模块起始地址

(6)添加 HMI 的硬件组态,版本号需更改为 13.0.1.0,添加 RFID 硬件组态,模块型号选择 V4.4.0.X,如图 4-6 所示。

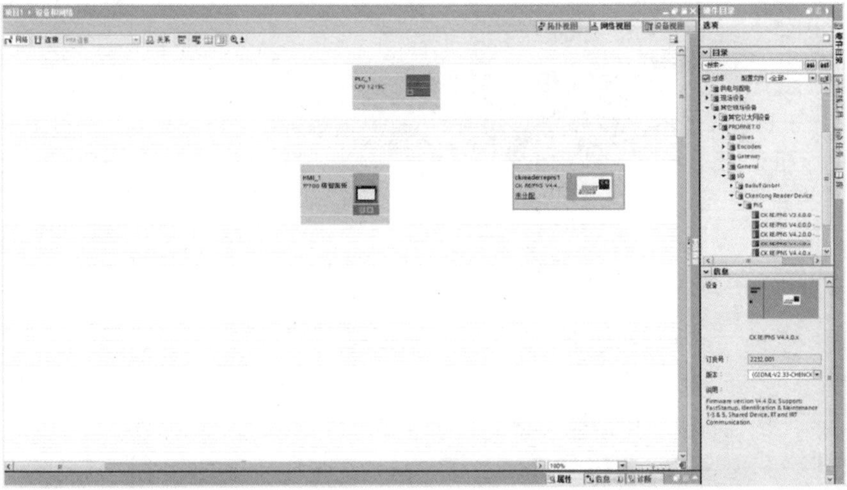

图 4-6　添加 HMI 和 RFID 硬件组态

(7)配置 RFID 硬件:双击进入 RFID 的设备视图中,添加一个输入模块(16bytesinput)、一个输出模块(16bytesoutput),检查输入输出地址为 68-83,如图 4-7 所示。

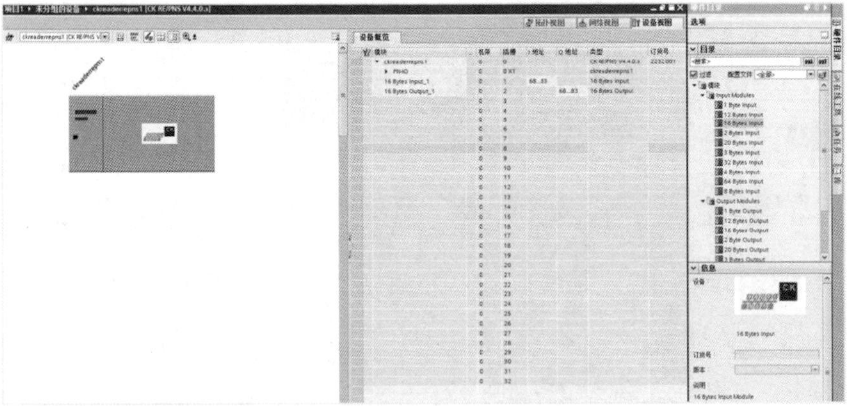

图 4-7　RFID 参数配置

(8)网络连接:双击硬件的绿色网口或者右击设备选择属性,依次设置 PLC、HMI、RFID 的 IP 地址,通过绿色网口的拖拽实现网络的连接,如图4-8所示。

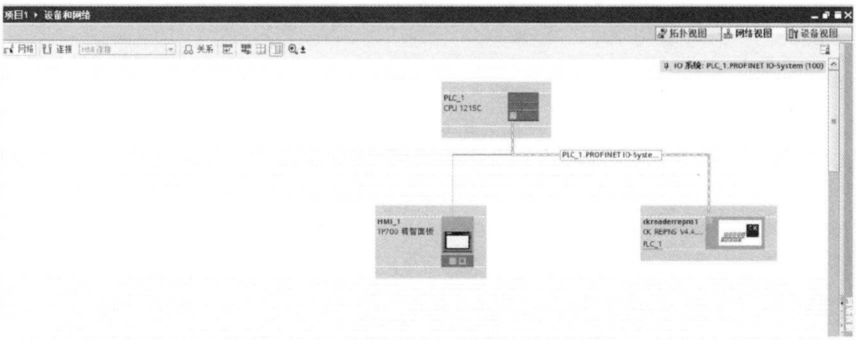

图 4-8　网络连接

(9)设置 PLC 的功能参数:勾选系统储存器位和时钟储存器位,如图 4-9 所示。

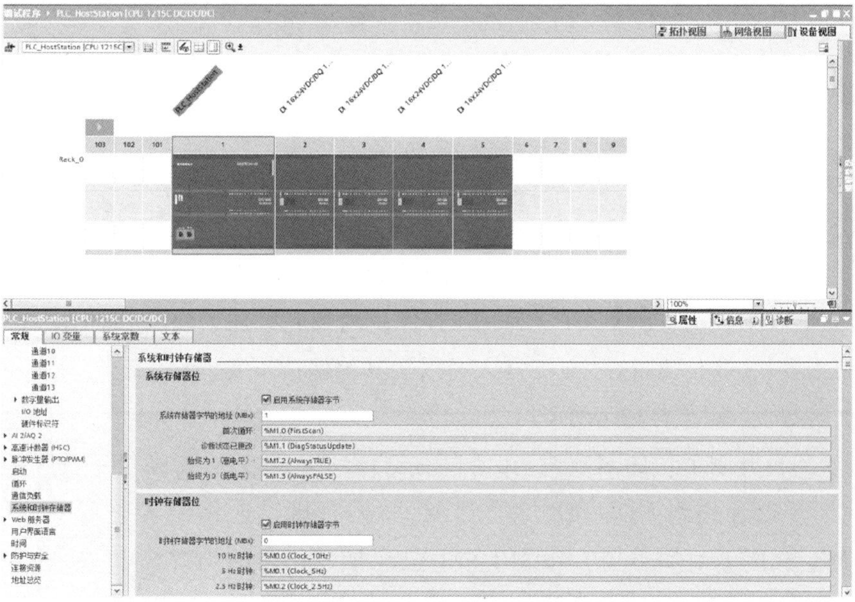

图 4-9　设置 PLC 功能参数

(10)设置 PLC 的连接机制:勾选“允许远程的通信访问”,不勾选机器人的通信将无法建立,如图 4-10 所示。

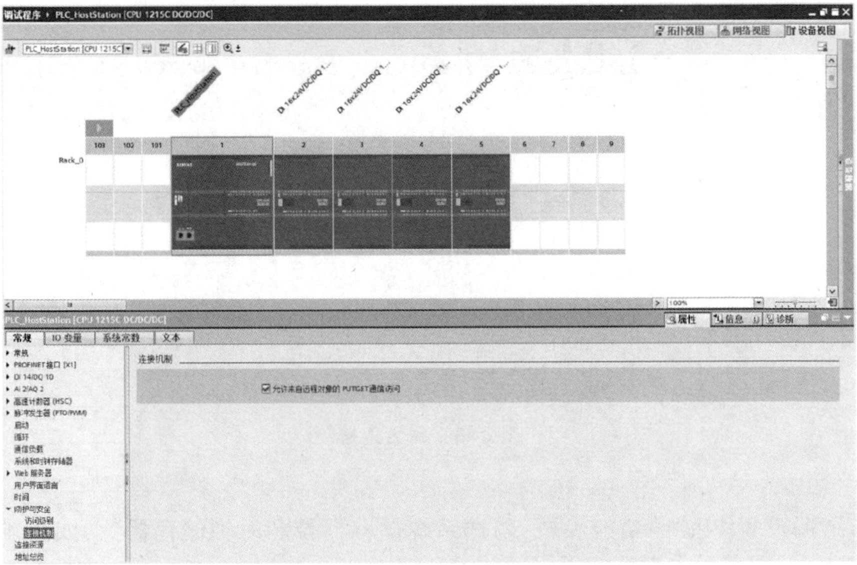

图 4-10　设置 PLC 连接机制

4.2 创建 MODBUS 通信块

(1)选择新添加的 CPU1215C DC/DC/DC 控制器,右键→打开 PLC“属性”,点击常规→以太网地址,设置 IP 地址为 192.168.8.103,如图 4-11 所示。

(2)再次确认连接机制处对“允许来自远程对象的 PUT/GET 通信访问”进行勾选,在项目树立找到 S7_1200,在程序块内找到添加新块,在添加块界面,找到函数块,名称为“PLC 与机器人通信”,其他保持不变,点击确定,程序块将添加函数块,如图 4-12 所示。

(3)打开刚创建的函数块,在窗口右侧找到指令选项,在通信里找其他选项,打开折合找到 MODBUS TCP 选型,我们将机器人作为客户端,所以选择 MB_SERVER(服务器),将 MB_SERVER 拖进创建的函数块中,如图 4-13 所示。

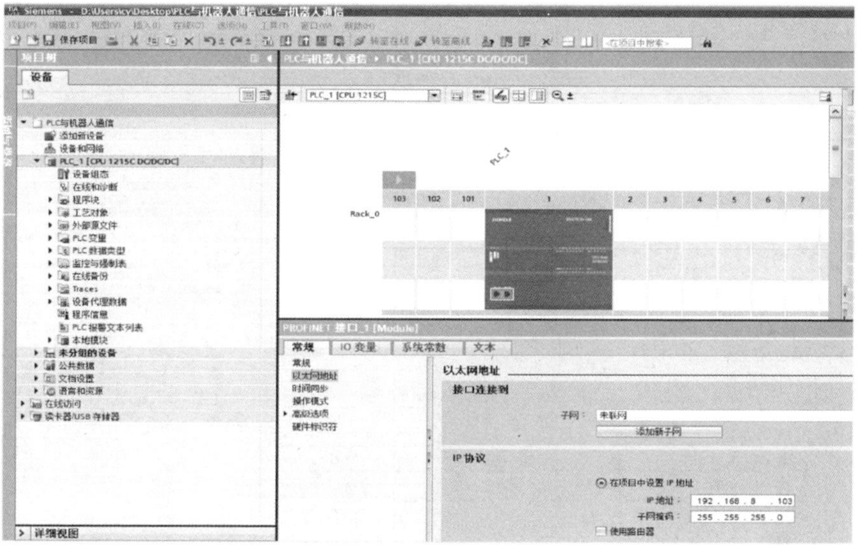

图 4-11　IP 地址配置界面

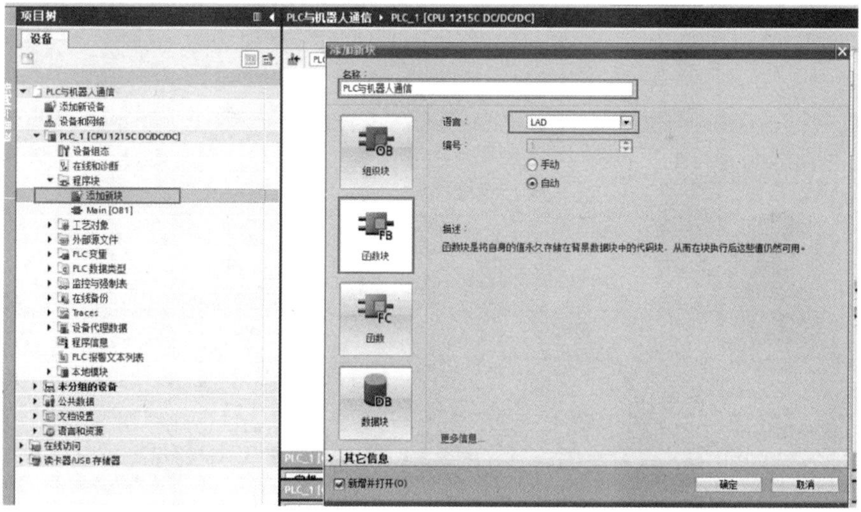

图 4-12　添加函数块

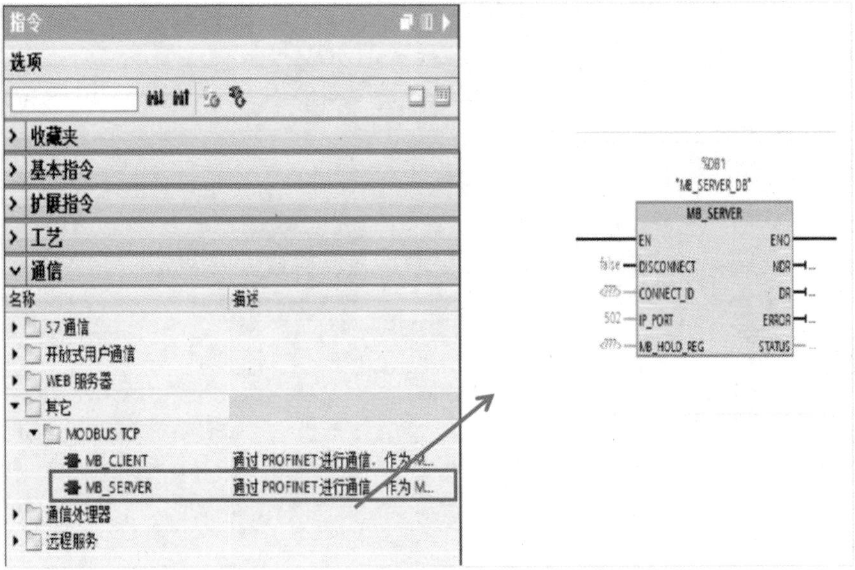

图 4-13　添加 MB_SERVER

(4)在添加程序中建立名称为“PLC 与机器人数据”的数据块，如图 4-14 所示。

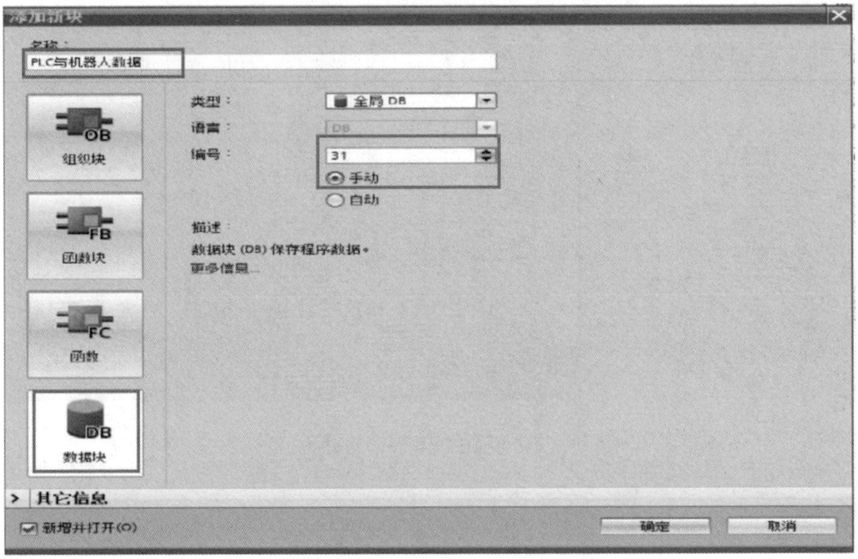

图 4-14　添加数据块

(5)鼠标右击“PLC 与机器人数据”,打开属性对话框,去掉“优化的块访问”复选框,如图 4–15 所示。

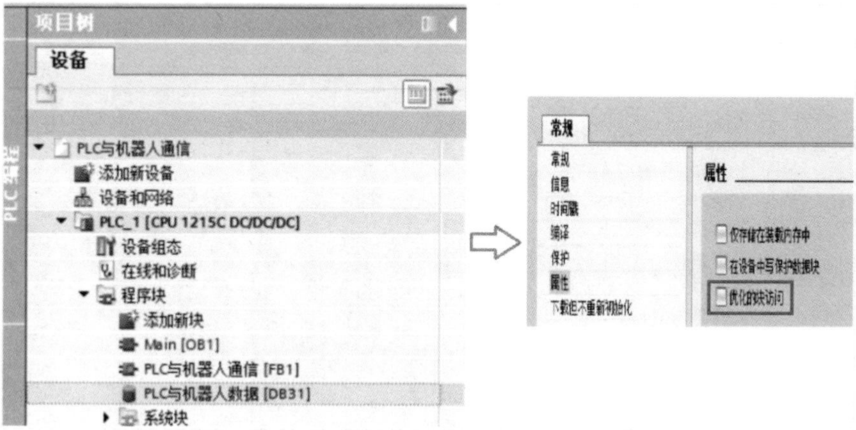

图 4–15　添加数据块

(6)鼠标左键双击“PLC 与机器人数据”,打开数据块设置对话框,添加 PlcToRobot、RobotToPLC、RobotToInfo 三个数据结构,如图 4–16 所示。

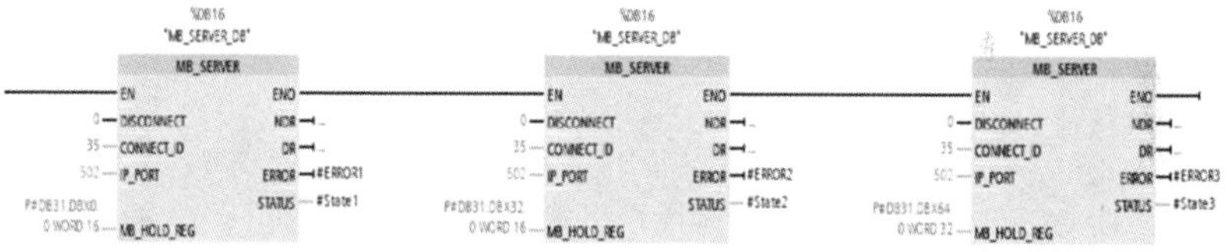

图 4–16　设置数据块

4.3 机器人通信表

(1)设置 PlcToRobot 变量表,如图 4–17 所示。

(2)设置 RobotToPLC 变量表,如图 4–18 所示。

(3)设置机器人状态数据 RobotToInfo 变量表,如图 4–19 所示。

PLC与机器人数据

	名称	数据类型	起始值	保持	可从 HMI/...	从 H...	在 HMI ...	设定值
1	▼ Static			☐	☐	☐	☐	☐
2	▼ PlcToRobot	Struct		☐	☑	☑	☑	☐
3	RbtControlCmd	Int	0	☐	☑	☑	☑	☐
4	RbtTeachNo	Int	0	☐	☑	☑	☑	☐
5	RfdRWDone	Int	0	☐	☑	☑	☑	☐
6	SwapHand	Int	0	☐	☑	☑	☑	☐
7	WpType	Int	0	☐	☑	☑	☑	☐
8	WpGetOutType	Int	0	☐	☑	☑	☑	☐
9	StoreRow	Int	0	☐	☑	☑	☑	☐
10	StoreColn	Int	0	☐	☑	☑	☑	☐
11	LatheChuckState	Int	0	☐	☑	☑	☑	☐
12	CncChuckState	Int	0	☐	☑	☑	☑	☐
13	LatheSafe	Int	0	☐	☑	☑	☑	☐
14	CncSafe	Int	0	☐	☑	☑	☑	☐
15	StoreWpExis_1	Int	0	☐	☑	☑	☑	☐
16	StoreWpExis_2	Int	0	☐	☑	☑	☑	☐
17	RfdReadOrWrite	Int	0	☐	☑	☑	☑	☐
18	RbtRemoteCmd	Int	0	☐	☑	☑	☑	☐

图 4–17　设置 PlcToRobot 变量表

3	▼ RobotToPlc	Struct		☐	☑	☑	☑	☐
4	RbtCurrentState	Int	0	☐	☑	☑	☑	☐
5	RfdRWReady	Int	0	☐	☑	☑	☑	☐
6	HandStateA	Int	0	☐	☑	☑	☑	☐
7	HandStateB	Int	0	☐	☑	☑	☑	☐
8	—Reserve_3	Int	0	☐	☑	☑	☑	☐
9	RbtCurRow	Int	0	☐	☑	☑	☑	☐
10	RbtCurColn	Int	0	☐	☑	☑	☑	☐
11	LatheChuckOpt	Int	0	☐	☑	☑	☑	☐
12	CncChuckOpt	Int	0	☐	☑	☑	☑	☐
13	CncChuck2Clean	Int	0	☐	☑	☑	☑	☐
14	—Reserve_5	Int	0	☐	☑	☑	☑	☐
15	—Reserve_6	Int	0	☐	☑	☑	☑	☐
16	—Reserve_7	Int	0	☐	☑	☑	☑	☐
17	—Reserve_8	Int	0	☐	☑	☑	☑	☐
18	—Reserve_9	Int	0	☐	☑	☑	☑	☐
19	—Reserve_10	Int	0	☐	☑	☑	☑	☐

图 4–18　设置 RobotToPLC 变量表

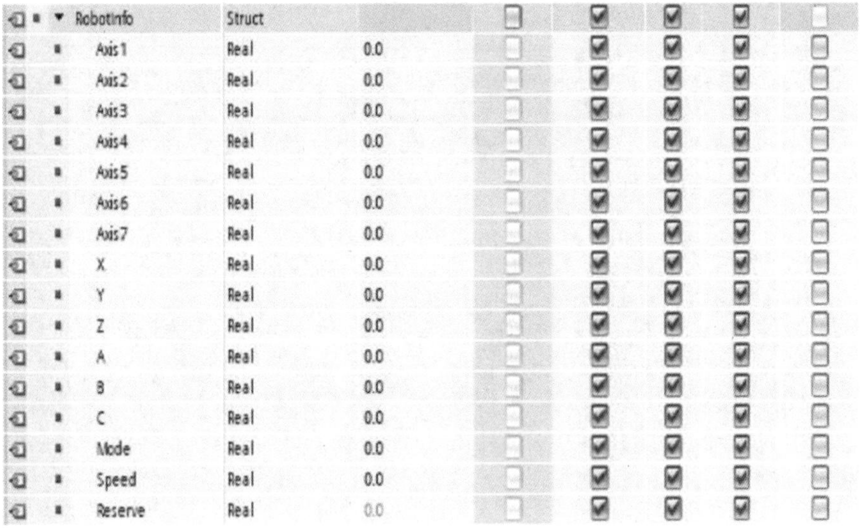

图 4–19　设置 RobotToInfo 变量表

4.4 RFID 配置

4.4.1 RFID 读写器配置

(1)使用 POE 交换机连接 RFID 读写器,打开 RFID 配置软件 ConfigNet-Reader.exe,如图 4–20 所示,选择网卡,多网卡的电脑须注意对应所接的网卡,网卡名如“Network adapter Realtek PCIe GBE Family…”,点击“选择网卡”,再点“扫描设备”。选择 IP 设备后点“连接”,软件加载出产品名、版本号、程序日期。

(2)点击左侧“配置读卡器”按钮,弹出如图 4–21 所示配置界面。根据需要调整内存大小,例如默认是 16 字节。注意这里必须选择跟后面配置 PLC 一致的读卡模式:正常读,即需要发送命令才读数据,如左图所示;自动读模式:上电后会根据配置“地址、数量”读数据,如右图所示。

(3)点击“读写卡”测试读写卡功能,选择操作模式→卡片地址→操作数量,点“执行”修改相应的输出刷新时间,如图 4–22 所示。

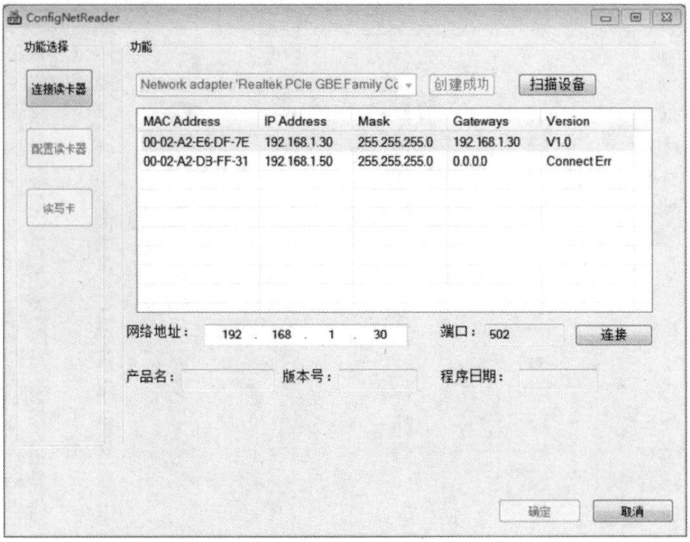

图 4-20　RFID 配置软件界面

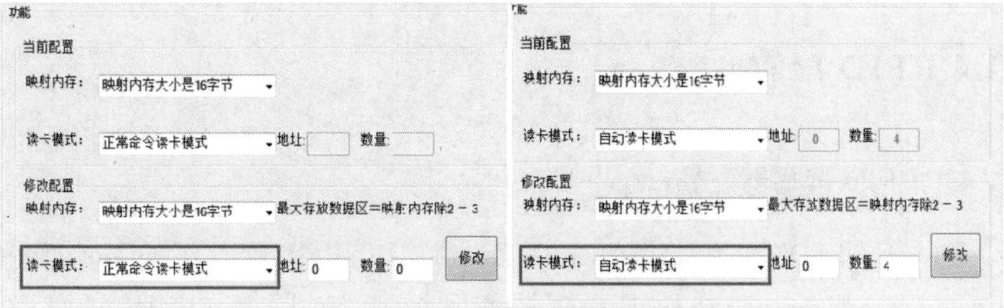

图 4-21　读卡器配置界面

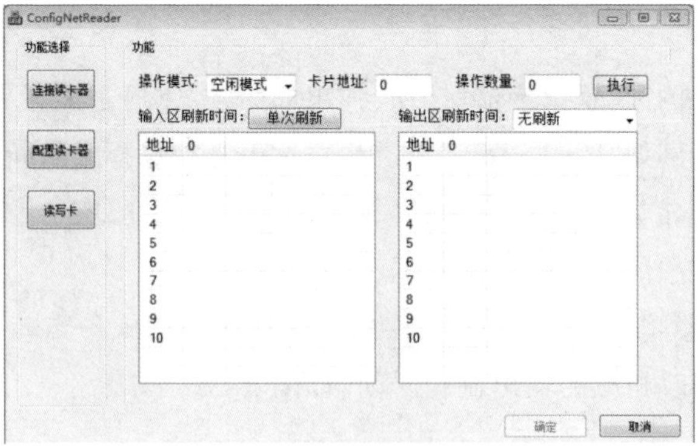

图 4-22　配置读写器

4.4.2 设置工程参数

(1)安装 GSD 文件：打开 TIA Portal 软件，点击“选项—管理通用站描述文件(GSD)”，选择 RFID 读卡器的 GSD 文件并点击安装，如图 4-23 所示。

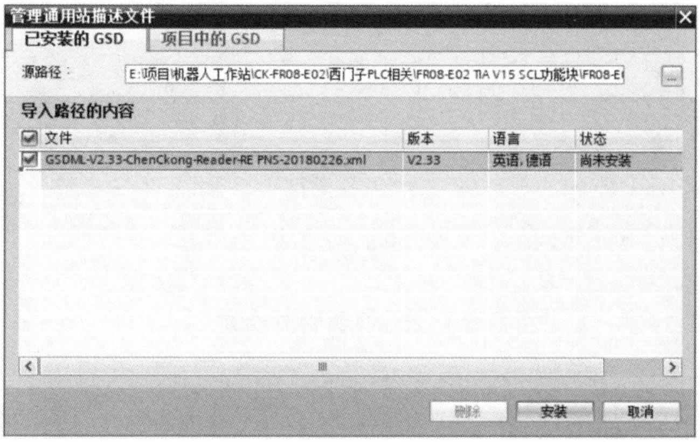

图 4-23　安装 GSD 文件

(2)打开 TIA Portal 软件左侧项目树，在“设备和网络管理”选项中找到“CkenKong Reader Device”，单击“CKRE/PNSV4.4.0.X”，如图 4-24 所示。

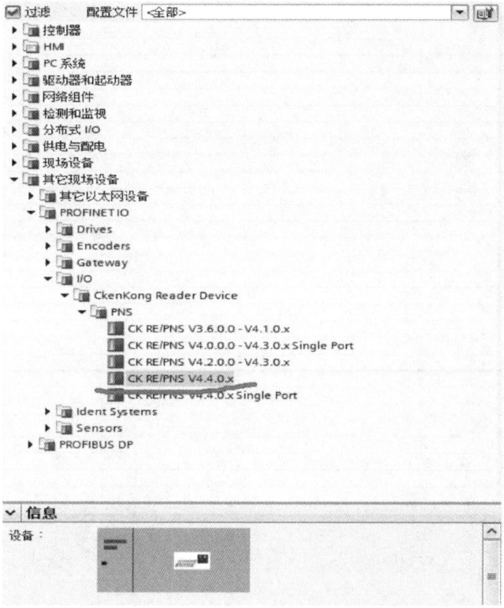

图 4-24　RFID 读写器位置

(3)新添加的 RFID 读写器其网络视图显示如图 4-25 所示，双击读卡器图标可修改命名，如“ckreaderrepns1”，如果有多个读卡器，则修改为“ckreaderrepns1”，“ckreaderrepns2”，“ckreaderrepns3”，以此类推。注意命名不能使用特殊字符，如“@！ # _ % ^ & *”。

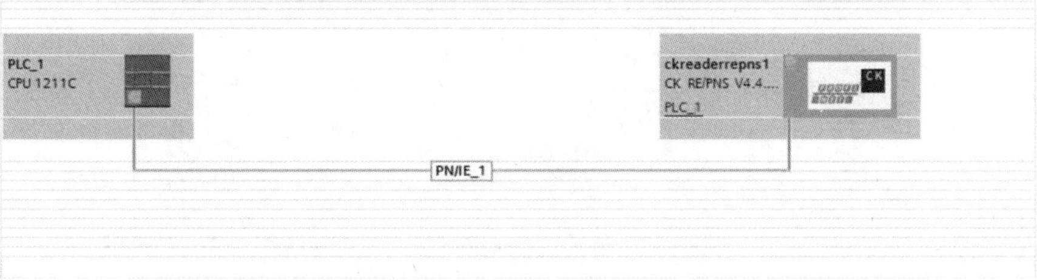

图 4-25　网络视图界面

(4)右击读写器图标，在右键菜单内选择“属性”选项，对读写器进行 IP 地址配置，如图 4-26 所示。

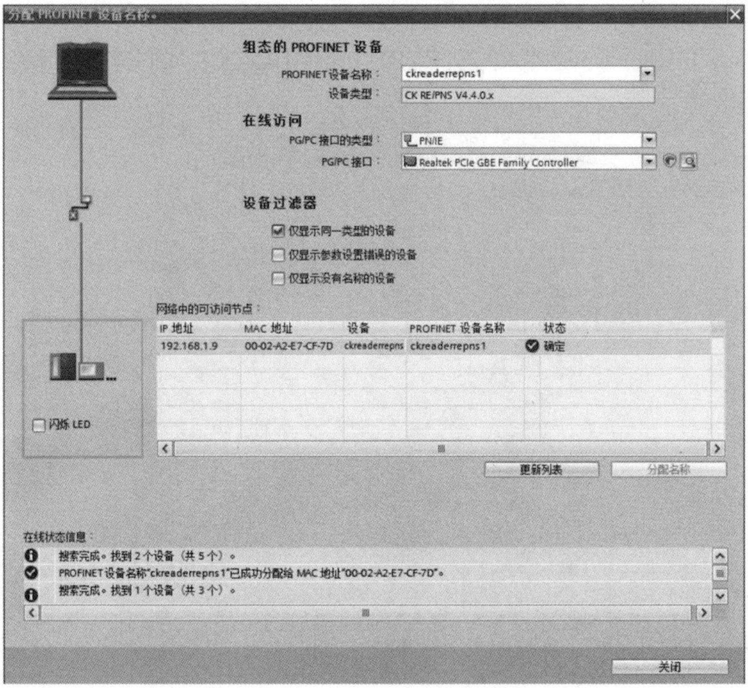

图 4-26　读写器参数配置

(5)配置映射内存,进行字节配置,如图 4–27 所示,为 16 字节输出的地址配置。

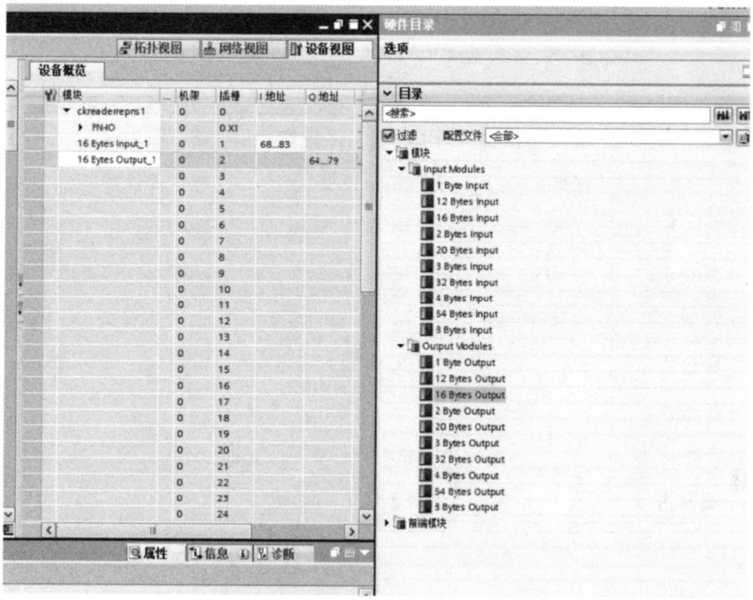

图 4–27　配置映射内存

(6)图 4–28 所示,为两个 64 字节的配置示例,需要注意:字节地址起止的数量需与设置相匹配。

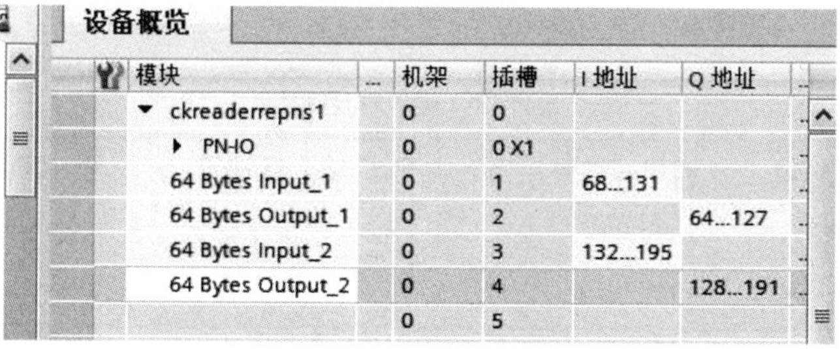

图 4–28　配置映射内存

(7)最后,下载程序到 PLC,连接成功后读卡器电源绿灯亮,配置完成。

4.4.3 读卡操作

以 I68 和 Q64 为例进行读卡操作,以表 4–1 的配置为例:输入区为 I68 开始和输出区 Q64 开始。QW64 等于卡片地址、QW66 等于操作长度、QW68 等于操作命令，如读 UID：QW64=0、QW66=4、QW68=3，延时 20 毫秒后读 IW72，如果为 1 则读数据（IW74–IW80）并保存。

表 4–1　输入输出地址

PLC 输出区地址	输出区内容	PLC 输入区地址	输入区内容
QW64，卡片地址	16#04	IW68 系统信息	具体看版本
QW66，操作长度	16#04	IW70 操作状态	16#03xx
QW68，操作命令	16#03	IW72 操作成功标志	16#01（OK）或者 16#00
QW70，写数据内容	读操作无效	IW74 读到的数据	卡片的数据，不同卡片内容不同
QW72，写数据内容		IW76 读到的数据	
QW74，写数据内容		IW78 读到的数据	
QW76，写数据内容		IW80 读到的数据	
QW78，写数据内容		IW82 读到的数据	

4.4.4 写卡操作

以 I68 和 Q64 为例进行写操作，以表 4–2 的配置为例：输入区为 I68 开始和输出区 Q64 开始。QW64 等于卡片地址、QW66 等于操作长度、QW68 等于操作命令，如写数据：QW7–QW76 填充数据、QW64=4、QW66=4、QW68=6，延时 2 毫秒后读 IW72，如果为 1 则写数据成功。

表 4–2　输入输出地址

PLC 输出区地址	输出区内容	PLC 输入区地址	输入区内容
QW64，卡片地址	16#04	IW68 系统信息	具体看版本
QW66，操作长度	16#04	IW70 操作状态	16#3xx
QW68，操作命令	16#03	IW72 操作成功标志	16#1（OK）或者 16#00
QW70，写数据内容	写数据内容如操作长度为 4QW70–76 有效	IW74 读到的数据	写操作无效
QW72，写数据内容		IW76 读到的数据	
QW74，写数据内容		IW78 读到的数据	
QW76，写数据内容		IW80 读到的数据	
QW78，写数据内容		IW82 读到的数据	

第 5 章

工业机器人

在智能制造切削单元系统中，工业机器人除拥有6轴工业机器人本体、机器人控制柜及示教器外，还有第7轴工业机器人行走导轨，末端两个夹角为90°的夹具，以及安装在末端的RFID读卡器。行走轴作为工业机器人的扩展轴，同样是通过机器人示教器进行控制，其控制与示教方式与工业机器人的1~6轴相同。两个夹具分别定义为手爪A和手爪B，可以同时进行下料和上料，从而提高机器人的工作效率。RFID读写器与PLC连接，根据指令对各仓位工件的状态进行读写。

5.1 机器人示教器

5.1.1 示教器界面

示教器上设置有机器人示教和编程所需的操作键和按钮，其正反面结构如图5-1所示。

5.1.2 示教器按键功能

机器人示教器按键功能介绍，详见表5-1。

机器人示教器屏幕右上角是"状态显示条"，如图5-2所示。

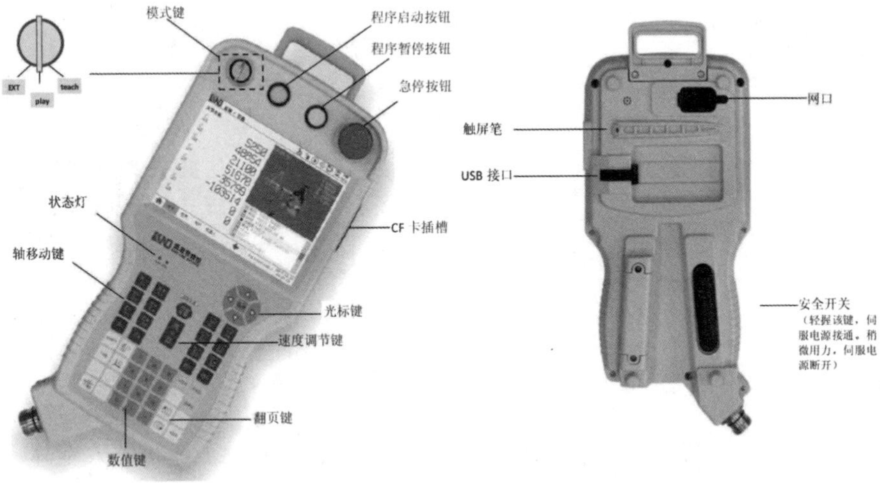

图 5–1　机器人示教器

表 5–1　示教器按键功能表

名称	功能
急停	按下该键,伺服电源切断。 • 切断伺服电源后,示教编程器的“伺服接通”灯灭。 • 显示屏状态栏显示“急停状态”。
暂停	按下该键,运动中的机器人暂停运动。 • 该按键响应所有模式。 • 按下该键,机器人保持暂停状态,直到得到下一个开始指示为止。
开始	按下该键,机器人开始再现运动。 • 只在再现模式下生效。 • 报警或暂停、模式切换等会停止再现运动。
模式	该按键若旋转到(TEACH),则为示教模式。用示教器可以进行轴操作或编程作业。 该按键若旋转到(PLAY),则为再现模式。可再现示教过的程序。 该按键若旋转到(EXT),则为扩展模式,暂未使用。
安全开关	按下该键,伺服电源接通。 • 模式键在(EACH)时,轻轻按安全开关,可接通伺服电源。能够听见控制柜有接触器吸合的声音,在该状态下,若用力握安全开关,伺服电源断开。

续表

名称	功能
伺服准备	按下该键,伺服电源接通有效。 • 当伺服电源由于急停被切断后,请使用该键使伺服电源接通有效。 • 按下该键 1.再现模式,在安全门关闭的情况下,私服电源被接通。 2.伺服电源接通期间,伺服接通指示灯亮。
速度高低调节	共用示教模式下的手动速度、试运行速度、再现模式下程序再现速度调节按键 • 手动速度修改:设定机器人轴操作速度。 手动速度有低、中、高及微动可供选择。 选定速度在显示屏状态显示区域显示。 每按一次(高)键,按照微动—低—中—高顺序变化。 每按一次(低)键,按照高—中—低—微动顺序变化。 • 试运行倍率修改:先用(SHIFT)+(高)或(低)组合键进入试运行倍率修改状态,再使用(高)、(低)键修改试运行速度倍率,然后使用(SHIFT)+(高)或(低)组合键,即可退出试运行倍率修改状态,回到手动速度调节状态。调节宽度在 10%~150%。(也可在“设置”—“其他”页面调节。) • 再现程序速度修改:调节再现速度,不会改变手动、试运行速度状态,其调节变化在显示屏状态显示区域显示。调节宽度在 10%~150%。
光标、选择键	光标、选择键: • 上、下、左、右移动光标位置,如果是可修改框,在下拉菜单区域,进行菜单项目的选择。 • (选择)键,起到“回车”功能的作用。
切换通道	该键用来切换另一个机器人通道。 切换成功后,状态显示区机器人控制组状态图标相应改变,之后的操作只对该控制组生效,不会对另一个通道产生影响。
坐标系示教	轴操作时,用该键选择动作时的坐标系。 可在关节、世界、工具、用户和机器人 5 种坐标系中选择。该键每按一次,坐标系按照以下顺序变化:关节—世界—工具—用户—机器人。
TAB	窗口切换键: 在多画面显示时,若按该键,活动窗口按顺序进行切换。
SHIFT	与该键同时按,可使用其他功能。 可与 SHIFT 键同时按的键有:(高)/(低)、数值键,同时使用的功能请参阅各键说明。

续表

名称	功能
RESET	复位键: • 在特殊或紧急情况下,按复位可停止机械手动作,光标同时返回到首行。 • 可清除信息页面的报警内容。
试运行	可将示教过的程序点作为连续轨迹确认。 • 需要在示教模式下。 • 机器人按照示教速度运行。但是,示教速度若超过示教的最高速度,以示教最高速度运行。 • 在连续运行中若松开(JOG)键,机器人则停止运行。
前进	只在按住该键期间,机器人按示教程序点的轨迹运行。 • 需要在示教模式下。 • 执行移动命令与非移动指令。 • FWD 运行类型可在(设置)/(其他)页面进行设置。 • 开始移动到下一步时,需要重新按该(FWD)键。

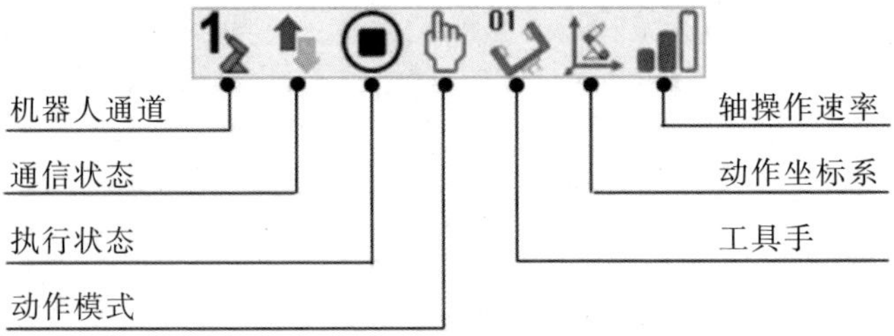

图 5-2　示教器状态显示条

状态显示条上各图标的详细介绍如下。

(1)机器人通道:用于选择可操作轴组,当系统带多台机器人时,则显示当前可进行轴操作的控制轴组,如 。

(2)通信状态: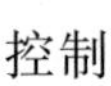 ,指示教器与控制系统的通信状态,分别代表连接正常和连接失败。点击通信状态图标,弹出通信窗口,如图 5-3 所示。可手动输入 IP 地址,点击“连接”即连接到控制器,点击“断开”即断开连接。

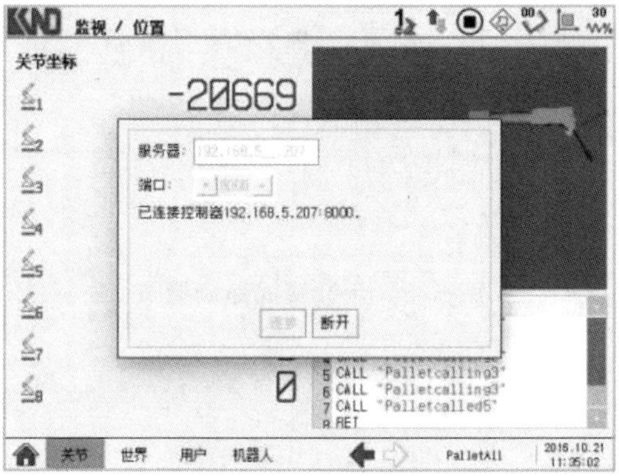

图 5-3　通讯设置窗口

(3)执行状态：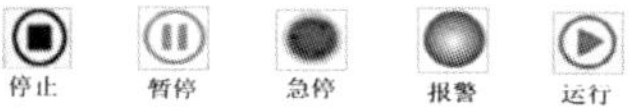

，机器人运行状态，分别代表停止、暂停、急停、报警、运行。

(4)动作模式：

，分别代表示教模式、再现模式。

(5)动作坐标系：

，显示当前所选择坐标系，点击图标可进行坐标系切换。

(6)手动速度：手动模式，有 4 档速度倍率，可按“高”或“低”键调节轴移动操作的速度，如图 5-4 所示。

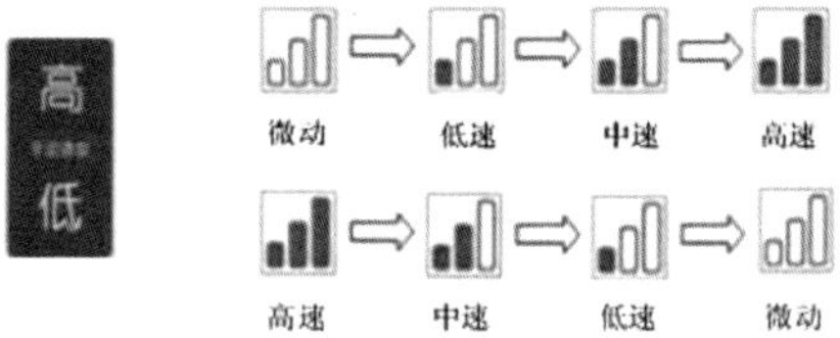

图 5-4　速度调节示意图

(7)倍率调节，通过“高”“低”按键，可进行以下 3 种操作时的倍率调节。

- 示教模式时轴移动倍率：如图 5-5 所示。
- 示教模式时试运行倍率(JOG，FWD，BWD)：

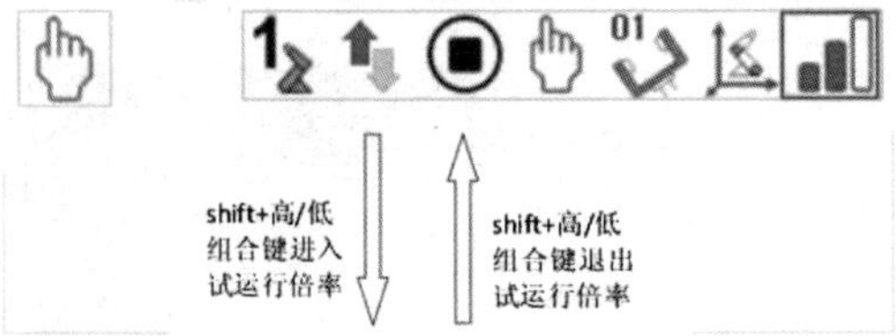

图 5–5　示教模式速度调节

• 再现模式时自动执行程序倍率：

5.1.3 机器人工作模式

模式有示教模式(TEACH)、再现模式(PLAY)、扩展模式(EXT)3 种，其对应位置如图 5–6 所示。其中(EXT)模式暂未使用。

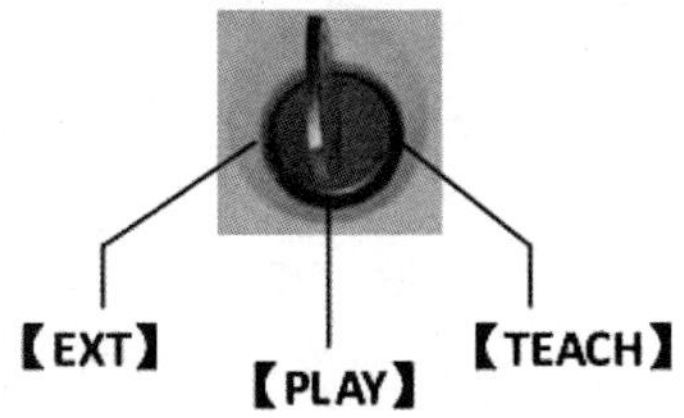

图 5–6　工作模式档位

(1)示教模式(TEACH)：若需程序编辑或者对已加载的程序进行修改，要在示教模式下进行。另外，进行各种特性文件和各种参数设定也要在该模式下进行。示教模式下不能进行以下操作。

• (START)按钮不能进行再现操作。

• 不能用外部输入信号进行操作。

(2)再现模式(PLAY)：机器人再现程序时使用的模式。

5.2 机器人操作指令

机器人操作指令包括运动指令、设置指令、I/O 指令、控制指令、操作指令、系统指令、运算符等，详细指令说明如下。

(1)运动指令:工业机器人运动指令包含运动类型、位置指示符号、位置数据类型、移动速度、定位类型、动作附加指令等。工业机器人在空间进行运动主要有三种方式,即关节运动(MOVJ)、线性运动(MOVL)、圆弧运动(MOVC)。运动指令参数详见表 5-2。

• MOVJ 指令:关节运动是在对路径精度要求不高的情况下,机器人的工具中心点 TCP 从一个位置移动到另一个位置, 两个位置之间的路径不一定是直线,有弧线的感觉,运动范围大,运动周边有障碍物时慎用。

• MOVL 指令:机器人以线性移动方式运动至目标点,当前点与目标点两点之间的轨迹为一条直线,在运动过程中可能出现奇异点,一般机器人周边有障碍物需要避障时使用线性运动指令。

• MOVC 指令:圆弧运动指令是在机器人可到达的空间范围内定义三个位置点,第一个点是圆弧的起点,第二个点用于限定圆弧的曲率,第三个点是圆弧的终点。

表 5-2 运动指令表

MOVJ	功能	以关节插补方式向示教位置移动	
	添加项目	位置数据	
		VJ=(再现速度)	VJ:0%~100%
		PL=(定位等级)	PL:0~8
		NMTCON	
		ACC=(加速度调整比例)	ACC:
		DEC=(加速度调整比例)	DEC:
		IMOV(增量运动)	
	使用示例	MOVJPOOOOVJ=5PL=4	
MOVL	功能	以直线插补方式向示教位置移动	
	添加项目	位置数据	
		V=(再现速度) VR=(姿态的再现速度) VE=(外部轴的再现速度)	V:mm/s VR:deg/s VE:
		PL=(定位等级)	PL:0~8
		NMTCON	
		ACC=(加速度调整比例)	ACC:
		DEC=(加速度调整比例)	DEC:
	使用示例	MOVLPOOO1V=1200PL=3	

续表

MOVC	功能	以圆弧插补方式向示教位置移动	
	添加项目	位置数据	
		V=(再现速度) VL=(姿态的再现速度) VE=(外部轴的再现速度)	VJ:0%~100% VR:deg/s VE:0%~100%
		PL=(定位等级)	PL:0~8
		NMTCON	
		ACC=(加速度调整比例)	ACC:
		DEC=(加速度调整比例)	DEC:
		CST(下一个七点)	
	使用示例	MOVCPOOO2V=200	
NOP	功能	空操作:	
	说明	空操作指令通常用在程序开始: 编程设计时,某些未实现详细设计的模块也可以先用 NOP 占用一个语句行	
END	功能	程序结束:	
	说明	END 指令结束本任务,END 之后的指令将无效	

(2)设置指令:用于工业机器人的基本功能、状态变量、参数功能等的设置,例如工具、坐标系、速度、加速度和区域等的设置,指令及其参数详见表 5-3。

表 5-3　设置指令表

RAMP	功能	设置加速度类型	
	添加项目	ACC=POLYO 直线 ACC=POLY1 多项式 ACC=SINE 三角函数 0 ACC=SINE1 三角函数 1	
		DEC=POLY 直线 DEC=POLY1 多项式 DEC=SINE 三角函数 0 DEC=SINE1 三角函数 1	
	使用示例	RAMPACC=POLY1DEC=SINE	
REFSYS	功能	设置参考系统指令	
	添加项目	坐标系号	
	使用示例	REFSYS“CSYS1”	

续表

SPEED	功能	设置再现速度	
	添加项目	VJ=(关节速度)	VJ:与 MOVJ V、VR、VE:与 MOVL 相同
		V=(控制点速度)	
		VR=(姿态角速度)	
		VE=(外部轴速度)	
	使用示例	SPEEDVJ=50	
TOOL	功能	设置加速度类型	
	添加项目	工具号	
	使用示例	TooL“TOOL”	
AREA	功能	选择当前要激活的区域	
	添加项目	区域号	
	使用示例	AREA“Work”	

(3)I/O 指令:用于改变向外围设备的输出信号状态,或读出输入信号状态的指令。I/O 指令及其参数详见表 5-4。

表 5-4　I/O 指令表

AIN	功能	把接口电压值读到指定的变量中	
	添加项目	D<变量号>、LD<变量号>	
		AO#:模拟量输出端口 AL#:模拟量输入端口	
		IF 语句	
	使用示例	AIND5AL#(1)	
AOUT	功能	向通用模拟输出口输出设定的电压值	
	添加项目	AO#(<输处口号>)	
		<输出电压值>	
		IF 语句	
	使用示例	AOUTAO#(1)10.8	
DIN	功能	把信号状态读到指定的变量中	
	添加项目	D<变量号>、LD<变量号>	
		IN#(<输入号>) IG#(<输入组号>) OT#(<输出号>) OG#(<输出组号>)	1 个点 8 个点(1 个组) 1 个点 8 个点(1 个组)
		IF 语句	
	使用示例	DIND0001IN#(10000.5);DIND0007OG#(20000)	

续表

DOUT	功能	ON/OIFF 通用输出信号	
	添加项目	OT#(<输出号>)	1 个点
		OG#(<输出组号>) ON/OFF/INVER/D/LD	8 个点(1 各组) 状态:开/关/取反/变量/变量
		IF 语句	
	使用示例	DOUTOT#(20000.0)ON:DOUTOG#(20001)D0003	
PULSE	功能	通用输出信号输出脉冲	
	添加项目	OT#(<输出号>) OG#(<输出组号>)	1 个点 8 个点(1 个组)
		INVERT(脉冲反向)	
		T=	时间(s)
	使用示例	PULSEOT#(20000.4)T=3 PULSEOG#(200001)D0005	

(4)控制指令:用于机器人程序流程控制,控制指令及其参数详见表 5-5。

表 5-5 控制指令表

ABORT	功能	停止执行任务,并返回任务首行	
	添加项目	IF 语句	
	使用示例	ABORTIF(D0004==1)	
CALL	功能	调用指定程序	
	添加项目	“程序名” D/L IG#	
		ARG<所有类型变量或者常数>	最多支持 8 个参数
		IF 语句	
	使用示例	CCALL“knd”	
GETA	功能	用于接受 CALL 指令中的参数。当执行 GETARG 指令时,CALL 指令附加的参数数据将被检索,并存储在 GETA 指令下指定的局部变量中	
	增加项目	D 变量 S 变量 P 变量	
		#()	将要被保存参数的检索号
	使用示例	GETALD0001#(1)	

续表

GETR	功能	获取 RET 指令返回值	
	添加项目	D 变量 S 变量 P 变量	
	使用示例	GETRLD0004	
JUMP	功能	向指定标号跳转	
	添加项目	Lxx LABEL= <通过端口或 D 变量/常亮指定标号>	
		IF 语句	
	使用示例	JUMPL00	
LABEL	功能	(标签)显示跳转的目的地	
	添加项目	<跳转目的地>	
	使用示例	L00	
RET	功能	从被调用的程序返回调用程序	
	添加项目	D/P/S<返回值>	
		IF 语句	
	使用示例	RETLD0001	
PAUSE	功能	临时暂定任务	
	添加项目	IF 语句	
	使用示例	PAUSEIFIN#(10000.3)==ON	
TIMER	功能	暂停运行,直到指定的时间结束	
	添加项目	T=<指定的暂停时间>	(0~12)60×60 秒(12 小时)
		IF 语句	
	使用示例	TIMERT=10	
WAITIO	功能	当通用 IO 信号未达到指定的状态前,始终处于待机状态	
	添加项目	IN#(<输入号>) IG#(<输入组号>) OT#(<输出号>) OG#(<输出组号>) (状态)、D(变量)	1 个点 8 个点(1 各组) 1 个点 8 个点(1 各组)
	使用示例	WAITIOIN#(10000.0)==ON WAITIOIN#(10000.1)==D0008	
WATMTN	功能	等待当前步(step)的运动指令运动结束后,继续执行	
	添加项目	IF 语句	
	使用示例	WATMIN	

(5)操作指令:用于变量内部数据的读取和设定,操作指令及其参数详见表 5-6。

表 5-6 操作指令表

GETE	功能	(提取位置变量元素)提取数据 2 中的指定元素的位置变量,并存储在数据 1 中 格式:GETE<数据 1><数据 2>(元素)		
	添加项目	数据 1	D<变量号>、LD<变量号>	
		数据 2	P 变量<变量号>(<元素号>) LP 变量<变量号>(<元素号>)	
	使用示例	GETED0000P0001(2)		
SETE	功能	(设定位置变量的元素数据)把数据 2 中的数据设定到数据 1 指定元素的位置变量中 格式:SETE<数据 1>(元素)<数据 2>		
	添加项目	数据 1	P 变量<变量号>(<元素号>) LP 变量<变量号>(<元素号>)	
		数据 2	D<变量号>、LD<变量号>	
	使用示例	SETEP0002(1)D0001;		

(6)系统指令:用于机器人系统参数和信息的交互与设定,系统指令及其参数详见表 5-7。

表 5-7 系统指令表

ALM	功能	产生一个报警,包括报警号和报警信息字符串	
	添加项目	D/LD<数字变量> Constant<常数>	
		S/LS<字符串变量>	
	使用示例	ALM2000“error”	
CLS	功能	删除在显示器显示的字符	
	添加项目	无	
	使用示例	CLS	
PRINT	功能	在终端显示指定的字符串和变量	
	添加项目	“”<格式字符串> S/LS<字符串变量> P/LP<位置变量>	
		D/LD<数字变量>	
		Constant<常数>	
	使用示例	PRINT“Kndrobot”	

表 5-7(续)

GETPRM	功能	获取系统参数值到变量	
	添加项目	D 变量<存放参数值的目标>	
		PRMNO<参数号标签>	
		MAXV:最大值 MINV:最小值 DFTV:默认值	
	使用示例	GETPRMD0003PRMNO=45	
SETPRM	功能	设置系统参数值	
	添加项目	PRMNO<参数标签>	
		DFTV:默认值 D/LD/Constant<自定义值>	
	使用示例	SETPRMPRMNO=D00451500	

(7)运算符:工业机器人运算符包括算术运算符、比较运算符、逻辑运算符等,详见表 5-8。

表 5-8　运算符表

符号	说明
&	按位与
^	按位异或
|	按位或
<<	左移位
>>	右移位
~	按位取反
+	加
-	减
*	乘
/	除
%	模
&&	逻辑与
||	逻辑或
!	逻辑非
>	大于
>=	大于等于
<	小于
<=	小于等于
==	等于

5.3 机器人变量

机器人的程序语法与C语言相近,支持各种嵌套结构,程序中的位置、IO、参数等都是通过各种类型的变量记录,通过相应语法调用,程序中除语法外的参数都可以称为变量。工业机器人变量按作用范围可分为以下三种。

5.3.1 项目变量

项目变量在项目内的所有工作文件之间共享。可按以下名字引用,或对变量命名后,按定义的变量名引用。

- 数字变量(D0000~D9999):可为S32/U32/S64/U64/DBL其中任一类型
- 字串变量(S0000~S9999):最长127个字符
- 位置变量(P0000~P9999)

5.3.2 局部变量

局部变量仅在当前工作文件内有效,预定义局部变量:直接按以下名字引用。自定义局部变量:按定义的变量名引用。自动分配空间,与预定义的局部变量不重叠。

- 数字变量(LD0000~LD9999)
- 字串变量(LS0000~LS9999)
- 位置变量(LP0000~LP9999)

5.3.3 系统变量

系统变量在所有项目之间共享,用于控制器内核与工作文件交互信息。可按以下名字引用,或按已定义的变量名引用。已定义的变量均为固定用途。

- 数字变量($D0000~$D9999)
- 字串变量($S0000~$S9999)
- 位置变量($P0000~$P9999)

5.4 机器人程序简介

机器人运动和作业的指令都由程序进行控制,常见的编制方法有两种:示教编程方法和离线编程方法。其中示教编程方法包括示教、编辑和轨迹再现，可以通过示教器示教和导引式示教两种途径实现。由于示教方式实用性强，操作简便，因此大部分机器人都采用这种方式。离线编程方法是利用计算机图形学成果，借助图形处理工具建立几何模型，通过一些规划算法来获取作业规划轨迹。与示教编程不同，离线编程不占用机器人，在编程过程中机器人可以照常工作。本书所用智能制造切削单元系统机器人采用示教编程，其程序结构如图 5-7 所示。

- 此机器人程序由主程序和 8 个子程序组成，子程序又由各小子程序组成，小子程序是由各个定位 P 点及各种指令通过逻辑关系表达式达到我们想要的效果。
- 其中每个子程序的开始都要编写进机器人忙（机器人状态），结束以机器人闲（机器人状态）为尾，而主程序是以机器人闲为开始的。
- 关于车床铣床上下件的程序都要由计算来判断上下件的工件类型。
- 子程序中是取料的都要添加换爪的子程序。
- 所有的 P 点在调试时要先选好位置类型再示教。

主程序和 8 个子程序可以采用示教器先完成所有程序的编制，然后统一对各点位进行示教。各程序代码可以参考以下示例。

5.4.1 主程序

在智能制造系统中，机器人系统的主要作用就是实现 RFID 的读写和工件的抓取和上下料。各分功能在子程序中实现，由主程序根据流程需要统一调度。主程序代码示例如下。

➢ ´NOP´,

➢ ´D0020=1´,（项目变量赋值 D20 为机器人状态；1 为空闲；2 为忙）

➢ ´JUMPL0000IF(D2==0)´,

➢ ´CALL\´part_pick_form_store\´IF(D2==11)//料库取料´,

➢ ´CALL\´part_put_to_stote\´IF(D2==12)//放料到料仓´,

➢ ´CALL\´part_pick_form_lather\´IF(D2==21)//车床取料´,

➢ ´CALL\´part_put_to_lather\´IF(D2==22)//车床上料´,

➢ ´CALL\´part_pick_form_mill\´IF(D2==31)//铣床取料´,

➢ ´CALL\´part_put_to_mill\´IF(D2==32)//铣床上料´,

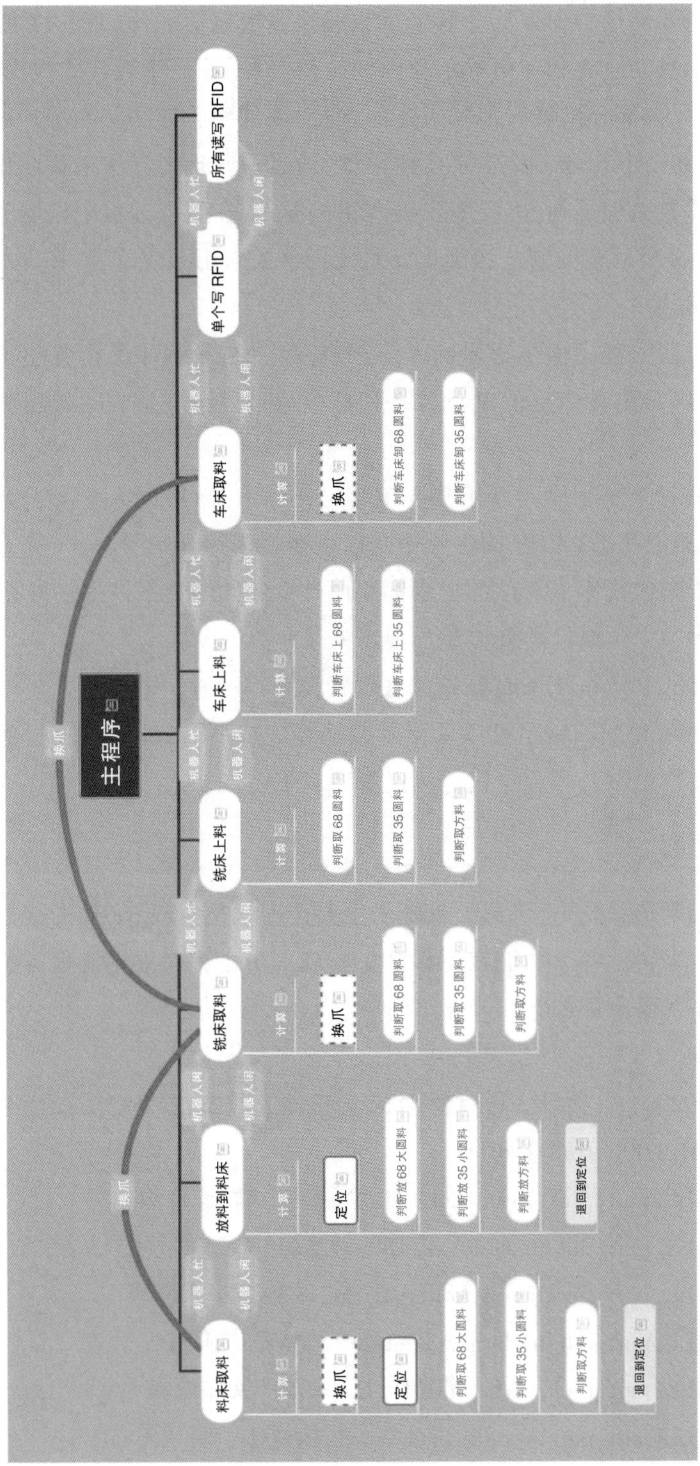

图 5-7　机器人程序结构图

- 'CALL\'rfid_rw_once\'IF(D2==13)//单个写 ',
- 'CALL\'rfid_rw_all\'IF(D2==10)//所有读写 ',
- 'D0020=1',(机器人状态闲)
- 'L0002:',(标号 0002)
- 'JUMPL0002IF(D2! =0)//等待清零 ',
- 'NOP',
- 'L0000:',(标号 0000)
- 'TIMERT=1.2',(等待 1.2 秒)
- 'RET',(回到主程序)
- 'END',
- 'L0001:',
- 'ALM5000\' 指令流程错误 \'',(报警信号)
- 'RET',
- 'END'

5.4.2 料库取料 part_pick_form_store 子程序

- 'NOP',
- 'CALL\'sj\'//计算 ',(调用计算工件类型程序)
- 'D0020=2',(机器人状态忙)
- 'CALL\'huanzhua\'',(调用换爪程序)
- 'CALL\'ld\'//定位 ',(调用定位程序)
- 'CALL\'sub_1\'IF(D80==2)',料库取 35 圆料
- 'CALL\'sub_2\'IF(D80==3)',料库取 68 圆料
- 'CALL\'sub_3\'IF(D80==1)',料库取方料
- 'CALL\'lt\'//退回安全位置 ',
- 'D0020=1',(机器人状态闲)
- 'NOP',

5.4.3 计算工件类型子程序

- '//计算工件类型 ',
- 'NOP',

➢ ´L0000:´,

➢ ´JUMPL0000IF (D3==0)//工件类型等待´,(D3 为工件类型;1 托盘上板、2 托盘下板、3 连接轴 φ35、4 连接轴 φ68)

➢ ´JUMPL0002IF((D03==1)||(D003==2))´,(当 D3 等于 1 时或者 D3 等于 2 时跳转到标号 L0002)

➢ ´JUMPL0003IF(D3==3)//工件类型等待´,

➢ ´JUMPL0004IF(D3==4)//工件类型等待´,

➢ ´L0002:´,(标号 0002)

➢ ´D80=1´,(D80 赋值 1)

➢ ´JUMPL0001´,(跳转到标号 0001)

➢ ´L0003:´,(标号 0003)

➢ ´D80=2´,(D80 赋值 2)

➢ ´JUMPL0001´,(跳转到标号 0001)

➢ ´L0004:´,(标号 0004)

➢ ´D80=3´,(D80 赋值 3)

➢ ´JUMPL0001´,(跳转到标号 0001)

➢ ´L0001:´,(标号 0001)

➢ ´JUMPL0001IF(D5==0)//取放料位置等待´,

➢ ´D81=D5´,(D81 赋值 5)

➢ ´NOP´,

➢ ´RET´,

➢ ´END´

5.4.4 换爪子程序

➢ ´//换爪´,

➢ ´NOP´,

➢ ´JUMPL0000IF(D85==D80)´(如果当前爪与需要的爪相同就跳到本程序尾)

➢ ´MOVJP0010VJ=40´,(以 40%速度的关节运动到 P0010 点位(车床与料库中间等待位))

➢ ´MOVJP0024VJ=40´,(以 40%速度的关节运动到 P0024 点位,在 P0010

的位置上只转动 5 轴，调整好姿态为换爪做准备）

➢ ′JUMPL0001IF（D85==0）//上爪跳转′，

➢ ′P204=P[200+D85]+P210′，（P204 的坐标值是选定爪的中心坐标[200+D85]加偏移量 P210 得出来的）

➢ ′P205=P[200+D85]+P211′，（200+D85 得出来的位置是抓手放好时的坐标）

➢ ′MOVLP204V=200′，（以速度每秒 200 毫米的速度直线运动到抓手在放置台时中心的正上方）

➢ ′MOVLP[200+D85]V=50′，（以速度每秒 50 毫米的速度直线运动到抓手在放置台时中心）

➢ ′TIMERT=0.8′，（等待 0.8 秒）

➢ ′PULSEOT#（41101.4）T=1//下爪′，（快换松）

➢ ′D085=0′，

➢ ′TIMERT=2′，（等待时间 2 秒）

➢ ′MOVLP205V=15′，（以每秒 15 毫米的速度直线运动到抓手在放置台时中心的正前方）

➢ ′L0001：′，（标号 0001）

➢ ′P204=P[200+D80]+P210′，（P204 的坐标值是选定爪的中心坐标[200+D85]

➢ 加偏移量 P210 得出来的）

➢ ′P205=P [200+D80]+P211′，（200+D85 得出来的位置是抓手放好时的坐标）

➢ ′MOVLP205V=200′，（以每秒 200 毫米的速度抓手在运动到放置台时中心的正前方）

➢ ′MOVLP[200+D80]V=30′，（抓手以每秒 30 毫米的速度运动到抓手放置台放置抓手的地方）

➢ ′TIMERT=0.8′，（等待 0.8 秒）

➢ ′PULSEOT#（41101.5）T=1//上爪′，（快换吸）

➢ ′D085=D80′，（D085 赋值 D81）

➢ ′TIMERT=2′，（等待 2 秒）

➢ ′MOVLP204V=80′，（以每秒 80 毫米的速度直线运动到要放抓手中心的

上方)

- ´MOVJP0024VJ=40´,(以 40%关节速度运动到中转点)
- ´MOVJP0010VJ=40´,(以 10%关节速度运动到中转点,五轴抬起)
- ´L0000:´
- ´NOP´,
- ´RET´,
- ´NOP´,
- ´END´

5.4.5 定位子程序

- ´NOP´,
- ´MOVJP010VJ=50´,(以 50%关节速度运动到车床与料库中间等待位)
- ´MOVJP011VJ=50´,(以 50%关节速度运动到料库正前方中间等待位)
- ´RET´,
- ´END´

5.4.6 判断取大棒料子程序 sub_2

- ´NOP´,
- ´JUMPL0001IF((D85! =3)||(D85==0))//error´,
- ´JUMPL0001IF((D81<13)||(D81>24))//error´,
- ´PULSEOT#(41101.6)T=1//夹松控制 ´,
- ´WAITIOIN#(31101.2)==ON´,
- ´P140=P[100+D81]+P131´,
- ´P141=P[100+D81]+P132´,
- ´MOVLP0140V=300´,
- ´MOVLP0141V=150´,
- ´MOVLP[100+D81]V=20´,
- ´TIMERT=0.3´,
- ´PULSEOT#(41101.7)T=1.0´,(输出 41101.7 这个点脉冲信号,时长为 1 秒)
- ´WAITIOIN#(31101.3)==ON´,(等待输入 31101.3,这个信号状态为

ON)

- ➢ ´TIMERT=1´,
- ➢ ´MOVLP141V=150´,
- ➢ ´MOVLP140V=200´,
- ➢ ´RET´,
- ➢ ´END´,
- ➢ ´L0001:´,
- ➢ ´ALM5000\´ 指令位置(或夹具)错误 \´´,
- ➢ ´END´

5.4.7 判断取小棒料子程序 sub_1

- ➢ ´NOP´,
- ➢ ´JUMPL0001IF((D85! =2)||(D85==0))//error´,
- ➢ ´JUMPL0001IF((D81<1)||(D81>12))//error´,
- ➢ ´PULSEOT#(41101.6)T=1//夹松控制 ´,
- ➢ ´WAITIOIN#(31101.2)==ON´,
- ➢ ´P140=P[100+D81]+P131´,
- ➢ ´P141=P[100+D81]+P132´,
- ➢ ´MOVLP0140V=300´,
- ➢ ´MOVLP0141V=150´,
- ➢ ´MOVLP[100+D81]V=20´,
- ➢ ´TIMERT=0.3´,
- ➢ ´PULSEOT#(41101.7)T=1.0´,
- ➢ ´WAITIOIN#(31101.3)==ON´,
- ➢ ´TIMERT=1´,
- ➢ ´MOVLP141V=150´,
- ➢ ´MOVLP140V=200´,
- ➢ ´RET´,
- ➢ ´END´,
- ➢ ´L0001:´,
- ➢ ´ALM5000\´ 指令位置(或夹具)错误 \´´,

- 'END'

5.4.8 判断取小棒料子程序 sub_1

- 'NOP',
- 'NOP',
- 'JUMPL0001IF(D81>30)//error',
- 'JUMPL0001IF(D81<25)//error',
- 'PULSEOT#(41101.6)T=1//夹松控制 ',
- 'WAITIOIN#(31101.2)==ON',
- 'P140=P[100+D81]+P131',
- 'P141=P[100+D81]+P132',
- 'P142=P[100+D81]+P133',
- 'MOVLP142V=300',
- 'MOVLP[100+D81]V=20',
- 'PULSEOT#(41101.7)T=1.0',
- 'TIMERT=1',
- 'WAITIOIN#(31101.3)==ON',
- 'MOVLP141V=50',
- 'MOVLP140V=100',
- 'MOVLP12V=100',
- 'RET',
- 'END',
- 'L0001:',
- 'ALM5000\' 指令位置错误 \'',
- 'END'

5.4.9 退回到定位子程序

- 'NOP',
- 'MOVJP011VJ=60',
- 'MOVJP010VJ=60',
- 'RET',

- ´END´

5.4.10 放料到料库子程序 part_put_to_stote

- ´//放料´,
- ´NOP´,
- ´CALL\´sj\´//计算´,
- ´D0020=2´,
- ´CALL\´ld\´//定位´,
- ´CALL\´sub_11\´(D081)IF(D80==2)´,
- ´CALL\´sub_12\´(D081)IF(D80==3)´,
- ´CALL\´sub_13\´(D081)IF(D80==1)´,
- ´CALL\´lt\´//退回安全位置´,
- ´D0020=1´,
- ´NOP´,
- ´RET´,
- ´NOP´,
- ´END´

5.4.11 判断放大棒料子程序 sub_12

- ´NOP´,
- ´JUMPL0001IF((D85! =3)||(D85==0))//error´,
- ´JUMPL0001IF((D81<13)||(D81>24))//error´,
- ´P140=P[100+D81]+P131´,
- ´P141=P[100+D81]+P132´,
- ´MOVLP0140V=300´,
- ´MOVLP0141V=150´,
- ´MOVLP[100+D81]V=80´,
- ´TIMERT=0.3´,
- ´PULSEOT#(41101.6)T=1//夹松控制´,
- ´WAITIOIN#(31101.2)==ON´,
- ´TIMERT=1´,

- ´MOVLP141V=150´,
- ´MOVLP140V=200´,
- ´RET´,
- ´END´,
- ´L0001:´,
- ´ALM5000\´ 指令位置(或夹具)错误 \´´,
- ´END´

5.4.12 判断放小棒料子程序 sub_11

- ´NOP´,
- ´JUMPL0001IF((D85! =2)||(D85==0))//error´,
- ´JUMPL0001IF((D81<1)||(D81>12))//error´,
- ´P140=P[100+D81]+P131´,
- ´P141=P[100+D81]+P132´,
- ´MOVLP0140V=300´,
- ´MOVLP0141V=150´,
- ´MOVLP[100+D81]V=80´,
- ´TIMERT=0.3´,
- ´PULSEOT#(41101.6)T=1.0´,
- ´WAITIOIN#(31101.2)==ON´,
- ´TIMERT=1´,
- ´MOVLP141V=150´,
- ´MOVLP140V=200´,
- ´RET´,
- ´END´,
- ´L0001:´,
- ´ALM5000\´ 指令位置(或夹具)错误 \´´,
- ´END´

5.4.13 判断放方料子程序 sub_13

- ´NOP´,
- ´JUMPL0001IF(D81>30)//error´,

➢ ´JUMPL0001IF(D81<25)//error´,

➢ ´P140=P[100+D81]+P131´,(计算方料的编号位置)(P131 为设定的机器人偏移量)

➢ ´P141=P[100+D81]+P132´,

➢ ´P142=P[100+D81]+P133´,

➢ ´MOVLP140V=300´,

➢ ´MOVLP141V=100´,

➢ ´MOVLP[100+D81]V=20´,

➢ ´PULSEOT#(41101.6)T=1.0´,

➢ ´WAITIOIN#(31101.2)==ON´,

➢ ´TIMERT=1´,

➢ ´MOVLP142V=100´,

➢ ´MOVLP12V=100´,

➢ ´RET´,

➢ ´END´,

➢ ´L0001:´,

➢ ´ALM5000\´指令位置错误\´´,

➢ ´END´

5.4.14 加工中心取料子程序 part_pick_form_mill

➢ ´NOP´,

➢ ´NOP´,

➢ ´CALL\´sj\´//计算´,

➢ ´D0020=2´,

➢ ´CALL\´huanzhua\´´,

➢ ´L0000:´,

➢ ´JUMPL0000IF(D9! =11)//安全等待´,(D9 为铣床安全到位;11 为安全,0 为不安全)

➢ ´CALL\´sub_unload_mill_cir\´IF(D80==3)//铣床卸圆料´,

➢ ´CALL\´sub_unload_mill_cir35\´IF(D80==2)//铣床卸圆料´,

➢ ´CALL\´sub_unload_mill_squ\´IF(D80==1)//铣床卸方料´,

- ´D0020=1´,
- ´NOP´,
- ´RET´,
- ´NOP´,
- ´END´

5.4.15 判断取大棒料子程序 sub_unload_mill_cir

- ´NOP´,
- ´REFSYS#(0)´,
- ´MOVJP070VJ=50´,
- ´MOVJP071VJ=15´,
- ´DOUTOG#(41113)1//卡松´,(加工中心夹具控制)
- ´WAITIOIG#(31113)==1´,
- ´MOVJP072VJ=25´,
- ´PULSEOT#(41101.6)T=1//圆夹松控制´,
- ´TIMERT=2´,
- ´WAITIOIN#(31101.2)==ON´,
- ´MOVLP073V=20//取料位´,
- ´TIMERT=1´,
- ´PULSEOT#(41101.7)T=1//圆夹紧控制´,
- ´TIMERT=2´,
- ´WAITIOIN#(31101.3)==ON´,
- ´MOVLP074//退´,
- ´MOVJP071VJ=15´,
- ´DOUTOG#(41113)0//卡紧´,
- ´WAITIOIG#(31113)==2´,
- ´MOVJP070VJ=20´,
- ´RET´,
- ´END´

5.4.16 判断取小棒料子程序 sub_unload_mill_cir35

- ´NOP´,

- ´NOP´,
- ´REFSYS#(0)´,
- ´MOVJP070VJ=50´,
- ´MOVJP071VJ=15´,
- ´MOVLP082V=150´,
- ´DOUTOG#(41113)1//卡松´,
- ´WAITIOIG#(31113)==1´,
- ´PULSEOT#(41101.6)T=1//圆夹松控制´,
- ´TIMERT=2´,
- ´WAITIOIN#(31101.2)==ON´,
- ´MOVLP083V=20//取料位´,
- ´TIMERT=1´,
- ´PULSEOT#(41101.7)T=1//圆夹松控制´,
- ´TIMERT=2´,
- ´WAITIOIN#(31101.3)==ON´,
- ´MOVLP082//退´,
- ´MOVJP071VJ=15´,
- ´DOUTOG#(41113)0//卡紧´,
- ´WAITIOIG#(31113)==2´,
- ´MOVJP070VJ=15´,
- ´RET´,
- ´END´

5.4.17 判断取方料子程序 sub_unload_mill_squ

- ´NOP´,
- ´REFSYS#(0)´,(设置参考坐标系为 0 的坐标系。根据示教器来定)
- ´MOVJP070VJ=50´,
- ´MOVJP071VJ=50´,
- ´MOVLP077V=120//准备取方形料位´,
- ´PULSEOT#(41101.6)T=1//夹松控制´,
- ´TIMERT=2´,

➢ ´WAITIOIN#(31101.2)==ON´,(条件为满足前,待机)(31101.2 为 PLC-机器人检测料抓松开到位)

➢ ´MOVLP076V=25//取方形料位´,

➢ ´TIMERT=1´,

➢ ´PULSEOT#(41101.7)T=1//夹紧控制´,

➢ ´TIMERT=2´,

➢ ´WAITIOIN#(31101.3)==ON´,(加紧到位)

➢ ´DOUTOG#(41113)1//卡松´,

➢ ´WAITIOIG#(31113)==1´,(机加工中心夹具状态)

➢ ´MOVLP075V=15//退回准备放料位´,

➢ ´DOUTOG#(41113)0//卡紧´,

➢ ´WAITIOIG#(31113)==2´,

➢ ´MOVJP071VJ=35´,

➢ ´MOVJP070VJ=35´,

➢ ´NOP´,

➢ ´RET´,

➢ ´END´

5.4.18 加工中心上料子程序 part_put_to_mill

➢ ´NOP´,

➢ ´CALL\´sj\´//计算´,‘’

➢ ´D0020=2´,

➢ ´L0000:´,

➢ ´JUMPL0000IF(D9! =11)//安全等待´,

➢ ´CALL\´sub_load_mill_cir\´IF(D80==3)//铣床上圆料´,

➢ ´CALL\´sub_load_mill_cir35\´IF(D80==2)//铣床上圆料´,

➢ ´CALL\´sub_load_mill_squ\´IF(D80==1)//铣床上方料´,

➢ ´D0020=1´,

➢ ´NOP´,

➢ ´RET´,

➢ ´NOP´,

- ´END´

5.4.19 加工中心上大棒料子程序 sub_load_mill_cir

- ´NOP´,
- ´REFSYS#(0)´,
- ´MOVJP070VJ=45´,
- ´DOUTOG#(41113)1//卡松 ´,
- ´WAITIOIG#(31113)==1´,
- ´MOVJP071VJ=35´,
- ´MOVJP072PL=30´,
- ´MOVLP073V=15//放入 ´,
- ´TIMERT=1´,
- ´PULSEOT#(41101.6)T=1//圆夹松控制 ´,
- ´TIMERT=2´,
- ´WAITIOIN#(31101.2)==ON´,
- ´MOVLP074//退 ´,
- ´DOUTOG#(41113)0//卡紧 ´,
- ´WAITIOIG#(31113)==2´,
- ´MOVJP071VJ=20´,
- ´MOVJP070VJ=20´,
- ´RET´,
- ´END´

5.4.20 加工中心上小棒料子程序 sub_load_mill_cir35

- ´NOP´,
- ´REFSYS#(0)´,
- ´MOVJP070VJ=50´,
- ´DOUTOG#(41113)1//卡松 ´,
- ´WAITIOIG#(31113)==1´,
- ´MOVJP071VJ=20´,
- ´MOVLP082V=150//定位 ´,

- ➢ ´TIMERT=0.2´,
- ➢ ´MOVLP083V=20//放入´,
- ➢ ´TIMERT=1´,
- ➢ ´PULSEOT#(41101.6)T=1//圆夹松控制´,
- ➢ ´TIMERT=2´,
- ➢ ´WAITIOIN#(31101.2)==ON´,
- ➢ ´MOVLP082//退´,
- ➢ ´DOUTOG#(41113)0//卡紧´,
- ➢ ´WAITIOIG#(31113)==2´,
- ➢ ´MOVJP071VJ=20´,
- ➢ ´MOVJP070VJ=20´,
- ➢ ´RET´,
- ➢ ´END´

5.4.21 加工中心上方料子程序 sub_load_mill_squ

- ➢ ´NOP´,
- ➢ ´REFSYS#(0)´,
- ➢ ´MOVJP070VJ=50´,
- ➢ ´DOUTOG#(41113)1//卡松´,
- ➢ ´WAITIOIG#(31113)==1´,
- ➢ ´MOVJP071VJ=35´,
- ➢ ´MOVLP075V=150//放料位高´,
- ➢ ´MOVLP076V=20//放入卡盘´,
- ➢ ´TIMERT=1´,
- ➢ ´PULSEOT#(41101.6)T=1//夹松控制´,
- ➢ ´TIMERT=2´,
- ➢ ´WAITIOIN#(31101.2)==ON´,
- ➢ ´MOVLP077V=50//退´,
- ➢ ´DOUTOG#(41113)0//卡紧´,
- ➢ ´WAITIOIG#(31113)==2´,
- ➢ ´MOVJP071VJ=35´,

- ´MOVJP070VJ=35´,
- ´RET´,
- ´END´,
- ´NOP´,
- ´RET´,
- ´END´

5.4.22 车床上料子程序 part_put_to_lather

- ´NOP´,
- ´CALL\´sj\´//计算´,
- ´D0020=2´,
- ´L0000:´,
- ´JUMPL0000IF(D8! =11)//安全等待´,
- ´CALL\´sub_load_lather\´IF(D80==3)//车床上 68mm 料´,
- ´CALL\´sub_load_lather35\´IF(D80==2)//车床上 35mm 料´,
- ´D0020=1´,
- ´NOP´,
- ´RET´,
- ´NOP´,
- ´END´

5.4.23 判断车床上大棒料子程序 sub_load_lather

- ´NOP´,
- ´MOVJP040VJ=35´,
- ´DOUTOG#(41111)1//卡盘松´,
- ´WAITIOIG#(31111)==1´,
- ´MOVJP041´,
- ´MOVLP042V=120´,
- ´MOVLP043V=10//位 4´,
- ´TIMERT=1´,
- ´DOUTOG#(41111)0//卡紧´,

- ´WAITIOIG#(31111)==2´,
- ´TIMERT=0.5´,
- ´PULSEOT#(41101.6)T=1//圆夹松控制´,
- ´TIMERT=2´,
- ´WAITIOIN#(31101.2)==ON´,
- ´MOVLP042V=100´,
- ´MOVJP041VJ=35´,
- ´MOVJP040´,
- ´NOP´,
- ´NOP´,
- ´NOP´,
- ´RET´,
- ´END´

5.4.24 判断车床上小棒料子程序 sub_load_lather35

- ´NOP´,
- ´REFSYS#(0)´,
- ´MOVJP040VJ=35´,
- ´DOUTOG#(41111)1//卡盘松´,
- ´WAITIOIG#(31111)==1´,
- ´MOVJP041´,
- ´MOVLP047V=150´,
- ´MOVLP048V=10//位 4´,
- ´TIMERT=1´,
- ´DOUTOG#(41111)0//卡紧´,
- ´WAITIOIG#(31111)==2´,
- ´TIMERT=0.5´,
- ´PULSEOT#(41101.6)T=1//圆夹松控制´,
- ´TIMERT=2´,
- ´WAITIOIN#(31101.2)==ON´,
- ´MOVLP047V=20//退出´,

- ´MOVJP041VJ=35´,
- ´MOVJP040´,
- ´NOP´,
- ´NOP´,
- ´RET´,
- ´END´

5.4.25 车床取料子程序 part_pick_form_lather

- ´NOP´,
- ´CALL\´sj\´//计算´,
- ´D0020=2´,
- ´CALL\´huanzhua\´´,
- ´L0000:´,
- ´JUMPL0000IF(D8! =11)//安全等待´,(D8 为车床安全位 0 为不安全，11 为安全)
- ´CALL\´sub_unload_lather\´IF(D80==3)//车床卸 68mm 料´,
- ´CALL\´sub_unload_lather35\´IF(D80==2)//车床卸 35mm 料´,
- ´D0020=1´,
- ´NOP´,
- ´RET´,
- ´NOP´,
- ´END´

5.4.26 判断车床卸大棒料子程序 sub_unload_lather

- ´NOP´,
- ´REFSYS#(0)´,
- ´MOVJP040VJ=35´,
- ´MOVJP041´,
- ´MOVLP042V=120´,
- ´PULSEOT#(41101.6)T=1//圆夹松控制´,
- ´TIMERT=2´,

- ´WAITIOIN#(31101.2)==ON´,
- ´MOVLP043V=30//放料,低速´,
- ´TIMERT=1´,
- ´PULSEOT#(41101.7)T=1//圆夹紧控制´,
- ´TIMERT=2´,
- ´WAITIOIN#(31101.3)==ON´,
- ´DOUTOG#(41111)1//卡盘松´,
- ´WAITIOIG#(31111)==1´,
- ´MOVLP042V=100´,
- ´MOVJP041VJ=35´,
- ´MOVJP040´,
- ´NOP´,
- ´NOP´,
- ´RET´,
- ´END´

5.4.27 判断车床卸小棒料子程序 sub_unload_lather35

- ´NOP´,
- ´NOP´,
- ´REFSYS#(0)´,
- ´MOVJP040VJ=35´,
- ´MOVJP041´,
- ´MOVLP047V=150´,
- ´PULSEOT#(41101.6)T=1//圆夹松控制´,
- ´TIMERT=2´,
- ´WAITIOIN#(31101.2)==ON´,
- ´MOVLP048V=25//放料,低速´,
- ´TIMERT=1´,
- ´PULSEOT#(41101.7)T=1//圆夹紧控制´,
- ´TIMERT=2´,
- ´WAITIOIN#(31101.3)==ON´,

- ´DOUTOG#(41111)1//卡盘松´,
- ´WAITIOIG#(31111)==1´,
- ´MOVLP047V=100//位 3´,
- ´MOVJP041VJ=35´,
- ´MOVJP040´,
- ´NOP´,
- ´NOP´,
- ´RET´,
- ´END´

5.4.28 单个写 RFID 子程序 rfid_rw_once

- ´NOP´,
- ´NOP´,
- ´L0000:´,
- ´D025=D81´,(D81 为 1-30 的变量)
- ´JUMPL0000IF(D81==0)
- ´D0020=2´,
- ´MOVJP010VJ=50´,
- ´MOVJP015VJ=25´,
- ´MOVLP[150+D81]V=180´,
- ´D025=36´,(反馈到位信号)
- ´TIMERT=1´,
- ´D030=2´,
- ´L0001:´,
- ´JUMPL0001IF(D10==0)//等待读写完成´,
- ´D0025=0´,
- ´D0030=0´,
- ´MOVJP015VJ=20´,
- ´MOVJP010VJ=20´,
- ´D0020=1´,
- ´NOP´,

- ´RET´,
- ´NOP´,
- ´END´

5.4.29 料库初始化与盘点子程序 rfid_rw_all

- ´NOP´,
- ´D0020=2´,
- ´MOVJP010VJ=50´,(50%在线速度)
- ´MOVJP015VJ=25´,
- ´D25=0´,(料库料号为 1-30)
- ´L0000:´,
- ´D25++´,(D25=D25+1)
- ´MOVLP[150+D25]V=150´,(V=150mm/s)
- D30=D25
- ´TIMERT=2´,(等待 2 秒)
- ´L0001:´,
- ´JUMPL0001IF(D10==0)//等待´,
- ´JUMPL0000IF(D25! =30)´,
- ´MOVJP015VJ=25´,
- ´MOVJP010VJ=50´,
- ´D030=33´,
- ´D0025=0´,
- ´D0020=1´,
- ´TIMERT=2´,(等待 1 秒)
- ´D030=0´,
- ´NOP´,
- ´RET´,
- ´NOP´,
- ´END´

5.5 IO 接口与变量

IO 的使用从用途上主要分成两类，一类是数字 IO 的使用，另一类则是 MODBUS 的使用。数字 IO 是使用频率最高的 IO 通信方式，它是 bool 型的状态输入输出。传感器、继电器、电磁阀等常用电气元件的状态或控制信号都是数字型。MODBUS 的 IO 使用，则主要分成两类，一类是 IIN 型的变量使用，使用 WAIT 命令等待表达式，或与 IF 语句组合表达式；第二类是 IOUT 型的变量使用，使用 WAIT 命令等待表达式，或赋值语句给相应变量赋值。

(1)机器人编程 IO 接口如表 5-9 所示。

表 5-9　机器人编程 IO 接口表

PLC—>机器人			机器人—>PLC		
变量	名称	说明	变量	名称	说明
31111	车床卡盘状态	1-松开，2-夹紧	41111	车床卡盘控制	1-松开，0-夹紧
31113	加工中心夹具状态	1-松开，2-夹紧	41113	加工中心夹	1-松开，0-夹紧
31101.2	检测料爪松开到位信号		41101.6	气动卡爪松开	
31101.3	检测料爪夹紧到位信号		41101.7	气动卡爪夹紧	
31101.4	检测料爪是否有料信号		41101.4	气动快换爪子松开	
31102.4	快换工作台 1 号位是否有料爪		41101.5	气动快换爪子夹紧	
31102.5	快换工作台 2 号位是否有料爪		41101.6	圆夹头松开输出控	
31102.6	快换工作台 3 号位是否有料爪		41101.7	圆夹头夹紧输出控	

(2)机器人编程接口地址如表 5-10 所示。

表 5-10　机器人编程接口地址

PLC—>机器人			机器人—>PLC		
变量	名称	说明	变量	名称	说明
D000	保留		D020	机器人状	1-空闲，2-忙
D001	保留		D021	保留	
D002	主命令码	参考下表“机器人编程示教号”	D022	保留	
D003	零件类型	1-托盘上板，2-托盘下板，3-连接轴 φ35，4-连接轴 φ68	D023	保留	
D004	保留		D024	保留	

续表

PLC—>机器人			机器人—>PLC		
变量	名称	说明	变量	名称	说明
D005	取/放料位置	料库位范围:1~30	D025	到达料库当前位置	料库位范围:1~30
D006			D026		
D007			D027		
D008	车床送料安全	0-不安全,11-安全	D028	保留	
D009	加工中心送料安全	0-不安全,11-安全	D029	保留	
D010	RFID 读写完成	1-读写完成	D030	到达 RFID 位置	1-读,2-写,11-读全部完成,22-写全部完成
D011	RFID 读写方式	1-读,2-写	D031	保留	
D012	保留		D032	保留	
D013	保留		D033	保留	
D014	保留		D034	保留	
中间变量:D81 库位号、D80 需要手抓号/D85 当前手抓号(1 上下板 2 连接轴 3 中间轴)					

(3)机器人的位置称为位置型变量,如 MOVJ P070VJ=50,这里 MOVJ 为语法,表示点到点的运动,P070 就是位置变量。P070 是该位置变量的名称,用于存放物料抓取点等相对于机器人坐标系的坐标数值，可以在相应菜单显示或修改。本书所用智能制造切削单元系统所用位置变量如表 5-11 所示。

表 5-11　位置变量类型及位置

P 点类型及实际位置		
点号	类型	实际位置
P[100+D81]	笛卡尔	料库中被选正物料的夹持位置
P[150+D25]	笛卡尔	RFID 读写位置
P[200+D85]	笛卡尔	根据 D85 接收到的值来确定是哪个抓手在放置台的中心
P0010	关节	车床与料库中间等待位
P0011	关节	料库正前方中心
P0015	关节	对准料库,摆好准备读取 RFID 的姿态
P0024	关节	在 P0010 的位置上只转动 5 轴,调整好姿态为换爪做准备

续表

P 点类型及实际位置		
点号	类型	实际位置
P[100+D81]	笛卡尔	料库中被选正物料的夹持位置
P[150+D25]	笛卡尔	RFID 读写位置
P[200+D85]	笛卡尔	根据 D85 接收到的值来确定是哪个抓手在放置台的中心
P0010	关节	车床与料库中间等待位
P0011	关节	料库正前方中心
P0015	关节	对准料库，摆好准备读取 RFID 的姿态
P0024	关节	在 P0010 的位置上只转动 5 轴，调整好姿态为换爪做准备
P0040	关节	车床与料库中间上下料的中转点
P0041	关节	机器人面向机床调整好姿态
P0042	笛卡尔	车床夹头的正前方，准备上 68 号料
P0043	笛卡尔	车床夹头上 68 号料位
P0047	笛卡尔	车床夹头的正前方，准备上 35 号料
P0048	笛卡尔	车床夹头上 35 号料位
P0070	关节	铣床前公共等待位
P0071	关节	对准铣床门口
P0072	笛卡尔	平口钳 68 口的正上方
P0073	笛卡尔	68 号料放进平口钳的位置
P0074	笛卡尔	退出放料位
P0075	笛卡尔	气动卡盘的正上方
P0076	笛卡尔	放入气动卡盘
P0077	笛卡尔	从料托底部横向外退
P0082	笛卡尔	平口钳 35 口的正上方
P0083	笛卡尔	35 号料放进平口钳的位置
P0101	笛卡尔	料仓 1 号位的坐标
P0102	笛卡尔	料仓 2 号位的坐标
P0103	笛卡尔	料仓 3 号位的坐标
P0104	笛卡尔	料仓 4 号位的坐标
P0105	笛卡尔	料仓 5 号位的坐标
P0106	笛卡尔	料仓 6 号位的坐标
P0107	笛卡尔	料仓 7 号位的坐标
P0108	笛卡尔	料仓 8 号位的坐标
P0109	笛卡尔	料仓 9 号位的坐标
P0110	笛卡尔	料仓 10 号位的坐标

续表

P点类型及实际位置		
点号	类型	实际位置
P0111	笛卡尔	料仓 11 号位的坐标
P0112	笛卡尔	料仓 12 号位的坐标
P0113	笛卡尔	料仓 13 号位的坐标
P0114	笛卡尔	料仓 14 号位的坐标
P0115	笛卡尔	料仓 15 号位的坐标
P0116	笛卡尔	料仓 16 号位的坐标
P0117	笛卡尔	料仓 17 号位的坐标
P0118	笛卡尔	料仓 18 号位的坐标
P0119	笛卡尔	料仓 19 号位的坐标
P0120	笛卡尔	料仓 20 号位的坐标
P0121	笛卡尔	料仓 21 号位的坐标
P0122	笛卡尔	料仓 22 号位的坐标
P0123	笛卡尔	料仓 23 号位的坐标
P0124	笛卡尔	料仓 24 号位的坐标
P0125	笛卡尔	料仓 25 号位的坐标
P0126	笛卡尔	料仓 26 号位的坐标
P0127	笛卡尔	料仓 27 号位的坐标
P0128	笛卡尔	料仓 28 号位的坐标
P0129	笛卡尔	料仓 29 号位的坐标
P0130	笛卡尔	料仓 30 号位的坐标
P0131	笛卡尔	偏移数值:(P1:165/P2:45)用来算偏移用的
P0132	笛卡尔	偏移数值:(P2:45)用来算偏移用的
P0133	笛卡尔	偏移数值:(P1:165)用来算偏移用的
P0140	笛卡尔	料库中物料的正前方,摆好姿态
P0141	笛卡尔	料库中物料的正上方
P0142	笛卡尔	料库中物料的正前方,比 P140 离物料近,基本快到物料边
P0151	笛卡尔	RFID 扫库时料库的 1 号料位
P0152	笛卡尔	RFID 扫库时料库的 2 号料位
P0153	笛卡尔	RFID 扫库时料库的 3 号料位
P0154	笛卡尔	RFID 扫库时料库的 4 号料位
P0155	笛卡尔	RFID 扫库时料库的 5 号料位
P0156	笛卡尔	RFID 扫库时料库的 6 号料位
P0157	笛卡尔	RFID 扫库时料库的 7 号料位

续表

P 点类型及实际位置		
点号	类型	实际位置
P0158	笛卡尔	RFID 扫库时料库的 8 号料位
P0159	笛卡尔	RFID 扫库时料库的 9 号料位
P0160	笛卡尔	RFID 扫库时料库的 10 号料位
P0161	笛卡尔	RFID 扫库时料库的 11 号料位
P0162	笛卡尔	RFID 扫库时料库的 12 号料位
P0163	笛卡尔	RFID 扫库时料库的 13 号料位
P0164	笛卡尔	RFID 扫库时料库的 14 号料位
P0165	笛卡尔	RFID 扫库时料库的 15 号料位
P0166	笛卡尔	RFID 扫库时料库的 16 号料位
P0167	笛卡尔	RFID 扫库时料库的 17 号料位
P0168	笛卡尔	RFID 扫库时料库的 18 号料位
P0169	笛卡尔	RFID 扫库时料库的 19 号料位
P0170	笛卡尔	RFID 扫库时料库的 20 号料位
P0171	笛卡尔	RFID 扫库时料库的 21 号料位
P0172	笛卡尔	RFID 扫库时料库的 22 号料位
P0173	笛卡尔	RFID 扫库时料库的 23 号料位
P0174	笛卡尔	RFID 扫库时料库的 24 号料位
P0175	笛卡尔	RFID 扫库时料库的 25 号料位
P0176	笛卡尔	RFID 扫库时料库的 26 号料位
P0177	笛卡尔	RFID 扫库时料库的 27 号料位
P0178	笛卡尔	RFID 扫库时料库的 28 号料位
P0179	笛卡尔	RFID 扫库时料库的 29 号料位
P0180	笛卡尔	RFID 扫库时料库的 30 号料位
P0201	笛卡尔	抓手 1 在抓手放置台上的实际位置
P0202	笛卡尔	抓手 2 在抓手放置台上的实际位置
P0203	笛卡尔	抓手 3 在抓手放置台上的实际位置
P0204	笛卡尔	抓手在放置台时中心的正上方
P0205	笛卡尔	抓手在放置台时中心的正前方
P0210	笛卡尔	偏移数值:(P0:-165)用来算偏移用的
P0211	笛卡尔	偏移数值:(P2:50)用来算偏移用的

5.6 机器人操作安全注意事项

智能制造切削单元系统的调试和应用过程中需要进行大量的工业机器人编程和示教工作，而且大部分工作都要在现场进行，存在一定的危险性，因此必须严格遵守机器人安全操作规范。主要安全注意事项有如下。

(1)在使用机器人之前，务必阅读说明书，掌握工业机器人的基本操作方法。

(2)必须知道机器人控制器和外围设备上的急停按钮的位置，以备在紧急情况下按下这些按钮。

(3)机器人周围区域必须清洁，无油、水及杂质等，操作人员需佩戴安全帽、穿安全鞋和工作服。

(4)在运行机器人之前，确认机器人和外围设备没有异常或者危险状况，才可运行机器人。在进入机器人工作区域前，即便机器人没有运行，也要关掉电源，或者按下急停开关。

(5)不得佩戴手套操作示教器和操作盘。

(6)在按下示教器上的点动键之前，要考虑到机器人的运动趋势，确认该线路不受干涉。

(7)点动操作机器人时，要采用较低的倍率速度，以增加对机器人的控制机会，一般控制在速率25%以下。

(8)当在机器人区域编程示教时，设置相应看守人员，保证机器人在紧急情况下能迅速按下急停按钮。

(9)千万不要认为机器人处于不动状态时就认为机器人已经停止，因为此时机器人很有可能是在等待让它继续运动的输入信号。

第 6 章

MES 系统

6.1 MES 系统模块功能介绍

MES 系统在智能制造切削加工系统中的作用是贯穿始终的，通过 MES 系统创建订单任务发出初始化命令，对整个系统进行复位。复位完成后对料库待加工工件情况进行盘点，盘点完成之后启动系统运行。MES 系统在进行运行状态监控的同时，会对运行数据进行记录与分析处理，并根据生产情况和设备运行情况适时下达命令，并给出提示和报警。MES 系统一般按照“创建工艺—绑定产品—料库盘点—停止—复位—启动—手动排产—自动排产”流程运行。

本书要求所用技术平台的 MES 系统必须与 PLC 的接口定义统一，主要由 7 个功能模块组成(2.10 节已有简介，见图 2-14)，各模块应具备如下功能。

6.1.1 工艺设计

要求能根据给定的 2D(DWG)文件，设计 3D 文件，从 3D 软件的设计档案中自动生成 EBOM、PBOM 和数控加工工艺文件(MES 根据 EBOM 和 PBOM 信息自动生成工艺卡)表 6-1 所示为本书所用技术平台的 MES 系统自动生成的数控铣削加工工艺卡(Excel 文件格式)，手动修改 EBOM 或 PBOM 后可自动更新工艺卡。

表 6-1　数控铣削加工工艺卡

<table>
<tr><td colspan="9">数控铣削加工工艺卡</td></tr>
<tr><td>零件名称</td><td></td><td>材料</td><td colspan="3"></td><td>图号</td><td colspan="2"></td></tr>
<tr><td rowspan="2">工步</td><td rowspan="2">加工方式(轨迹名称)</td><td colspan="4">切削用量</td><td colspan="2">刀具</td><td rowspan="2">工时定额</td></tr>
<tr><td>主轴转速(rpm/min)</td><td>进给速度(mm/min)</td><td>切削深度(mm)</td><td>加工余量(mm)</td><td>刀具名称</td><td>刀具直径</td></tr>
<tr><td></td><td></td><td></td><td></td><td></td><td></td><td></td><td></td><td></td></tr>
<tr><td></td><td></td><td></td><td></td><td></td><td></td><td></td><td></td><td></td></tr>
<tr><td></td><td></td><td></td><td></td><td></td><td></td><td></td><td></td><td></td></tr>
<tr><td></td><td></td><td></td><td></td><td></td><td></td><td></td><td></td><td></td></tr>
</table>

6.1.2 排程管理

排程管理模块包括手动排程、自动排程和程序管理。

(1)手动排程:允许操作者根据加工和成形需要选择手动排程,生成工件的加工工序和成形工序。可对工件的每一道工序实行分步加工和成形,进行上料、下料、换料,能够自动在仓库中匹配电极。根据三坐标的检测结果,数控设备可实现返修。手动排程可以通过排列组合,完成零件的加工,可以对多数量、多种类零件混流执行。零件加工程序还是通过网络自动下发给数控设备,可返修、可换料。

(2)自动排程:自动排程功能能够根据工艺等参数自动对订单任务进行生产加工和成形排程。排程完成后,可以结合其他模块完成订单的自动加工和成形。

(3)程序管理:主要用于加工程序的管理,具备以下功能。

- 可导入加工程序,可直接通过网络下发加工程序给机床,可跟踪下发状态。
- 可上传加工程序,可直接通过网络上传加工中心程序到本地计算机。
- 加工程序导入后,工件可自动识别匹配的加工程序(适应工件类型的变化),并在加工前通过网络下发机床并自动加载。

6.1.3 设备管理

采集产线设备的数据。

(1)加工中心数据采集,主要采集数据如下。

- 采集机床工作状态,包括离线/在线、加工、空闲、报警等。
- 采集轴信息,包括工作模式、进给倍率、轴位置、主轴负载、主轴速度等。
- 采集机床正在执行的加工程序名称。
- 采集机床的报警信息。
- 采集机床卡盘、开关门信息。
- 采集机床的刀具、刀补信息。

(2)机器人数据采集,主要采集数据如下。

- 机器人轴位置和轴速度信息,包括关节 1~6 和第 7 轴。
- 机器人工作状态、工作模式和运行速率等信息。
- 机器人通信状态信息。
- 机器人报警信息。
- 机器人当前正加载的工程名和加载的程序名称信息。

(3)料仓管理,即立体仓库的管理,主要采集数据如下。

- 物料信息设置,包括类型、件号等。
- 物料信息跟踪,实时跟踪物料状态信息,包括无料、待加工、加工中、加工异常、加工完成、不合格状态。
- 物料信息同步给 PLC 和三色灯。
- 有料仓盘点功能,每个仓位下拉列表可以绑定任意工件类型,每个类型的工件可以绑定多个仓位,同时该模块具有执行 RFID 的读写功能。

(4)三色灯通信设置功能:MES 系统根据料仓状态调整对应仓位的指示灯颜色。

(5)料仓初始化功能:用于首次工作时料仓状态的初始化。

(6)监控功能:用于智能制造切削单元的现场监控和记录,主要功能如下。

- 设置录像机通信参数。
- 预览摄像头视频。
- 截取监视图片。

• 显示录像机操作信息。

6.1.4 测量与刀补

MES 系统应具备在线测量与误差补偿功能,具体如下。

(1)刀具信息采集:实时获取机床的刀具数量,采集机床刀具数据。

(2)数据采集:读取并显示加工中心的刀具信息,包括长度、半径、长度补偿、半径补偿等信息。

(3)在线测量数据采集:显示工件的尺寸信息和刀具的补偿信息,在加工中心的工件加工完成之后,可以查看工件的理论值和实际值之间的误差。

(4)返修:显示工件的尺寸信息和刀具补偿信息,在加工中心的工件加工完成之后,可以先查看工件的理论值和实际值之间的误差,再决定进行返修还是完成加工;若需要进行返修,先决定对应的刀补,写入系统中后,再进行返修操作。

(5)质量追溯功能:能够对每一个零件的加工过程进行追溯,追溯的内容包括每一个零件的加工工序、测量数据、测量结果,测量的良率和不良率等信息。

6.1.5 生产统计

(1)MES 系统具备生产数据统计功能,具体包括如下。

• 单个零件的生产件数统计,零件的合格、不合格、异常个数占比统计等。

• 多个零件综合生产件数统计,零件的合格、不合格、异常个数占比统计等。

(2)看板功能,具体如下。

• 加工中心监视看板:包括机床在线状态、机床工作状态(空闲、运行、报警)、轴位置、轴速度、主轴负载。

• 机器人看板:包括机器人在线状态、机器人工作状态(空闲、运行、报警)、轴位置等信息。

• 料仓看板:包括料仓物料信息、工件状态。

• 生产统计看板:包括加工件数、合格率、设备的稼动率等。

• 测量结果分析报告和看板。

6.1.6 系统设置

(1)能够进行网络拓扑图设置,具体功能如下。

• 图形化显示产线网络拓扑图。

• 可配置各设备的通信参数。

(2)网络验证,具体功能如下。

• 机床通信测试,通过采集卡盘、开关门、主轴转速等信息,手动派发并加载加工程序,验证机床通信是否正常。

• 机器人通信测试,通过采集机器人位置信息,验证机器人通信是否正常。

• 料仓通信测试,通过设置料仓的状态和三色灯,验证料仓通信是否正常。

(3)日志:用于记录软件的操作信息。

6.1.7 任务管理

主要用于操作者培训考核的任务下发和文件上传,具体功能如下。

(1)操作者可以在任务接收模块中,直接获取任务书、任务图纸等任务文件。

(2)操作者可以向服务器上传答题文件材料(包括图纸、PDF 格式工艺卡等文件)。

6.2 MES 系统登录

首先启动部署有 MES 系统的计算机,打开 Chrome 浏览器,输入网址 localhost/cbmes/ school/login.html。打开辰榜 MES 系统登录界面,如图 6-1 所示。

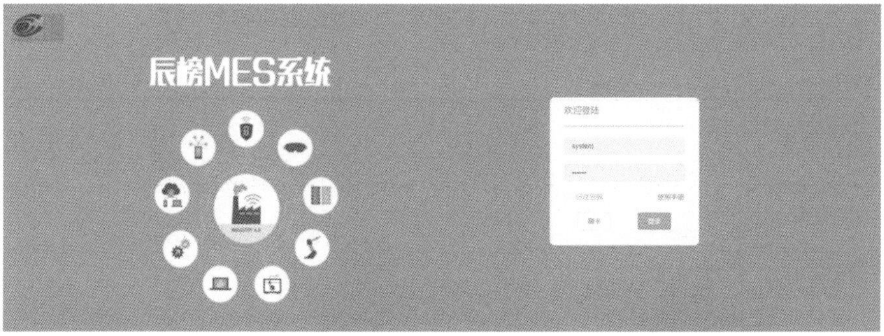

图 6-1　MES 登录界面

输入账户 system 和密码(初始密码 system),登入到 MES 系统中,MES 系统主界面如图 6-2 所示。

图 6-2　MES 系统主界面

6.3 MES 系统操作一般流程

辰榜 MES 系统操作流程如下。

(1)点击加工工艺栏下的 EBOM,如图 6-3 所示。

图 6-3　EBOM 界面

(2)导入图纸并提取导出 BOM,具体步骤如图 6-4 所示。

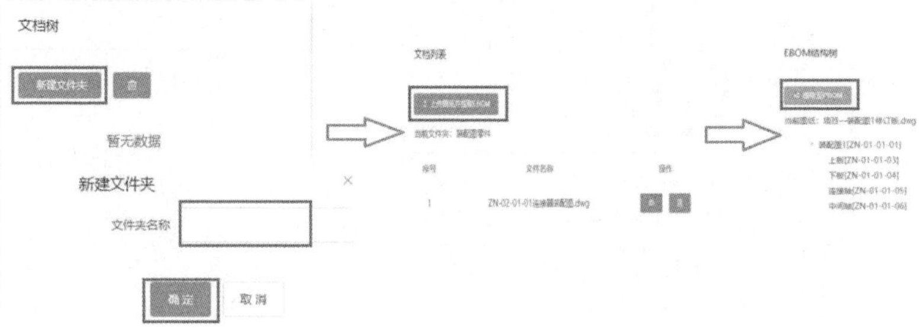

图 6-4　EBOM 添加流程

• 点击“新建文件夹”选项，并输入文件夹名称，点“确定”。

• 点击“上传图纸并提取 EBOM”按钮，上传图纸文件，并提取图纸中的 E-BOM。

• 点击“提取至 PBOM”按钮，把图纸中的 EBOM 文件提取到 PBOM 中。

注意：当点击“提取至 PBOM”按钮时出现如上图所示提示，需先到 PBOM 界面中新建产品大类以及产品，新建完毕以后再点击“提取至 PBOM”按钮。

(3)提取 PBOM 文件以及添加加工工序并发布工艺路线，具体步骤如图 6-5 所示。

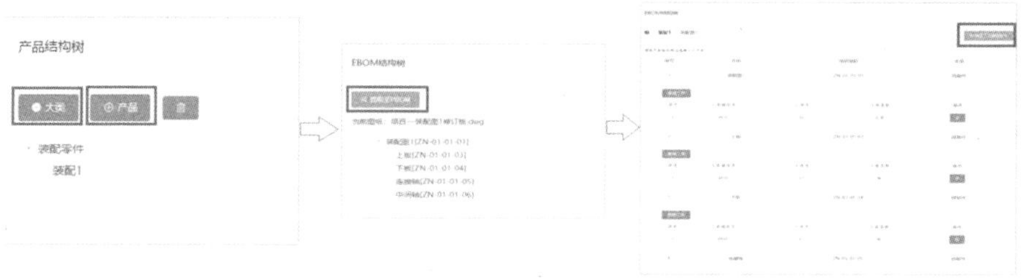

图 6-5　发布工艺路线流程

• 在产品结构树中，新建产品大类以及产品。

• 在 EBOM 中点击提取至 PBOM，把图纸中 EBOM 文件提取到 PBOM 中。

• 在 EBOM 结构树中添加零件加工工序，添加完毕后点击“BOM 及工艺路线发布”按钮。

(4)上传产品工艺图纸文件及 NC 代码和导出工艺参数文件。具体步骤如下。

• 上传 NC 代码(为机床加工代码)。

• 上传零件图纸(图纸名称必须含有相应的零件名称，格式不限)；

• 工艺参数文件即为 PBOM 中导出的工艺参数(如图 6-6 所示)。

装配图 1

序号	零件名称	工序号	工艺名称	规格	工艺图纸文件	工艺参数文件	NC 程序文件
1	上板	XI	铣	80X80X25	上传图纸	上板-数控加工工艺卡.xlsx	上传NC文件
2	下板	XI	铣	80X80X15	上传图纸	下板-数控加工工艺卡.xlsx	上传NC文件
3	连接轴	CHE	车	φ35X35	上传图纸	连接轴-数控加工工艺卡.xlsx	上传NC文件
4	中间轴	CHE	车	φ68X30	上传图纸	中间轴-数控加工工艺卡.xlsx	上传NC文件
5	中间轴	XI	铣	φ68X30	上传图纸	中间轴-数控加工工艺卡.xlsx	上传NC文件

图 6-6　工艺参数文件导出界面

(5)网络拓扑图。网络拓扑图界面如图 6-7 所示,主要是对系统各单元的通信进行测试,以确保系统的通信正常。点击“连接测试”按钮进行通信测试(绿色代表连接成功,红色代表连接失败)。如果遇到通信异常,需要立即处理,确保之后的联机调试正常运行。

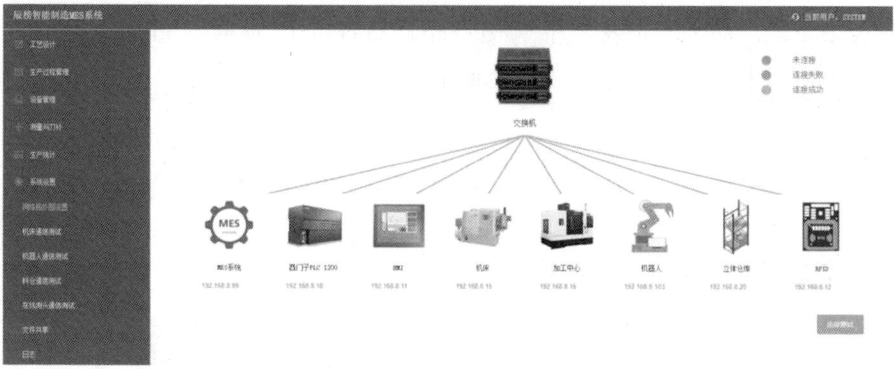

图 6-7　网络拓扑图界面

(6)料仓通信测试。各单元通信测试方法类似,以料仓通信测试为例,点击 MES 系统左侧“料仓通信测试”选项,进入料仓通信测试界面,如图 6-8 所示。选中相应的仓位以及加工信号灯颜色进行料仓通信状态测试,测试仓位的状态(无色-未加工、灰色-待加工、蓝色-加工中、绿色-加工完成、黄色-加工不合格、红色-加工异常)。

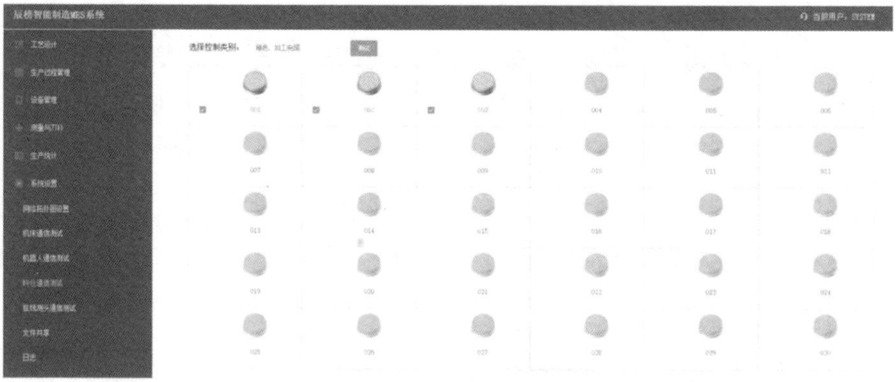

图 6-8　料仓通信测试界面

(7)新增订单。在订单管理中(新增订单),如图 6-9 所示,填写订单编号、选择交付时间、选择对应产品零件,点击“确定”完成新增。

图 6-9　新增订单界面

(8)订单排程——分为手动排程和自动排程两种。

• 手动排程:选择要加工的订单号,在手动排程中要选择开始时间和预计的结束时间(默认 10 分钟),最后点击“确定排产”,如图 6-10 所示。

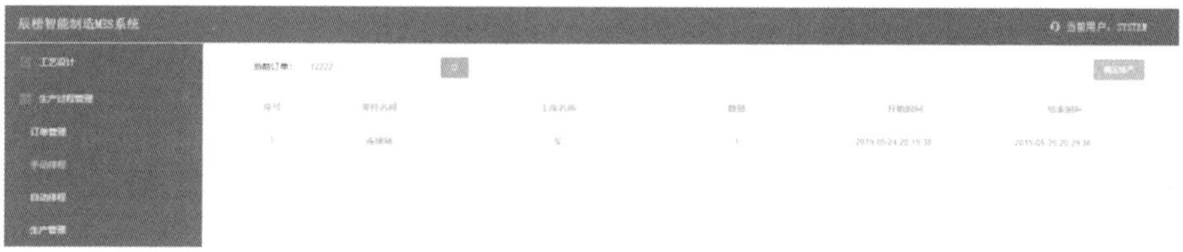

图 6-10　手动排程界面

• 自动排程:选择需要排程的订单号,点击自动排程,输入加工时间,默认 10 分钟,如图 6-11 所示。

图 6-11　自动排程界面

(9)生产管理。点击 MES 系统左侧“生产管理”选项,进入生产管理界面,

图 6–12 生产管理界面

如图 6–12 所示。具体操作方法如下。

• 首先点击停止按钮，停止机床运作，然后再点击复位按钮，对设备进行加工前的复位操作，最后再点击启动按钮，使机床处于准备运行状态。（注意：开始生产前必须对机床进行停止、复位及启动操作，每步操作完成有对应的提示显示操作完成，同时当机床处于准备运行状态时，PLC 总控会显示绿灯）

• 生产管理中显示排程完成的订单，填写每个零件的库位信息以及生产工序所对应的设备。

• 点击下方任务中的“开始生产”，可以对订单进行手动生产；点击右上方的“自动生产”，可以对所有订单进行自动生产。

• 停止生产可以停止生产目前的订单。

（10）刀补返修。在进行手动生产以前，测量程序已经添加到加工程序的最后，测量数据会保存到机床对应的 #601–#620 变量中；在 MES 软件中需要在（测量与刀补）中的（测量数据采集）界面设置测量参数，如图 6–13 所示。

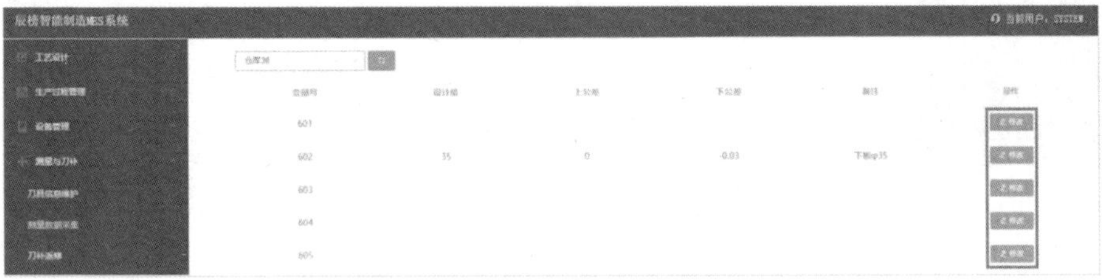

图 6–13 测量参数设置界面

选择仓位、对应变量号，点击“修改”，修改对应的设计值、公差、备注，然后点击“保存”。在手动生产中，加工完成后会提示“确认完成”和“返修”，如图 6–14 所示。

图 6–14　返修入口界面

(11)返修加工。点击图 6–14 中的“返修”进入测量与刀补的返修界面如图 6–15 所示。在返修界面，会自动出现对应的库位号，点击“获取测量值”。查看测量数据，在右侧刀补数据处修改对应数据，点击“确定”会提示“刀补成功”，即修改完成。

图 6–15　返修入口界面

修改刀补数据后，点击“确认返修”，弹出确认窗口，点击“确定”，机床将进行返修；返修完成后点击“返回生产页面”及返回“生产管理”界面继续“确认完成”—“取回仓库”，即可完成返修加工。

第 7 章

在线测量

7.1 测头基本使用方法

本书所使用的智能制造切削单元系统在线测头型号为 RUN-CP52BT40，设备清单包含：刀柄一个，测头一个，红宝石测针一个，无线接收器一个，电信号线若干。使用方法如下。

(1)接线说明：测头信号接收器电源：+24V(NC 电源)，0V(NC 电源)，信号线(X12.0/+24V 输入有效)，接线：蓝色-信号端子、棕色-启动信号 24V、红色蓝黑色 24V、白色黑色 0V。当测头接收器通电后会有三盏绿灯亮起，当测头碰触到工件表面后，测头会亮起红灯，接收器也会亮起一盏红灯，系统 X12.0 有输入，变为 1。

(2)校准测头调用的宏程序如下。

- 测头长度校准，程序 O9801。
- 触指 XY 补偿校准，程序 O9802。
- 触指球半径校准，程序 O9803。
- 矢量触指球半径校准，程序 O9804。

(3)测量工件调用的宏程序如下。

- 测量工件的外方和内方，程序 O9812。
- 测量工件的内孔，程序 O9813。
- 测量工件的外圆，程序 O9814。

(4)基本操作如下。

- M19 主轴定向，保证测头安装的时候测头绿色指示灯向前，方便查看。

手动安装测头至主轴。

• 使用环规对测头进行标定。

• 用手轮对测头建立 XYZ 坐标,XY 为环规中心,Z 为环规上平面高度;运行编订宏程序(在进行所有标定测量时保持进给速率相同)。

• 在每次测量时要确认程序中是否有要改动的变量,如用到的坐标系、直径的参数、刀号、XYZ 的偏移量是否合适等。

7.2 测头标定

(1)测头长度校准。测头长度校准程序为 O9801,在使用程序测长度时,必须先指定一个刀具号和一个刀补号,再大致地对一个高度,完成以后再执行以下这条程序, 执行完成以后将测得的高度的标定值写入宏变量 #507 里面去。程序代码如下。

% O1113

M19;(主轴定向)

G80G90G40G49;(取消固定循环,绝对值坐标,刀具半径补偿、长度补偿取消)

G54G0X18Y0;(调用 G54 坐标 X18 为偏移量, 根据环规的大小而定确保能打到上表面)

G43H1Z50;(刀具长补偿,H1 为调用 1 号刀补)

G65P9832;(接通侧头旋转)

G65P9810Z10F1000;(在防撞模式下以 1000 的速度进给到表面以上 10mm 的位置)

G65P9801Z0T1;(用 1 号刀移动到表面高 0 标定测头长)

G65P9810Z100F5000;(在防撞模式下以 5000 的速度进给到表面以上 100mm 的位置)

M30;

%

(2)触指 XY 补偿校准。XY 补偿校准程序为 O9802,在使用程序测触指 XY 补偿校准时,必须先指定一个刀具号和一个刀补号,再大致地对一个环规的中心 XY,完成以后再执行以下这条程序,执行完成以后,会将测得的触指

XY 补偿校准标定值写入宏变量 #502(测头 X 向偏差)和 #503(测头 Y 向偏差)里面去,如果没有编写 DC,系统会对变量未初始化报警。

% O1114

M19;

G90G80G40G49;(绝对值坐标,取消固定循环,刀具半径补偿取消,刀具长度补偿取消)

G54G0X0Y0;(调用 G54 坐标快速移动到环规中心)

G43H1Z50;(刀具长补偿,调用 1 号刀补到表面高 50mm 处)

G65P9810Z-5F1000;(在防撞模式下以 1000 的速度进给到表面以上 -5mm 的位置)

G65P9802DC25;(在环规直径 25mm 中标定测头 XY 的值)

G0Z50;(快速移动到表面高 50mm 处)

M30;

%

(3)触指球半径校准。触指球半径校准程序为 O9803,在使用程序测触指球半径校准时,必须先指定一个刀具号和一个刀补号,再大致地对一个环规的中心 XY,完成以后再执行以下这条程序,执行完成以后,会将测得的触指球半径校准标定值写入宏变量 #500(X 向球半径)和 #501(Y 向球半径)里面去,如果没有编写 DC,系统会对变量未初始化报警。

% O1115M19;

G90G80G40G49;(绝对值坐标,取消固定循环,刀具半径补偿取消,刀具长度补偿取消)

G54G0X0Y0;(调用 G54 坐标快速移动到环规中心)

G43H1Z50;(刀具长补偿,调用 1 号刀补到表面高 50mm 处)

G65P9810Z-5F1000;(在防撞模式下,以 1000 的速度进给到表面以上 -5mm 的位置)

G65P9803DC25;(在环规直径 25mm 中标定测头触指球半径的值)

G0Z50;(快速移动到表面高 50mm 处)

M30;

%

(4)矢量触指球半径校准:矢量触指球半径校准程序为O9804#505(工件坐标系Y中心),在使用程序测矢量触指球半径校准时,必须先指定一个刀具号和一个刀补号,再大致地对一个环规的中心XY,完成以后再执行以下这条程序,执行完成以后,会将测得的触指球半径校准标定值写入宏变量#504(工件坐标系X中心)和#505(工件坐标系Y中心)里面去,如果没有编写DC,系统会报变量未初始化报警。

%O1116

M19;

G90G80G40G49;(绝对值坐标,取消固定循环,刀具半径补偿取消,刀具长度补偿取消)

G57G0X0Y0;(调用G57坐标快速移动到环规中心)

G43H3Z20;(刀具长补偿,调用3号刀补到表面高20mm处)

G65P9810Z-5F1000;(在防撞模式下以1000的速度进给到表面以上-5mm的位置)

G65P9804DC38;(在环规直径38mm中标定测头矢量触指球半径的值)

G0Z50;(快速移动到表面高50mm处)

M30;

%

7.3 测量程序

(1)标定完测头后,如果需要测量工件内方和外方,就用宏程序O1118程序,详细代码如下。

%O1118;

M19;

G90G80G40G49;(绝对值坐标,取消固定循环,刀具半径补偿取消,刀具长度补偿取消)

G56G0X0Y0;(调用G56坐标快速移动到环规中心)

G43H3Z20;(刀具长补偿,调用3号刀补到表面高20mm处)

G65P9810Z5F1000;(在防撞模式下以1000的速度进给到表面以上5mm的位置)

G65P9812X80Z-4R6;(R6 表示在外边沿超出 6mm,X80 为 X 方向两边理论距离为 80mm)

G0Z50;(快速移动到表面高 50mm 处)

M30;

%

(2)在标定完测头后,如果需要测量内孔,就用宏程序 O1119 程序,详细代码如下。

% O1119;

M19;

G90G80G40G49;(绝对值坐标,取消固定循环,刀具半径补偿取消,刀具长度补偿取消)

G56G0X0Y0;(调用 G56 坐标快速移动到环规中心)

G43H3Z20;(刀具长补偿,调用 3 号刀补到表面高 20mm 处)

G65P9810Z-5F1000;(在防撞模式下,以 1000 的速度进给到表面以上-5mm 的位置)

G65P9814DC30;(测量内孔理论直径 30 的物体内孔)

#600=#138;(138 的值赋值与 600)

G0Z50;(快速移动到表面高 50mm 处)

M30;

%

(3)在标定完测头后,如果需要测量外圆,就用宏程序 O1120,详细代码如下。

% O1120;

M19;

G90G80G40G49;(绝对值坐标,取消固定循环,刀具半径补偿取消,刀具长度补偿取消)

G57G0X0Y0;(调用 G56 坐标快速移动到环规中心)

G43H3Z20;(刀具长补偿,调用 3 号刀补到表面高 20mm 处)

G65P9810Z5F1000;(在防撞模式下,以 1000 的速度进给到表面以上 5mm 的位置)

G65P9814DC70Z-5R6;(在外边沿超出 6mm,在表面以下 5mm 处,测量理

论外边直径为70mm的实际值)

G0Z50;(快速移动到表面高50mm处)

M30;

%

(4)数值查看方法:连续两次点击数控机床系统面板按键“刀补/变量”,就会出现变量页面,再点击显示屏下面“公共保持”对应的黑色按键,就会出现以下页面,按翻页按键可以翻页查看测量结构,如图7-1所示。

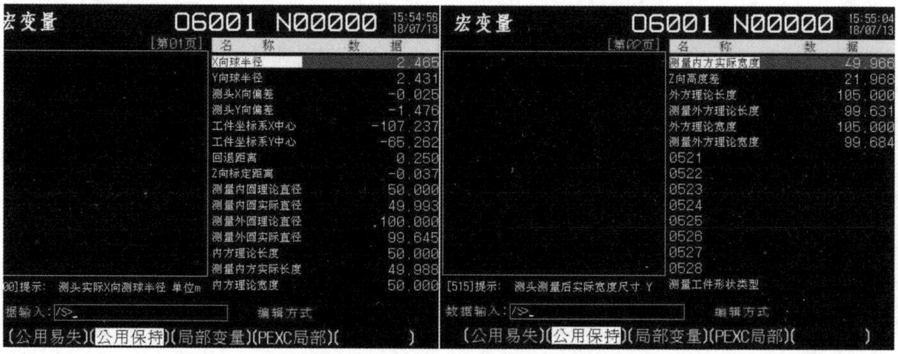

图7-1 返修入口界面

7.4 实际测量程序范例

(1)测量中间轴内孔孔径φ30(+0.03,0)

% M19;

G90G80G40G49;(绝对值坐标,取消固定循环,刀具半径补偿取消,刀具长度补偿取消)

G56G0X0Y0;//G56坐标系(调用G56坐标快速移动到X0Y0)

G43H1Z20;//刀具号1(刀具长补偿,调用1号刀补到表面高20mm处)
G65P9810Z-5F1000;//P9810移动防撞保护深度-5(在防撞模式下以1000的速度进给到表面以上-5mm的位置)

G65P9814DC30;//P9814:测量内径、外径;DC30:理论孔径30(测量理论内径为30的孔径实际值)

#601=#138;//将测量结果赋值到#601 G0Z150;

M30；

%

(2)测量下板孔 φ35(+0.03,0)

% M19；

G57G0X0Y0；(调用 G57 坐标快速进给到 X0Y0 坐标处)

G43H1Z20；(刀具长补偿，调用 1 号刀补到表面高 20mm 处)

G65P9810Z–5F1000(在防撞模式下，以 1000 的速度进给到表面以上 –5mm 的位置)；

G65P9814DC35；//理论孔径 35(测量理论孔径为 35 的孔径实际值)

#602=#138；

G0Z150；

M30；

%

(3)测量上板中的凹槽：宽度 X50(+0.03,0)

% O0024

M19；

G90G80G40G49；(绝对值坐标，取消固定循环，刀具半径补偿取消，刀具长度补偿取消)

G59G0X0Y0；(调用 G59 坐标快速进给到 X0Y0 坐标处)

G43H1Z20；(刀具长补偿，调用 1 号刀补到表面高 20mm 处)

G65P9810Z–2.7F1000；(在防撞模式下，以 1000 的速度进给到表面以上–2.7mm 的位置)

G65P9812X50；//凹槽理论宽度 50mm(测量边沿理论距离 50mm 的实际值)

#603=#138；

G0Z150；

M30；

%

(4)测量连接轴中外径 φ30(–0.03,–0.06)

% M19；

G90G80G40G49；(绝对值坐标，取消固定循环，刀具半径补偿取消，刀具长

度补偿取消)

G58G0X0Y0;(调用 G58 坐标快速移动到 X0Y0)

G43H1Z20;(刀具长补偿,调用 1 号刀补到表面高 20mm 处)

G65P9810Z5F1000;(在防撞模式下,以 1000 的速度进给到表面以上 5mm 的位置)

G65P9814DC30Z-20R6;//理论外径 30,测量深度 20,测量撤退轨迹超出工件边沿 6mm,在外边沿超出 6mm 的表面以下 5mm 处测量理论外边直径为 70mm 的实际值。

#604=#138;

G0Z150;

M30;

%

第 8 章

PLC 程序实例

智能制造切削单元控制系统的安装与调试是整个系统顺利运行的关键所在，掌握了控制系统安装与调试的基本方法和技巧，不仅能排除各类故障，保障系统的正常运行，还能根据不同工件特点进行工艺和节拍的调整，增强系统的适用性、提高生产效率。

智能制造切削单元控制系统的安装与调试，主要是对智能制造控制系统 MES 软件与 PLC 控制系统进行安装与调试。

- 对 PLC 进行编程和调试，实现主控 PLC 与机器人、RFID 系统、数控机床、立体仓库、MES 管控软件等之间的连接和通信。
- 联合调试智能制造单元和 MES 软件，实现设备层数据的正常采集和可视化，包括机床状态、机器人状态、立体仓库状态以及产品状态数据信息等。
- 通过 MES 软件手动排程，实现工业机器人从立体仓库取出待加工毛坯，加工、在线测量后，再由机器人送回立体仓库规定的仓位中，并更新 RFID 数据。
- 联合调试智能制造单元和 MES 软件，实现 MES 软件排产、下单、启动智能制造单元并完成自动加工。

由此可见，PLC 程序是智能制造切削单元控制系统安装与调试的关键，初学者应遵从“先读懂—会修改—最后编写”三个阶段进行循序渐进的学习。智能制造切削单元系统 PLC 编程变量详见附表 1 所示，详细说明了 PLC 与 MES 系统、工业机器人、加工中心、数控车床、立体仓库和 RFID 等设备之间的输入输出信号变量。

PLC 编程的基本原则如下。

(1)外部输入/输出、内部继电器、定时器、计数器等软元件的触点可重复使用,没有必要特意采用复杂程序结构来减少触点的使用次数。

(2)梯形图每一行都是从左母线开始,线圈接在最右边。在继电器控制原理图中,继电器的触点可以放在线圈的右边,但在梯形图中,触点不允许放在线圈的右边。

(3)线圈不能直接与左母线相连,也就是说线圈输出作为逻辑结果必须有条件。必要时可以使用一个内部继电器的动断触点或内部特殊继电器来实现。

(4)梯形图中串、并联的触点次数没有限制,可以无限制使用。

(5)编制梯形图时,应尽量做到“上重下轻、左重右轻”。

(6)两个或两个以上的线圈可以并联,但不可以串联。

(7)梯形图程序必须符合顺序执行的原则,即从左到右,从上到下执行,不符合顺序执行的电路不能直接编程。

(8)程序以 END 指令结束,程序的执行是从第一个地址到 END 指令结束,在调试的时候,可以利用这个特点将程序分成若干个块,进行分块调试,直至程序全部调试成功。

本书所用技术平台的[CPU1215CDC/DC/DC] PLC 程序块实例如下。

8.1 Main[OB1]组织块

主程序块主要分为以下五个部分。

(1)加工中心和数控车床控制与信号交互模块,如图 8-1 所示。

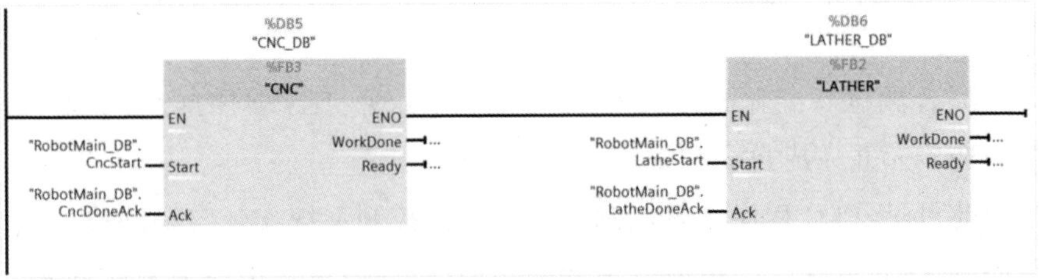

图 8-1 机床控制模块

(2)机器人控制与信号交互模块,如图 8-2 所示。

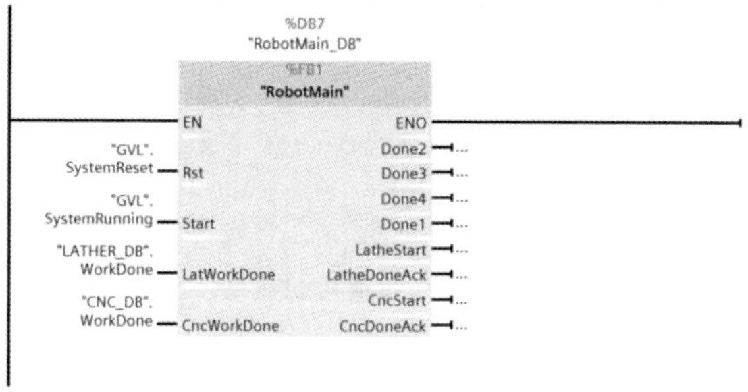

图 8–2　机器人控制模块

(3)RFID 控制与信号交互模块,如图 8–3 所示。

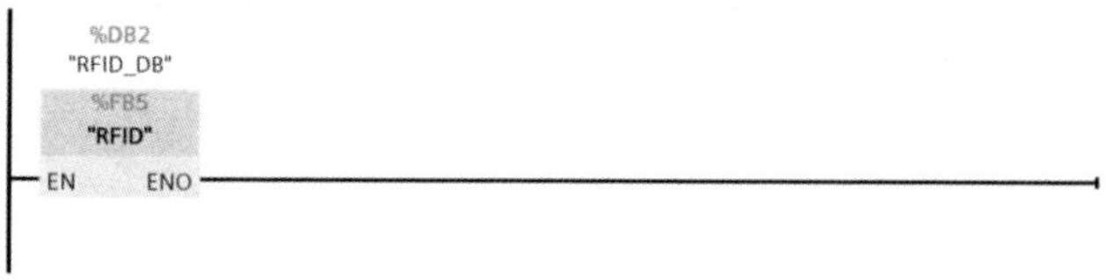

图 8–3　RFID 控制模块

(4)MES 系统控制与信号交互模块,如图 8–4 所示。

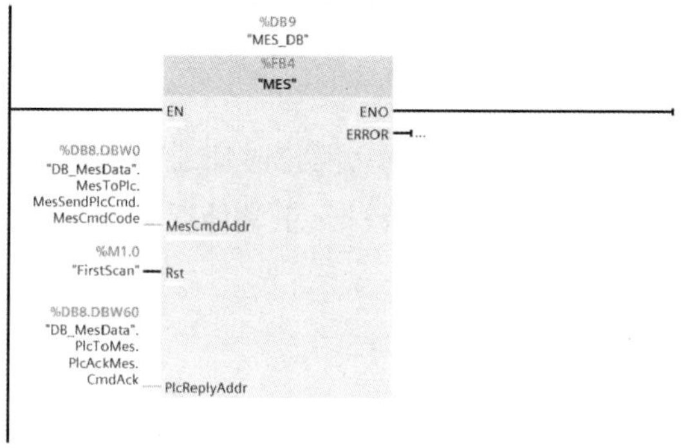

图 8–4　MES 控制模块

(5)其他控制模块,主要用于控制立体仓库、三色灯、系统报警、测头标定等信息,如图 8–5 所示。

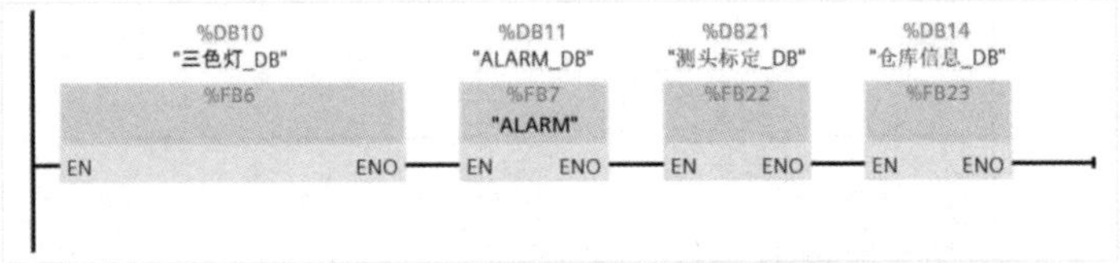

图 8-5 其他控制模块

8.2 MES[FB4]功能块

MES 系统变量表、工业机器人变量表和 MES 功能块变量表分别如附表 2、3、4 所示。MES[FB4]是接收 MES 发送的控制命令的函数模块，主要接收 MES 发送过来的启动、停止、复位信号。具体如下。

(1)MB_SERVER 程序，如图 8-6 所示。

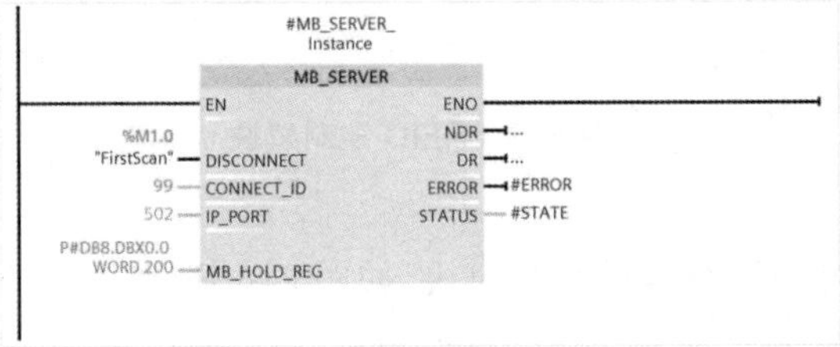

图 8-6 MB_SERVER 程序

(2)MES 复位程序如图 8-7 所示，复位时应避免 MES 上次发过来的数据没有返回，直接返回 MES 发过来的数据，正常情况下不需要复位，通信超时自动回复。

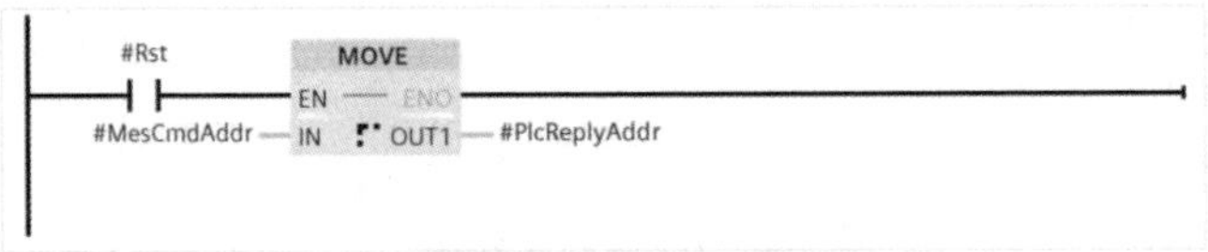

图 8-7 MES 复位程序

(3)MES 启动(98)程序，如图 8-8 所示。

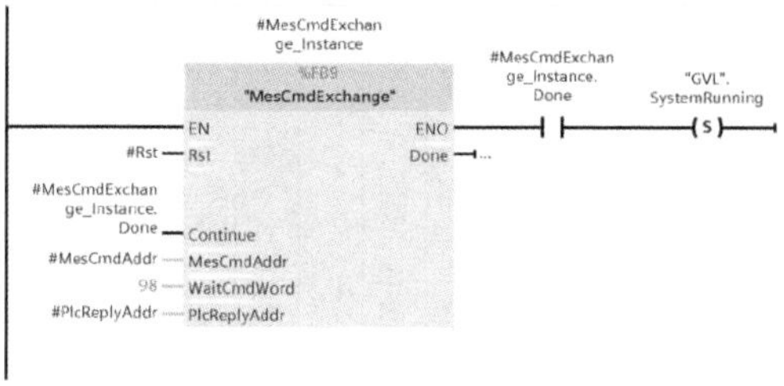

图 8-8　MES 启动程序

(4)MES 停止(99)程序。如图 8-9 所示。

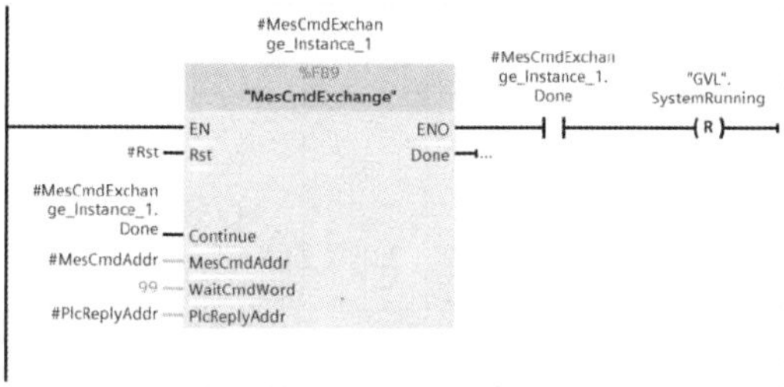

图 8-9　MES 停止程序

(5)MES 复位机床(100)与启动机床通用“GVL”.SystemRunning 限制系统运行中复位机床和返修一样,如图 8-10 所示。

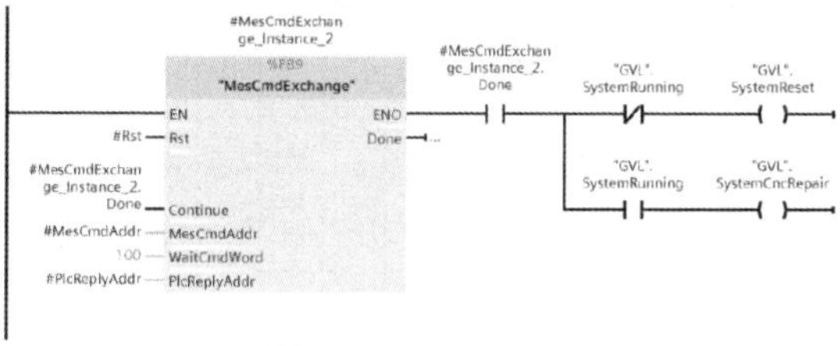

图 8-10　MES 复位机床

8.3 MesCmdExchange[FB9]功能块

MES 命令交换功能块 MesCmdExchange[FB9]的变量表如表 8-1 所示,用于解析 MES 命令并通知回传命令参数。

表 8-1　MES 命令交换功能块变量表

名称	数据类型	默认值	保持	可从 HMI/OPC UA 访问	从 HMI/OPC UA 可写	在 HMI 工程组态可见	设定值	监控	注释
▼Input									
Rst	Bool	false	非保持	True	True	True	False		复位程序块，会中断与 MES 的命令交互
Continue	Bool	false	非保持	True	True	True	False		外部处理完毕，该信号置位会继续接收指定 MES 命令
MesCmdAddr	Word	16#0	非保持	True	True	True	False		PLC 接收 MES 发送命令的地址
WaitCmdWord	Word	16#0	非保持	True	True	True	False		该块需要处理的 MES 命令号
▼Output									
Done	Bool	false	非保持	True	True	True	False		MES 命令交互完成信号
▼InOut									
PlcReplyAddr	Word	16#0	非保持	True	True	True	False		PLC 应答 MES 命令的地址
▼Static									
StepRecord	Int	0	非保持	True	True	True	False		
Trig_1	Bool	false	非保持	True	True	True	False		
Temp									
Constant									

(1)模块数据复位程序,如图 8-11 所示。

图 8-11 模块数据复位程序

(2)MES 发送控制命令地址程序,如图 8-12 所示。

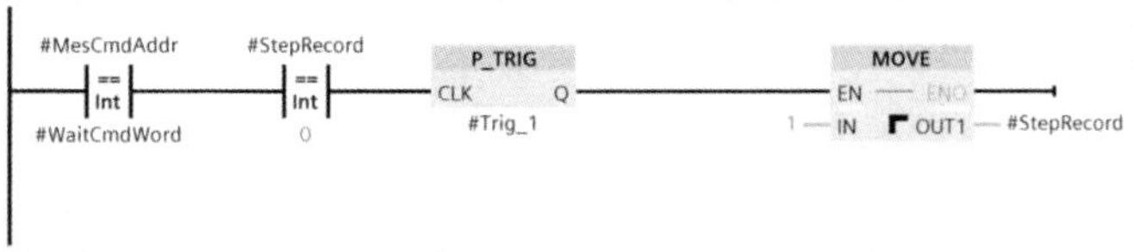

图 8-12 MES 控制指令地址程序

(3)MES 命令处理程序如图 8-13 所示,当前命令有效大于 0,开始处理。

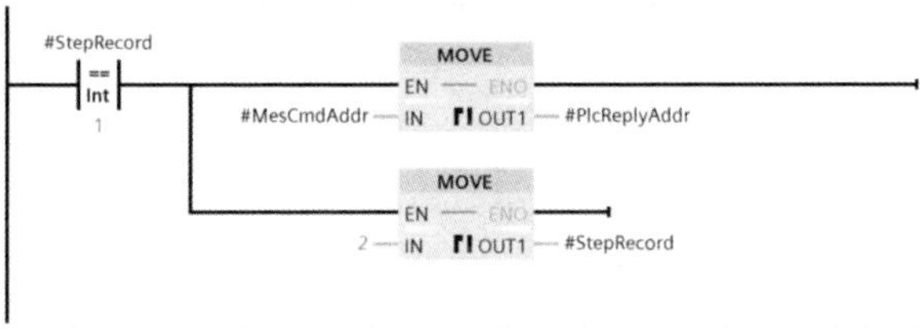

图 8-13 MES 命令处理程序

(4)MES 等待应答程序如图 8-14 所示,等待应答结束,双方复位。

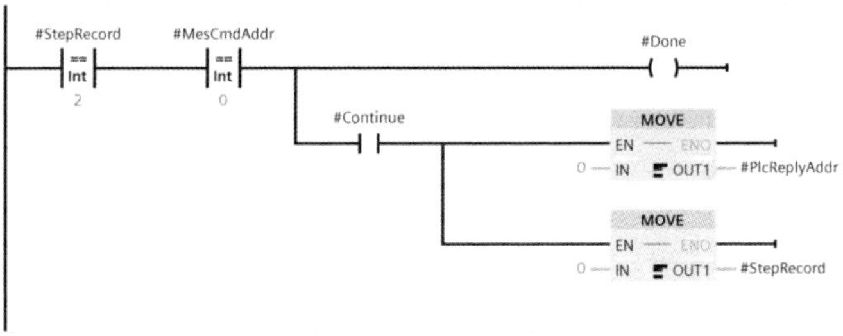

图 8-14 MES 等待应答程序

8.4 PlcCmdExchange[FB8]功能块

PLC 命令交换功能块 PlcCmdExchange [FB8] 的变量表如表 8-2 所示,是

表 8-2　PLC 命令交换功能块变量表

名称	数据类型	默认值	保持	可从 HMI/OPC UA 访问	从 HMI/OPC UA 可写	在 HMI 工程组态可见	设定值	监控	注释
▼Input									
Start	Bool	false	非保持	True	True	True	False		启动时向 MES 发送命令，需要前准备好命令参数
Rst	Bool	false	非保持	True	True	True	False		复位程序块，会中断与 MES 的命令交互
MesReplyAddr	Word	16#0	非保持	True	True	True	False		MES 当前应答 PLC 命令的地址
PlcCmdWord	Word	16#0	非保持	True	True	True	False		用户控制 PLC 发送给 MES 的命令号
Continue	Bool	false	非保持	True	True	True	False		用户处理应答完成后继续输入信号
▼Output									
Done	Bool	false	非保持	True	True	True	False		PLC 命令交互完成
▼InOut									
PlcCmdAddr	Word	16#0	非保持	True	True	True	False		PLC 向 MES 发送命令的地址
▼Static									
CurrentPlcCmd	Word	16#0	非保持	True	True	True	False		
StepRecord	Int	0	非保持	True	True	True	False		
Trig_1	Bool	false	非保持	True	True	True	False		
Temp									
Constant									

PLC 向 MES 发送命令并等待 MES 应答模块。

(1)模块数据复位程序,如图 8-15 所示。

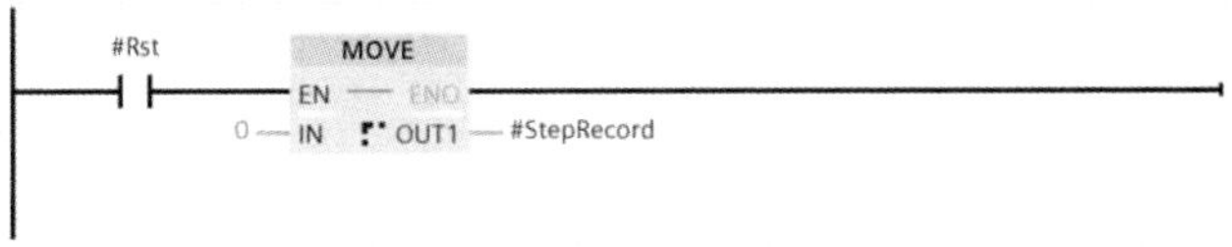

图 8-15　模块数据复位程序

(2)向 MES 发送命令启动,需要在外部传递所有需要的参数,发送气动命令程序如图 8-16 所示。

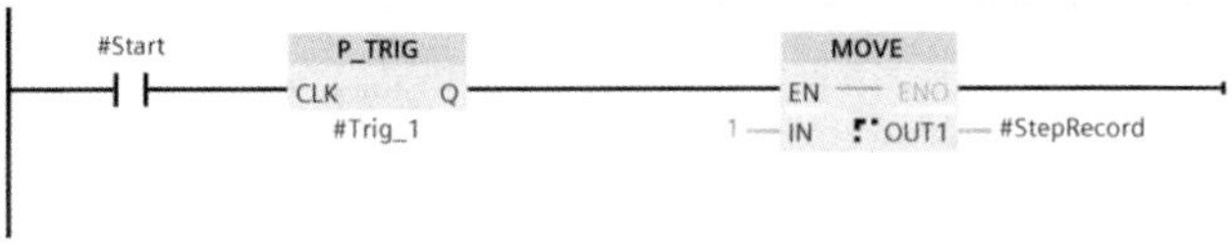

图 8-16　发送气动命令程序

(3)MES 回复处理程序如图 8-17 所示,当接收有效 MES 命令大于 0 时,MES 回复开始,等于 0,结束交互流程。

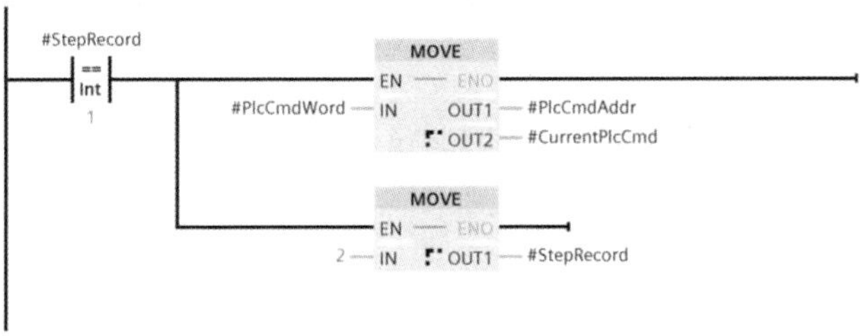

图 8-17　MES 回复处理程序

(4)MES 回复处理程序如图 8-18 所示,等待应答,获取 MES 应答 PLC 地址。

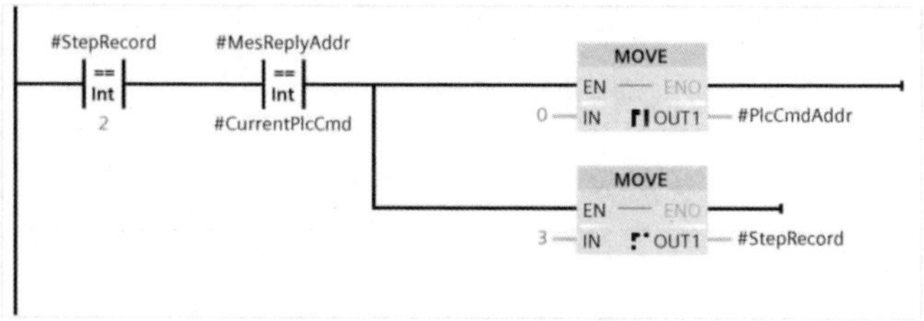

图 8-18　MES 回复处理程序

(5)信号交互完成程序如图 8-19 所示,等待应答结束,双方复位。

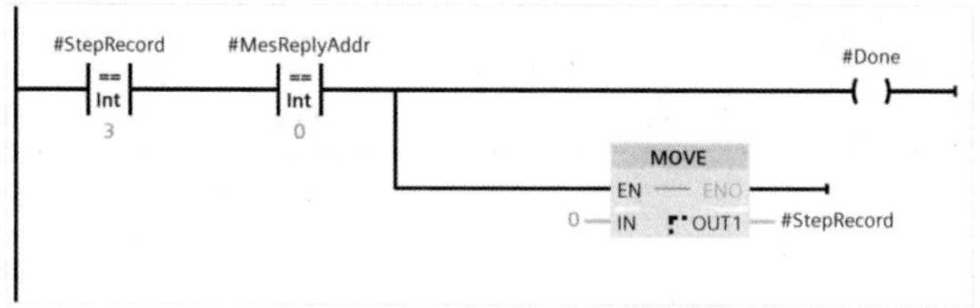

图 8-19　信号交互完成程序

8.5 RFID 相关功能块

8.5.1 RFID[FB5]功能块

RFID 主函数功能块 RFID[FB5]的变量表如附表 5 所示,其梯形图如下。

(1)RFID 手动读写程序与扫库,如图 8-20 所示。

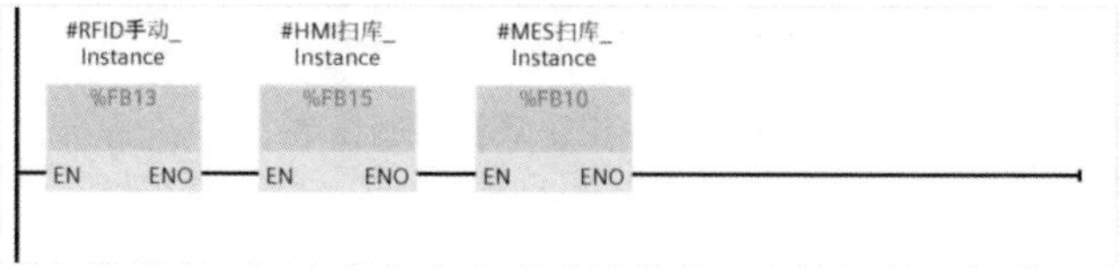

图 8-20　RFID 手动读写程序

(2)MES 指令处理程序如图 8-21 所示,用于库位指示,实现触摸屏料仓界面显示当前订单的功能。

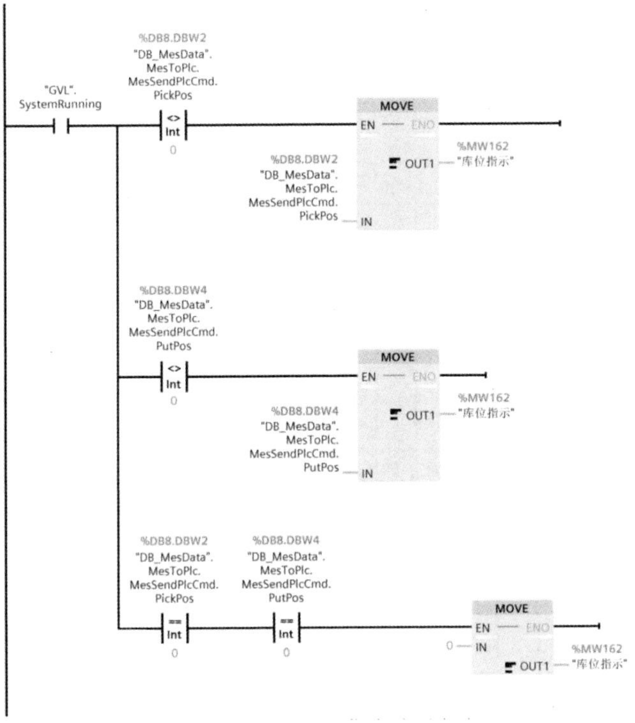

图 8-21　MES 指令处理程序

8.5.2 RFID [FB12]功能块

RFID 读写功能块 RFID[FB12]的变量如表 8-3 所示。

表 8-3　RFID 读写变量

名称	数据类型	默认值	保持	可从 HMI/OPC UA 访问	从 HMI/OPC UA 可写	在 HMI 工程组态可见	设定值	监控	注释
▼Output									
读写完成	Bool	false	在 IDB	True	True	True	False		
InOut									
▼Static									
▼SendBuffer	Array[1..4								
] of Byte		非保持	True	True	True	False			RFID 写入数据
SendBuffer[1]	Byte	16#0	非保持	True	True	True	False		RFID 写入数据
SendBuffer[2]	Byte	16#0	非保持	True	True	True	False		RFID 写入数据
SendBuffer[3]	Byte	16#0	非保持	True	True	True	False		RFID 写入数据
SendBuffer[4]	Byte	16#0	非保持	True	True	True	False		RFID 写入数据
▼IEC_Timer_0_Instance	TON_TIME		非保持	True	True	True	False		
PT	Time	T#0ms	非保持	True	True	True	False		
ET	Time	T#0ms	非保持	True	False	True	False		
IN	Bool	false	非保持	True	True	True	False		
Q	Bool	false	非保持	True	False	True	False		
▼IEC_Timer_0_Instance_1	TON_TIME		非保持	True	True	True	False		
PT	Time	T#0ms	非保持	True	True	True	False		
ET	Time	T#0ms	非保持	True	False	True	False		
IN	Bool	false	非保持	True	True	True	False		
Q	Bool	false	非保持	True	False	True	False		

表 8-3(续)

名称	数据类型	默认值	保持	可从 HMI/OPC UA 访问	从 HMI/OPC UA 可写	在 HMI 工程组态可见	设定值	监控	注释
▼IEC_Timer_0_Instance_2	TON_TIME		非保持	True	True	True	False		
PT	Time	T#0ms	非保持	True	True	True	False		
ET	Time	T#0ms	非保持	True	False	True	False		
IN	Bool	false	非保持	True	True	True	False		
Q	Bool	false	非保持	True	False	True	False		
▼IEC_Timer_0_Instance_3	TON_TIME		非保持	True	True	True	False		
PT	Time	T#0ms	非保持	True	True	True	False		
ET	Time	T#0ms	非保持	True	False	True	False		
IN	Bool	false	非保持	True	True	True	False		
Q	Bool	false	非保持	True	False	True	False		
读写开始	Bool	false	非保持	True	True	True	False		
▼IEC_Timer_0_Instance_4	TON_TIME		非保持	True	True	True	False		
PT	Time	T#0ms	非保持	True	True	True	False		
ET	Time	T#0ms	非保持	True	False	True	False		
IN	Bool	false	非保持	True	True	True	False		
Q	Bool	false	非保持	True	False	True	False		
▼IEC_Timer_0_Instance_5	TON_TIME		非保持	True	True	True	False		
PT	Time	T#0ms	非保持	True	True	True	False		
ET	Time	T#0ms	非保持	True	False	True	False		
IN	Bool	false	非保持	True	True	True	False		
Q	Bool	false	非保持	True	False	True	False		
Temp									
Constant									

(1)RFID 读控制字程序,如图 8-22 所示。

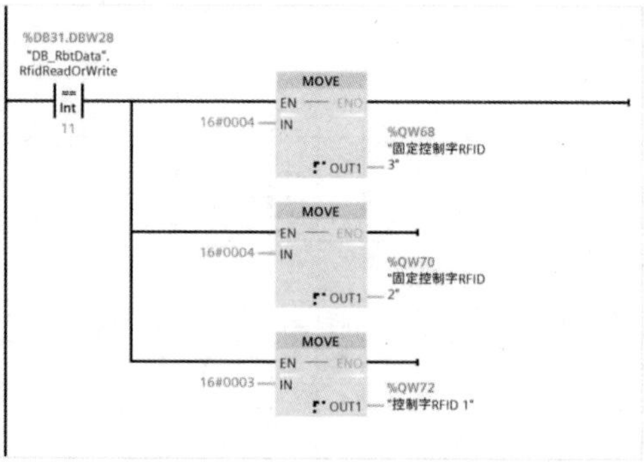

图 8-22　RFID 读控制字程序

(2)读 RFID 数据传给 HMI 程序,如图 8-23 所示。

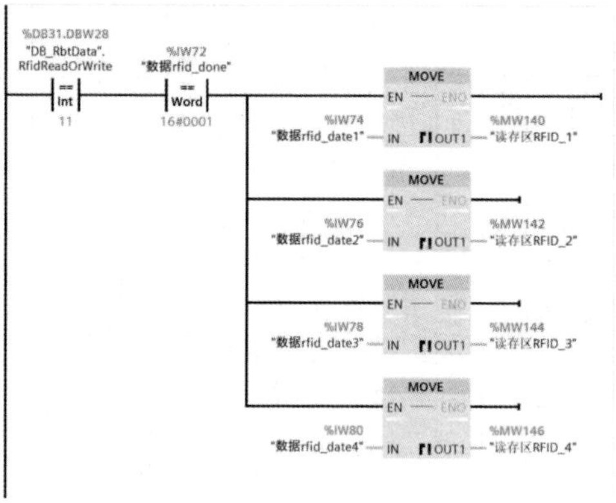

图 8-23　RFID 读至 HMI 程序

(3)写 RFID 写控制字程序,如图 8-24 所示。

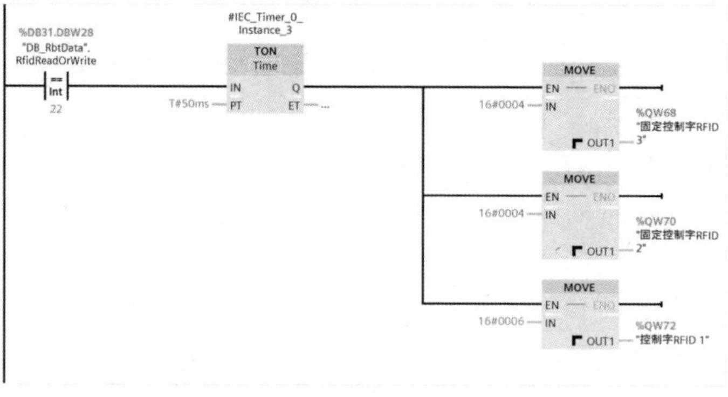

图 8-24　RFID 写控制字

(4)写数据传输程序,如图 8-25 所示。

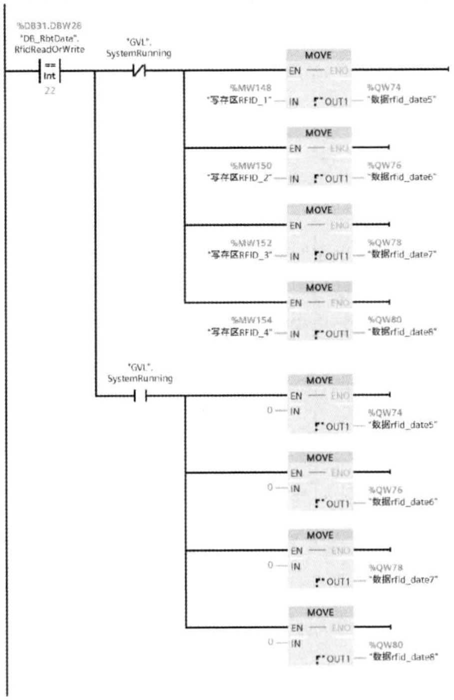

图 8-25　RFID 写数据传输程序

(5)RFID 读写完成程序,如图 8-26 所示。

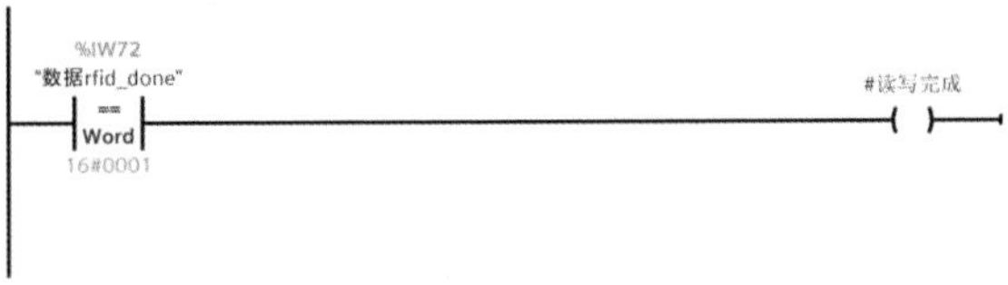

图 8-26　RFID 读写完成程序

8.5.3 RFID [FB13]功能块

RFID 手动操作功能块 RFID[FB13]的变量如表 8-4 所示。

表 8-4　RFID 读写变量

名称	数据类型	默认值	保持	可从 HMI/OPC UA 访问	从 HMI/OPC UA 可写	在 HMI 工程组态可见	设定值	监控	注释
Input									
Output									
InOut									
▼Static									
Step	Int	0	非保持	True	True	True	False		
posEx	Int	0	非保持	True	True	True	False		
▼GetRowColnByPosition_In	"GetRowColnBy			True	True	True	False		
▼Input									
Position	Int	0	非保持	False	False	False	False		
▼Output									
Row	Int	0	非保持	False	False	False	False		
Coln	Int	0	非保持	False	False	False	False		
InOut									
▼Static									
date1	Int	0	非保持	True	True	True	False		
date2	Int	0	非保持	True	True	True	False		
date3	Int	0	非保持	True	True	True	False		
date4	Int	0	非保持	True	True	True	False		
▼IEC_Timer_0_Instance	TON_TIME		非保持	True	True	True	False		
PT	Time	T#0ms	非保持	True	True	True	False		
ET	Time	T#0ms	非保持	True	False	True	False		
IN	Bool	false	非保持	True	True	True	False		
Q	Bool	false	非保持	True	False	True	False		
Temp									
Constant									

梯形图示例如下。

(1)计算仓位发送仓位号,启动机器人单个读写程序(13 示教号),如图 8-27 所示。

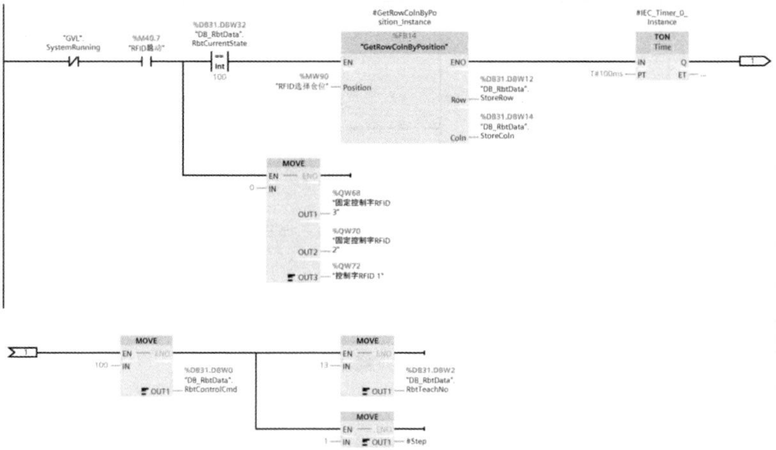

图 8-27　单个示教号读写程序

(2)机器人到达读写位置,返回行列位置(如 7/0),如图 8-28 所示。

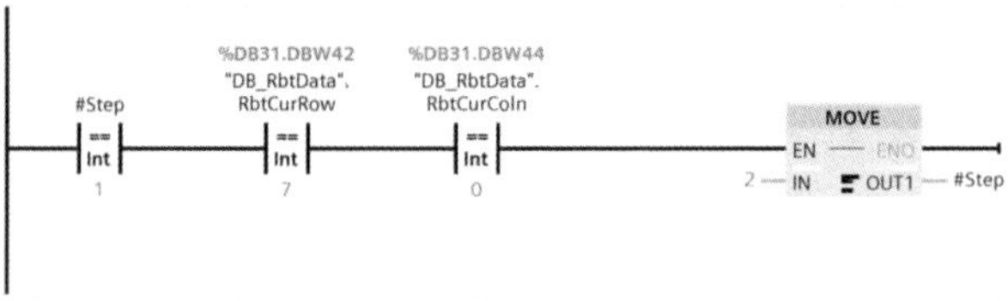

图 8-28　返回仓位位置程序

(3)获取 HMI 的读写命令程序,如图 8-29 所示。

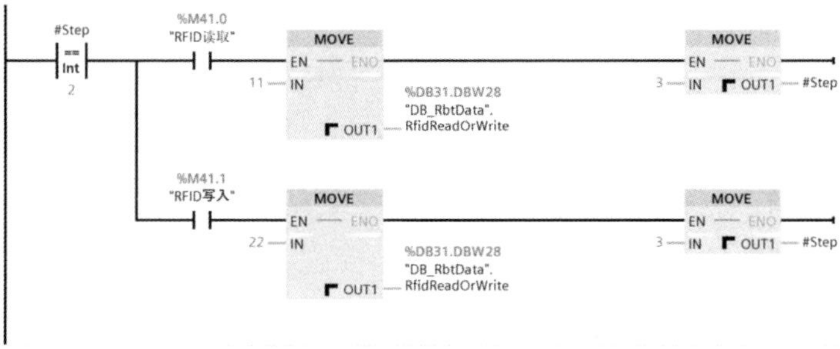

图 8-29　获取 HMI 读写命令程序

(4)重置机器人控制字程序,如图 8-30 所示。

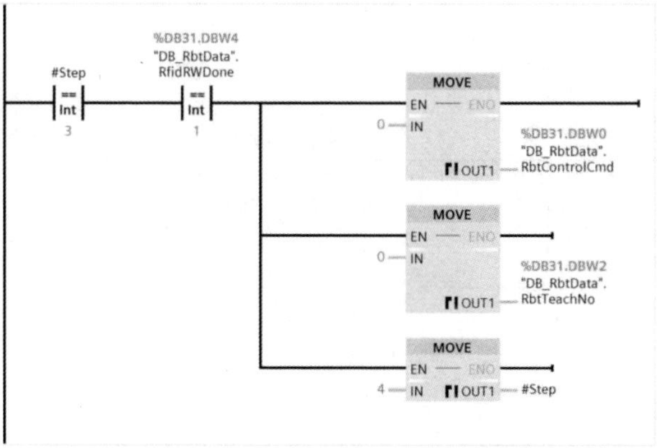

图 8-30 重置机器人控制字程序

(5)重置机器人控制字完成信号,回步序 0,如图 8-31 所示。

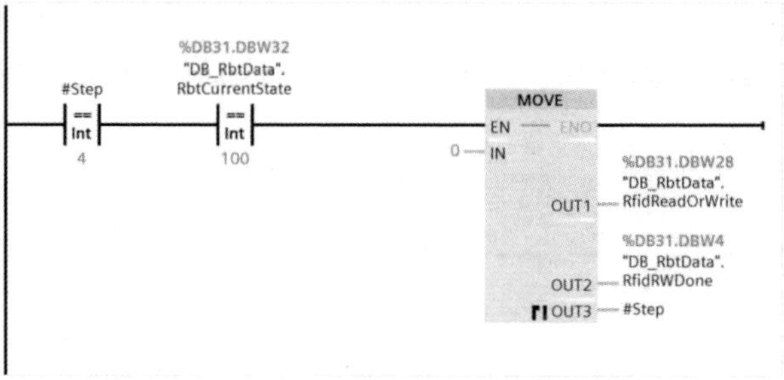

图 8-31 重置完成程序

(6)手动完成指示,完成后方可进行下一个操作(可不写),如图 8-32 所示。

图 8-32 RFID 手动完成

(7)HMI 控制允许程序，如图 8-33 所示。

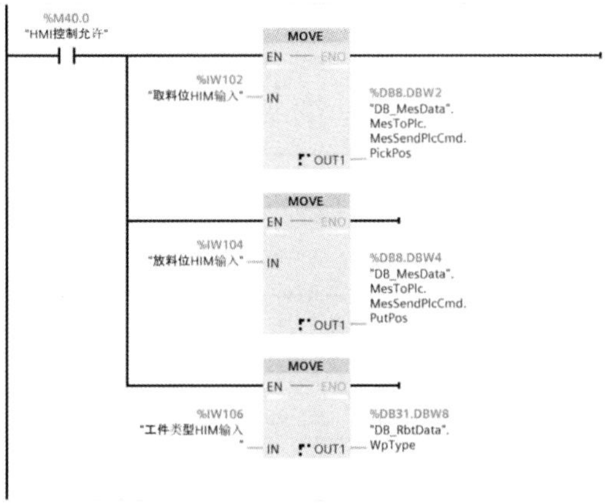

图 8-33　HMI 控制允许程序

8.5.4 RFID[FB15]功能块

HMI 扫库功能块 RFID[FB15]的梯形图示例如下。

(1)RFID 手动扫库程序，如图 8-34 所示。

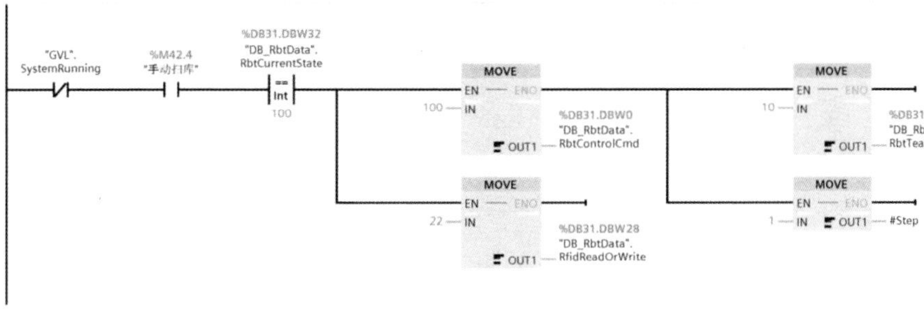

图 8-34　RFID 手动扫库

(2)RFID 扫库写全部完成，重置机器人控制字，如图 8-35 所示。

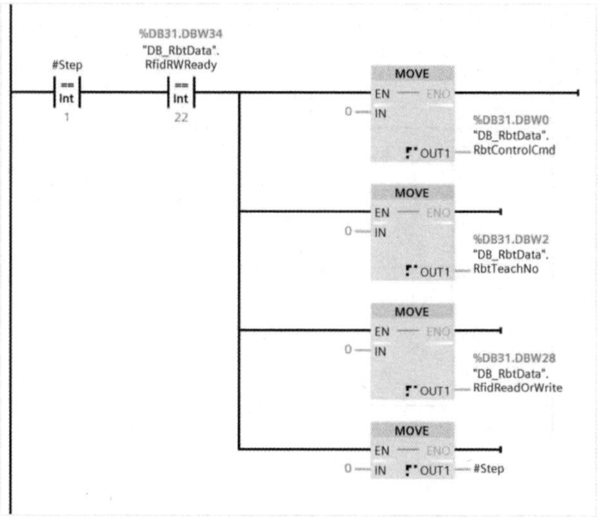

图 8-35　重置机器人控制字

8.5.5 MES 扫库[FB10]功能块

MES 软件控制扫库全部写,开始写 RFID=103+上报 MES,所有 RFID 写入完成=203,如图 8-36 所示。

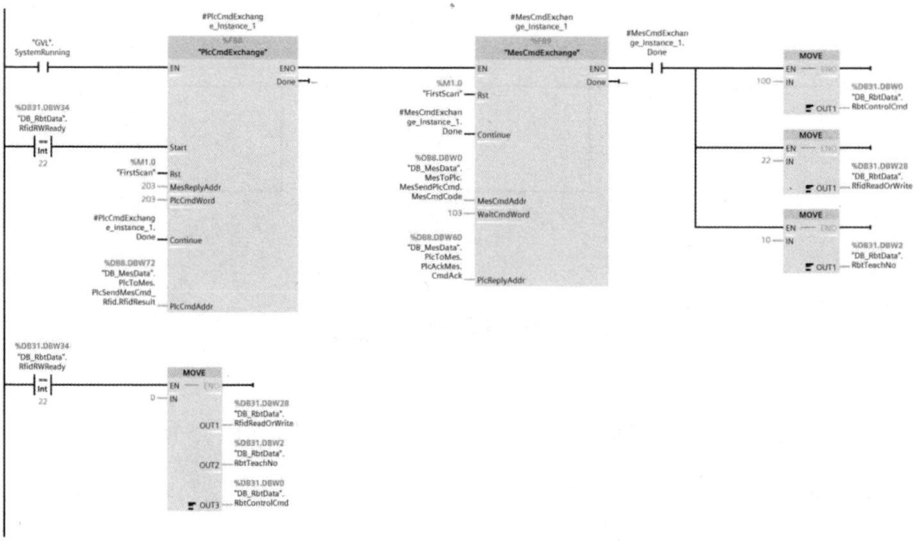

图 8-36　重置机器人控制字

8.6 LATHER[FB2]功能块

LATHER[FB2]为数控车床控制函数块,具体功能如下。

(1)发出机床上料允许信号并告知机器人,如图 8-37 所示。

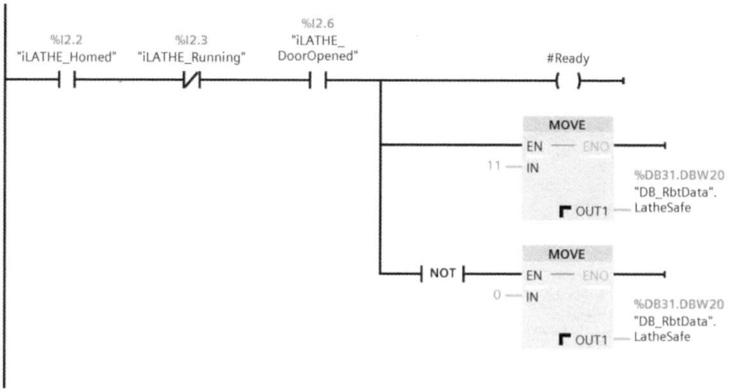

图 8-37　车床上料允许程序

(2)车床夹具控制程序,如图 8-38 所示。

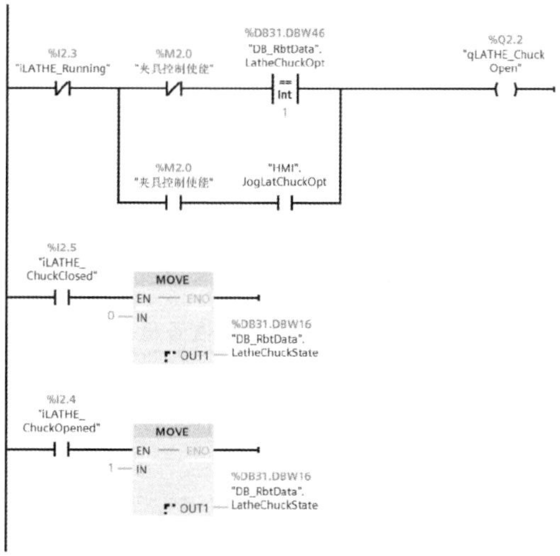

图 8-38　车床夹具控制程序

(3)数控车床启动程序,如图 8-39 所示。

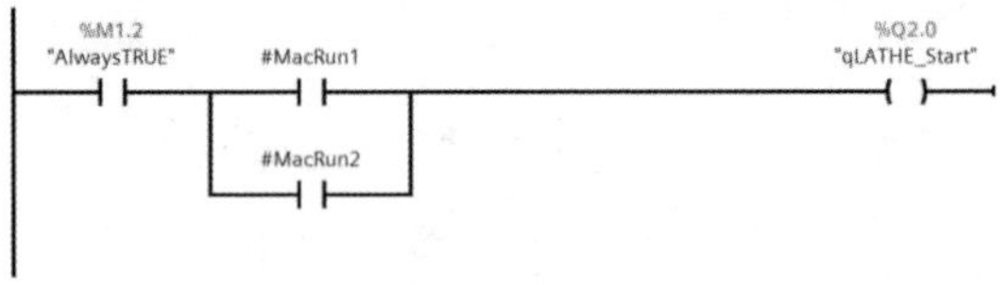

图 8-39　数控车床启动程序

(4)初始化设置,控制联机使能(该位置 1,控制信号有效),如图 8-40 所示。

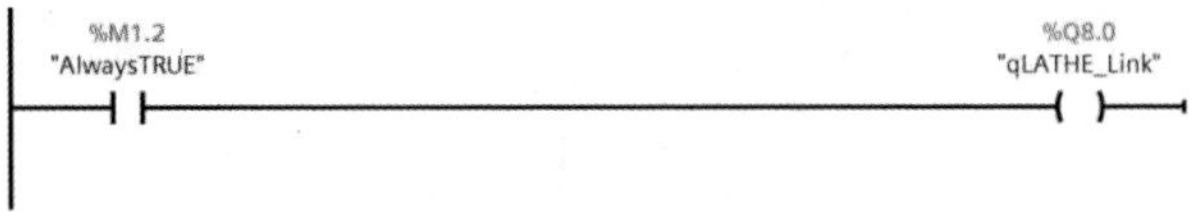

图 8-40　初始化程序

(5)MES 复位信号程序,步序 0,如图 8-41 所示。

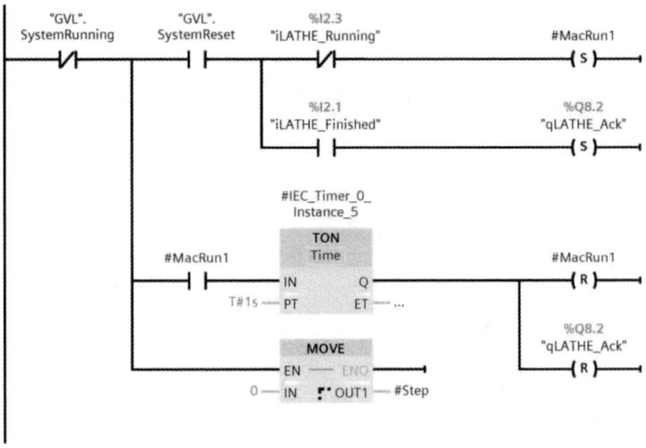

图 8-41　MES 复位信号程序

(6)车床联机正常程序,步序 1,如图 8-42 所示。

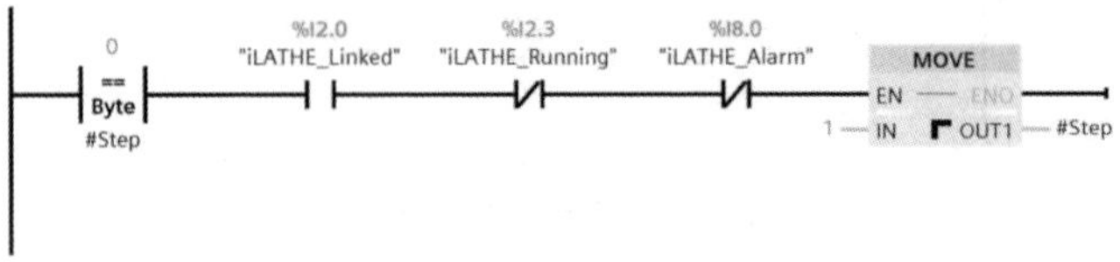

图 8-42　车床联机正常程序

(7)启动机床前,清除上次的完成信号,否则机床不能启动,步序 2,如图 8–43 所示。

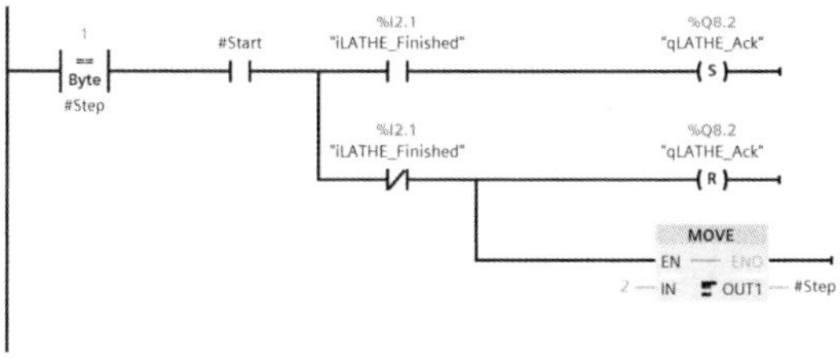

图 8–43　信号清除程序

(8)启动机床程序,开始触发机床运动,步序 5,如图 8–44 所示。

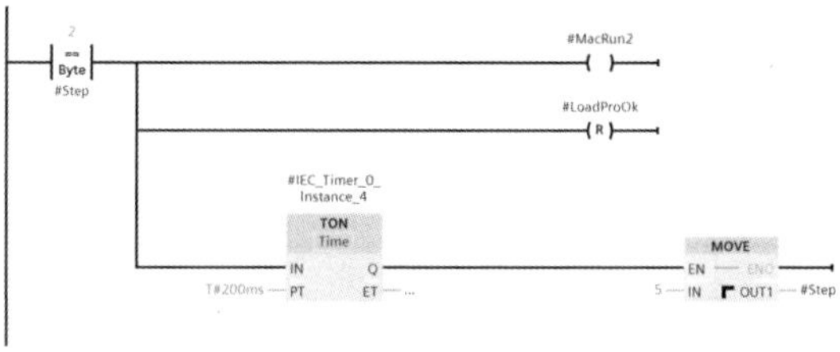

图 8–44　启动机床程序

(9)启动机床成功上报 MES,失败重试,步序 6,如图 8–45 所示。

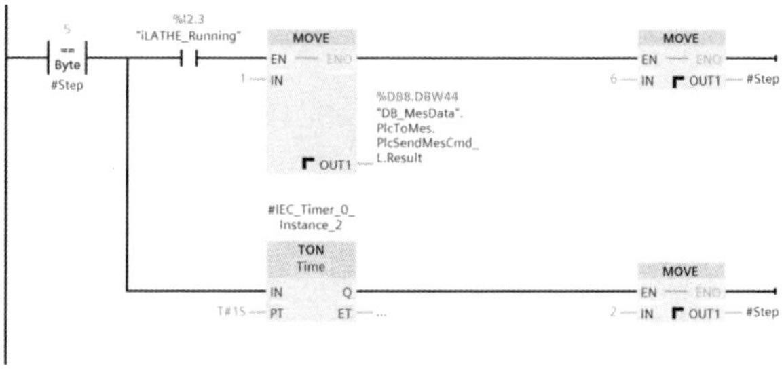

图 8–45　上报 MES 程序

(10)车床加工完成,步序 7,如图 8–46 所示。

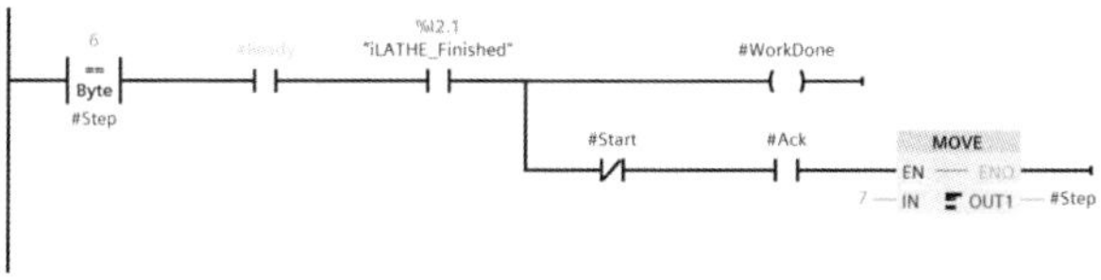

图 8–46　车床加工完成程序

(11)车床加工完成清完成信号,步序 9,如图 8-47 所示。

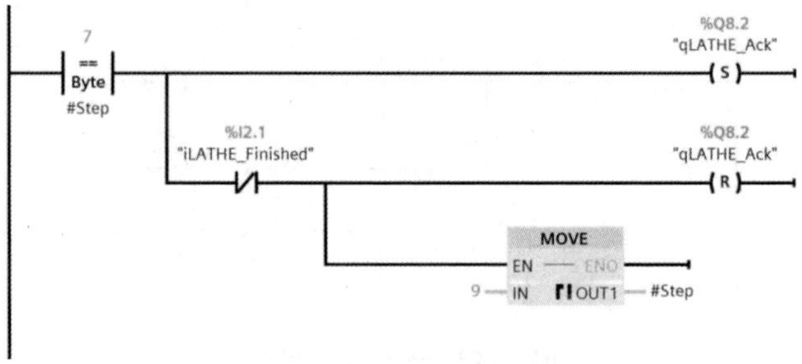

图 8-47　清完成信号程序

(12)标志位清完后回到步序 0,如图 8-48 所示。

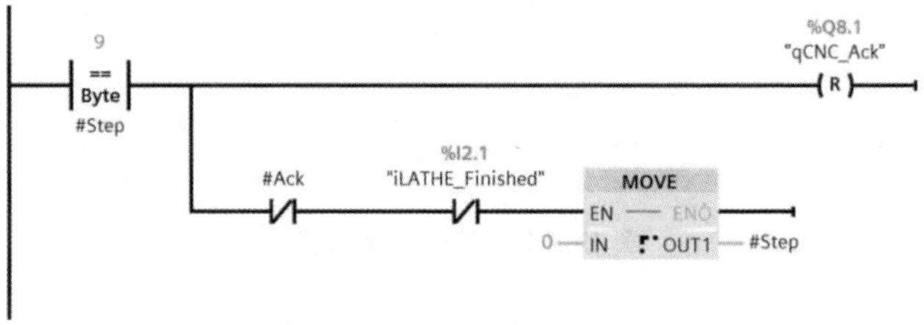

图 8-48　返回开始程序

(13)向 MES 返回夹具与门的状态以及完成信号,如图 8-49 所示。

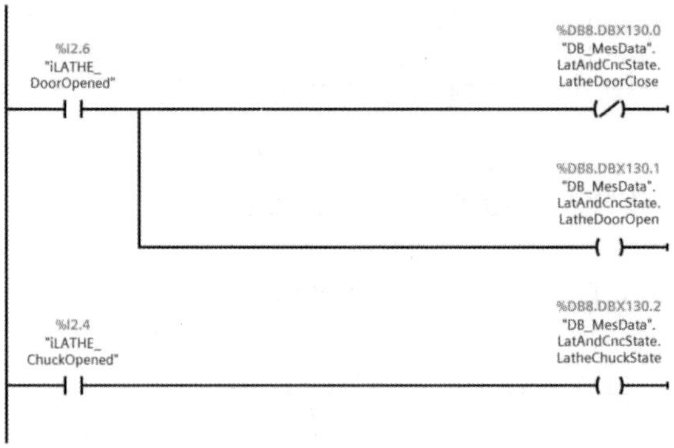

图 8-49　返回状态信号程序

(14)PLC 向 MES 上报加工完成:202+结果、1/2+设备号、机床加工完成上报结果,/PlcCmdExchange 块属于多重实例块的调用,如图 8-50 所示。

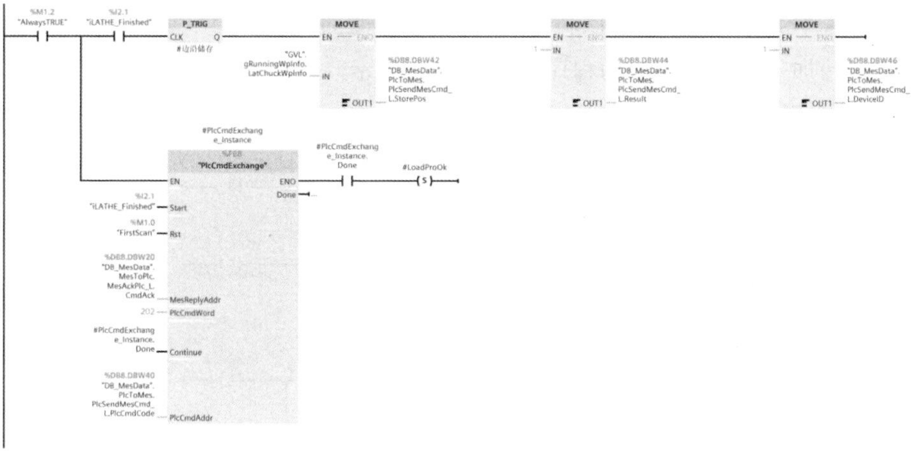

图 8-50　上报 MES 程序

(15)相机吹气清理,如图 8-51 所示。

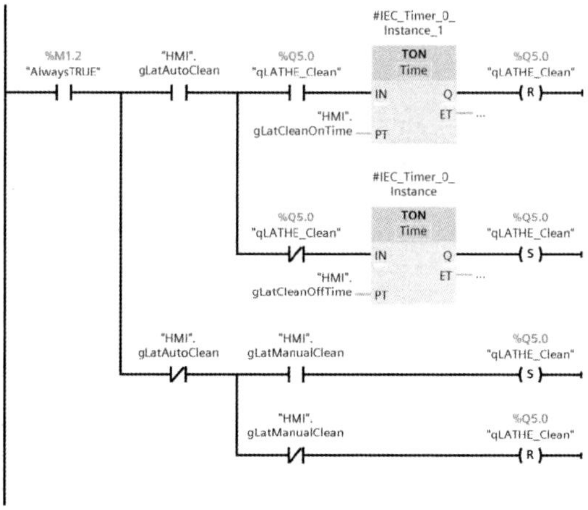

图 8-51　相机吹气程序

8.7 CNC[FB3]功能块

CNC[FB3]为加工中心控制函数块，具体功能如下。

(1)加工中心返修启动程序，如图 8-52 所示。

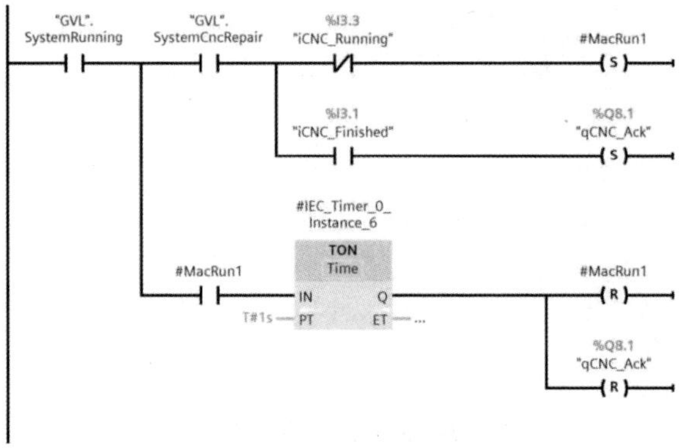

图 8-52　返修启动程序

(2)加工中心上料允许信号并告知机器人，如图 8-53 所示。

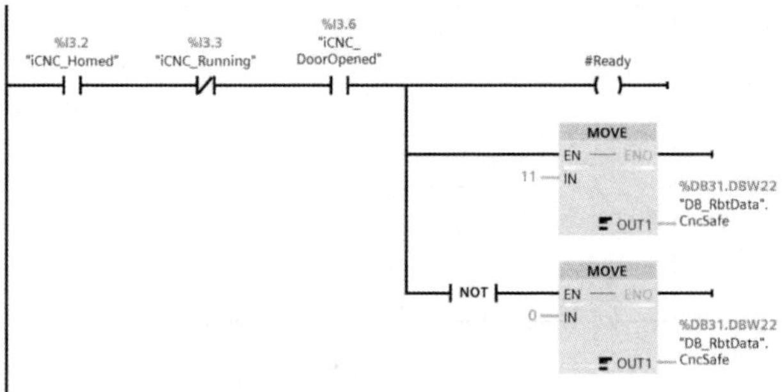

图 8-53　上料允许程序

(3)加工中心夹具控制程序，如图 8-54 所示。

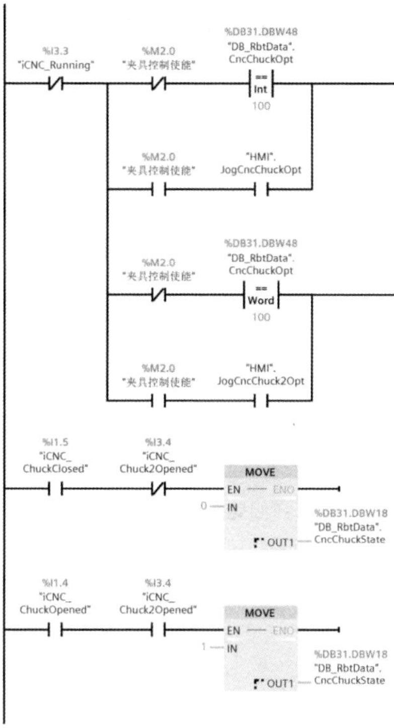

图 8-54　夹具控制程序

(4)加工中心启动程序,如图 8-55 所示。

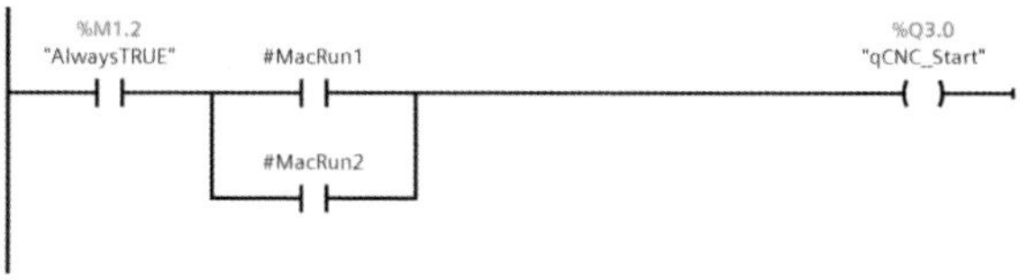

图 8-55　加工中心启动程序

(5)初始化设置程序,加工中心控制联机使能(该位置 1,控制信号有效),如图 8-56 所示。

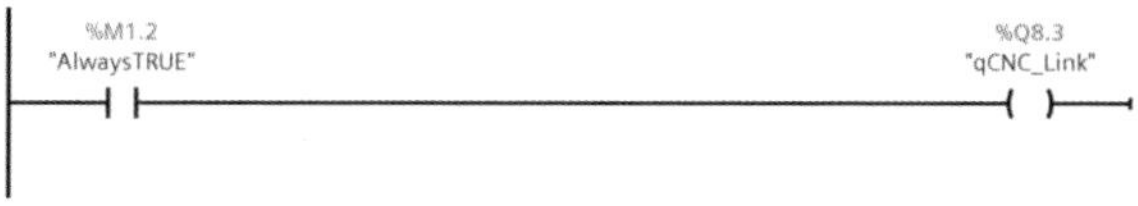

图 8-56　初始化设置程序

(6)MES 复位信号程序,步序 0,收到复位命令,先重置完成信号与确认信号,1s 复位后开始信号,步序置 0,如图 8-57 所示。

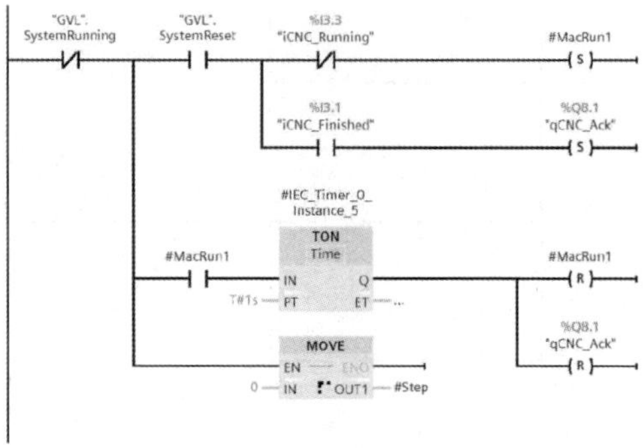

图 8-57 初始化设置程序

(7)加工中心联机正常程序,步序 1,如图 8-58 所示。

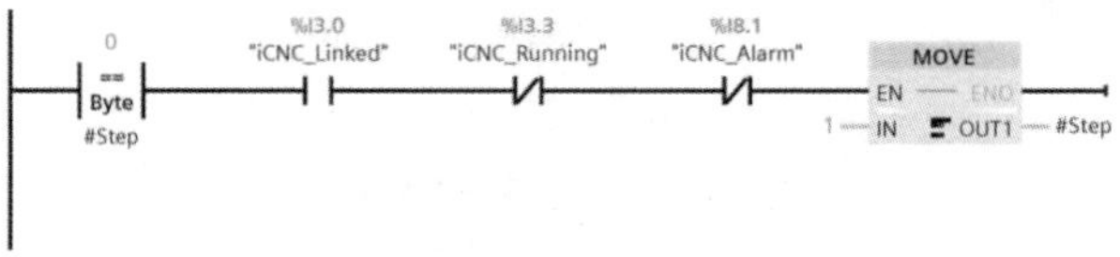

图 8-58 初始化设置程序

(8)启动机床前,清除上次的完成信号,否则机床不能启动,步序 2,如图 8-59 所示。

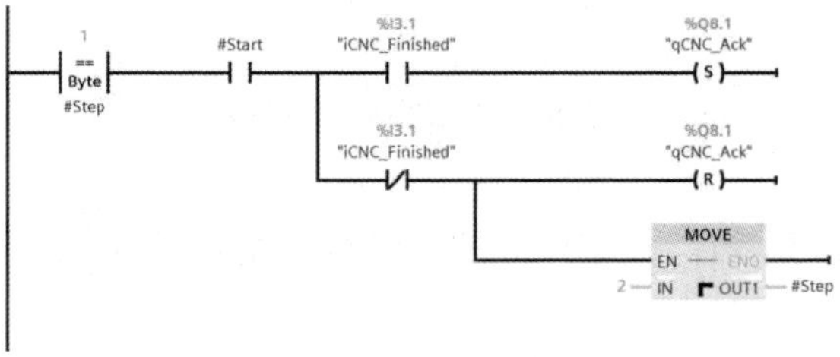

图 8-59 信号清除程序

(9)启动加工中心程序,开始触发机床运行,步序 5,如图 8-60 所示。

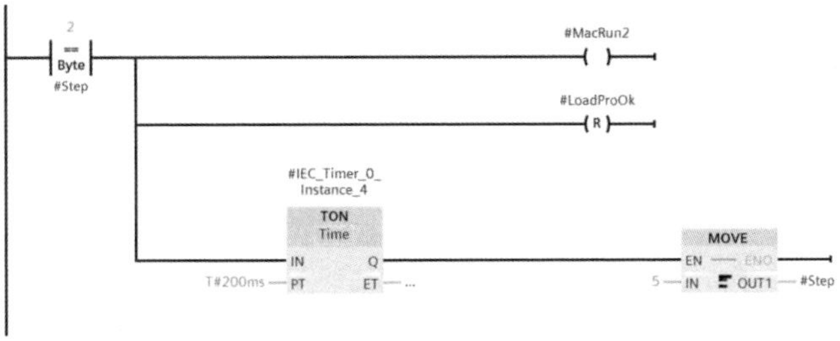

图 8-60　启动加工中心程序

(10)启动机床成功上报 MES,失败重试,步序 6,如图 8-61 所示。

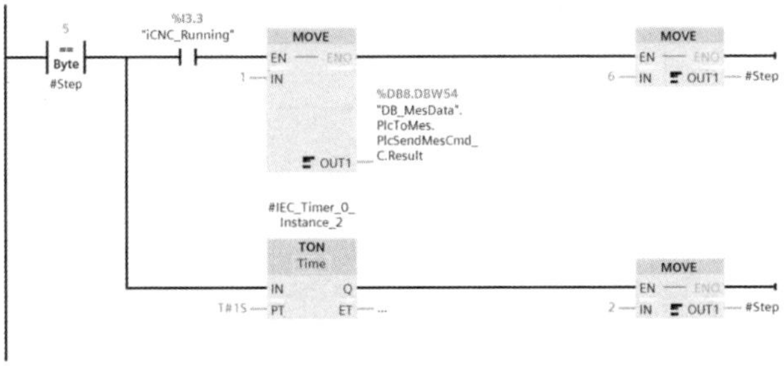

图 8-61　MES 上报程序

(11)加工中心加工完成程序,步序 7,如图 8-62 所示。

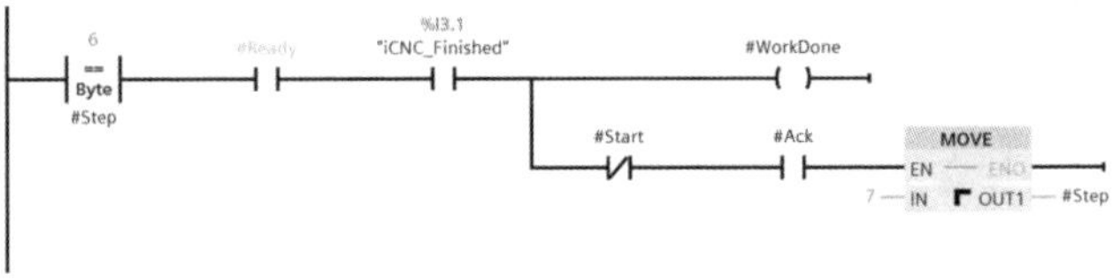

图 8-62　加工完成程序

(12)机床加工完成清完成信号,步序 9,如图 8-63 所示。

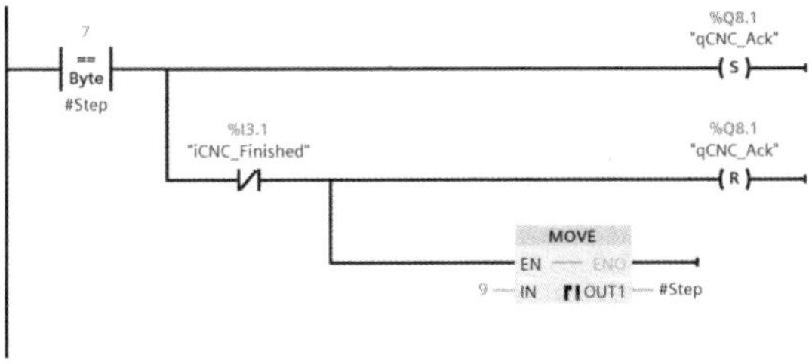

图 8-63　清完成信号程序

(13)标志位清完后回到步序 0,如图 8-64 所示。

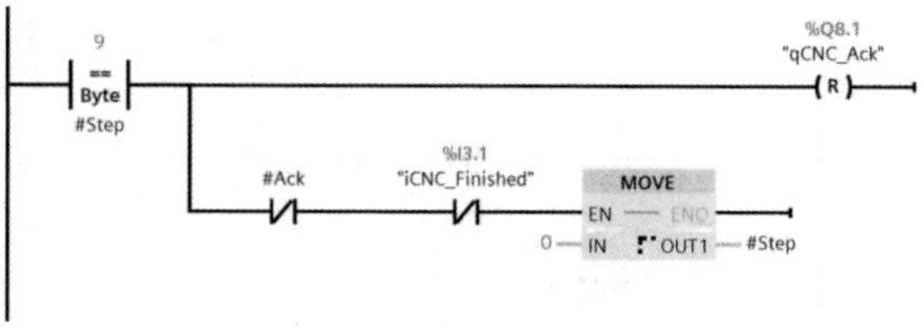

图 8-64 返回开始程序

(14)向 MES 返回夹具与门的状态以及完成信号,如图 8-65 所示。

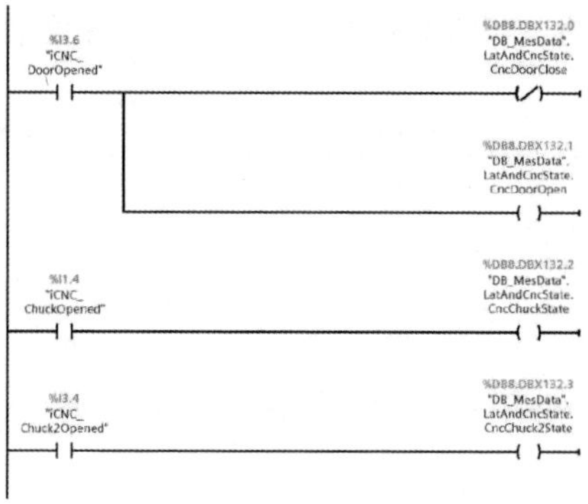

图 8-65 返回状态信号程序

(15)PLC 向 MES 上报加工完成:202+结果、1/2+设备号、机床加工完成上报结果,//PlcCmdExchange 块属于多重实例块调用,如图 8-66 所示。

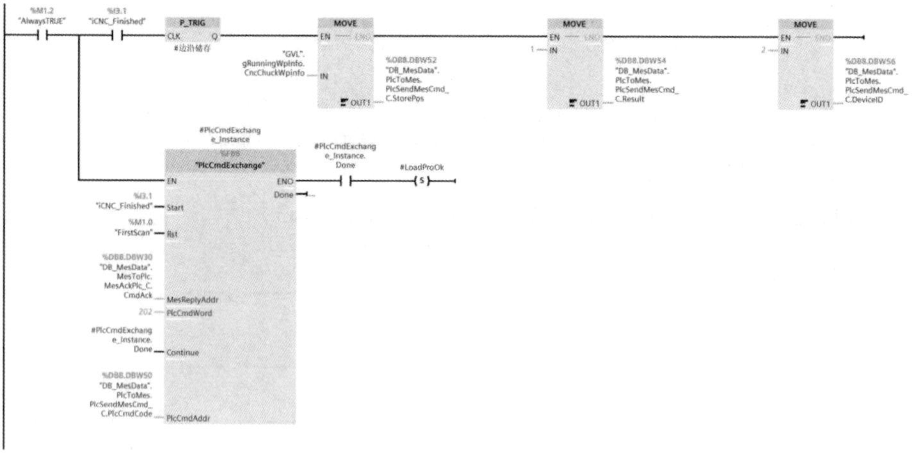

图 8-66 MES 上报程序

(16)相机吹气清理程序,如图 8-67 所示。

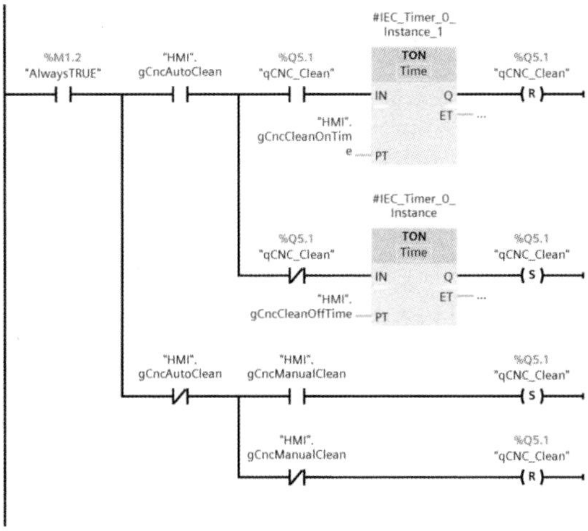

图 8-67　相机吹气程序

8.8 RobotMain[FB1]功能块

RobotMain[FB1]为工业机器人主控制函数块,具体功能如下。

(1)机器人通讯与控制模块,如图 8-68 所示。

图 8-68　机器人通讯与控制模块

(2)复位程序变量,如图 8-69 所示。

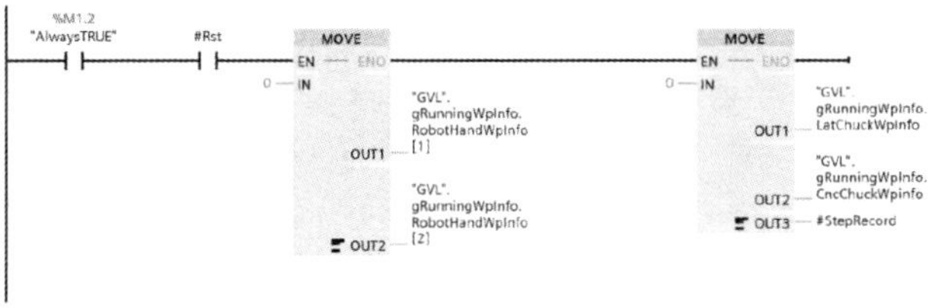

图 8-69　复位程序

(3)解析 MES 发过来的调度命令进行机床上下料,并返回取料位和设备号信息(102),MES 能够获取机器人的状态,机器人运行中 MES 不会下发新任务,待机器人进入空闲状态,MES 才会发送新任务,如图 8-70 所示。

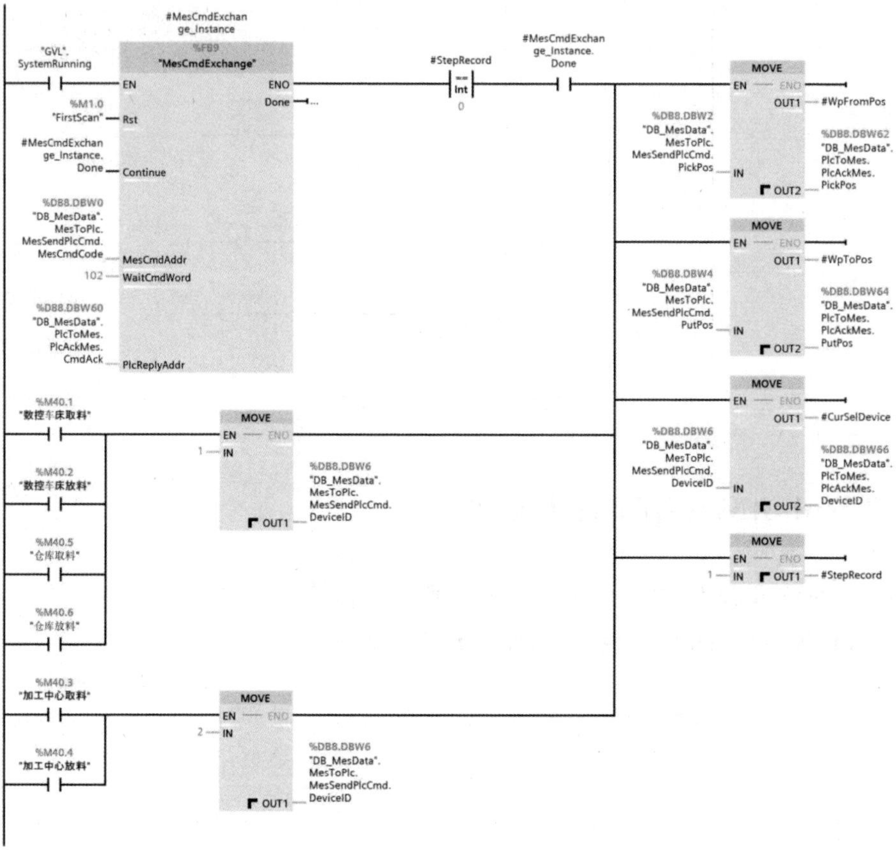

图 8-70 上下料程序

(4)PLC 向 MES 请求加工程序并接受 MES 的响应,判断程序上传成功后(201),车床上料向 MES 请求并上传加工程序,如图 8-71 所示。

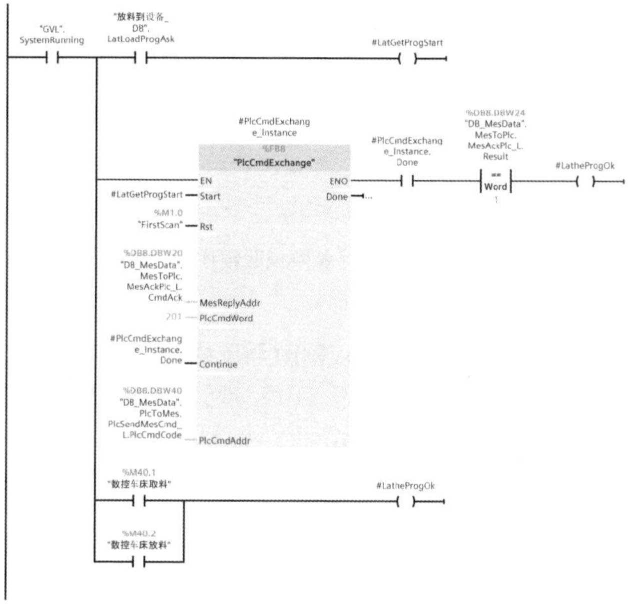

图 8-71　车床请求加工程序

(5)PLC 向 MES 请求交工程序并接受 MES 的响应,判断程序上传成功后(201),CNC 上料向 MES 请求加工程序,如图 8-72 所示。

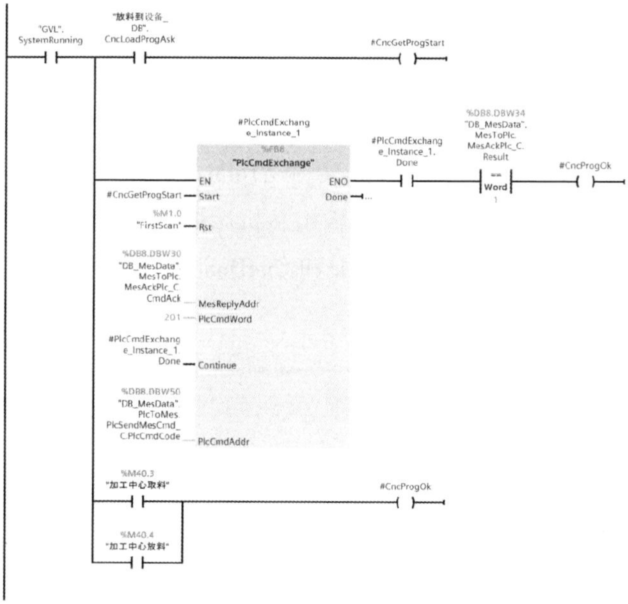

图 8-72　加工中心请求加工程序

(6)MES 发过来的参数校验,如图 8-73 所示。

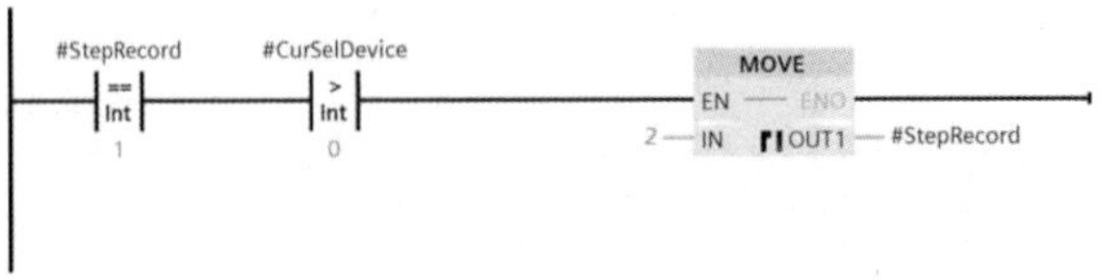

图 8-73　参数校验程序

(7)根据 WpFromPos 和 WpToPos 判断调度模式,判断工件类型设备号的合法性,如图 8-74 所示。

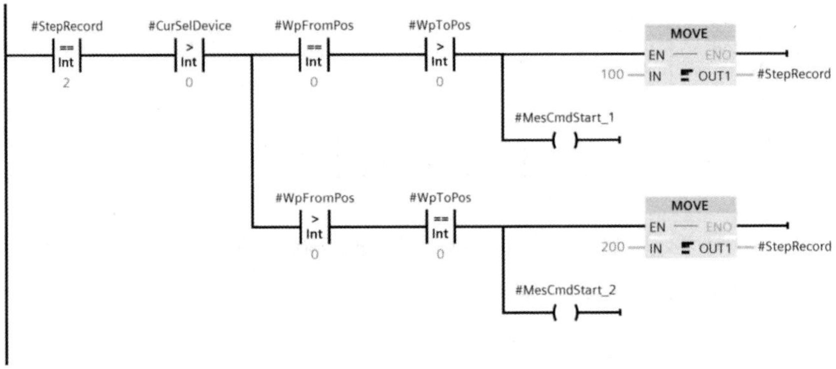

图 8-74　调度模式判断程序

(8)第一种情况:WpFromPosition=0,WpToPosition!=0 时,表示取设备上的料回到 WpToPosition 仓库料位,注意输出从机床取工件类型时,需要给出取件完成后机床的确认信号 LatheDoneAck 和 CncDoneAck,如图 8-75 所示。

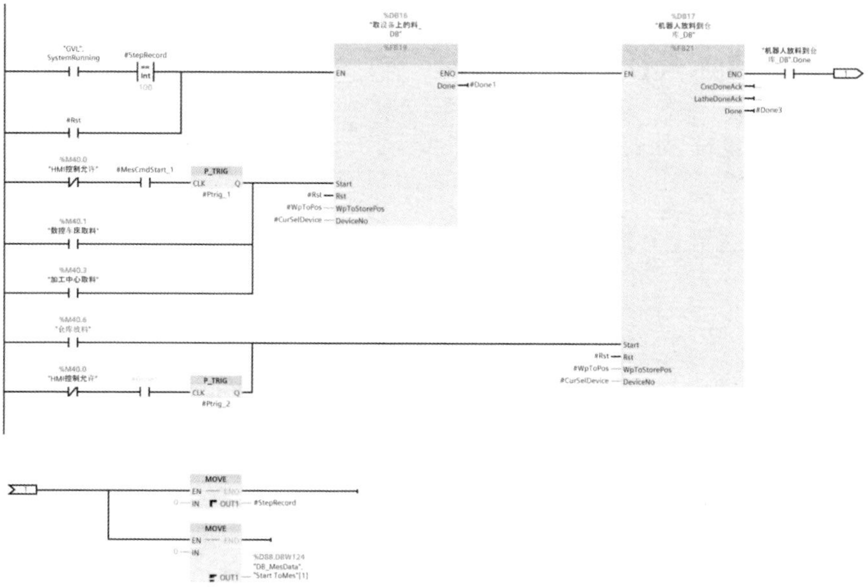

图 8-75　设备下料程序

(9)第二种情况:WpFromPosition!=0,WpToPosition=0 时表示取 n 料位的料放入对应设备,注意输入放置机床的工件类型,如图 8-76 所示。

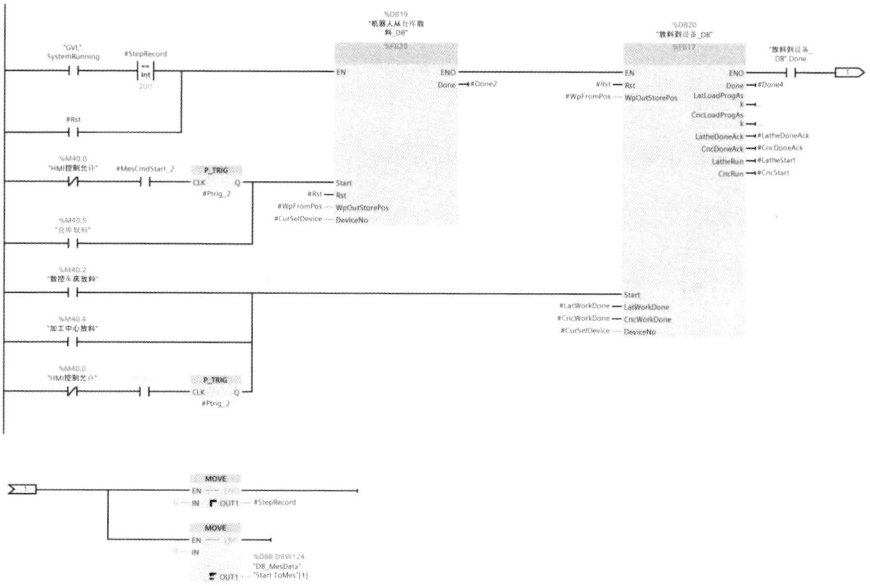

图 8-76　设备上料程序

8.9 上料到设备[FB17]功能块

(1)程序复位,如图 8-77 所示。

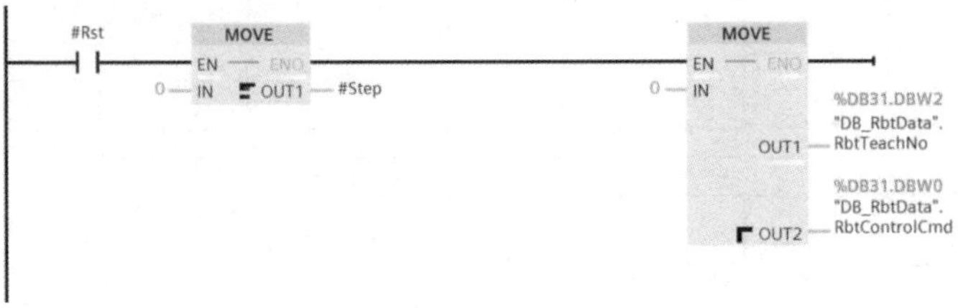

图 8-77　复位程序

(2)程序启动,如图 8-78 所示。

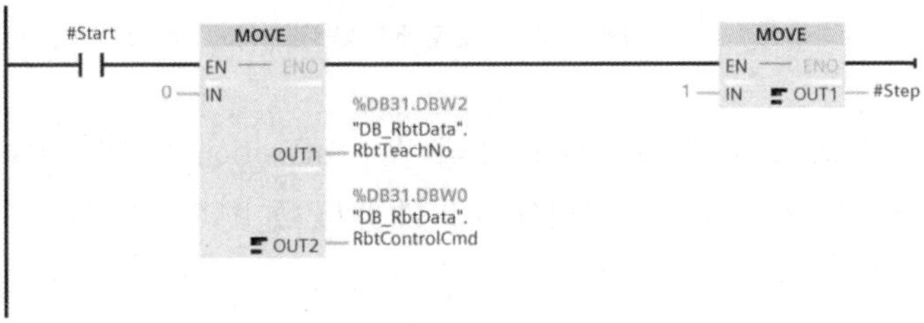

图 8-78　启动程序

(3)检查机床安全状态,如图 8-79 所示。

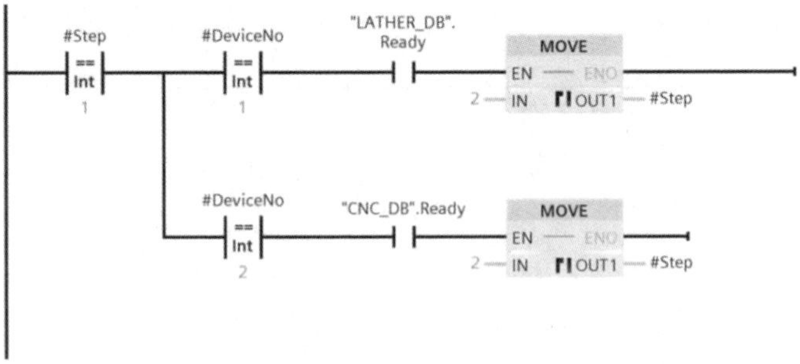

图 8-79　机床检测程序

(4)获取工件类型及在仓库的位置,如图 8-80 所示。

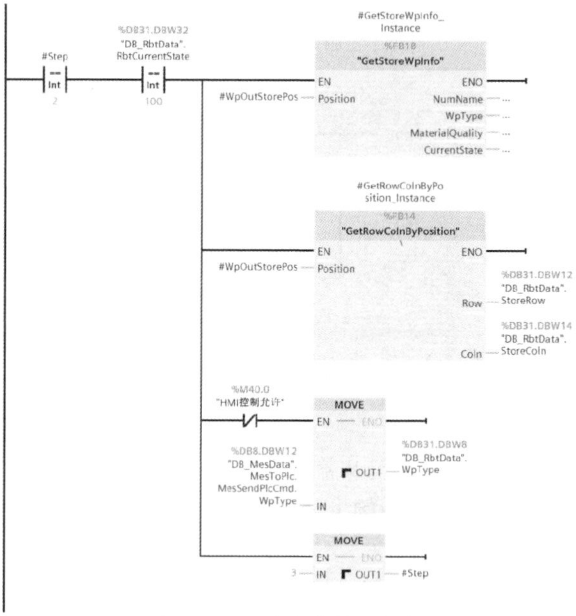

图 8-80 工件信息获取程序

(5)等待机器人仓库取料完成,机器人从仓库取件完成,更新手抓工具信息,手抓抓取工件更新后,工件准备放到机床加工,如图 8-81 所示。

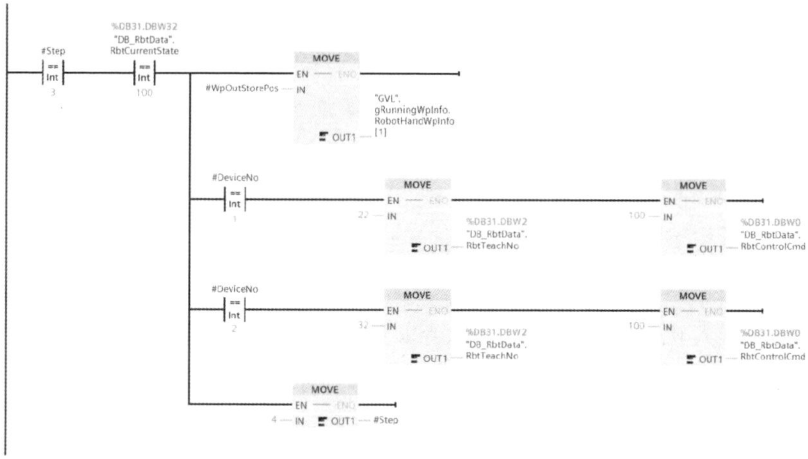

图 8-81 取件程序

(6)机器人从库取料到放机床开始,机器人放回仓库的行列号已经在开始传入,如图 8-82 所示。

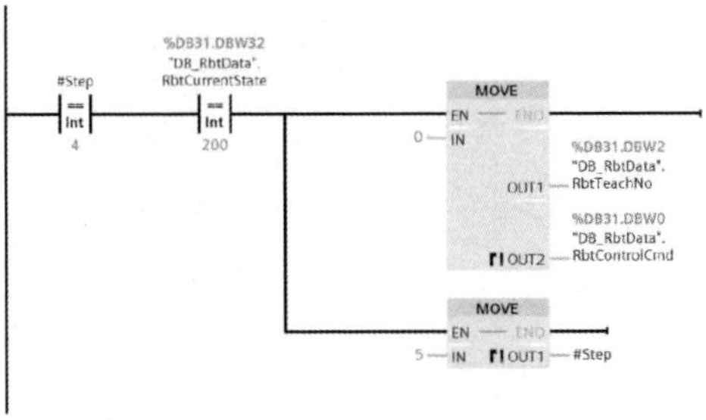

图 8-82　放回位置记录程序

(7)机器人完成从仓库取件,更新手抓工件信息,手抓抓取工具更新,机床工件更新工件由手抓到机床,如图 8-83 所示。

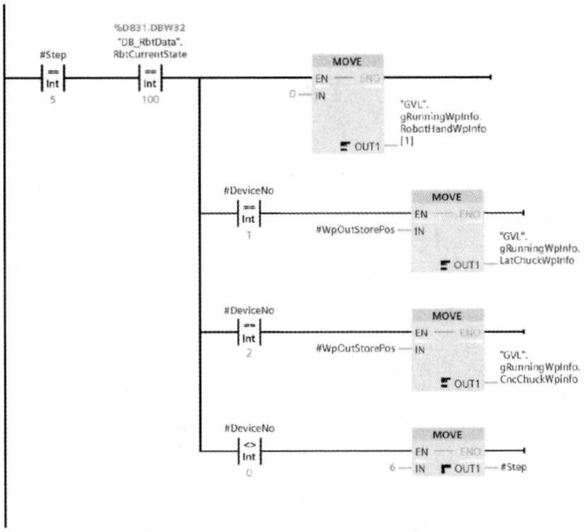

图 8-83　机床工件更新程序

(8)机器人机床上料完成,准备请求加工程序,并传递工件原始料位和当前请求程序机床类型的参数信息,如图 8-84 所示。

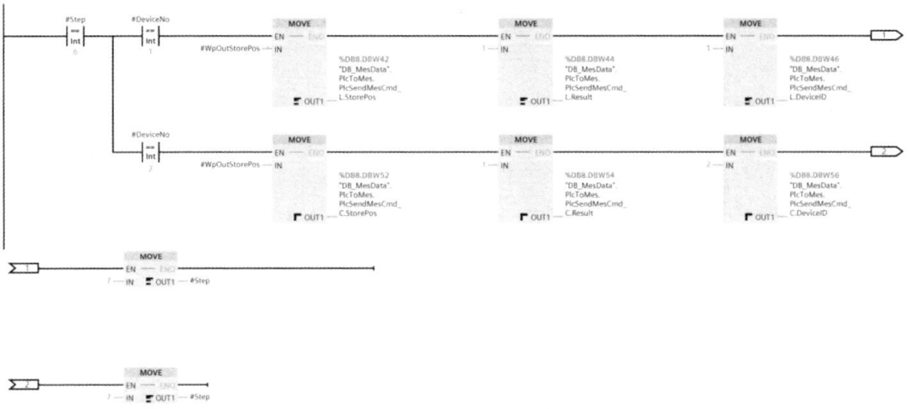

图 8-84　上料完成程序

(9)机器人取件运行结束,开始请求 MES 上传程序,如图 8-85 所示。

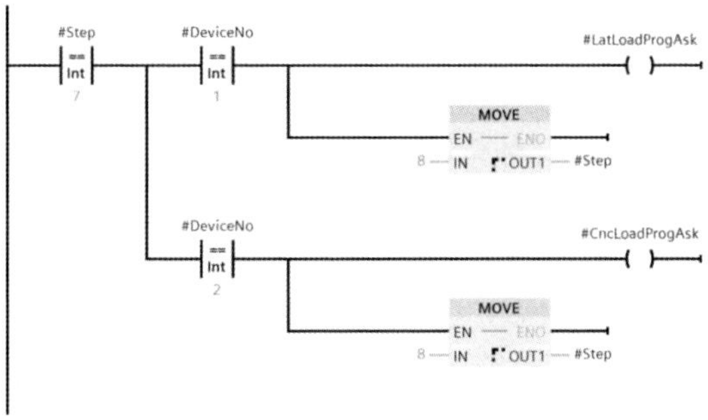

图 8-85　MES 请求程序

(10)MES 回应完成,开始从机床取料清机床完成,如图 8-86 所示。

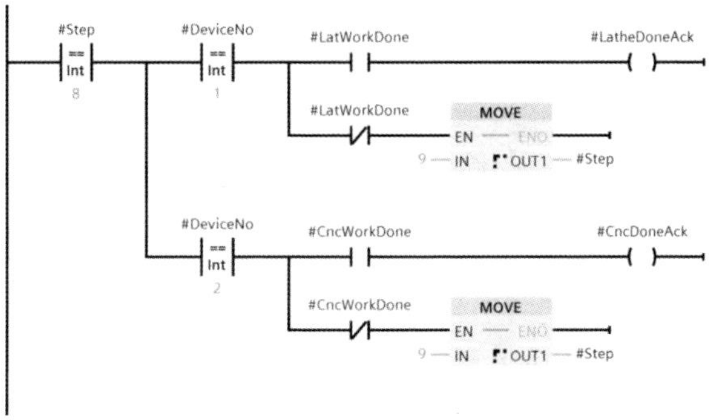

图 8-86　机床状态设置程序

(11)MES 回应完成,开始根据设备号启动机床,如图 8-87 所示。

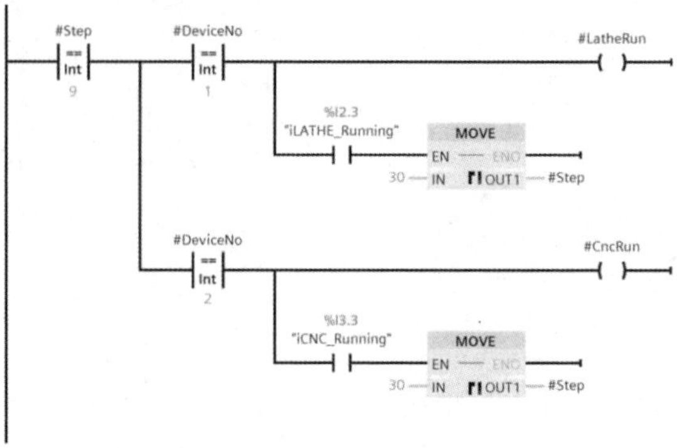

图 8-87　机床启动程序

(12)工件返回仓库位置,如图 8-88 所示。

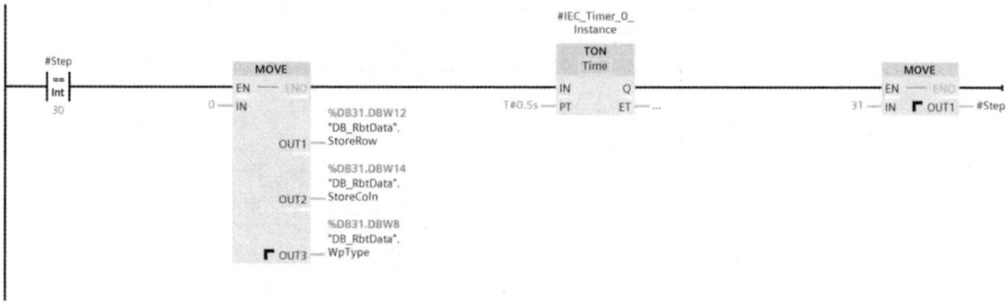

图 8-88　返回位置

(13)模块执行完成,如图 8-89 所示。

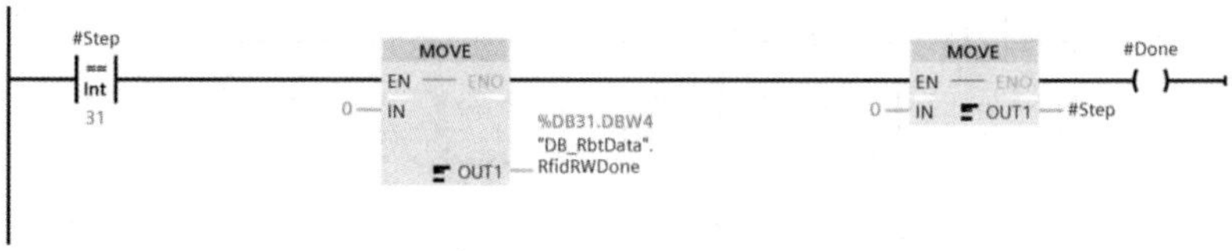

图 8-89　上料完成程序

第 9 章 数控机床使用

9.1 概述

虽然智能制造切削单元大部分时间是在自动运行，但是调试系统、排除故障时仍需要手动操作数控车床和加工中心，因此有必要掌握本系统的数控设备操作方法。三轴加工中心和数控车床的操作模式可分为三种：手动模式、试运行、自动模式。手动模式又分为回零操作、手动进给、手轮进给三种方式。

(1)回零操作：在 CNC 机床上，设有特定的机械位置，在此位置进行换刀和坐标系的设定，把这个位置称为参考点。一般电源接通后，刀具需移到参考点。使用操作面板上的相应键，把刀具移动到参考点的操作称为手动返回参考点。另外，根据程序指令也可使刀具返回参考点，这称为自动返回参考点。

(2)自动运转：机床按着编制好的程序运动，称为自动运转。自动运转有存储器运转、MDI 运转、DNC 运转三种。

• MDI 运转：把程序用 MDI 键盘上的键送入后，根据这个指令运转，就叫作 MDI 运转。

• DNC 运转：把一个程序从编程器一边传入，一边进行加工，这叫作 DNC 运转。

自动运转的操作流程如下。

(1)选择程序：选择需要加工的零件程序，一般一个零件准备一个程序。当存储器中存有多个程序时，可检索程序号，如图 9-1 所示。

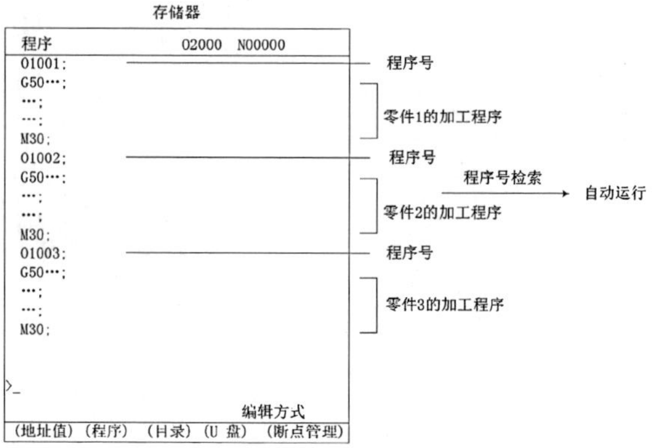

图 9-1　选择程序界面

(2)启动及停止:按了循环启动键后,开始自动运转。当按了进给保持键、复位按钮后,自动运转停止。另外,在程序中如果包含程序停止或者程序结束指令,则在自动运转中途停止。加工完一个零件后,自动运转停止。

• 编制好的程序存到存储器中后,可以用 MDI 键盘修改、变更该程序,对程序进行编辑。(详见机床操作手册)

• 程序保护开关:为防止因误操作而变更程序,可以设置一个开关,称为程序保护开关(简称程序开关),只有开关打开时,系统才允许变更程序。

9.2 数控机床操作面板

(1) 本书所用智能制造切削单元系统三轴加工中心数控系统为 K2000MC1i,操作面板如图 9-2 所示。

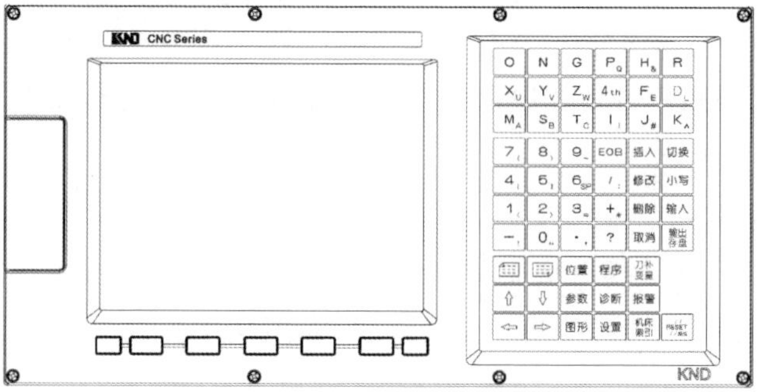

图 9-2　K2000MC1i 系统面板

(2)本书所用智能制造切削单元系统车床数控系统为 K2000TC1i,操作面板如图 9-3 所示。

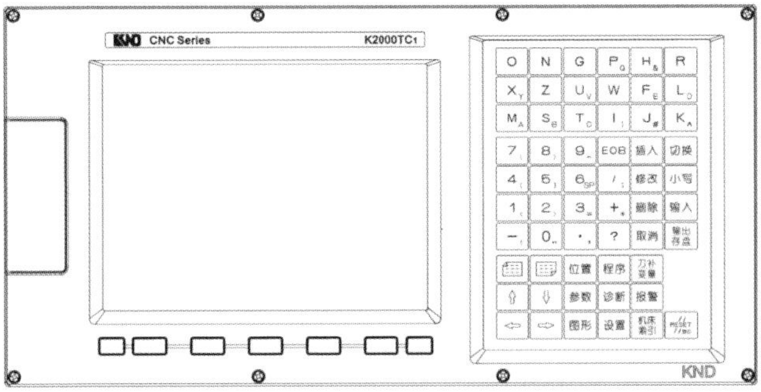

图 9-3　K2000TC1i 系统面板

9.3 电源的接通和切断

9.3.1 接通电源

接通电源的基本步骤如下。

- 首先从外观上确认数控机床是正常的。
- 其次按照机床厂家说明书的要求接通电源。
- 最后在接通电源后要确认 LCD 画面上显示的内容是正常的。

注意:接通电源的同时,在位置画面或报警画面显示以前,请不要按 MDI 面板的键。因为此时面板的键还用于维修和特殊操作,有可能会引起意外。开机时的部分特殊操作如表 9-1 所示。

表 9-1　开机特殊按键功能

1	(输入)+数字键 0	系统初始化,设置标准参数,程序、刀具补偿数据清零
2	(输入)+数字键 1~3	取保存过的电子盘数据
3	(输入)+(程序)	系统软件版本通过 U 盘升级
4	(输入)+数字键 9	将备份在 U 盘中的系统数据导入系统中
5	(EOB)+(取消)	系统不进行软限位检查
6	(复位)+(参数)	初始化系统参数和 PLC 参数,程序不清零

9.3.2 切断电源

切断电源的基本步骤如下。

- 确认操作面板上的循环启动指示灯是否灭了。
- 确认机械的可动部分全部停止。
- 关于切断机械方面的电源,请参照机床说明书。

9.4 手动操作

手动操作指各手动方式下的人工操作,具体包括回零方式、手动方式、手轮方式、单步方式。

9.4.1 机械回零方式

机械回零方式选择通过参数“机械回零方式选择”(P5130)可以匹配多种类型的机械零点配置,目前系统共支持 6 种设置,如表 9–2 所示。

表 9–2　机械回零方式

P5130 值	说明
0	需要减速信号和零位信号,外侧回零(回零方向与手动回零轴方向相同)。 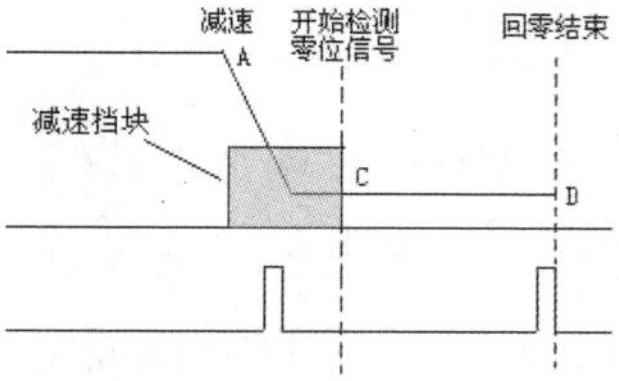 在 A 点减速,在 C 点开始检测零位信号,D 点检测到零位信号后结束回零。如果有栅格偏移量,那么在 C 点开始进行栅格偏移量运动,完成后开始检测零位信号。如果有参考点偏移量,那么在 D 点进行参考点偏移量运动。
1	需要减速信号和零位信号,内侧回零(回零方向与手动回零轴方向相反)。 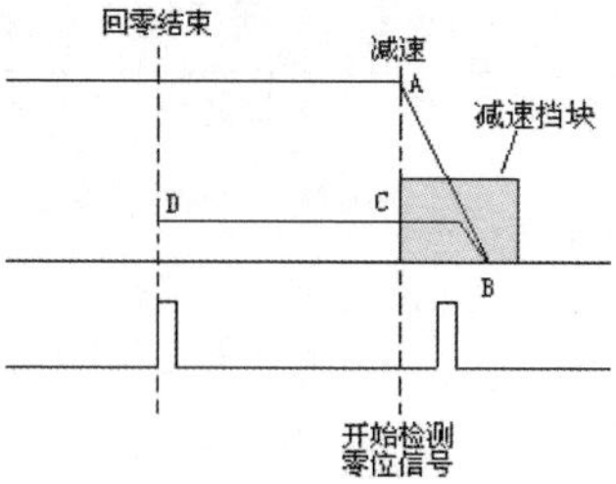 在 A 点减速,在 B 点停止并反向运动,在 C 点开始检测零位信号,D 点检测到零位信号后结束回零。如果有栅格偏移量,那么在 C 点开始进行栅格偏移量运动,完成后开始检测零位信号。如果有参考点偏移量,那么在 D 点进行参考点偏移量运动。

续表

P5130 值	说明
2	需要减速信号,外侧回零。在离开减速开关后减速停止,然后低速反向查找减速信号下降沿。 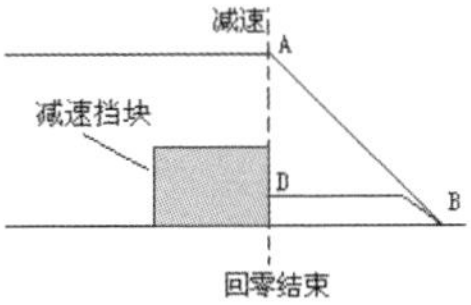 在 A 点减速,在 C 点开始检测零位信号,D 点检测到零位信号后结束回零。如果有栅格偏移量,那么在 C 点开始进行栅格偏移量运动,完成后开始检测零位信号。如果有参考点偏移量,那么在 D 点进行参考点偏移量运动。
3	需要减速信号,内侧回零。 在进入减速开关后减速停止,然后低速反向查找减速信号上升沿,如下图所示: 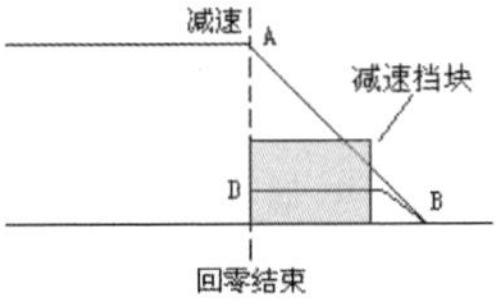 在 A 点减速, 在 B 点停止并反向运动,D 点检测到减速信号下降沿后结束回零。如果有参 考点偏移量,那么在 D 点进行参考点偏移量运动。栅格偏移量无效。
4	需要零位信号(一般用于旋转轴) 在检测到零位信号后减速停止,然后低速反向查找零位信号,如下图所示: 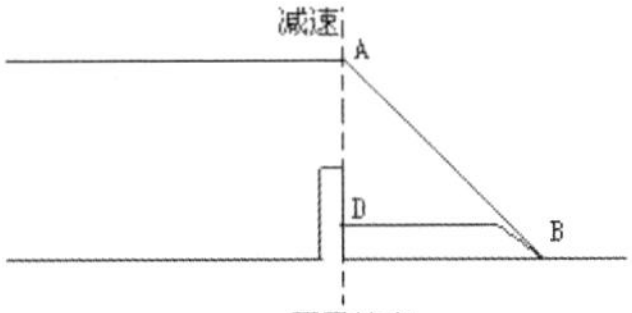 在 A 点减速,在 B 点停止并反向运动,D 点检测到零位信号后结束回零。如果 AB 间距离较大,存在多个零位信号,那么 D 点为离 B 点最近的零位信号。如果有参考点偏移量,那么在 D 点进行参考点偏移量运动。栅格偏移量无效。
5	绝对编码器回零(仅配于绝对编码器的电机) 1 回绝对编码器零点。栅格偏移量和参考点偏移量无效。 2 选择该方式后,会在伺服使能时检查该轴是否有绝对编码器,若有则自动进行坐标系设定;若没有则报警。坐标系设定前会检查绝对编码器反馈与系统记忆的坐标之间的误差,然后根据参数 P1112 和 ACRTn(P1105.1)进行动作。 3 执行前延时 P5131 参数设定的时间。

机械回零具体操作步骤如下。

(1)按“回零”键进入回零模式。

(2)按下轴运动开关,到达参考点后松开。返回参考点后,返回参考点完成指示灯亮。

需要注意以下事项。

• 手动回零时,轴向运动保持机能,手动回零轴向运动键+向/–向有效或无效机能,由 PLC 程序控制,请参见机床厂说明书。

• 返回参考点完成后,如果仍在手动回零方式中,按轴运动键不能使机床移动。

• 开始回零处与参考点之间的距离不能太近,离开多少距离为佳请参照机床厂家说明书。

• 返回参考点完成后,在下列情况下指示灯将熄灭:a.从参考点移出时;b.按下急停开关。

9.4.2 手动进给

具体操作步骤如下。

(1)按下(手动)方式键,选择手动操作方式。

(2)选择要移动的轴的运动开关键,按住不放,使机床沿着选定轴方向移动。

(3)松开轴运动开关键,机床立即减速停止。

手动进给速度:手动进给速度由参数“手动倍率为 1 时的速率”(P5220)设定,手动进给倍率可由机床操作面板上的进给倍率键或由机床附件操作面板上的倍率开关(或外装倍率开关)控制,进给倍率可在 0%~150%范围内变动,每档相差 10%。手动进给速度的最终速度值=“手动倍率为 1 时的速率”设定值×进给倍率。机床操作面板上的进给倍率键有以下三种。

• 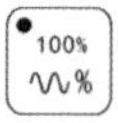

:设置进给倍率为 100%;

• 

:将进给倍率降低一档;

• 

:将进给倍率提高一档;

• :外装的倍率开关,可选择进给倍率的百分数。

(说明：手动进给倍率具体是由机床操作面板控制，还是由机床附件操作面板或外装倍率开关控制，可通过 PLC 程序设置，参见机床说明书。)

手动快速进给：手动方式时按[快速]键，可控制手动运动为手动快速进给。[快速]是带自锁的键，多次按下时，会在开/关状态中切换，键上的指示灯亮时，表示手动快速开关打开，键上的指示灯灭时，表示手动快速开关关闭。当手动快速开关打开时，手动进给变为手动快速进给，实际进给速度与参数 P5221 和快速倍率有关。快速倍率分为 4 挡，可通过按[X1 F0][X10 25%][X100 50%][X1000 100%]4 个键进行选择，这 4 个键是复合键，快速倍率对应按键第二行 的文字，每个键的作用如下。

- [X1 F0]：设置快速倍率为最低挡 F0；
- [X10 25%]：设置快速倍率为 25%；
- [X100 50%]：设置快速倍率为 50%；
- [X1000 100%]：设置快速倍率为 100%。

9.4.3 单步进给

具体操作步骤如下。

(1)按(单步)方式键，当参数“HPG”(P0001.3)设为 0 时，系统进入单步进给方式，键上的指示键亮。

(2)按倍率选择键，单步移动量可选为最小编程单位的×1 倍、×10 倍或×100 倍。

(3)按轴运动开关键，选择要移动的轴和移动的方向，每按一次轴运动开关键，对应轴都会向指定方向移动一步，移动的速率与手动进给速率相同。

9.4.4 手轮进给

在手轮方式下，可通过旋转机床操作面板上的或外置的手摇脉冲发生器使机床微量进给，用户可通过轴选择键选择要移动的轴。手摇脉冲发生器每一个刻度的移动量的最小单位对应最小编程单位，可选择的倍率为×1 倍、×10 倍或×100 倍。与手轮进给相关的参数如表 9-3 所示。

表 9-3 手轮进给参数

参数号	参数含义
P5414	手轮平滑时间
P5420	各轴手轮或单步速率限制

具体操作步骤如下。

(1)按(单步)方式键,当参数“HPG”(P0001.3)设为 1 时,系统进入手轮进给方式,键上的指示键亮。

(2)按倍率选择键,手摇脉冲发生器每刻度移动量可选为最小编程单位的×1 倍、×10 倍或×100 倍。

(3)按手轮轴选择键选择要移动的轴。

(4)转动手摇脉冲发生器,顺时针旋转时选定的轴正向运动,逆时针旋转时选定的轴负向运动。

自动手轮功能:自动手轮开关打开时,系统会处在状态行中,操作方式后会显示“手轮”字符,程序运行时,系统会忽略程序中指定的进给速率,进给速率由手轮旋转速率确定。手轮正向转动时,系统按程序指定的方向运动;手轮负向转动时,系统将按程序指定的反方向运动(逆向运动)。

[说明:①“自动手轮平滑时间”(P5310)可设置平滑时间,减小手动旋转带来的抖动。②逆向运动不能跨越程序段,最多逆向运动到当前程序段的开始位置。]

9.5 自动运行

机床在程序控制下运行被称为自动运行。自动运行分多个类型,包括存储器运行、MDI 运行、DNC 运行。

9.5.1 存储器运行

自动方式下,运行事先存储到内存中的某个程序,称为存储器运行。步骤如下。

(1)将程序存储到内存中(可直接在系统中编辑,也可从串口或 U 盘输入程序)。

(2)按方式键(自动),进入自动方式。

(3)按“程序”键进入程序画面,再按“程序”软键,显示程序区。

(4)按地址键“O”,并利用数字键输入要运行的程序号,最后按光标键检索到要执行的程序。

(5)按“启动”键,开始自动运行程序,“启动”键上的指示灯亮,当运行结束时,指示灯灭。

9.5.2 DNC 运行

系统可直接从外部输入设备读取程序运行,这种运行方式被称为 DNC 运行。当加工程序非常大,系统内存无法完整容纳加工程序时,用户仍然可采用 U 盘 DNC 或网络 DNC 运行方式进入加工。

U 盘 DNC 操作步骤如下:

(1)设置 DNC 为 0(选择 B 类 DNC)。

(2)按“编辑”键进入编辑方式,按“程序”键进入程序画面,并按[U 盘]软键进入 U 盘页面,按光标键选择加工程序。

(3)按软键[U 盘]→[DNC 打开],系统切换到程序区,并显示选择的加工程序。

(4)按方式键“自动”,切换到自动方式。

(5)按(启动)键,系统开始加工。

[注意:①系统支持的程序文件扩展名为 PRG/TXT/NC/PTP;②设置“DNCE”(P2301.1)为 1,使 DNC 打开的文件可以编辑。]

网络 DNC 操作步骤如下。

(1)设置 DNC 为 0(选择 B 类 DNC)。

(2)按“编辑”键进入编辑方式,按“程序”键进入程序画面,并按[网络]软键进入网络子画面,按光标键选择加工程序。

(3)按软键[DNC 打开],系统切换到程序区,并显示选择的加工程序。

(4)按方式键“自动”,切换到自动方式。

(5)按“启动”键,系统开始加工。

[注意:①系统支持的程序文件扩展名为 PRG/TXT/NC/PTP;②设置“DNCE”(P2301.1)为 1,使 DNC 打开的文件可以编辑。]

9.6 恢复管理

恢复管理功能包含断点管理和断电管理两个功能，用户可从事先保存的的断点处或从断电处恢复执行，要使能该功能，必须设置参数“BKPT”(P0004.6)为 1。当恢复管理使能时，按两次“程序”功能键可进入恢复管理画面，默认进入的是断点管理子画面。恢复管理画面包含两个子画面，可通过按〔断点管理〕和〔断电管理〕菜单进入。

安全高度：不论是断点恢复还是断电恢复，在恢复前，必须手动将刀具退回到安全高度以上。刀具所在轴可通过参数“刀具所在轴号”(P8011)设定，设定为 1~3 分别表示刀具所在的轴为第 1~3 轴。刀具安全高度可通过参数“断点断电恢复时 Z 向预留高度”(P8010)设定，当刀具所在轴的位置与断点/断电记忆位置相差超过设定值时，系统会认为刀具处于安全高度以上，并认为从刀具当前位置到记忆位置的方向为刀具恢复时运动的方向，如图 9-4 所示，预留高度即为参数设定值。

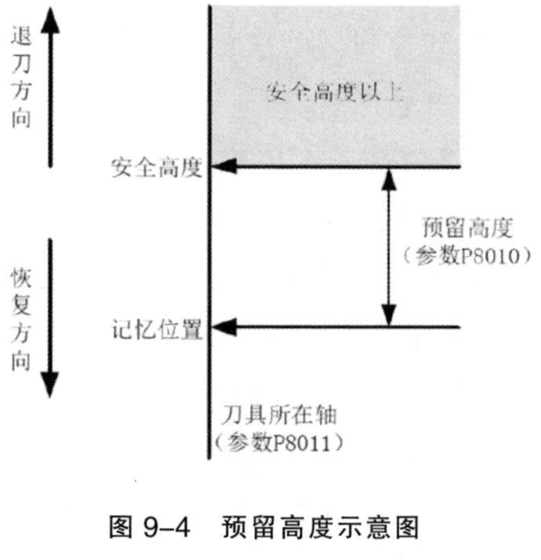

图 9-4　预留高度示意图

〔警告：如果“刀具所在轴号”(P8011)设置不正确，或者上电后手动退刀方向不正确，都会造成恢复错误！〕

9.6.1 断点管理

断点管理功能允许用户暂时中止加工程序的执行，并在需要时从断点处继续执行程序。断点具有掉电保持特性,即断点保存后,系统重新上电后仍然能够执行断点恢复。断点管理功能主要包括三个过程。

(1)程序停止。

(2)断点保存。

(3)断点恢复。

(注意:断点保存的数据量较大,许多信息必须在程序停止后才能保存。目前本系统暂时不支持实时断点保存,即断点保存前,须先停止程序执行。)

断点管理子画面:恢复管理画面按[断点管理]软键可进入断点管理子画面,如图 9-5 所示。断点管理子画面包含断点信息和当前系统的绝对坐标和机床坐标。

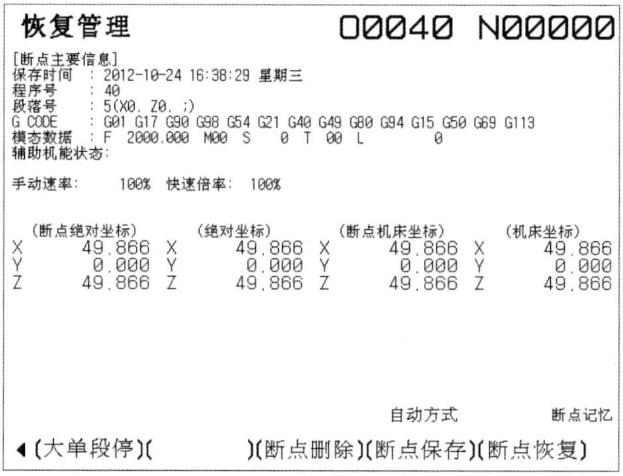

图 9-5　断点管理子画面

9.6.2 程序停止

断点保存前,需要先停止程序运行,可通过三种方式停止程序运行:大单段停、立即停和单段停。三种操作方法分别如下。

• 大单段停:自动运行时,切换到恢复管理画面,按下软键〔断点管理〕→〔大单段停〕,打开大单段停开关。程序将在拐角处停止,停止时显示画面如下图所示,此时可进行断点保存。如图 9-6 所示。

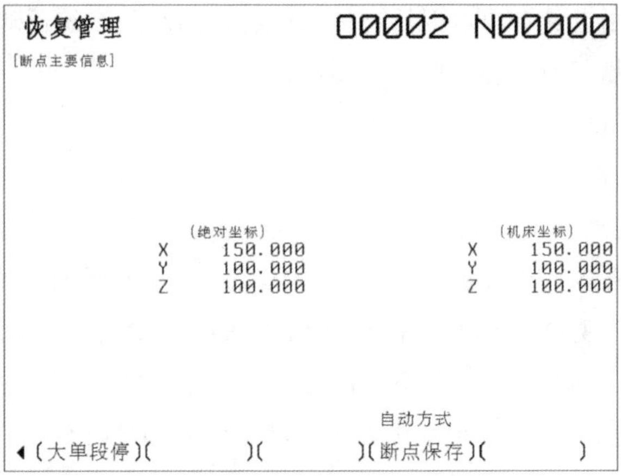

图 9–6 断点保存界面

(注意：软键〔大单段停〕为开关状态，复位后处于关状态。由于程序执行结束后(M02/M30)，会进入复位状态，因此，程序执行结束后，〔大单段停〕开关会自动关闭。)

• 立即停：自动运行时，切换到恢复管理画面，按下软键〔断点管理〕→〔立即停〕，程序立即停止执行，系统减速停止，减速过程与暂停（进给保持）相同。当程序停止后，按〔断点保存〕软键可进行断点保存。

(注意：①〔立即停〕与进给保持不同，执行〔立即停〕后，如果当前程序段未执行完，重新再启动加工后，系统会重新译码当前程序段。如果该程序段包含相对编程指令，那么将会造成终点错误，需要特别注意。②如果在使用 I/J/K 指令编程的圆弧处〔立即停〕，那么再启动加工后会出现错误，因为圆弧的起点发生了变化，造成圆弧中心发生变化。)

• 单程序段停：自动运行时，若单程序段停（单段停）开关打开，那么程序会进行单段停。单段停后，可进行断点保存操作。

(注意：①避免在循环指令处保存断点，因为这样即使保存了也不能正确地恢复；②子程序中无法保存断点；③A 类 DNC 运行时，停止后，无法保存断点。)

9.6.3 断点恢复

断点有效“正确保存后”时，用户可随时从断点处恢复执行，即使系统重新上电，所保存的断点也不会丢失。断点恢复过程分为 6 个步骤，用户可进行单步恢复或一次性全部恢复。具体步骤如下。

(1)恢复程序。打开断点保存时的程序,跳转到断点保存时的段落号。

(2)恢复模态值,输出辅助机能 MST 恢复断点保存时的模态,根据断点保存时的 M/S/T 模态输出辅助机能。T 代码是否输出由参数“MAKET”(P8000.0)决定。

(3)检查刀具所在轴是否在安全高度以上,如果不在安全高度以上,系统将弹出提示“请先将(刀具所在)轴移动到安全高度,按‘取消’键退出”,如图 9-7 所示。

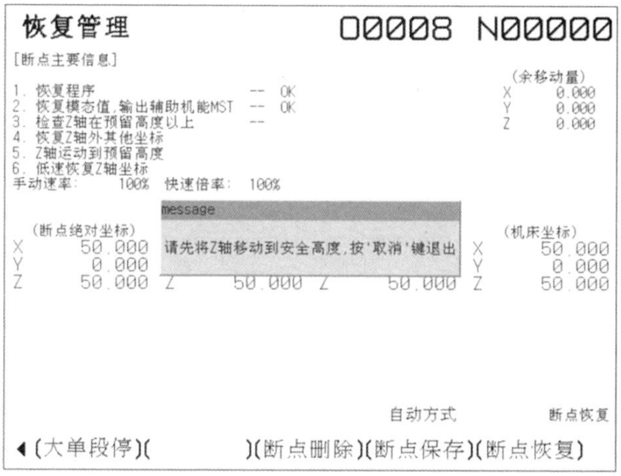

图 9-7　安全高度检查

(4)恢复除刀具所在轴外的其他轴坐标。恢复其他轴的坐标到断点保存时的值,运动速率采用手动快速速率(快速倍率开关有效)。

(5)刀具所在轴运动到安全高度(如果刀具所在轴绝对坐标正好在安全高度时,则轴不动)。刀具所在轴预留高度由参数 P8010 确定,运动速率采用手动快速速率(快速倍率开关有效)。

(6)低速恢复刀具所在轴坐标。运动到断点保存时刀具所在轴的坐标处,运动速率采用手动速率(手动倍率开关有效)。

(注意:网络 DNC 程序恢复时,系统首先获取主机目录,然后查找断点保存的文件,再执行上述恢复步骤。若网络连接故障,那么系统将超时退出。)

恢复操作具体步骤如下。

(1)上电后,切换到手动方式,将刀具退回到安全高度。

(2)执行机械回零。

(3)如果更换刀具,请重新对刀。

(4)检查刀具是否安全高度以上,如果在安全高度以下,请在手动方式下,将刀具移动到安全高度以上。

(5)切换到自动方式,恢复管理画面,按[断点管理]软键。

(6)按下软键[断点管理]→[断点恢复],系统将弹出提示对话框,提示是否执行断点恢复,如下图 9-8 所示。按地址键 N 进行单步恢复状态,按地址键 R 进行全部恢复,可将保存的断点位置状态恢复到系统中。

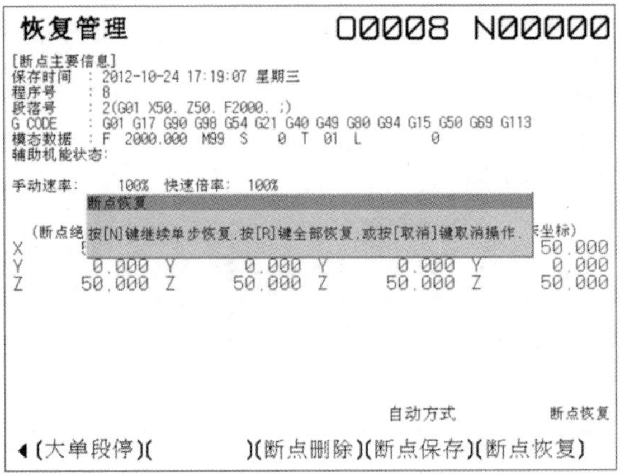

图 9-8 断点恢复

(7)单步恢复时,每完成一步都会提示继续单步恢复或剩余步骤全部恢复,如图 9-9 所示。

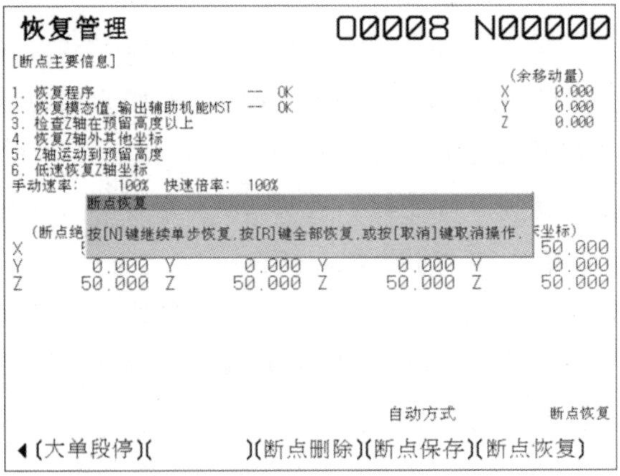

图 9-9 断点恢复提示

(8)全部恢复时,系统将自动按步骤恢复直到恢复完成。恢复完成时,系统会提示恢复成功,如图 9–10 所示。

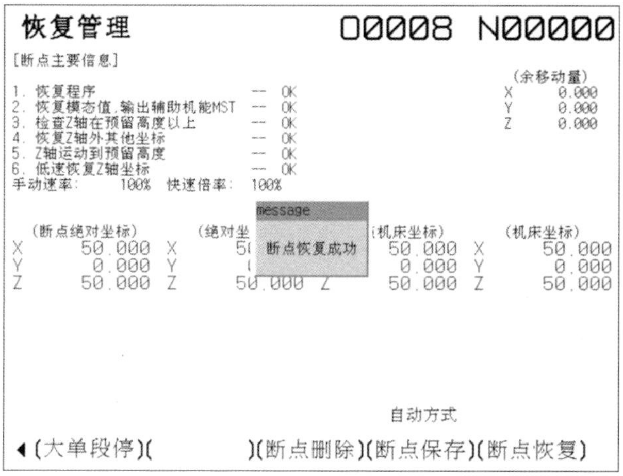

图 9–10　断点恢复成功

(9)检查绝对坐标、工件坐标系是否正确,检查 PLC 相关状态(手动输出某些辅助功能),按循环启动键从断点处继续加工。

特别注意以下事项。

(1)如果断点位置是相对编程,则重新执行该程序段,会造成终点错误。

(2)如果断点位置是采用 I/J/K 编程的圆弧插补,那么重新执行该程序段时会出现错误,因为圆弧的起点发生了变化,造成圆弧中心发生变化,请先移动到上一段程序的终点,然后再开始加工。

(3)如果更换了刀具,重新对刀,改变了工件坐标系设置,那么断点恢复后的绝对坐标与断点保存时的绝对坐标可能不相同,但机床坐标是相同的。

(4)如果发生过断刀,请进入单步恢复,在第 1 步恢复程序完成后或第 2 步输出辅助机能完成后,按(取消)键,取消恢复过程,切换到编辑方式,将程序光标往上移,定位到断刀前的程序段。

(5)如果断点处 01 组 G 代码模态不是 G00/G01,那么系统在恢复模态时会提示“当前 01 组 G 代码非 G00/G01,建议将程序段往前挪,按[N]键继续,按[取消]键继续”。此时,最好将光标向前移动至最近的包含 G00/G01 指令的程序段,然后手动移动轴到安全位置,并手动恢复主轴、润滑等。

(6)如果要恢复加工的程序是 DNC 程序(B 类,A 类 DNC 不支持断点保存),那么在恢复程序时将使用“:Jxxxx”编辑指令进入跳转,系统读入程序时,会在跳转目标程序段前保留参数 P114 设定的程序段数。

(7)直线轴小数位数和旋转轴小数位数虽然保存,但是恢复时,该信息只用于检查,不能恢复。

9.6.4 断电管理

断电管理功能允许用户在突然断电、加工中按下急停或复位按钮后,从保存的可恢复位置进行断电恢复,继续执行程序。恢复管理功能时,系统在自动运行过程中,会实时保存机床状态信息。

断电管理子画面:恢复管理功能时,系统实时保存的机床状态信息显示在恢复管理画面的断电管理子画面,如图 9–11 所示。在恢复管理画面按[断电管理]软键可进入断电管理子画面。

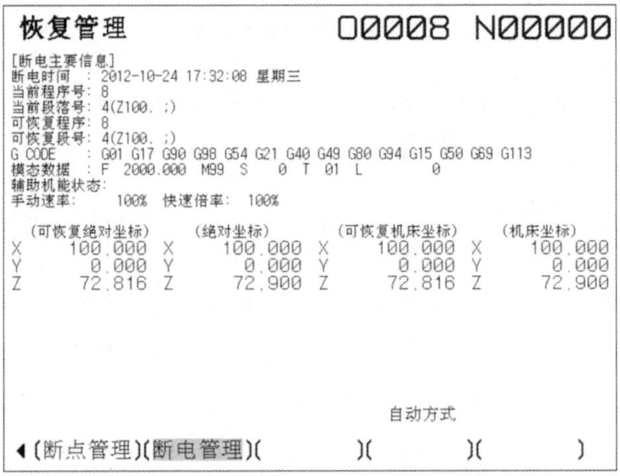

图 9–11　断电管理

断电恢复:系统断电后,重新上电时,可以选择恢复断电时保存的机床状态。断电恢复过程也分为 6 个步骤,用户可进行单步恢复或一次性全部恢复。

(1)恢复程序。打开断电保存时的程序,跳转到断电保存时的段落号。

(2)恢复模态值,输出辅助机能 MST 恢复断电保存时的模态,根据断电保存时的 M/S/T 模态输出辅助机能。T 代码是否输出由参数“MAKET”(P8000.0)决定。

(3)检查刀具所在轴是否在安全高度以上,如果不在安全高度以上,系统将弹出提示“请先将(刀具所在)轴移动到安全高度，按‘取消’键退出”，如图 9-12 所示。

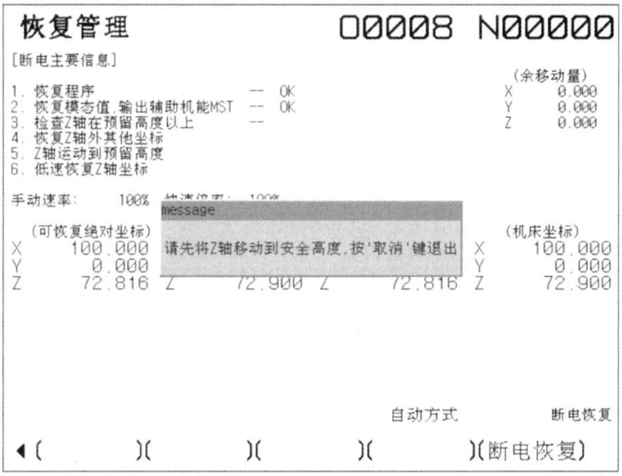

图 9-12　断电管理

(4)恢复除刀具所在轴外的其他轴坐标：恢复其他轴的坐标到断点保存时的值，运动速率采用手动快速速率(快速倍率开关有效)。

(5)刀具所在轴运动到安全高度(如果刀具所在轴绝对坐标正好在安全高度时，则轴不动)；刀具所在轴预留高度由参数 P8010 确定，运动速率采用手动快速速率(快速倍率开关有效)。

(6)低速恢复刀具所在轴坐标：运动到断点保存时刀具所在轴的坐标处，运动速率采用手动速率(手动倍率开关有效)。

(注意：网络 DNC 程序恢复时，系统首先获取主机目录，然后查找断点保存的文件，再执行上述恢复步骤。若网络连接故障，那么系统超时退出。)

断电恢复操作步骤如下。

(1)上电后，切换到手动方式，将刀具移动到 Z 轴方向的安全高度以上。

(2)执行机械回零。

(3)如果更换刀具，请重新对刀。

(4)检查刀具是否在安全高度以上，如果在安全高度以下，请在手动方式下，将刀具移动到安全高度以上。

(5)切换到自动方式，恢复管理画面，按〔断电管理〕软键，进入断电管理子画面。

(6)按下软键〔断电管理〕→〔断点恢复〕,系统将弹出提示对话框,提示是否执行断电恢复,如图 9-13 所示。按地址键“N”进行单步恢复状态,按地址键“R”进行全部恢复,可将保存的断点位置状态恢复到系统中。

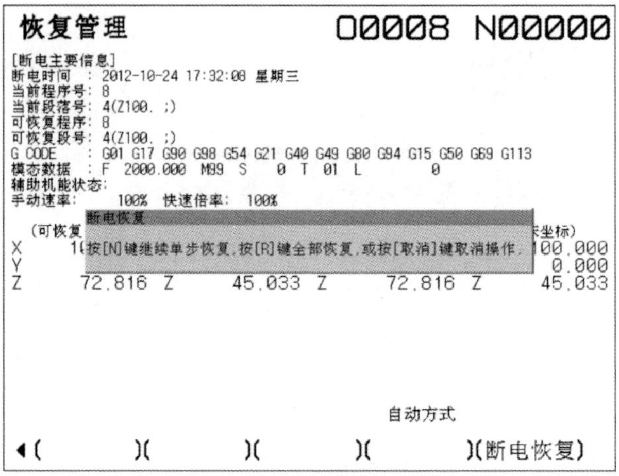

图 9-13 断电恢复提示

(7)单步恢复时,每完成一步都会提示继续单步恢复或剩余步骤全部恢复。

(8)全部恢复时,系统将自动按步骤恢复直到恢复完成。恢复完成时,系统提示恢复成功,如图 9-14 所示。

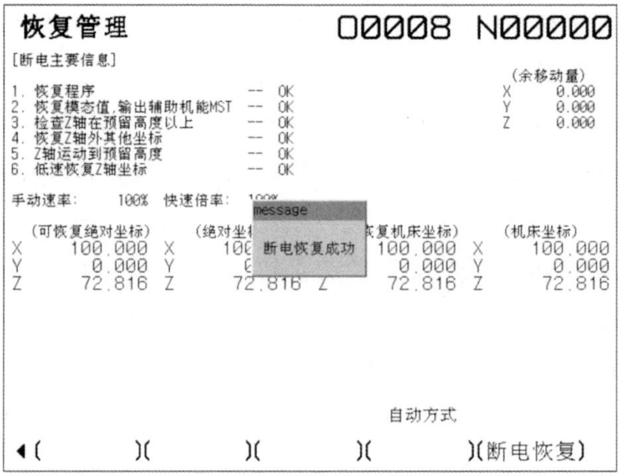

图 9-14 断电恢复成功

(9)检查绝对坐标、工件坐标系是否正确,检查 PLC 相关状态(手动输出某些辅助功能),按循环启动键从断点处继续加工。

9.7 试运行

实际加工之前,为了测试加工程序的正确性,可使用本章所述的功能来调试加工程序。

9.7.1 机床锁轴

机床锁轴开关,又称轴锁开关,当开关打开时:

- 机床不移动,但位置坐标的显示和机床运动时一样;
- M、S、T 指令都能正确执行,并输出;
- 刀具图形轨迹能够正确显示。

机床锁轴功能主要用于校验程序的运行轨迹是否正确。

(1)Z 轴取消:诊断参数"ZNG"(G0011.5)可控制 Z 轴运动单独锁住,其他轴不受影响。

(2)机床轴锁报警:如果轴锁或 ZNG 有效时,机床发生运动,那么系统机床坐标将不正确,此时加工将可能出现撞刀,"机床轴锁报警"提醒用户必须重新建立机床零点。

(注意:接绝对编码器的机床不需要回零,但必须复位,复位时系统将从绝对编码器中读 出当前位置,重新建立参考系。)

(3)锁轴步骤:按机床操作面板上的(轴锁)键,可切换轴锁开关的状态。该键如同带自锁的按钮,多次按下时,会在"开→关→开"状态中切换,当为"开"时,键上的指示灯亮,为"关"时,键上的指示灯灭。当参数"QGRH"(P0005.0)设为 1 时,机床附加面板的(轴锁)按键无效,同时(机床/索引)第一页的(机床锁住)项无效并显示为[保留]。轴锁信号 G29.7 只能通过(快速图形)软按键打开或关闭。

(4)限制:轴锁开关打开时,即使执行了 G27 或 G28 指令,因为机械不回参考点,所以返回参考点指示灯不会亮。

(注意:程序正常运行时,切记不能动此开关。)

9.7.2 辅助功能锁

辅助功能锁住开关, 又称 M 锁开关, 当开关打开时,M、S、T 指令都不执行。该开关一般和轴锁开关一起使用,用于校验程序。

(1)操作步骤:按机床操作面板上的“M 锁”键,可切换 M 轴开关的状态。该键如同带自锁的按钮,多次按下时,会在“开→关→开”状态中切换,当为“开”时,键上的指示灯亮,为“关”时,键上的指示灯灭。

(2)限制:M00,M01,M30,M98,M99 执行时,不受 M 锁开关状态影响。当参数“QGRH”(P0005.0)设为 1 时,机床附加面板的“M 锁”按键无效,同时(机床/索引)第一页的(辅助锁住)项无效并显示为[保留]。

9.8 安全操作

9.8.1 硬件超程防护

机床上,各轴正、负方向上一般都安装了限位开关(行程开关),刀具只能在由各轴正、负限位开关限定的范围内移动。当刀具试图越过限位开关时,限位信号有效,系统立即停止刀具移动,并显示超程报警信息。

当出现超程时,反向移动刀具(正向超程,则负向移动;负向超程,则正向移动)脱离限位开关,若移动过程中,限位信号无效,则报警自动解除。

9.8.2 软件超程防护

软件超程防护和硬件超程防护类似。软件超程的正负向限位坐标对应硬件超程的限位开关。各轴正、负向限位坐标分别由轴型参数“正向行程限位”(P0610)和“负向行程限位”(P0611)指定,它们所限定的范围称为软限位。当机床坐标将要超出软限位时,系统立即停止刀具移动,并显示超程报警。手动反向移动刀具,使各轴机床坐标进入限定范围,可解除报警。

超出工作区报警是为了保证刀具不会超出软限位,系统会监视刀具的运动速度和方向。若系统监测到刀具将会超出软限位,则立即以“紧急减速系数”(P6436)减速直到停止,并产生“超出工作区”报警。

9.8.3 软限位预测

该功能由参数“MJPCH”(P0605.7)控制是否有效。该功能有效时,系统在下列情况下进行软限位预测。

手动运动:系统根据运动方向计算限位距离,内部设定一个比该距离略大的手动最大运动量。在碰到软限位前,系统降低该轴速度,以很低的速度碰到软限位。当软限位预测机能无效时,内部设定一个很大的手动最大运动量。该轴将以比较大的速度碰到软限位,这种情况下系统仅仅以手动模式平滑器来平滑输出速率。当速度较快时,需要将"手动模式平滑系数"(添加参数交叉引用)的数值调大。

图 9–15 所示为手动运动时,软限位预测机能打开和关闭情况下的运动示意图(图中轨迹未考虑手动模式平滑器的影响)。

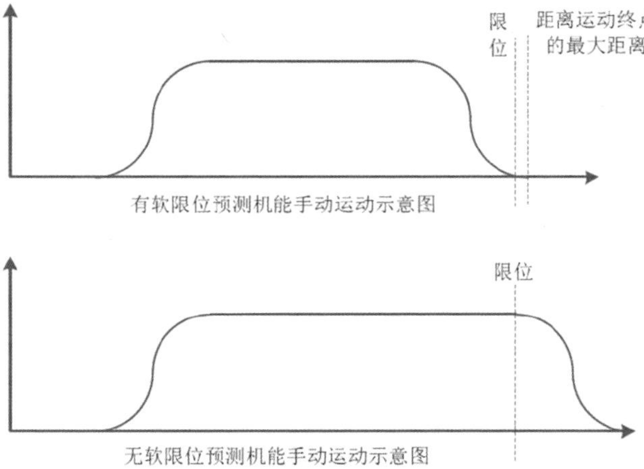

图 9–15 软限位运动示意图

复位:当机床异常输出或坐标轴出现异常动作时,按(复位)键,可使系统立即复位,复位后机床状态如下。

(1)所有轴运动停止。

(2)冷却、润滑、主轴旋转停止输出(参见解释)。

(3)自动运行结束,但保持各模态。

急停:机床运行过程中,在遇到危险或紧急情况下,应按下急停按钮,系统立即控制机床停止移动,停止输出冷却、润滑,停止主轴旋转等,并显示急停报警。

松开急停按钮后,急停报警解除,系统进入复位状态。为了确保坐标位置的正确性,急停报警解除后,应重新执行机械回零操作(未安装机械零点的机床,不得回零)。

（注意：①急停按钮可能被 PLC 程序屏蔽，请参见机床的说明书；②解除急停报警前，请先确认故障已经排除；③在开机和关机之前按下急停按钮可减少设备的电冲击。）

9.9 报警处理

在加工过程中，由于用户编程、操作不当或产品故障等原因，系统会出现运转异常，根据系统的不同表现，需要进行不同的处理。

屏幕上显示报警，通常是由于用户编程、参数设置或操作不当导致的，系统会在报警画面，显示报警号和提示，如图 9-16 所示。请根据报警提示信息，参见《操作手册》报警一览表确定故障原因，修改程序或参数设定。

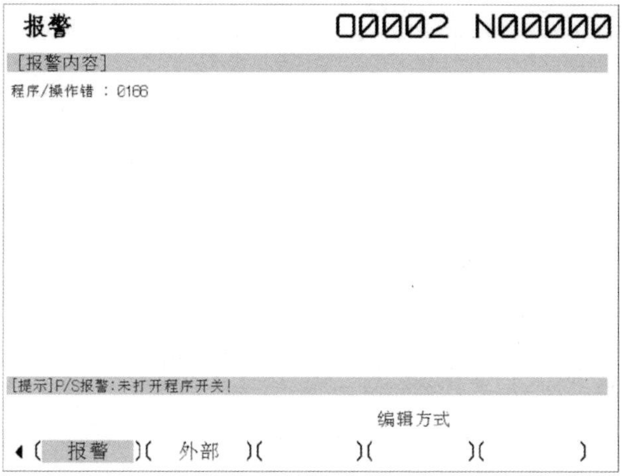

图 9-16 报警界面

屏幕上未显示报警：有时从显示上看，系统没有运行，但此时系统可能正忙于处理内部任务。出现这种情况时，可切换到诊断画面，根据诊断变量的当前状态，判断系统的状态。请参见《操作手册》诊断数据。

无法排除的异常：请详细记录异常发生时的现象及可能的原因，并与机床厂取得联系。

9.10 程序编辑

用户可在数控系统中直接编辑程序。编辑程序的一般步骤如下。

(1)切换到位置画面或程序画面的程序区。

(2)切换到编辑方式或 MDI 方式。

(3)打开程序保护开关。

(4)利用 MDI 键盘的各地址键、数字键和功能键,插入、修改、删除程序。

9.10.1 程序区

程序区是指系统中程序显示和编辑的窗口。位置画面和程序画面都包含程序区。如图 9-17 中标注①所示。进入位置画面中的程序区的步骤如下。

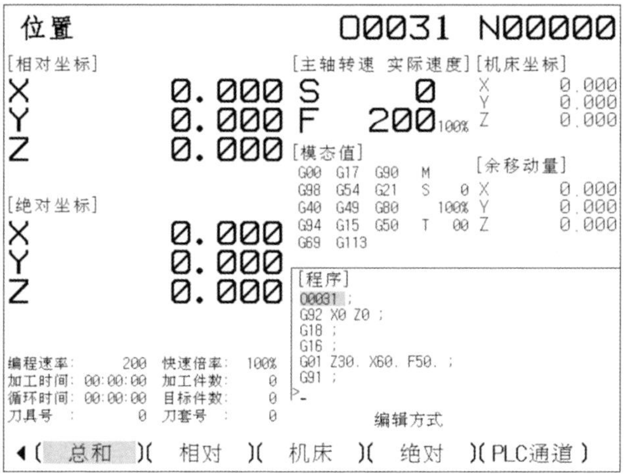

图 9-17　程序区画面

(1)按“位置”键,进入位置画面。

(2)按〔总和〕软键,进入总和页面,右下角为程序区,此时可进行编辑操作。

(注意:按下〔相对〕或〔机床〕软键,可进入相对或机床页面,程序区都在右下角。)

进入程序画面的程序区的步骤如下。

(1)按“程序”键,进入程序画面。

(2)按“程序”软键,进入程序页面,页面左边为程序区。

9.10.2 编辑程序

编辑程序开始时,必须先切换到程序区,编辑方式,并打开程序保护开关。本书以后的程序编辑操作,不再重复说明这一步骤。

9.10.2.1 新建程序步骤

(1)按地址键 O,并输入程序号,如:“O1”。

(2)按“插入”键系统将创建一个空的程序。其中:“O0001”是程序号;“%”表示程序结束符。

一次新建多个程序:当用户一次性输入多个程序号,如“O1O2O3”,那么系统将会一次性创建 3 个空程序:O0001、O0002 和 O0003。

新建程序的同时插入部分程序字:当用户在输入程序号的同时,输入了部分程序段,如“O2;G01X10.;”,那么系统将创建 O0002 程序,并同时创建多个编辑单元。

〔注意:“;”字符由(EOB)键输入。〕

- 系统限制

(1)普通程序号的可取范围是 1~9999。

(2)系统不允许任何两个程序具有相同的程序号,当输入了一个已经存在的程序号时,将会导致创建程序失败,并报警 PS140。

9.10.2.2 删除程序

(1)单个程序删除:输入地址“O”→输入程序号,如“0001”→按下(删除)键。

(2)删除所有程序:输入地址“O”→输入“-9999”→按下(删除)键。

9.10.2.3 编辑单元的插入

编辑单元是编辑操作的最小单位。对于普通的 G 代码程序来说,一个程序字就是一个编辑单元,编辑单元以地址字母为间隔。但若采用了宏程序指令,则没有程序字的概念,一次插入的宏程序指令都会被视为一个编辑单元。插入到程序中的编辑单元以空格分隔。

(1)单个编辑单元的插入:输入一个程序字,如“G01”→按(插入)键,系统在当前光标位置后插入编辑单元“G01”,并将当前光标移动到刚插入的编辑单元。

(2) 多个编辑单元的插入:输入多个程序字,如“G01X100.Y100.Z100.

F2000;”→按“插入”键,系统将创建“G01”“X100.”“Y100.”“Z100.”“F2000”“;”,6 个编辑单元,插入到当前光标位置后面,并将当前光标移动到刚插入的编辑单元中的最后一个编辑单元处。

(注意:如果输入的多个程序字不合法,如“‘G01XY100.Z100.;”,则创建的编辑单元可能和预期的不太一样。此时,可以删除错误的输入,再重新输入一次。)

9.10.2.4 编辑单元的修改

(1)将光标定位于要修改的编辑单元,如“X100.”。

(2)输入希望修改的结果,如“Y100.␣Z100.”。

(3)按“修改”键用户可将当前编辑单元修改为一个或多个编辑单元,创建编辑单元的方式与插入时相同。

程序段结束符 EOB 的修改:如果被修改的编辑单元是“;”,并且修改后的结果不包含“;”,那么这将导致以“;”分隔的两个程序段合并为一个程序段。限制光标位于程序结束符“%”时,则不能进行修改操作。

9.10.2.5 删除一个或多个程序段

(1)删除光标所在程序段:输入地址“N”→按“删除”键。

(2)删除光标之后的程序段(包括光标所在程序段):输入地址“N”→输入要删除的程序段数,如“10”→按“删除”键。

(3)删除光标之前的程序段(不包括光标所在程序段):输入地址“N”→输入负号“-”→输入要删除的程序段数,如“10”→按“删除”键。

(注意:向后或向前删除多个程序段时,程序段数可以多于存在的程序段数,假设光标之后只有 10 个程序段,但输入“N9999”,再按删除键,则会删除 10 个程序段,并且不会报错。程序号(如“O0001”)和程序结束符(“%”)不会被删除。)

9.10.3 检索程序

(1)检索下一个程序:输入地址“O”键→按光标键 ⇩ 。

如果系统中存在不止一个程序,那么光标将会跳到下一个程序。这种检索方式具有循环特性,最后一个程序的下一个程序是第一个程序。

(2)检索指定程序:输入地址“O”键→输入要检索的程序号,如“0002”→按光标键 ⇩ 。

如果系统中存在指定程序号的程序,那么光标将会跳到该程序的当前位置。

9.10.4 扩展编辑

扩展编辑功能提供复制、移动和合并程序功能,这些功能的操作只能在程序画面的程序区完成,位置画面的程序区不具备这样的功能。

(1)复制:用户可通过复制功能,复制整个程序或程序的一部分到一个新的程序中去。

(2)复制整个程序:如图 9-18 所示,是复制整个程序的示意图。图中被复制的程序的程序号为 Oxxxx,复制操作产生的新程序的程序号为 Oyyyy。复制操作后,Oyyyy 程序内容与 Oxxxx 程序内容完全相同。

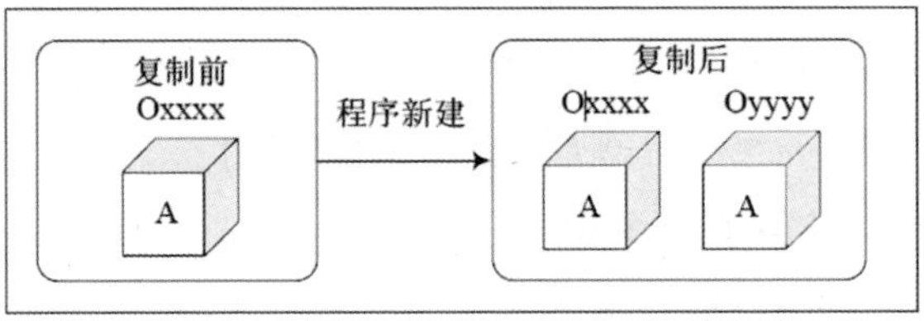

图 9-18 整体复制示意图

具体步骤如下。

1)打开程序保护开关,选择编辑方式,进入程序画面的程序区。

2)再按一下〔程序〕软键,进入扩展编辑起始画面,软菜单显示如下。

◀(	)(	)(	)(	)(扩展编辑)

3)按〔扩展编辑〕软键,进入扩展编辑子菜单,显示如下。

◀(复制	)(移动	)(合并	)(	)( )

4)按〔复制〕软键,进入复制子菜单,显示如下。

◀(开始	)(	)(	)(	)(全部)

5)按〔全部〕软键,准备执行复制操作,菜单显示如图 9-19 所示。

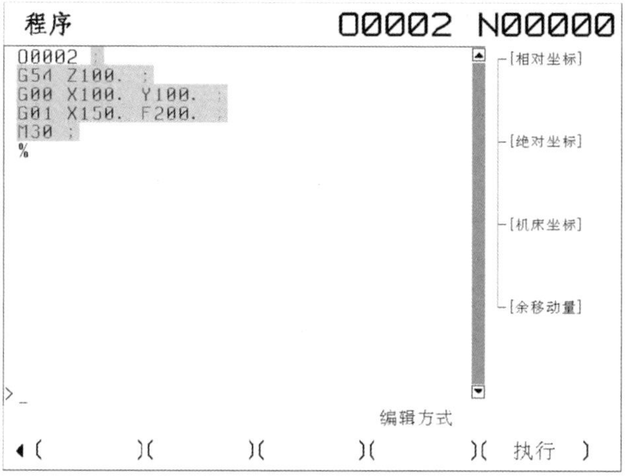

图 9-19　复制准备执行画面

6)输入地址“O”和想要新建的程序的程序号,如“O0010”。

7)按〔执行〕软键,系统执行复制整个程序操作,复制的结果如图 9-20 所示。

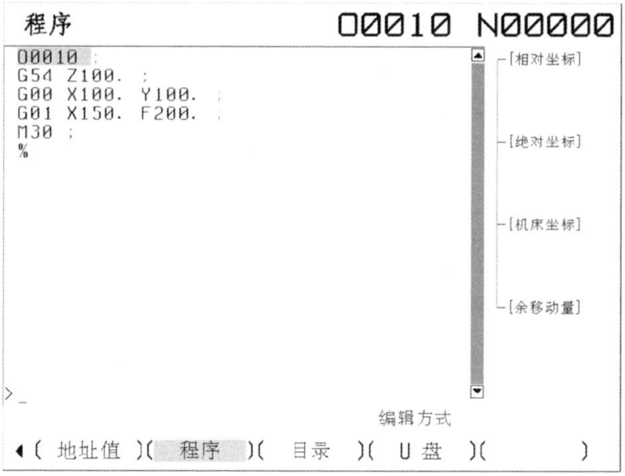

图 9-20　复制完成画面

(3)复制一部分程序:图 9-21 是复制一部分程序的示意图。被复制程序的程序号为 Oxxxx,被复制的部分为其中 B 部分,新建的程序的程序号为 Oyyyy。复制操作后,Oxxxx 程序保持不 变,Oyyyy 程序与 Oxxxx 程序的 B 部分相同。

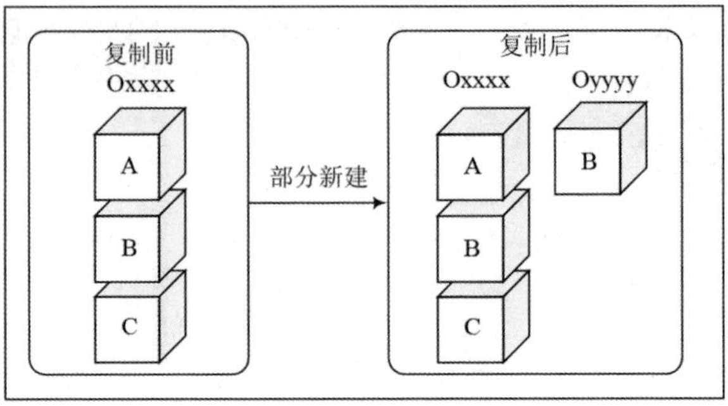

图 9-21　部分复制示意图

具体步骤如下。

(1)打开程序保护开关,选择编辑方式,进入程序画面的程序区。

(2)再按一下〔程序〕软键,进入扩展编辑起始画面。

(3)按〔扩展编辑〕软键,进入扩展编辑子菜单。

(4)按〔复制〕软键,进入复制子菜单。

(5)移动光标到要复制部分的开头,并按〔开始〕软键。

(6)移动光标到要复制部分的结尾,按〔结束〕软键,选中的效果如图 9-22 所示。也可按〔至结尾〕软键,这将使要复制部分的结尾变为程序的结尾,与光标当前位置无关。

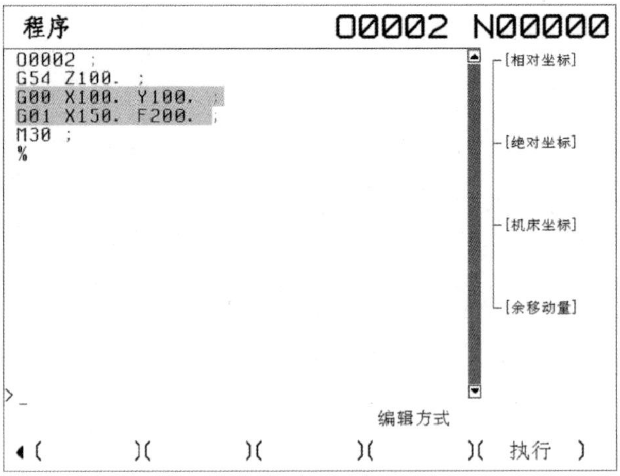

图 9-22　部分复制示意图

(7)输入地址“O”和想要新建的程序的程序号,如“O0011”。

(8)按〔执行〕软键,系统执行复制部分程序操作,复制的结果如图 9-23 所示。

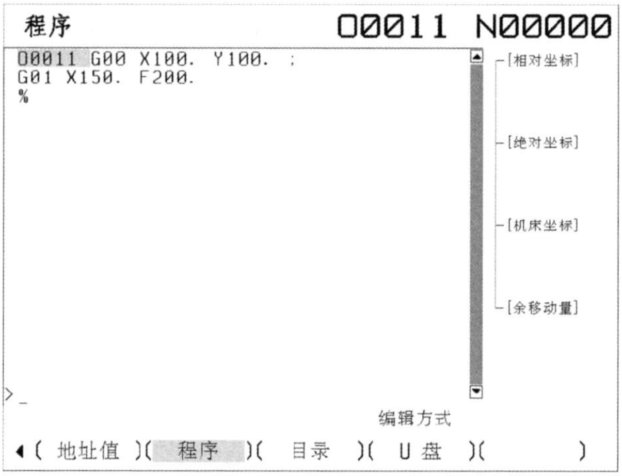

图 9-23　部分复制示意图

9.10.5 网络程序

本系统可打开并启动运行主机工作目录中的程序,但暂不支持修改网络文件。打开单个网络文件的方法如下。

(1)打开程序开关。

(2)按“编辑”键,切换系统到编辑方式。

(3)按“程序”键,进入程序画面。

(4)按〔网络〕软键,进入网络子画面。

(5)再按〔网络〕软键,可显示网络子菜单,如图 10-24 所示。

(6)移动光标到有效的程序文件,有效的程序文件名形式:Oxxxx.### 或 xxxx(****). ###,其中 xxxx 代表程序号,### 代表扩展名,有效的扩展名包括 PRG、TXT、NC 和 PTP;**** 代表注释,可以是中文,长度不限。

(7)按〔打开〕软键,系统显示网络输入对话框直到文件内容完全读入内存为止。

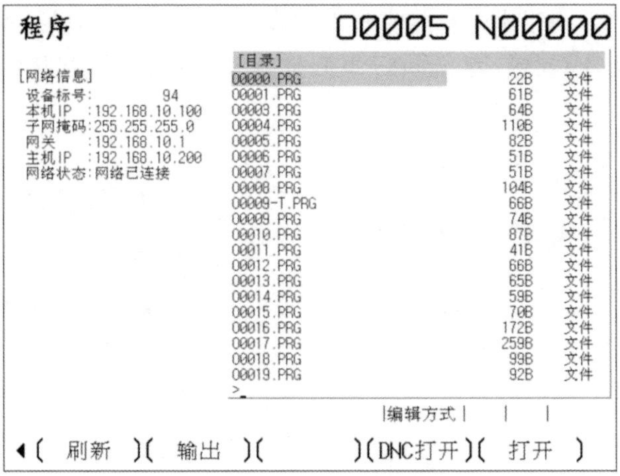

图 9-24　部分复制示意图

9.11 数据显示与设定

本书所用智能制造切削单元的数控系统可显示 15 个主画面。

(1)位置:按位置键显示的画面。

(2)程序:按程序键一次,显示的画面。

(3)恢复管理:按程序键两次,显示的画面。

(4)刀补:按刀补变量键一次,显示的画面。

(5)宏变量:按刀补变量键两次,显示的画面。

(6)参数:按参数键一次,显示的画面。

(7)伺服参数:按参数键两次,显示的画面。

(8)诊断:按诊断键一次,显示的画面(诊断画面参见错误!未找到引用源。)

(9)总线诊断:按诊断键两次,显示的画面。

(10)轴控制诊断:按诊断键三次,显示的画面。

(11)报警：按报警键显示的画面。

(12)图形：按图形键显示的画面。

(13)设置：按设置键显示的画面。

(14)机床：按机床索引键一次，显示的画面。

(15)索引：按机床索引键两次，显示的画面 每个主画面也可以通过按主菜单的软键来显示。

每个主画面又包含许多子画面，通过按每个主画面对应的菜单来显示，也可以按或键切换子画面。本小节将说明系统中的每一个画面及画面上的数据设定方法。

9.11.1 公共显示

系统中每一个画面都包含公共的显示元素，本节将单独说明这些元素。如图 10-25 所示。

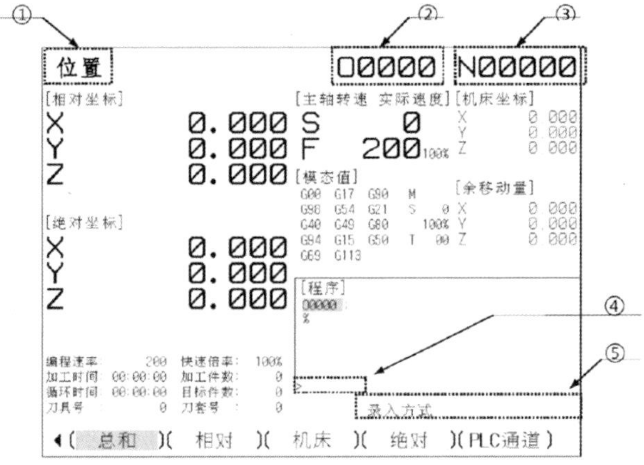

①主画面名称 ②程序号 ③顺序号 ④输入行 ⑤状态行

图 9-25　公共显示元素

(1)主画面名称显示：每个画面的左上角都显示当前主画面名称，如图 9-25 中标注①所示，表示当前正处于的位置画面。

(2)程序号和顺序号显示：每个画面的右上角都显示当前正在编辑或执行

的程序号,如图中标注② 所示,表示正在编辑的程序为 0040 号程序。程序号右边显示的是正在执行的程序段的顺序号,如图中标注③所示。注意,顺序号显示只在执行带有顺序号的程序段时才会更新,编辑方式下,在不同程序段中移动光标,或者切换程序都不会更新顺序号显示。在系统上电时,如果从未启动加工,那么顺序号显示为“N00000”。

(3)输入行显示:系统中的很多画面允许用户进行数据设定,设定时需要输入数据,输入的数据被显示在输入行中,如上图中标注④所示,“>”为提示符。设定数据时,输入了有效的数据后,按“输入”或其他键(参见各画面的说明),可执行数据设定操作,按“取消”键可清空数据输入,以便重新输入新的数据。

(注意:不是所有画面都有输入行。每个画面对用户输入都有一定的约束条件,对于不满足条件的输入字符一般会直接抛弃,而不是显示在输入行。)

(4)状态行显示:每个画面的右下角都有一行用于显示系统当前重要状态的状态行,如图中标注⑤所示。状态行显示主要包括如下。

• 操作方式:显示当前的操作方式,即编辑方式、自动方式、录入方式、机械回零、程序回零、单步/手轮方式、手动方式。

• 准备未绪:表示控制系统或驱动系统没有处于可运行的状态,以红色字体闪烁显示。

• 报警:表示系统中有报警发生,以红色字体闪烁显示。进入报警画面,可获得有关当前报警的详细信息。

• 调试:表示系统正处于“PLC 调试”状态。

• 暂停:表示系统正处于进给保持状态,以红色字体闪烁显示。

• 手轮:表示自动方式时,当前进给速度由手轮控制。

• 断点记忆:表示系统正确记忆了断点,可以执行断电恢复,以红色字体闪烁显示。

(5)中/英文切换:本系统支持全英文界面,可通过设置画面来设定,英文界面的位置画面如图 9-26 所示。

(注意:英文界面没有索引画面,也没有位参数的提示。)

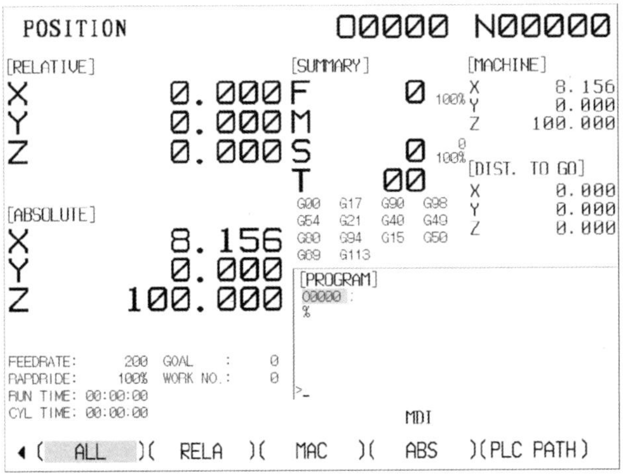

图 9–26　英文界面

(6)系统界面风格：系统提供两种界面风格：黑色背景(新界面)和灰色背景(旧界面)。参数“界面选择”(P2310)用于选择界面风格，P2310 为 0 时为新界面，P2310 为 1 时为旧界面。修改 P2310 后，必须重新上电才能更换界面风格。

(7)系统屏幕保护：在长时间加工过程中，为了保护系统液晶屏，延长液晶屏寿命，系统支持屏幕保护功能。

• 进入屏幕保护状态：如果系统在参数“屏保等待时间”(P2312)设定的时间范围内，未检测到任何按键动作，并且“WULPS”(0080.7)状态保持不变，系统将关闭屏幕显示，进入屏幕保护状态。(注意：参数 P2312 设定为 0 时，屏幕保护功能被禁止。)

• 退出屏幕保护状态：以下动作将使系统退出屏幕保护状态(唤醒屏幕显示)，按下 MDI 面板上的〔位置〕、〔程序〕、〔刀补/变量〕、〔参数〕、〔诊断〕、〔报警〕、〔图形〕、〔设置〕、〔机床/索引〕、〔复位〕中的任意一个键；按下机床操作面板的任意按键；WULPS 信号由 0 变为 1。

(注意：通过按下 MDI 面板按键退出屏幕保护时，按下的按键功能同时有效。例如：系统在位置画面进入屏保状态，然后按下“程序”键，系统将退出屏幕保护状态，并切换到程序画面。利用 WULPS 信号可实现由 DI 信号唤醒屏幕显示的功能，如“急停”信号等。)

9.11.2 位置画面

程序画面包含 5 个子画面：总和、相对、机床、绝对和 PLC 道。按软键〔总和〕、〔相对〕、〔机床〕、〔绝对〕和〔PLC 通道〕可切换到这些子画面。

9.11.2.1 总和子画面

如图 9-27 所示，总和子画面包含所有位置信息和许多加工信息。

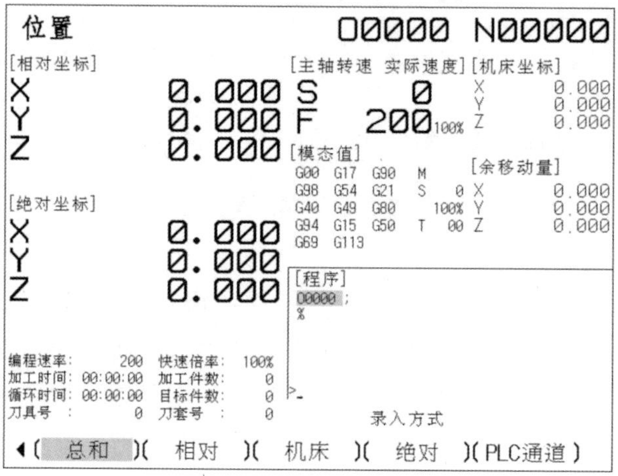

图 9-27　总和子画面

总和子画面中各种信息详细解释如下。

(1)相对坐标：相对坐标是用户上一次清零相对坐标值后，坐标的变化量。清零相对坐标的步骤如下。

- 切换到总和页面。
- 切换到手动/手轮/单步/回零操作方式。
- 按下轴的编号对应的数字键(1~5)直到轴字母闪烁。
- 重复上一步的操作，直到所有需要清零的轴的轴字母都闪烁。
- 按(取消)键，所有轴字母停止闪烁，对应的相对坐标被清零。

(2)绝对坐标：绝对坐标是各轴相对工件坐标系原点的坐标。绝对坐标可用参数“DAL”(P2300.6)和“DAC”(P2300.7)选择是否包含刀具长度补偿和刀具半径补偿值。

(3)机床坐标：机床坐标是各轴相对于机床零点的坐标。对于没有机械零点的机床，用户可在合适的位置，手动清零机床坐标，步骤如下。

• 1 切换到总和页面。

• 2 切换到手动/手轮/单步/回零操作方式。

• 3 按下“取消”+轴的编号对应的数字键(1~5),将清零对应轴的机床坐标。

(4)余移动量:各轴运动时,距离终点的长度值。

(5)主轴转速:“Sxxxx”:显示当前主轴的实际转速,该速度由主轴编码器反馈回来。

(6)实际速度:该项目的显示内容由参数“INTSPD”(P2304.0)决定。

• INTSPD=0:显示实际的进给速度,并在其后显示进给倍率。实际进给速度=程序指令值×进给倍率。并受进给最高速度限制。当实际进给速度小于 1 时,显示“<1”。

• INTSPD=1:显示实时进给速率。实时进给速率是在考虑进给倍率,加减速等因素后,得到的当前时刻的瞬时进给速度。

• 实时进给速率是由各轴运动量合成计算而来的合成进给速度, 但由于计算误差的存在,实时速率与编程指令值之间可能会有小的误差。

• 实时进给速率使用编程单位(毫米/分或英寸/分)。

• 实时进给速率右侧显示当前的进给倍率,当不在手动模式下时,进给倍率为切削进给倍率;当在手动模式下时,显示为手动进给倍率,如果手动快速有效时,则显示为快速倍率。

(7)MST 指令值:显示当前正在执行的 M/S/T 代码值,并在 S 代码值后显示当前主轴倍率值。

(8)编程速率:程序中由 F 代码指定的值。

(9)快速倍率:快速倍率当前状态,100%、50%、25%或 F0。

(10)加工时间:系统自动运行时间,格式为“小时:分钟:秒钟”。进给保持不会计入加工时间。加工时间开机时,被自动清零,用户也可同时按下“取消”+“修改”键,手动清零加工时间。

(11)循环时间:一次自动运行启动时间,不包括暂停、停止时间,从复位状态开始启动时以及开机时清零。

(12)目标件数:计划加工工件数,在设置页面第一页进行设置。

(13)加工件数:每执行一次 M30,加工件数增加 1,用户可同时按下“取消”+“删除”键清零该件数值。

(14)单批计数:单批工件加工计数值。当该数值等于诊断参数“加工工件单批件数”时,系统暂停加工。按“取消”+“0”按键清空该计数值,以重新启动加工。该计数值仅当“MCNT”(P2303.2)为1时显示。当MCNT为0时,F156等于F154,G156等于G20。

(15)主轴档位:当前主轴档位,显示G150的内容。仅当G0151设为1时显示。

(16)刀套号:当前刀套号,显示G22的内容。仅当G0151设为2时显示。

(17)模态值:显示当前各G代码组的模态、当前正在执行的M/S/T值、当前主轴倍率值。

(18)程序:位置画面的程序区。

9.11.2.2 相对子画面

如图9-28所示,相对子画面比总和子画面包含的位置信息少,但是相对子画面包含图形显示窗口,可观察轨迹图形和实体图形。

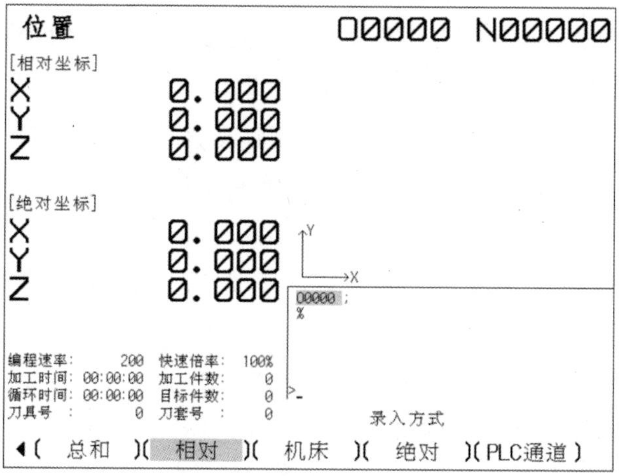

图9-28 总和子画面

(1)图形窗口:系统将图形画面显示的内容按比例缩小,显示于相对子画面的图形窗口上。

(2)伺服负载:对于4轴系统,当参数“SVLOAD”(P2304.5)设为1时,系统在页面右侧显示伺服负载动态显示条,便于实时观察伺服负载情况。显示内容如图9-29所示。

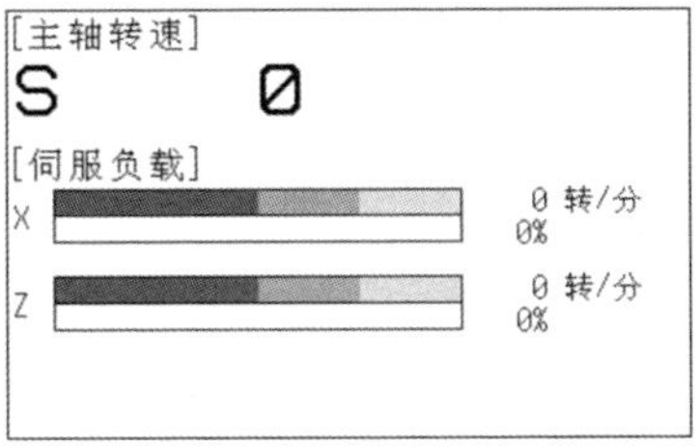

图 9–29　伺服负载画面

注意。

• 标尺部分最多可显示 200%的负载，0~100%以青色显示、100%~150%以黄色显示、150%~200%以红色显示，超过 200%时满格显示。百分数部分显示实时伺服负载；

• 当轴配置为伺服主轴时，如未屏蔽 NC 轴显示，则伺服负载图形显示 NC 轴的轴地址，否则显示主轴地址“S”。配置多个主轴时，显示主轴“S1”“S2”。

• 当轴屏蔽 NC 轴显示，且不屏蔽 PLC 轴显示时，伺服负载图形显示该轴。

• 主轴为非总线主轴时，不显示动态负载。

(3)其他：其他项与总和子画面上的对应项相同。

9.11.2.3 机床子画面

如图 9–30 所示，机床子画面与相对子画面几乎相同，只是将相对坐标和绝对坐标显示，改为机床坐标和余移动量显示。各项的说明同总和子画面和相对子画面。

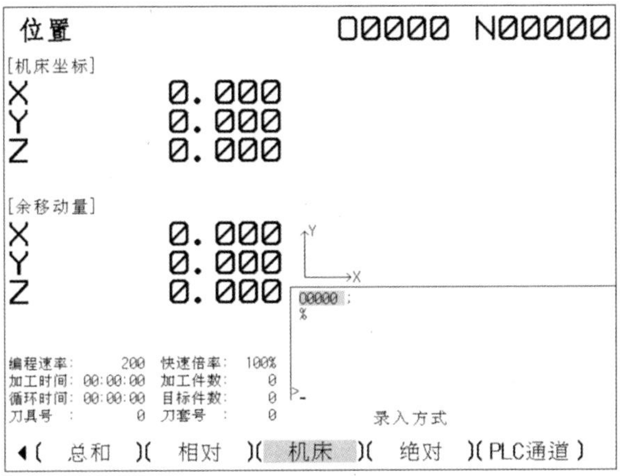

图 9–30　机床子画面

9.11.2.4 绝对子画面

如图 9-31 所示，绝对子画面以大字体显示当前各轴的绝对坐标和进给速率。各项解释与总和画面中的对应项相同。

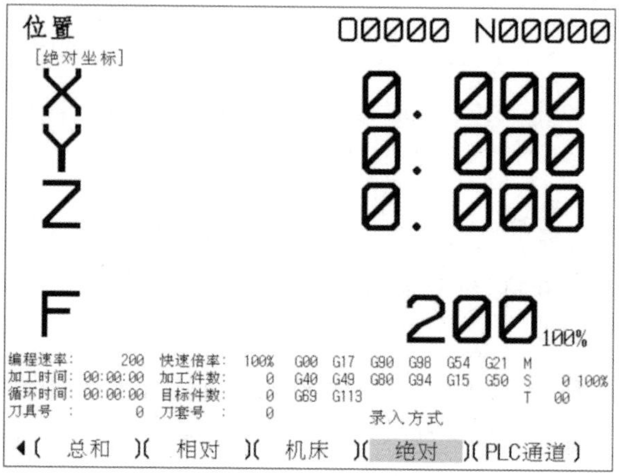

图 9-31 机床子画面

9.11.3 程序画面

程序画面包含 5 个子画面：地址值、程序、目录、U 盘和网络。按软键〔地址值〕、〔程序〕、〔目录〕、〔U 盘〕、〔网络〕可切换到这些子画面。

（注意：只有在网络功能使能，即参数“NET”(P0004.3) 设为 1 时，网络子画面才会显示。）

9.11.3.1 程序子画面

如图 9-32 所示，程序子画面包括一个较大的程序区以及所有坐标值。程序区用于显示程序代码，各坐标的显示与位置画面的坐标显示相同。

9.11.3.2 目录子画面

如图 9-33 所示，目录子画面包含系统版本信息，程序一览表、程序数目和程序占用内存情况。

目录子画面中各种信息详细解释如下。

(1) 系统版本信息：显示当前系统的型号、轴数及发布日期。

(2) 目录：目录是系统内存中所有程序的一览表，按程序号顺序排列。用户可通过光标键（方向键和翻页键）浏览程序列表，光标所在的程序号对应的程

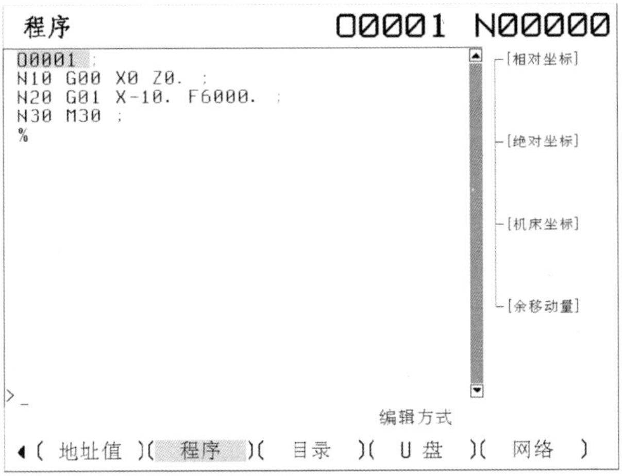

图 9-32　程序子画面

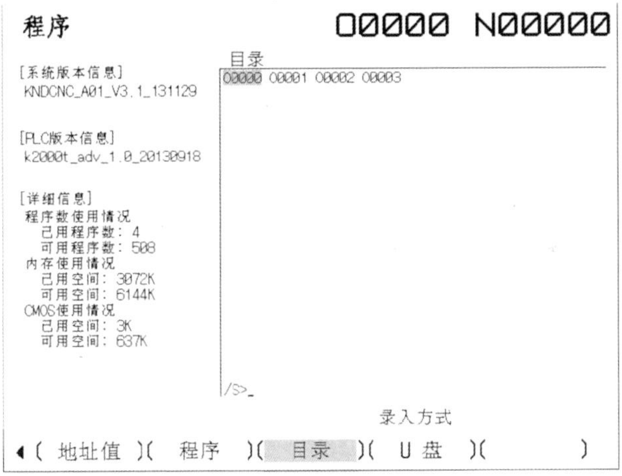

图 9-33　目录子画面

序将成为当前程序,显示在程序区中。本系统支持两种目录列表显示方式,按〔目录〕软按键进行切换。a. 紧凑型:只显示程序号(和以前相同)。b. 详细型:每行显示一个程序号，程序号后面显示第一程序段和第二程序段包含的有效注释,如果没有注释,则显示程序开始部分的内容。

(3)详细信息:

• 程序数使用情况:最多支持 512 个程序,已用程序数是内存中的程序的个数,可用程序数是 512 减去已用程序数。

• 内存使用情况:标配可用内存为 22MB,普通程序、MDI 临时程序、DNC 程序等共享内存资源。

• CMOS 使用情况:CMOS 采用备份电池供电,系统掉电时,仍然保持 RAM 中的数据。标配的可用 CMOS 空间为 640KB。所有普通程序都会存储到 CMOS 中,当“RMPP”(《连接 调试手册》第 158 页 P2302.3)为 1 时,MDI 临时程序也存储到 CMOS 中。

9.12 以太网通讯

KND 提供的以太网通讯软件可以实现电脑与数控系统的通讯。包括上传/下载加工程序、参数、刀补、宏变量等数据。本书说明中“下载”操作特指电脑向 NC 系统发送数据的操作;“上传”操作特指 NC 系统向电脑发送数据的操作。

以太网通讯设置分为 NC 端和 PC 端。

(1)NC 端

• NC 系统的 IP 地址(P8111)、子网掩码(P8112)、默认网关 IP 地址(P8113)。

• 程序开关:将 PC 端的加工程序下载到 NC 系统之前,须先将 NC 系统的程序开关打开,否则 NC 系统拒绝下载请求。

• 参数开关:将系统参数、刀补、宏变量下载到 NC 系统之前,须将参数开关打开。

(2)PC 端

• PC 的 IP 地址(P8114)。

• 网络通讯超时时延(P8115)。

KND 以太网通讯软件的用户界面如图 9-34 所示,其工作区包括两个页面:NC 系统列表页面和信息页面。

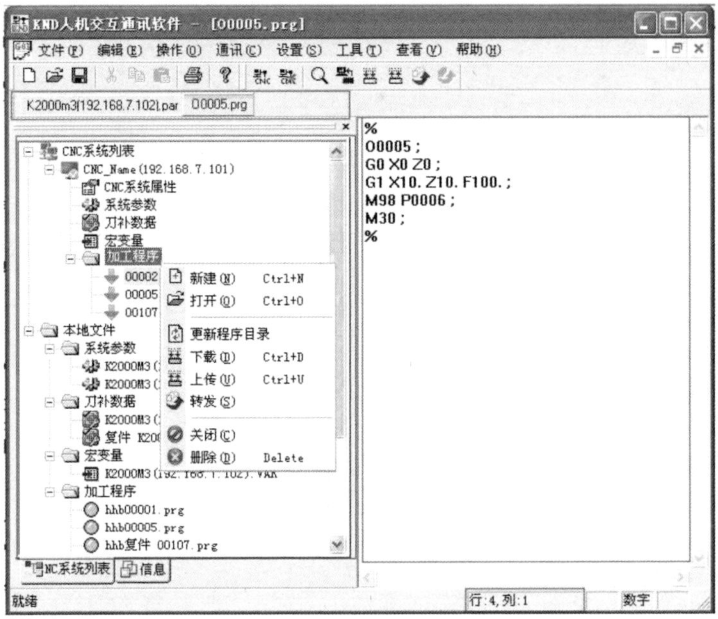

图 9-34　KND 通讯软件界面

• NC 系统列表：界面左侧为工作区窗口，包括“CNC 系统列表”和“本地文件”两个根目录。“CNC 系统列表”包括当前可操作的 CNC 系统；“本地文件”包括设定工作目录下的文件。

• 信息页面：“信息”中记录了所有 PC 与 NC 之间传输任务的信息。

第 10 章

实践项目

要求完成智能制造单元主要硬件设备和控制系统的安装与调试，并实现智能制造单元的安全高效运行。主要内容如下。

10.1 智能制造设备的安装与调试

对数控车床、加工中心进行基本精度检测、参数设置及功能调试，对气动门、零点和动力夹具进行调试和控制，实现数控系统与外部系统的互联互通，完成机内摄像头的安装、调试和防护，做好刀具安装及对刀等加工前的准备工作。

(1)气动门、动力夹具编程控制

• 完成数控车床气动门、液压三爪卡盘自动控制相关的硬件连接与调试，能够实现开关气动门、三爪卡盘正确可靠夹紧工件。

• 完成加工中心气动门、气动虎钳以及零点夹具自动控制相关的硬件连接与调试，能够实现开关气动门、气动虎钳和零点夹具，正确可靠夹紧工件。

(2)机内摄像头的安装与调试，完成数控车床和加工中心机内摄像头以及气动清洁喷嘴的安装与调试。具体要求如下。

• 通过编写 PLC 程序或者设置机床参数，实现定时吹气、随时手动吹气。

• 通过系统摄像头参数界面，设置摄像头通信参数，能够清晰显示图像。

(3)数控机床主要参数设置与功能调试，根据设备配置情况，完成数控车床和加工中心的主要参数的检查和设置，并完成数控车床和加工中心的部分主要功能调试。

• 根据提供的数控车床技术参数，通过机床操作和参数设置，完成回零功能操作。

• 根据提供的加工中心技术参数,通过机床操作和参数设置,完成回零、主轴定向功能操作。

(4)刀具安装及对刀调试

• 将零件加工所需要的刀具安装到数控车床刀架和加工中心刀库。

• 完成数控车床和加工中心的对刀及相应的数据设置,进行刀具与刀号对应的确认和刀长的测量。

(5)完成智能制造单元互连互通构架中的数控车床和数控加工中心网络硬件连接。

10.2 在线检测单元的安装与调试

进行加工中心在线测量系统(测头)的安装与调试,对待测的零件进行在线测量,测量数据通过以太网上传。根据检测数据,判断零件的误差趋势、是否合格,优化系统的安装与调试。

(1)在线测量装置(测头)的安装与连接

• 完成在线测量装置(测头)的安装,正确将测头装夹到刀柄上、正确安装测头到机床主轴上。

• 完成与数控系统的连接,将无线接收器安装在正确位置并连接到数控系统,能够在机床面板显示在线测量数据。

• 正确放置标定量规到机床夹具上,并进行找正。

(2)在线测量装置(测头)的标定,完成在线测量装置(测头)的标定,能够在机床面板显示正确标定测量数据。

(3)工件在线测量,试切工件如图 10-1 所示,在线检测直径 35 的尺寸。完成对测试工件的尺寸在线检测,在 MES 系统中实时正确显示工件测量数据。

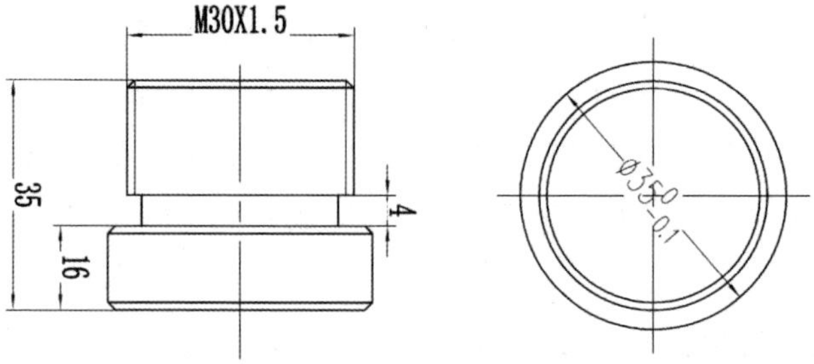

图 10-1　试切零件图

10.3 工业机器人的安装调试和编程

根据系统提供的部件，进行工业机器人快换夹具、气动部件等外部设备的安装与调试，通过机器人编程与机器人标定测试完成工业机器人（含第七轴）与数控机床、立体仓库等设备动作的编程和调试。

（1）零件数字化设计：根据给定的图纸，应用 CAD/CAM/CAPP 软件，进行零部件三维建模与装配体构建、产品加工工艺设计、BOM 构建、零件生产过程质量控制、零件加工工艺。

（2）CAM 编程与 NC 代码上传：根据加工工艺，要求对测试工件进行 CAM 编程，并对加工程序进行仿真验证；生成对应数控车床和加工中心的 NC 加工程序，根据 MES 操作流程，将程序上传到 MES 系统并进行相应的操作。

10.4 智能制造单元控制系统的安装与调试

对智能制造控制系统 MES 管控软件与 PLC 控制系统进行安装与调试，通过 MES 管控软件手动排程，实现工业机器人从立体仓库取出待加工毛坯，进行加工、在线测量后，再由机器人送回立体仓库规定的仓位中，并更新 RFID 数据。实现智能制造单元中各设备的安全、协调运行。所有调试运行数据通过竞赛平台提供的 MES 系统，在可视化系统上显示，包括机床状态、机器人状态、立体仓库状态以及产品状态数据信息等。

（1）编写 PLC 及 HMI 界面程序，实现与机器人连接和通信，能够在机器人端改变数据，并在 PLC 端的 HMI 上同步显示。

（2）机器人示教器编程：编写工业机器人示教程序、完成工业机器人工具坐标系设定，数控车床与立体仓库之间上下料示教编程与自动调试，加工中心与立体仓库之间上下料示教编程与自动调试，数控车床与加工中心之间上下料示教编程与自动调试。测试如下。

- 在 PLC 端 HMI 上选取料仓位（2,3）并启动，机器人取出立体仓库中仓位（2,3）的毛坯，放置到数控车床卡盘位置，并能夹紧。
- 在 PLC 端 HMI 启动取料，机器人从数控机床正确取料，放回到立体仓库中原仓位位置。

• 在 PLC 端 HMI 上选取取料仓位(3,3)并启动,机器人取出立体仓库中仓位(3,3)的毛坯,放置到数控加工中心气动增压钳夹口位置,并能夹紧。

• 在 PLC 端 HMI 启动取料,机器人从数控加工中心正确取料,放回到立体仓库中原仓位位置。

10.5 智能制造单元的切削试运行

编写 PLC 与 MES、RFID 系统、立体仓库、在线检测装置等系统之间的连接和通信程序。对数控机床、工业机器人、在线检测装置、RFID 系统、立体仓库、视频监控系统等进行数据采集,能够完整实现工业机器人从立体仓库取出待加工毛坯,同时读取 RFID 数据,送至数控设备,完成加工、在线测量后,再由工业机器人送回立体仓库规定的仓位中,更新 RFID 数据的柔性化加工控制要求,使其具有完成多个不同零件上下料和加工等功能。

附　录

附表 1　PLC 变量表

变量名称(Name)	数据类型 DataType	逻辑地址 Logical Address	变量说明 Comment
AlwaysFALSE	Bool	%M1.3	
AlwaysTRUE	Bool	%M1.2	
Clock_10Hz	Bool	%M0.0	
CNC_Alarm	Bool	%M8000.5	
DiagStatusUpdate	Bool	%M1.1	
Emg_Alarm	Bool	%M8000.0	
FirstScan	Bool	%M1.0	
iCNC_Alarm	Bool	%I8.1	加工中心报警
iCNC_Chuck2Opened	Bool	%I3.4	零点夹具处于打开状态
iCNC_ChuckClosed	Bool	%I1.5	加工中心夹具处于关闭状态
iCNC_ChuckOpened	Bool	%I1.4	加工中心夹具处于打开状态
iCNC_DoorOpened	Bool	%I3.6	加工中心防护门处于开状态
iCNC_Finished	Bool	%I3.1	加工中心加工完成(M30 执行完成)
iCNC_Homed	Bool	%I3.2	加工中心 XYZ 处于设定位置(机械)坐标 X(FANUC=-520.0KND=-300),Y=0.0,Z>-100.0)
iCNC_Linked	Bool	%I3.0	加工中心联机正常,准备就绪(自动模式)
iCNC_Running	Bool	%I3.3	加工中心运行中
iHostEmg	Bool	%I0.3	总控、料库急停输入
iLATHE_Alarm	Bool	%I8.0	数控车床报警
iLATHE_ChuckClosed	Bool	%I2.5	数控车床夹具处于关闭状态
iLATHE_ChuckOpened	Bool	%I2.4	数控车床夹具处于打开状态
iLATHE_DoorOpened	Bool	%I2.6	数控车床防护门处于开状态
iLATHE_Finished	Bool	%I2.1	数控车床加工完成(M30 执行完成)
iLATHE_Homed	Bool	%I2.2	数控车床 XYZ 处于设定位置(机械坐标 X=0.0,Z=0.0)
iLATHE_Linked	Bool	%I2.0	数控车床联机正常,准备就绪(自动模式)
iSafeDoorLocked	Bool	%I0.7	防护栏门锁好输入信号
iStoreDoorLocked	Bool	%I0.6	仓库门锁好输入信号(未启动)
iStoreEmg	Bool	%I1.0	仓库门输入
iStoreStartBtn	Bool	%I1.2	仓库启动按钮

附表 1(续)

变量名称(Name)	数据类型 DataType	逻辑地址 Logical Address	变量说明 Comment
Lathe_Alarm	Bool	%M8000.4	
MesComm_Alarm	Bool	%M8000.2	
protectivefencemagneticlock	Bool	%Q0.7	
qCNC_Ack	Bool	%Q8.1	加工中心加工完成确认信号
qCNC_ChuckOpen	Bool	%Q3.2	加工中心零点夹具控制打开
qCNC_Chuck2Clean	Bool	%Q8.4	加工中心零点夹具吹起清洗
qCNC_Clean	Bool	%Q5.1	加工中心相机吹气清理
qCNC_DoorClose	Bool	%Q3.5	加工中心关门(上升沿触发)
qCNC_DoorOpen	Bool	%Q3.4	加工中心开门(上升沿触发)
qCNC_Link	Bool	%Q8.3	加工中心控制联机使能(该位置 1,控制信号有效)
qCNC_Openthevise	Bool	%Q3.6	加工中心卡盘打开
qCNC_Start	Bool	%Q3.0	加工中心启动(KND=上升沿有效 FANUC=下降沿有效)
qLATHE_Ack	Bool	%Q8.2	数控车床加工完成确认信号
qLATHE_ChuckOpen	Bool	%Q2.2	数控车床卡盘打开(1 上升沿=打开,0 下降沿=关闭)
qLATHE_Clean	Bool	%Q5.0	数控车床相机吹气清理
qLATHE_DoorClose	Bool	%Q2.5	
qLATHE_DoorOpen	Bool	%Q2.4	
qLATHE_Link	Bool	%Q8.0	数控车床控制联机使能(该位置 1,控制信号有效)
qLATHE_Start	Bool	%Q2.0	数控车床启动(KND=上升沿有效 FANUC=下降沿有效)
qLedGreen	Bool	%Q4.0	三色灯绿
qLedRed	Bool	%Q4.1	三色灯红
qLedYellow	Bool	%Q4.2	三色灯黄
qPauseRBT	Bool	%Q5.6	机器人远程暂停
qResetRBT	Bool	%Q5.7	机器人远程复位程序
qStartRBT	Bool	%Q5.5	机器人远程启动
qStoreLedRunning	Bool	%Q0.6	仓库 LED 运行灯
qStoreLedUnLock	Bool	%Q0.5	仓库 LED 解锁灯

附表 1(续)

变量名称(Name)	数据类型 DataType	逻辑地址 Logical Address	变量说明 Comment
qStoremagneticlock	Bool	%Q1.0	仓库门电磁锁
RbtComm_Alarm	Bool	%M8000.3	
SQ1	Bool	%I4.0	仓位 1
SQ10	Bool	%I5.1	仓位 10
SQ11	Bool	%I5.2	仓位 11
SQ12	Bool	%I5.3	仓位 12
SQ13	Bool	%I5.4	仓位 13
SQ14	Bool	%I5.5	仓位 14
SQ15	Bool	%I5.6	仓位 15
SQ16	Bool	%I5.7	仓位 16
SQ17	Bool	%I6.0	仓位 17
SQ18	Bool	%I6.1	仓位 18
SQ19	Bool	%I6.2	仓位 19
SQ2	Bool	%I4.1	仓位 2
SQ20	Bool	%I6.3	仓位 20
SQ21	Bool	%I6.4	仓位 21
SQ22	Bool	%I6.5	仓位 22
SQ23	Bool	%I6.6	仓位 23
SQ24	Bool	%I6.7	仓位 24
SQ25	Bool	%I7.0	仓位 25
SQ26	Bool	%I7.1	仓位 26
SQ27	Bool	%I7.2	仓位 27
SQ28	Bool	%I7.3	仓位 28
SQ29	Bool	%I7.4	仓位 29
SQ3	Bool	%I4.2	仓位 3
SQ30	Bool	%I7.5	仓位 30
SQ4	Bool	%I4.3	仓位 4
SQ5	Bool	%I4.4	仓位 5
SQ6	Bool	%I4.5	仓位 6
SQ7	Bool	%I4.6	仓位 7
SQ8	Bool	%I4.7	仓位 8
SQ9	Bool	%I5.0	仓位 9
System_Byte	Byte	%MB1	

附表 1(续)

变量名称(Name)	数据类型 DataType	逻辑地址 Logical Address	变量说明 Comment
SystemAlarmCode	Word	%MW8000	系统报警代码
HMI 控制允许	Bool	%M40.0	
RFID 读取	Bool	%M41.0	
RFID 启动	Bool	%M40.7	
RFID 完成指示	Word	%MW160	
RFID 写入	Bool	%M41.1	
RFID 选择仓位	Word	%MW90	
仓库放料	Bool	%M40.6	
仓库取料	Bool	%M40.5	
测定杆偏移补偿 X	Real	%MD104	
测定杆偏移补偿 Y	Real	%MD108	
测头球半径补偿 X	Real	%MD96	
测头球半径补偿 Y	Real	%MD100	
测头数据请求	Word	%MW120	
测头长度补偿	Real	%MD92	
读存区 RFID_1	Word	%MW140	
读存区 RFID_2	Word	%MW142	
读存区 RFID_3	Word	%MW144	
读存区 RFID_4	Word	%MW146	
放料位 HIM 输入	Word	%IW104	
工件类型 HIM 输入	Word	%IW106	
固定控制字 RFID2	Word	%QW70	RFID 固定控制字 4
固定控制字 RFID3	Word	%QW68	RFID 固定控制字 4
机器人通信脉动	Bool	%M9.2	
机器人通信异常	Bool	%M9.3	
加工中心放料	Bool	%M40.4	
加工中心取料	Bool	%M40.3	
夹具控制使能	Bool	%M2.0	
控制字 RFID1	Word	%QW72	RFID 控制字 3 读 6 写
库位指示	Word	%MW162	
取料位 HIM 输入	Word	%IW102	
手动扫库	Bool	%M42.4	
数据 rfid_date1	Word	%IW74	

附表 1(续)

变量名称(Name)	数据类型 DataType	逻辑地址 Logical Address	变量说明 Comment
数据 rfid_date2	Word	%IW76	
数据 rfid_date3	Word	%IW78	
数据 rfid_date4	Word	%IW80	
数据 rfid_date5	Word	%QW74	
数据 rfid_date6	Word	%QW76	
数据 rfid_date7	Word	%QW78	
数据 rfid_date8	Word	%QW80	
数据 rfid_done	Word	%IW72	RFID 读写完成
数控车床放料	Bool	%M40.2	
数控车床取料	Bool	%M40.1	
写存区 RFID_1	Word	%MW148	
写存区 RFID_2	Word	%MW150	
写存区 RFID_3	Word	%MW152	
写存区 RFID_4	Word	%MW154	

附表 2　MES 系统变量表

变量名称	数据类型	偏移量	起始值	保持	可从 HMI/OPC UA 访问	从 HMI/ OPC UA 可写	在 HMI 工程组态中可见	设定值	监控	注释
▼Static										
▼MesToPlc	Struct	0.0		False	True	True	True	False		MES->PLC
▼MesSendPlcCmd	Struct	0.0		False	True	True	True	False		MES 发给 PLC 的报文信息
MesCmdCode	Int	0.0	0	False	True	True	True	False		MES 命令码(98 启动，99 停止，100 复位，102 机器人调用，/103RFID 初始化)
PickPos	Int	2.0	0	False	True	True	True	False		取料位置
PutPos	Int	4.0	0	False	True	True	True	False		放料位置
DeviceID	Int	6.0	0	False	True	True	True	False		设备号(1=车床,2=加工中心)
--------Reserve_3	Int	8.0	0	False	True	True	True	False		
--------Reserve_4	Int	10.0	0	False	True	True	True	False		
WpType	Int	12.0	0	False	True	True	True	False		工件类型
--------Reserve_0	Int	14.0	0	False	True	True	True	False		
--------Reserve_1	Int	16.0	0	False	True	True	True	False		
--------Reserve_2	Int	18.0	0	False	True	True	True	False		
▼MesAckPlc_L	Struct	20.0		False	True	True	True	False		MES 响应 PLC 命令
CmdAck	Int	20.0	0	False	True	True	True	False		命令响应码(加工完成 202,请求加工程序 201)
--------Reserve_3	Int	22.0	0	False	True	True	True	False		

附表 2(续)

变量名称	数据类型	偏移量	起始值	保持	可从 HMI/OPC UA 访问	从 HMI/OPC UA 可写	在 HMI 工程组态中可见	设定值	监控	注释
Result	Int	24.0	0	False	True	True	True	False		结果
--------Reserve_2	Int	26.0	0	False	True	True	True	False		
--------Reserve_1	Int	28.0	0	False	True	True	True	False		
▼MesAckPlc_C	Struct	30.0		False	True	True	True	False		MES 响应 PLC 命令
CmdAck	Int	30.0	0	False	True	True	True	False		命令响应码(加工完成 202,请求加工程序 201)
--------Reserve_3	Int	32.0	0	False	True	True	True	False		
Result	Int	34.0	0	False	True	True	True	False		结果
--------Reserve_2	Int	36.0	0	False	True	True	True	False		
--------Reserve_1	Int	38.0	0	False	True	True	True	False		
▼PlcToMes	Struct	40.0		False	True	True	True	False		PLC-MES
▼PlcSendMesCmd_L	Struct	40.0		False	True	True	True	False		PLC 发给 MES 命令(车床相关)
PlcCmdCode	Int	40.0	0	False	True	True	True	False		PLC 命令码(加工完成 202,请求加 工程序 201)
StorePos	Int	42.0	0	False	True	True	True	False		工件位置号
Result	Int	44.0	0	False	True	True	True	False		执行结果
DeviceID	Int	46.0	0	False	True	True	True	False		设备号(1=车床,2=加工中心)
--------Reserve_1	Int	48.0	0	False	True	True	True	False		
▼PlcSendMesCmd_C	Struct	50.0		False	True	True	True	False		PLC 发给 MES 命令(铣床相关)

附表 2(续)

变量名称	数据类型	偏移量	起始值	保持	可从 HMI/OPC UA 访问	从 HMI/OPC UA 可写	在 HMI 工程组态中可见	设定值	监控	注释
PlcCmdCode	Int	50.0	0	False	True	True	True	False		PLC 命令码(加工完成 202,请求加工程序 201)
StorePos	Int	52.0	0	False	True	True	True	False		工件位置号
Result	Int	54.0	0	False	True	True	True	False		执行结果
DeviceID	Int	56.0	0	False	True	True	True	False		设备号(1=车床,2=加工中心)
--------Reserve_1	Int	58.0	0	False	True	True	True	False		
▼PlcAckMes	Struct	60.0		False	True	True	True	False		PLC 响应 MES 命令
CmdAck	Int	60.0	0	False	True	True	True	False		PLC 应答 MES 命令码(98 启动 99 停止 100 复位 102 机器人调用/103RFID 初始化)
PickPos	Int	62.0	0	False	True	True	True	False		取料位
PutPos	Int	64.0	0	False	True	True	True	False		放料位
DeviceID	Int	66.0	0	False	True	True	True	False		设备号(1=车床,2=加工中心)
--------Reserve_1	Int	68.0	0	False	True	True	True	False		
▼PlcSendMesCmd_Rfid	Struct	70.0		False	True	True	True	False		
--------Reserve_4	Int	70.0	0	False	True	True	True	False		
RfidResult	Int	72.0	0	False	True	True	True	False		
--------Reserve_2	Int	74.0	0	False	True	True	True	False		
--------Reserve_3	Int	76.0	0	False	True	True	True	False		

附表 2(续)

变量名称	数据类型	偏移量	起始值	保持	可从 HMI/OPC UA 访问	从 HMI/OPC UA 可写	在 HMI 工程组态中可见	设定值	监控	注释
PLCstate	Int	78.0	0	False	True	True	True	False		
▼RobotData	Struct	80.0		False	True	True	True	False		
RbtState	Int	80.0	0	False	True	True	True	False		机器人当前状态 0 停止 1 故障 2 运行中
Home	Int	82.0	0	False	True	True	True	False		机器人处于 Home 点
mode	Int	84.0	0	False	True	True	True	False		机器人当前模式
RbtSpeed	Int	86.0	0	False	True	True	True	False		机器人当前速度
Axis1	Int	88.0	0	False	True	True	True	False		机器人轴 1 角度
Axis2	Int	90.0	0	False	True	True	True	False		机器人轴 2 角度
Axis3	Int	92.0	0	False	True	True	True	False		机器人轴 3 角度
Axis4	Int	94.0	0	False	True	True	True	False		机器人轴 4 角度
Axis5	Int	96.0	0	False	True	True	True	False		机器人轴 5 角度
Axis6	Int	98.0	0	False	True	True	True	False		机器人轴 6 角度
Axis7	Int	100.0	0	False	True	True	True	False		机器人轴 7 角度
x	Int	102.0	0	False	True	True	True	False		机器人 X 轴位置
y	Int	104.0	0	False	True	True	True	False		机器人 Y 轴位置
z	Int	106.0	0	False	True	True	True	False		机器人 Z 轴位置
a	Int	108.0	0	False	True	True	True	False		机器人 a 角度
b	Int	110.0	0	False	True	True	True	False		机器人 b 角度

附表 2(续)

变量名称	数据类型	偏移量	起始值	保持	可从 HMI/OPC UA 访问	从 HMI/OPC UA 可写	在 HMI 工程组态中可见	设定值	监控	注释
c	Int	112.0	0	False	True	True	True	False		机器人 c 角度
▼------Reserve_3	Array[1.. 3]ofWord	114.0		False	True	True	True	False		
------Reserve_3[1]	Word	114.0	16#0	False	True	True	True	False		
------Reserve_3[2]	Word	116.0	16#0	False	True	True	True	False		
------Reserve_3[3]	Word	118.0	16#0	False	True	True	True	False		
▼StoreWpExistInfo	Array[1.. 32]ofBool	120.0		False	True	True	True	False		料仓有无料信息(0 有料,1 无料)
StoreWpExistInfo[1]	Bool	120.0	false	False	True	True	True	False		料仓有无料信息(0 有料,1 无料)
StoreWpExistInfo[2]	Bool	120.1	false	False	True	True	True	False		料仓有无料信息(0 有料,1 无料)
StoreWpExistInfo[3]	Bool	120.2	false	False	True	True	True	False		料仓有无料信息(0 有料,1 无料)
StoreWpExistInfo[4]	Bool	120.3	false	False	True	True	True	False		料仓有无料信息(0 有料,1 无料)
StoreWpExistInfo[5]	Bool	120.4	false	False	True	True	True	False		料仓有无料信息(0 有料,1 无料)
StoreWpExistInfo[6]	Bool	120.5	false	False	True	True	True	False		料仓有无料信息(0 有料,1 无料)
StoreWpExistInfo[7]	Bool	120.6	false	False	True	True	True	False		料仓有无料信息(0 有料,1 无料)
StoreWpExistInfo[8]	Bool	120.7	false	False	True	True	True	False		料仓有无料信息(0 有料,1 无料)
StoreWpExistInfo[9]	Bool	121.0	false	False	True	True	True	False		料仓有无料信息(0 有料,1 无料)
StoreWpExistInfo[10]	Bool	121.1	false	False	True	True	True	False		料仓有无料信息(0 有料,1 无料)
StoreWpExistInfo[11]	Bool	121.2	false	False	True	True	True	False		料仓有无料信息(0 有料,1 无料)
StoreWpExistInfo[12]	Bool	121.3	false	False	True	True	True	False		料仓有无料信息(0 有料,1 无料)
StoreWpExistInfo[13]	Bool	121.4	false	False	True	True	True	False		料仓有无料信息(0 有料,1 无料)

附表 2(续)

变量名称	数据类型	偏移量	起始值	保持	可从 HMI/OPC UA 访问	从 HMI/OPC UA 可写	在 HMI 工程组态中可见	设定值	监控	注释
StoreWpExistInfo[14]	Bool	121.5	false	False	True	True	True	False		料仓有无料信息(0 有料,1 无料)
StoreWpExistInfo[15]	Bool	121.6	false	False	True	True	True	False		料仓有无料信息(0 有料,1 无料)
StoreWpExistInfo[16]	Bool	121.7	false	False	True	True	True	False		料仓有无料信息(0 有料,1 无料)
StoreWpExistInfo[17]	Bool	122.0	false	False	True	True	True	False		料仓有无料信息(0 有料,1 无料)
StoreWpExistInfo[18]	Bool	122.1	false	False	True	True	True	False		料仓有无料信息(0 有料,1 无料)
StoreWpExistInfo[19]	Bool	122.2	false	False	True	True	True	False		料仓有无料信息(0 有料,1 无料)
StoreWpExistInfo[20]	Bool	122.3	false	False	True	True	True	False		料仓有无料信息(0 有料,1 无料)
StoreWpExistInfo[21]	Bool	122.4	false	False	True	True	True	False		料仓有无料信息(0 有料,1 无料)
StoreWpExistInfo[22]	Bool	122.5	false	False	True	True	True	False		料仓有无料信息(0 有料,1 无料)
StoreWpExistInfo[23]	Bool	122.6	false	False	True	True	True	False		料仓有无料信息(0 有料,1 无料)
StoreWpExistInfo[24]	Bool	122.7	false	False	True	True	True	False		料仓有无料信息(0 有料,1 无料)
StoreWpExistInfo[25]	Bool	123.0	false	False	True	True	True	False		料仓有无料信息(0 有料,1 无料)
StoreWpExistInfo[26]	Bool	123.1	false	False	True	True	True	False		料仓有无料信息(0 有料,1 无料)
StoreWpExistInfo[27]	Bool	123.2	false	False	True	True	True	False		料仓有无料信息(0 有料,1 无料)
StoreWpExistInfo[28]	Bool	123.3	false	False	True	True	True	False		料仓有无料信息(0 有料,1 无料)
StoreWpExistInfo[29]	Bool	123.4	false	False	True	True	True	False		料仓有无料信息(0 有料,1 无料)
StoreWpExistInfo[30]	Bool	123.5	false	False	True	True	True	False		料仓有无料信息(0 有料,1 无料)
StoreWpExistInfo[31]	Bool	123.6	false	False	True	True	True	False		料仓有无料信息(0 有料,1 无料)
StoreWpExistInfo[32]	Bool	123.7	false	False	True	True	True	False		料仓有无料信息(0 有料,1 无料)

附表 2(续)

变量名称	数据类型	偏移量	起始值	保持	可从 HMI/OPC UA 访问	从 HMI/OPC UA 可写	在 HMI 工程组态中可见	设定值	监控	注释
▼StartToMes	Array[1.. 3]ofWord	124.0		False	True	True	True	False		
StartToMes[1]	Word	124.0	16#0	False	True	True	True	False		机器人启动反馈信号
StartToMes[2]	Word	126.0	16#0	False	True	True	True	False		
StartToMes[3]	Word	128.0	16#0	False	True	True	True	False		
▼LatAndCncState	Struct	130.0		False	True	True	True	False		机床门和夹具状态
LatheDoorClose	Bool	130.0	false	False	True	True	True	False		
LatheDoorOpen	Bool	130.1	false	False	True	True	True	False		
LatheChuckState	Bool	130.2	false	False	True	True	True	False		
ReserveBool_1	Bool	130.3	false	False	True	True	True	False		
ReserveBool_2	Bool	130.4	false	False	True	True	True	False		
ReserveBool_3	Bool	130.5	false	False	True	True	True	False		
ReserveBool_4	Bool	130.6	false	False	True	True	True	False		
ReserveBool_5	Bool	130.7	false	False	True	True	True	False		
ReserveWord_1	Byte	131.0	16#0	False	True	True	True	False		
CncDoorClose	Bool	132.0	false	False	True	True	True	False		
CncDoorOpen	Bool	132.1	false	False	True	True	True	False		
CncChuckState	Bool	132.2	false	False	True	True	True	False		
CncChuck2State	Bool	132.3	false	False	True	True	True	False		
ReserveBool_7	Bool	132.4	false	False	True	True	True	False		

附表 2(续)

变量名称	数据类型	偏移量	起始值	保持	可从 HMI/OPC UA 访问	从 HMI/ OPC UA 可写	在 HMI 工程组态中可见	设定值	监控	注释
ReserveBool_8	Bool	132.5	false	False	True	True	True	False		
ReserveBool_9	Bool	132.6	false	False	True	True	True	False		
ReserveBool_10	Bool	132.7	false	False	True	True	True	False		
ReserveWord_2	Byte	133.0	16#0	False	True	True	True	False		
▼CNCt5date_get	Array[1.. 3]ofWord	134.0		False	True	True	True	False		
CNCt5date_get[1]	Word	134.0	16#0	False	True	True	True	False		请求测头信息
CNCt5date_get[2]	Word	136.0	16#0	False	True	True	True	False		
CNCt5date_get[3]	Word	138.0	16#0	False	True	True	True	False		
▼StoreInfoDetail	Array[1..30]of"Str uct_WpSta		140.0	False	True	True	True	False		MES 仓库信息
▼StoreInfoDetail[1]	"Struct_W pState"	140.0		False	True	True	True	False		MES 仓库信息
iNumName	Int	140.0	0	False	True	True	True	False		
iWpType	Int	142.0	0	False	True	True	True	False		
iMaterialQuality	Int	144.0	0	False	True	True	True	False		
iCurrentState	Int	146.0	0	False	True	True	True	False		0–无工件 1–毛坯 2–加工中 3–合格 4–不合格 5 车完 6–铣完
▼StoreInfoDetail[2]	"Struct_W pState"	148.0~154.0		False	True	True	True	False		MES 仓库信息
▼StoreInfoDetail[3]	"Struct_W pState"	156.0~162.0		False	True	True	True	False		MES 仓库信息

附表 2(续)

变量名称	数据类型	偏移量	起始值	保持	可从 HMI/OPC UA 访问	从 HMI/OPC UA 可写	在 HMI 工程组态中可见	设定值	监控	注释
▼StoreInfoDetail[4]	"Struct_WpState"	164.0~170.0		False	True	True	True	False		MES 仓库信息
▼StoreInfoDetail[5]	"Struct_WpState"	172.0~178.0		False	True	True	True	False		MES 仓库信息
▼StoreInfoDetail[6]	"Struct_W	180.0~		False	True	True	True	False		MES 仓库信息
~StoreInfoDetail[10]	pState"	218.0								
▼StoreInfoDetail[11]	"Struct_W	220.0~		False	True	True	True	False		MES 仓库信息
~StoreInfoDetail[20]	pState"	298.0								
▼StoreInfoDetail[21]	"Struct_W	300.0~		False	True	True	True	False		MES 仓库信息
~StoreInfoDetail[30]	pState"	378.0								
▼CNCt5date	Array[1– 5] ofReal	380.0		False	False	False	False	False		
CNCt5date[1]	Real	380.0	0.0	False	False	False	False	False		
CNCt5date[2]	Real	384.0	0.0	False	False	False	False	False		
CNCt5date[3]	Real	388.0	0.0	False	False	False	False	False		
CNCt5date[4]	Real	392.0	0.0	False	False	False	False	False		
CNCt5date[5]	Real	396.0	0.0	False	False	False	False	False		

附表 3 工业机器人变量表

名称	数据类型	偏移量	起始值	保持	可从 HMI/OPC UA 访问	从 HMI/OPC UA 可写	在 HMI 工程组态中可见	设定值	监控	注释
▼Static										
RbtControlCmd	Int	0.0	0	False	True	True	True	False		机器人控制字
RbtTeachNo	Int	2.0	0	False	True	True	True	False		示教号
RfidRWDone	Int	4.0	0	False	True	True	True	False		RFID 读写完成
保留 _1	Int	6.0	0	False	True	True	True	False		
WpType	Int	8.0	0	False	True	True	True	False		1 上板、2 下板、3 连接轴 35、4
										中间轴 68
保留 _2	Int	10.0	0	False	True	True	True	False		
StoreRow	Int	12.0	0	False	True	True	True	False		料仓行号
StoreColn	Int	14.0	0	False	True	True	True	False		料仓列号
LatheChuckState	Int	16.0	0	False	True	True	True	False		车床卡盘状态(0 关闭,1 打开)
CncChuckState	Int	18.0	0	False	True	True	True	False		铣床卡盘状态(0 关闭,1 打开)
LatheSafe	Int	20.0	0	False	True	True	True	False		车床送料安全
CncSafe	Int	22.0	0	False	True	True	True	False		加工中心送料安全
保留 _3	Int	24.0	0	False	True	True	True	False		
保留 _4	Int	26.0	0	False	True	True	True	False		
RfidReadOrWrite	Int	28.0	0	False	True	True	True	False		RFiD 读 11,写 22
RbtRemoteCmd	Int	30.0	0	False	True	True	True	False		1=暂停,2=启动,4=清报警
RbtCurrentState	Int	32.0	0	False	True	True	True	False		机器人状态字(100=空闲,200=忙)

附表 3(续)

名称	数据类型	偏移量	起始值	保持	可从 HMI/OPC UA 访问	从 HMI/ OPC UA 可写	在 HMI 工程组态中可见	设定值	监控	注释
RfidRWReady	Int	34.0	0	False	True	True	True	False		RFID 扫库读写全部完成 22
保留 _5	Int	36.0	0	False	True	True	True	False		
保留 _6	Int	38.0	0	False	True	True	True	False		
保留 _7	Int	40.0	0	False	True	True	True	False		
RbtCurRow	Int	42.0	0	False	True	True	True	False		机器人到达仓库行(RFID 使用)
RbtCurColn	Int	44.0	0	False	True	True	True	False		机器人到达仓库列(RFID 使用)
LatheChuckOpt	Int	46.0	0	False	True	True	True	False		车床卡盘 1 打开/0 关闭
CncChuckOpt	Int	48.0	0	False	True	True	True	False		CNC 卡盘 100 打开/0–关闭
保留 _8	Int	50.0	0	False	True	True	True	False		
保留 _9	Int	52.0	0	False	True	True	True	False		
保留 _10	Int	54.0	0	False	True	True	True	False		
保留 _11	Int	56.0	0	False	True	True	True	False		
保留 _12	Int	58.0	0	False	True	True	True	False		
保留 _13	Int	60.0	0	False	True	True	True	False		
保留 _14	Int	62.0	0	False	True	True	True	False		
Axis1	Real	64.0	0.0	False	True	True	True	False		
Axis2	Real	68.0	0.0	False	True	True	True	False		
Axis3	Real	72.0	0.0	False	True	True	True	False		
Axis4	Real	76.0	0.0	False	True	True	True	False		

附表 3(续)

名称	数据类型	偏移量	起始值	保持	可从 HMI/OPC UA 访问	从 HMI/OPC UA 可写	在 HMI 工程组态中可见	设定值	监控	注释
Axis5	Real	80.0	0.0	False	True	True	True	False		
Axis6	Real	84.0	0.0	False	True	True	True	False		
Axis7	Real	88.0	0.0	False	True	True	True	False		
X	Real	92.0	0.0	False	True	True	True	False		用不到
Y	Real	96.0	0.0	False	True	True	True	False		用不到
Z	Real	100.0	0.0	False	True	True	True	False		用不到
A	Real	104.0	0.0	False	True	True	True	False		用不到
B	Real	108.0	0.0	False	True	True	True	False		用不到
C	Real	112.0	0.0	False	True	True	True	False		用不到
Mode	Real	116.0	0.0	False	True	True	True	False		用不到
Speed	Real	120.0	0.0	False	True	True	True	False		用不到
Reserve	Real	124.0	0.0	False	True	True	True	False		用不到

附表 4　MES 功能块变量表

名称	数据类型	偏移量	起始值	保持	可从 HMI/OPC UA 访问	从 HMI/OPC UA 可写	在 HMI 工程组态中可见	设定值	注释
▼Input									
MesCmdAddr	Word	16#0	非保持	True	True	True	False		
Rst	Bool	false	非保持	True	True	True	False		
▼Output									
ERROR	Bool	false	非保持	True	True	True	False		
▼InOut									
PlcReplyAddr	Word	16#0	非保持	True	True	True	False		
▼Static									
▼IEC_Timer_0_	TON_TIME		非保持	True	True	True	False		
Instance									
PT	Time	T#0ms	非保持	True	True	True	False		
ET	Time	T#0ms	非保持	True	False	True	False		
IN	Bool	false	非保持	True	True	True	False		
Q	Bool	false	非保持	True	False	True	False		
▼MB_SERVER_	MB_SERVER			True	True	True	False		
Instance									
▼Input									
DISCONNECT	Bool	false	非保持	True	True	True	False		
CONNECT_ID	UInt	1	非保持	True	True	True	False		

附表 4(续)

名称	数据类型	偏移量	起始值	保持	可从 HMI/OPC UA 访问	从 HMI/ OPC UA 可写	在 HMI 工程组态中可见	设定值	注释
IP_PORT	UInt	502	非保持	True	True	True	False		
STATUS	Word	16#0	非保持	True	True	True	False		该块需要处理的 MES 命令号
▼Output									
NDR	Bool	false	非保持	True	True	True	False		
DR	Bool	false	非保持	True	True	True	False		
ERROR	Bool	false	非保持	True	True	True	False		
STATUS	Word	16#0	非保持	True	True	True	False		
▼InOut									
MB_HOLD_REG	Variant			False	False	False	False		
▼Static									
▼TCON_SFB	TCON			False	False	False	False		
▼Input									
REQ	Bool	False	非保持	False	False	False	False		Functiontobeexecutedonrisingedge
ID	CONN_	W#16#0	非保持	False	False	False	False		Connectionidentifier
	OUC								
▼Output									
DONE	Bool	False	非保持	False	False	False	False		Functioncompleted
BUSY	Bool	False	非保持	False	False	False	False		Functionbusy
ERROR	Bool	False	非保持	False	False	False	False		Errordetected

附表 4(续)

名称	数据类型	偏移量	起始值	保持	可从 HMI/OPC UA 访问	从 HMI/OPC UA 可写	在 HMI 工程组态中可见	设定值	注释
STATUS	Word	16#0	非保持	False	False	False	False		Functionresult/errormes-sage
▼InOut									
CONNECT	TCON_			False	False	False	False		ConnectiondescriptionasUDT65ofS
Static	Param								7classic
▼TDISCON_SFB	TDISCON			False	False	False	False		
▼Input									
REQ	Bool	False	非保持	False	False	False	False		Functiontobeexecutedonrisingedge
ID	CONN_OUC	W#16#0	非保持	False	False	False	False		Connectionidentifier
▼Output									
DONE	Bool	False	非保持	False	False	False	False		Functionperformed
BUSY	Bool	False	非保持	False	False	False	False		Functionbusy
ERROR	Bool	False	非保持	False	False	False	False		Errordetected
STATUS	Word	W#16#700	非保持	False	False	False	False		Functionresult/errormes-sage
InOut									
Static									
▼TSEND_SFB	TSEND			False	False	False	False		
▼Input									
REQ	Bool	False	非保持	False	False	False	False		Functiontobeexecutedonrisingedge

附表 4(续)

名称	数据类型	偏移量	起始值	保持	可从 HMI/OPC UA 访问	从 HMI/OPC UA 可写	在 HMI 工程组态中可见	设定值	注释
ID	CONN_OUC	W#16#0	非保持	False	False	False	False		Connectionidentifier
LEN	UInt	0	非保持	False	False	False	False		Datalengthtosend
▼Output									
DONE	Bool	False	非保持	False	False	False	False		Sendperformed
BUSY	Bool	False	非保持	False	False	False	False		Functionbusy
ERROR	Bool	False	非保持	False	False	False	False		Errordetected
STATUS	Word	16#0	非保持	False	False	False	False		Functionresult/errormes-sage
▼InOut									
DATA	Variant			False	False	False	False		Pointerondataareatosend
ADDR	TADDR_Param			False	False	False	False		Pointeronaddressofreceiv-er
Static									
▼TRCV_SFB	TRCV			False	False	False	False		
▼Input									
EN_R	Bool	False	非保持	False	False	False	False		EN_R=1:functionenabled
ID	CONN_	W#16#0	非保持	False	False	False	False		Connectionidentifier
	OUC								
LEN	UInt	0	非保持	False	False	False	False		Datalengthtoreceive

附表 4(续)

名称	数据类型	偏移量	起始值	保持	可从 HMI/OPC UA 访问	从 HMI/ OPC UA 可写	在 HMI 工程组态中可见	设定值	注释
▼Output									
NDR	Bool	False	非保持	False	False	False	False		Newdatareceived
BUSY	Bool	False	非保持	False	False	False	False		Functionbusy
ERROR	Bool	False	非保持	False	False	False	False		Errordetected
STATUS	Word	16#0	非保持	False	False	False	False		Functionresult/errormes-sage
RCVD_LEN	UInt	0	非保持	False	False	False	False		Lengthofreceiveddata
▼InOut									
DATA	Variant			False	False	False	False		Pointeronareatoreceiveddata
ADDR	TADDR_ Par			False	False	False	False		Addressofsender
Static									
▼TCON_Param	TCON_ Param		非保持	False	False	False	False		
BLOCK_LENGTH	UInt	64	非保持	False	False	False	False		bytelengthofSDT
ID	CONN_	1	非保持	False	False	False	False		referencetotheconnection
	OUC								
CONNECTION_TYPE	USInt	17	非保持	False	False	False	False		17:TCP/IP,18:ISOonTCP,19:UDP
ACTIVE_EST	Bool	false	非保持	False	False	False	False		active/passiveconnectionestablishment
LOCAL_DEVICE_ID	USInt	1	非保持	False	False	False	False		1:localIEinterface

附表 4(续)

名称	数据类型	偏移量	起始值	保持	可从 HMI/OPC UA 访问	从 HMI/OPC UA 可写	在 HMI 工程组态中可见	设定值	注释
LOCAL_TSAP_ID_LEN	USInt	2	非保持	False	False	False	False		bytelengthoflocalTSAPid/portnumber
REM_SUBNET_ID_LEN	USInt	0	非保持	False	False	False	False		bytelengthofremotesub-netid
REM_STADDR_LEN	USInt	0	非保持	False	False	False	False		bytelengthofremoteIPad-dress
REM_TSAP_ID_LEN	USInt	0	非保持	False	False	False	False		bytelengthofremoteport/TSAPid
NEXT_STADDR_LEN	USInt	0	非保持	False	False	False	False		bytelengthofnextstationaddress
▼LOCAL_TSAP_ID	Array[1..16]ofByte		非保持	False	False	False	False		TSAPid/localportnumber
LOCAL_TSAP_ID[1]	Byte	16#0	非保持	False	False	False	False		TSAPid/localportnumber
LOCAL_TSAP_ID[2]	Byte	16#0	非保持	False	False	False	False		TSAPid/localportnumber
LOCAL_TSAP_ID[3]	Byte	16#0	非保持	False	False	False	False		TSAPid/localportnumber
LOCAL_TSAP_ID[4]	Byte	16#0	非保持	False	False	False	False		TSAPid/localportnumber
LOCAL_TSAP_ID[5]	Byte	16#0	非保持	False	False	False	False		TSAPid/localportnumber
LOCAL_TSAP_ID[6]	Byte	16#0	非保持	False	False	False	False		TSAPid/localportnumber
LOCAL_TSAP_ID[7]	Byte	16#0	非保持	False	False	False	False		TSAPid/localportnumber
LOCAL_TSAP_ID[8]	Byte	16#0	非保持	False	False	False	False		TSAPid/localportnumber
LOCAL_TSAP_ID[9]	Byte	16#0	非保持	False	False	False	False		TSAPid/localportnumber
LOCAL_TSAP_ID[10]	Byte	16#0	非保持	False	False	False	False		TSAPid/localportnumber

附表 4(续)

名称	数据类型	偏移量	起始值	保持	可从 HMI/OPC UA 访问	从 HMI/ OPC UA 可写	在 HMI 工程组态中可见	设定值	注释
▼Output									
NDR	Bool	False	非保持	False	False	False	False		Newdatareceived
BUSY	Bool	False	非保持	False	False	False	False		Functionbusy
ERROR	Bool	False	非保持	False	False	False	False		Errordetected
STATUS	Word	16#0	非保持	False	False	False	False		Functionresult/errormes-sage
RCVD_LEN	UInt	0	非保持	False	False	False	False		Lengthofreceiveddata
▼InOut									
DATA	Variant			False	False	False	False		Pointeronareatoreceiveddata
ADDR	TADDR_ Par			False	False	False	False		Addressofsender
Static									
▼TCON_Param	TCON_ Param		非保持	False	False	False	False		
BLOCK_LENGTH	UInt	64	非保持	False	False	False	False		bytelengthofSDT
ID	CONN_	1	非保持	False	False	False	False		referencetotheconnection
	OUC								
CONNECTION_TYPE	USInt	17	非保持	False	False	False	False		17:TCP/IP,18:ISOonTCP,19:UDP
ACTIVE_EST	Bool	false	非保持	False	False	False	False		active/passiveconnectionestablishment
LOCAL_DEVICE_ID	USInt	1	非保持	False	False	False	False		1:localIEinterface

附表 4(续)

名称	数据类型	偏移量	起始值	保持	可从 HMI/OPC UA 访问	从 HMI/OPC UA 可写	在 HMI 工程组态中可见	设定值	注释
LOCAL_TSAP_ID_LEN	USInt	2	非保持	False	False	False	False		bytelengthoflocalTSAPid/portnumber
REM_SUBNET_ID_LEN	USInt	0	非保持	False	False	False	False		bytelengthofremotesub-netid
REM_STADDR_LEN	USInt	0	非保持	False	False	False	False		bytelengthofremoteIPad-dress
REM_TSAP_ID_LEN	USInt	0	非保持	False	False	False	False		bytelengthofremoteport/TSAPid
NEXT_STADDR_LEN	USInt	0	非保持	False	False	False	False		bytelengthofnextstationaddress
▼LOCAL_TSAP_ID	Array[1..16]ofByte		非保持	False	False	False	False		TSAPid/localportnumber
LOCAL_TSAP_ID[1]	Byte	16#0	非保持	False	False	False	False		TSAPid/localportnumber
LOCAL_TSAP_ID[2]	Byte	16#0	非保持	False	False	False	False		TSAPid/localportnumber
LOCAL_TSAP_ID[3]	Byte	16#0	非保持	False	False	False	False		TSAPid/localportnumber
LOCAL_TSAP_ID[4]	Byte	16#0	非保持	False	False	False	False		TSAPid/localportnumber
LOCAL_TSAP_ID[5]	Byte	16#0	非保持	False	False	False	False		TSAPid/localportnumber
LOCAL_TSAP_ID[6]	Byte	16#0	非保持	False	False	False	False		TSAPid/localportnumber
LOCAL_TSAP_ID[7]	Byte	16#0	非保持	False	False	False	False		TSAPid/localportnumber
LOCAL_TSAP_ID[8]	Byte	16#0	非保持	False	False	False	False		TSAPid/localportnumber
LOCAL_TSAP_ID[9]	Byte	16#0	非保持	False	False	False	False		TSAPid/localportnumber
LOCAL_TSAP_ID[10]	Byte	16#0	非保持	False	False	False	False		TSAPid/localportnumber

附表 4(续)

名称	数据类型	偏移量	起始值	保持	可从 HMI/OPC UA 访问	从 HMI/OPC UA 可写	在 HMI 工程组态中可见	设定值	注释
LOCAL_TSAP_ID[11]	Byte	16#0	非保持	False	False	False	False		TSAPid/localportnumber
LOCAL_TSAP_ID[12]	Byte	16#0	非保持	False	False	False	False		TSAPid/localportnumber
LOCAL_TSAP_ID[13]	Byte	16#0	非保持	False	False	False	False		TSAPid/localportnumber
LOCAL_TSAP_ID[14]	Byte	16#0	非保持	False	False	False	False		TSAPid/localportnumber
LOCAL_TSAP_ID[15]	Byte	16#0	非保持	False	False	False	False		TSAPid/localportnumber
LOCAL_TSAP_ID[16]	Byte	16#0	非保持	False	False	False	False		TSAPid/localportnumber
▼REM_SUBNET_ID	Array[1..6]ofUSInt		非保持	False	False	False	False		remotesubnetid
REM_SUB-NET_ID[1]	USInt	0	非保持	False	False	False	False		remotesubnetid
REM_SUB-NET_ID[2]	USInt	0	非保持	False	False	False	False		remotesubnetid
REM_SUB-NET_ID[3]	USInt	0	非保持	False	False	False	False		remotesubnetid
REM_SUB-NET_ID[4]	USInt	0	非保持	False	False	False	False		remotesubnetid
REM_SUB-NET_ID[5]	USInt	0	非保持	False	False	False	False		remotesubnetid
REM_SUB-NET_ID[6]	USInt	0	非保持	False	False	False	False		remotesubnetid
▼REM_STADDR	Array[1..6]ofUSInt		非保持	False	False	False	False		remoteIPaddress
REM_STADDR[1]	USInt	0	非保持	False	False	False	False		remoteIPaddress
REM_STADDR[2]	USInt	0	非保持	False	False	False	False		remoteIPaddress
REM_STADDR[3]	USInt	0	非保持	False	False	False	False		remoteIPaddress

附表 4(续)

名称	数据类型	偏移量	起始值	保持	可从 HMI/OPC UA 访问	从 HMI/OPC UA 可写	在 HMI 工程组态中可见	设定值	注释
REM_STADDR[4]	USInt	0	非保持	False	False	False	False		remoteIPaddress
REM_STADDR[5]	USInt	0	非保持	False	False	False	False		remoteIPaddress
REM_STADDR[6]	USInt	0	非保持	False	False	False	False		remoteIPaddress
▼REM_TSAP_ID	Array[1..16]ofByte		非保持	False	False	False	False		TSAPid/remoteportnumber
REM_TSAP_ID[1]	Byte	16#0	非保持	False	False	False	False		TSAPid/remoteportnumber
REM_TSAP_ID[2]	Byte	16#0	非保持	False	False	False	False		TSAPid/remoteportnumber
REM_TSAP_ID[3]	Byte	16#0	非保持	False	False	False	False		TSAPid/remoteportnumber
REM_TSAP_ID[4]	Byte	16#0	非保持	False	False	False	False		TSAPid/remoteportnumber
REM_TSAP_ID[5]	Byte	16#0	非保持	False	False	False	False		TSAPid/remoteportnumber
REM_TSAP_ID[6]	Byte	16#0	非保持	False	False	False	False		TSAPid/remoteportnumber
REM_TSAP_ID[7]	Byte	16#0	非保持	False	False	False	False		TSAPid/remoteportnumber
REM_TSAP_ID[8]	Byte	16#0	非保持	False	False	False	False		TSAPid/remoteportnumber
REM_TSAP_ID[9]	Byte	16#0	非保持	False	False	False	False		TSAPid/remoteportnumber
REM_TSAP_ID[10]	Byte	16#0	非保持	False	False	False	False		TSAPid/remoteportnumber
REM_TSAP_ID[11]	Byte	16#0	非保持	False	False	False	False		TSAPid/remoteportnumber
REM_TSAP_ID[12]	Byte	16#0	非保持	False	False	False	False		TSAPid/remoteportnumber
REM_TSAP_ID[13]	Byte	16#0	非保持	False	False	False	False		TSAPid/remoteportnumber
REM_TSAP_ID[14]	Byte	16#0	非保持	False	False	False	False		TSAPid/remoteportnumber

附表 4(续)

名称	数据类型	偏移量	起始值	保持	可从 HMI/OPC UA 访问	从 HMI/OPC UA 可写	在 HMI 工程组态中可见	设定值	注释
REM_TSAP_ID[15]	Byte	16#0	非保持	False	False	False	False		TSAPid/remoteportnumber
REM_TSAP_ID[16]	Byte	16#0	非保持	False	False	False	False		TSAPid/remoteportnumber
▼NEXT_STADDR	Array[1..6]ofByte		非保持	False	False	False	False		nextstationaddress
NEXT_STADDR[1]	Byte	16#0	非保持	False	False	False	False		nextstationaddress
NEXT_STADDR[2]	Byte	16#0	非保持	False	False	False	False		nextstationaddress
NEXT_STADDR[3]	Byte	16#0	非保持	False	False	False	False		nextstationaddress
NEXT_STADDR[4]	Byte	16#0	非保持	False	False	False	False		nextstationaddress
NEXT_STADDR[5]	Byte	16#0	非保持	False	False	False	False		nextstationaddress
NEXT_STADDR[6]	Byte	16#0	非保持	False	False	False	False		nextstationaddress
SPARE	Word	16#0	非保持	False	False	False	False		reserved
MB_State	UInt	0	非保持	True	True	True	False		
Request_Count	UInt	0	非保持	True	True	True	False		
Server_Message_Cou	UInt	0	非保持	True	True	True	False		
Xmt_Rcv_Count	UInt	0	非保持	True	True	True	False		
Exception_Count	UInt	0	非保持	True	True	True	False		
Success_Count	UInt	0	非保持	True	True	True	False		
SL_Status_Hold	UInt	0	非保持	False	False	False	False		
HR_Start_Offset	UInt	0	非保持	True	True	True	False		

附表 4(续)

名称	数据类型	偏移量	起始值	保持	可从 HMI/OPC UA 访问	从 HMI/OPC UA 可写	在 HMI 工程组态中可见	设定值	注释
Init_OK	Bool	false	非保持	False	False	False	False		
SL_Error_State	Bool	false	非保持	False	False	False	False		
Connected	Bool	false	非保持	True	True	True	False		
XMT_Set_NDR	Bool	false	非保持	False	False	False	False		
XMT_Set_DR	Bool	false	非保持	False	False	False	False		
STATE	UInt	0	非保持	True	True	True	False		
▼MesCmdExchange_Instance	"MesCmdEx-change"			True	True	True	False		
▼Input									
Rst	Bool	false	非保持	True	True	True	False		复位程序块,会中断与 MES 的命令交互
Continue	Bool	false	非保持	True	True	True	False		外部处理完毕,该信号置位会继续接收指定 MES 命令
MesCmdAddr	Word	16#0	非保持	True	True	True	False		PLC 接收 MES 发送命令的地址
WaitCmdWord	Word	16#0	非保持	True	True	True	False		该块需要处理的 MES 命令号
▼Output									
Done	Bool	false	非保持	True	True	True	False		MES 命令交互完成信号
▼InOut									
PlcReplyAddr	Word	16#0	非保持	True	True	True	False		PLC 应答 MES 命令的地址
▼Static									

附表 4(续)

名称	数据类型	偏移量	起始值	保持	可从 HMI/OPC UA 访问	从 HMI/OPC UA 可写	在 HMI 工程组态中可见	设定值	注释
StepRecord	Int	0	非保持	True	True	True	False		
Trig_1	Bool	false	非保持	True	True	True	False		
▼MesCmdExchange_Instance_	"MesCmdEx-change"			True	True	True	False		
▼Input									
Rst	Bool	false	非保持	True	True	True	False		复位程序块,会中断与 MES 的命令交互
Continue	Bool	false	非保持	True	True	True	False		外部处理完毕,该信号置位会继续接收指定 MES 命令
MesCmdAddr	Word	16#0	非保持	True	True	True	False		PLC 接收 MES 发送命令的地址
WaitCmdWord	Word	16#0	非保持	True	True	True	False		该块需要处理的 MES 命令号
▼Output									
Done	Bool	false	非保持	True	True	True	False		MES 命令交互完成信号
▼InOut									
PlcReplyAddr	Word	16#0	非保持	True	True	True	False		PLC 应答 MES 命令的地址
▼Static									
StepRecord	Int	0	非保持	True	True	True	False		
Trig_1	Bool	false	非保持	True	True	True	False		
▼MesCmdExchange_Instance_	"MesCmdEx-change"			True	True	True	False		

附表 4(续)

名称	数据类型	偏移量	起始值	保持	可从 HMI/OPC UA 访问	从 HMI/OPC UA 可写	在 HMI 工程组态中可见	设定值	注释
▼Input									
Rst	Bool	false	非保持	True	True	True	False		复位程序块,会中断与 MES
的命令交互									
Continue	Bool	false	非保持	True	True	True	False		外部处理完毕,该信号置位会继续接
									收指定 MES 命令
MesCmdAddr	Word	16#0	非保持	True	True	True	False		PLC 接收 MES 发送命令的地址
WaitCmdWord	Word	16#0	非保持	True	True	True	False		该块需要处理的 MES 命令号
▼Output									
Done	Bool	false	非保持	True	True	True	False		MES 命令交互完成信号
▼InOut									
PlcReplyAddr	Word	16#0	非保持	True	True	True	False		PLC 应答 MES 命令的地址
▼Static									
StepRecord	Int	0	非保持	True	True	True	False		
Trig_1	Bool	false	非保持	True	True	True	False		
Temp									
Constant									

附表 5　RFID 功能块变量表

名称	数据类型	默认值	保持	可从 HMI/OPC UA 访问	从 HMI/OPC UA 可写	在 HMI 工程组态中可见	设定值	监控	注释
Input									
Output									
InOut									
▼Static									
StorePosition	Int	0	非保持	True	True	True	False		
▼PlcCmdExchange_Instance	"PlcCmdExchange"			True	True	True	False		
▼Input									
Start	Bool	false	非保持	True	True	True	False		启动后向 MES 发送命令,需要提前准备好命令参数
Rst	Bool	false	非保持	True	True	True	False		复位程序块,会中断与 MES 的命令交互
MesReplyAddr	Word	16#0	非保持	True	True	True	False		MES 当前应答 PLC 命令的地址
PlcCmdWord	Word	16#0	非保持	True	True	True	False		用户控制 PLC 发送给 MES 的命令号
Continue	Bool	false	非保持	True	True	True	False		用户处理完成后的应答继续输入信号
▼Output									
Done	Bool	false	非保持	True	True	True	False		PLC 命令交互完成
▼InOut									
PlcCmdAddr	Word	16#0	非保持	True	True	True	False		PLC 向 MES 发送命令的地址

附表 5(续)

名称	数据类型	默认值	保持	可从 HMI/OPC UA 访问	从 HMI/OPC UA 可写	在 HMI 工程组态中可见	设定值	监控	注释
▼Static									
CurrentPlcCmd	Word	16#0	非保持	True	True	True	False		
StepRecord	Int	0	非保持	True	True	True	False		
Trig_1	Bool	false	非保持	True	True	True	False		
▼									
PlcCmdExchange_Instance_1	"PlcCmdEx-change"			True	True	True	False		
▼Input									
Start	Bool	false	非保持	True	True	True	False		启动后向 MES 发送命令,需要提前准备好命令参数
Rst	Bool	false	非保持	True	True	True	False		复位程序块,会中断与 MES 的命令交互
MesReplyAddr	Word	16#0	非保持	True	True	True	False		MES 当前应答 PLC 命令的地址
PlcCmdWord	Word	16#0	非保持	True	True	True	False		用户控制 PLC 发送给 MES 的命令号
Continue	Bool	false	非保持	True	True	True	False		用户处理完成后的应答继续输入信号
▼Output									
Done	Bool	false	非保持	True	True	True	False		PLC 命令交互完成
▼InOut									
PlcCmdAddr	Word	16#0	非保持	True	True	True	False		PLC 向 MES 发送命令的地址

附表 5(续)

名称	数据类型	默认值	保持	可从 HMI/OPC UA 访问	从 HMI/OPC UA 可写	在 HMI 工程组态中可见	设定值	监控	注释
▼Static									
CurrentPlcCmd	Word	16#0	非保持	True	True	True	False		
StepRecord	Int	0	非保持	True	True	True	False		
Trig_1	Bool	false	非保持	True	True	True	False		
▼RFID 手动 _ Instance	"RFID 手动"			True	True	True	False		
Input									
Output									
InOut									
▼Static									
Step	Int	0	非保持	True	True	True	False		
posEx	Int	0	非保持	True	True	True	False		
▼GetRowColnByPosition_Instance	"GetRowColnBy-			True	True	True	False		
▼Input									
Position	Int	0	非保持	False	False	False	False		
▼Output									
Row	Int	0	非保持	False	False	False	False		
Coln	Int	0	非保持	False	False	False	False		

附表 5(续)

名称	数据类型	默认值	保持	可从 HMI/OPC UA 访问	从 HMI/OPC UA 可写	在 HMI 工程组态中可见	设定值	监控	注释
InOut									
▼Static									
date1	Int	0	非保持	True	True	True	False		
date2	Int	0	非保持	True	True	True	False		
date3	Int	0	非保持	True	True	True	False		
date4	Int	0	非保持	True	True	True	False		
▼IEC_Timer_0_Instance	TON_TIME		非保持	True	True	True	False		
PT	Time	T#0ms	非保持	True	True	True	False		
ET	Time	T#0ms	非保持	True	False	True	False		
IN	Bool	false	非保持	True	True	True	False		
Q	Bool	false	非保持	True	False	True	False		
▼HMI 扫库 _Instance	"HMI 扫库"			True	True	True	False		
Input									
Output									
InOut									
▼Static									
Step	Int	0	非保持	True	True	True	False		
▼MES 扫库 _Instance	"MES 扫库"			True	True	True	False		

附表 5(续)

名称	数据类型	默认值	保持	可从 HMI/OPC UA 访问	从 HMI/OPC UA 可写	在 HMI 工程组态中可见	设定值	监控	注释
Input									
Output									
InOut									
▼Static									
▼PlcCmdExchange_In-stance_1	"PlcCmdEx-change"			True	True	True	False		
▼Input									
Start	Bool	false	非保持	True	True	True	False		启动向 MES 发送命令,需要提前准备好命令参数
Rst	Bool	false	非保持	True	True	True	False		复位程序块,会中断与 MES 的命令交互
MesReplyAddr	Word	16#0	非保持	True	True	True	False		MES 当前应答 PLC 命令的地址
PlcCmdWord	Word	16#0	非保持	True	True	True	False		用户控制 PLC 发送给 MES 的命令号
Continue	Bool	false	非保持	True	True	True	False		用户处理完成后的应答继续输入信号

附表 5(续)

名称	数据类型	默认值	保持	可从 HMI/OPC UA 访问	从 HMI/OPC UA 可写	在 HMI 工程组态中可见	设定值	监控	注释
▼Output									
Done	Bool	false	非保持	True	True	True	False		PLC 命令交互完成
▼InOut									
PlcCmdAddr	Word	16#0	非保持	True	True	True	False		PLC 向 MES 发送命令的地址
▼Static									
CurrentPlcCmd	Word	16#0	非保持	True	True	True	False		
StepRecord	Int	0	非保持	True	True	True	False		
Trig_1	Bool	false	非保持	True	True	True	False		
▼MesCmdExchange_In -									
stance_1	"MesCmdEx								
- change"			True	True	True	False			
▼Input									
Rst	Bool	false	非保持	True	True	True	False		复位程序块,会中断与 MES
的命令交互									
Continue	Bool	false	非保持	True	True	True	False		外部处理完毕,该信号置位会继续
接收指定 MES 命令									
MesCmdAddr	Word	16#0	非保持	True	True	True	False		PLC 接收 MES 发送命令的地址
WaitCmdWord	Word	16#0	非保持	True	True	True	False		该块需要处理的 MES 命令号

附表 5(续)

名称	数据类型	默认值	保持	可从 HMI/OPC UA 访问	从 HMI/OPC UA 可写	在 HMI 工程组态中可见	设定值	监控	注释
▼Output									
Done	Bool	false	非保持	True	True	True	False		MES 命令交互完成信号
▼InOut									
PlcReplyAddr	Word	16#0	非保持	True	True	True	False		PLC 应答 MES 命令的地址
▼Static									
StepRecord	Int	0	非保持	True	True	True	False		
Trig_1	Bool	false	非保持	True	True	True	False		
Temp									
Constant									

切削单元智能制造应用技术

·英文版·

Application Technology of
Intelligent Manufacturing for Cutting Unit

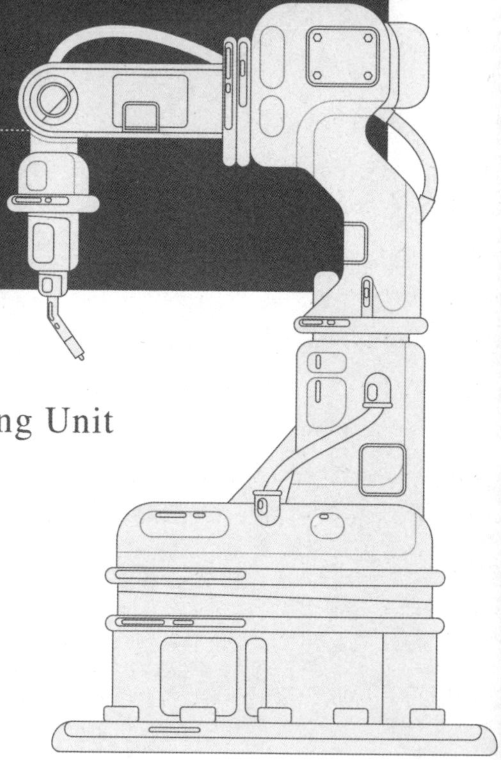

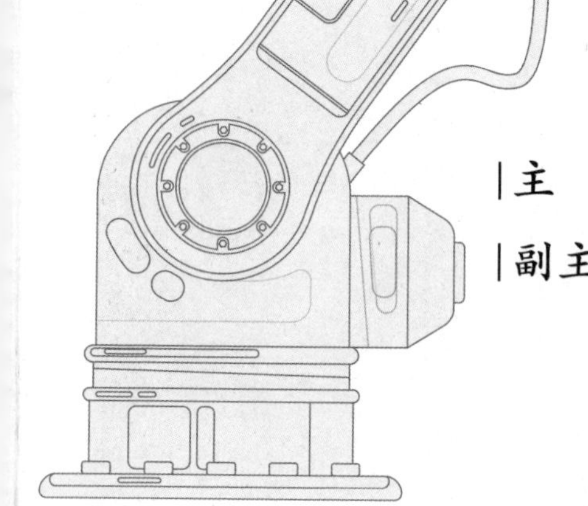

|主　编| 王同庆、杨国星

|副主编| 周树银、赵　慧、周　京、蒋建文

天津出版传媒集团

天津科学技术出版社

Foreword

Manufacturing industry is the backbone of a country's economy. It is fair to say that advanced manufacturing industry is a prerequisite for a strong and prosperous country. With the development and application of computer, information, microelectronics and automation technologies, the demand for human labor in manufacturing industry is gradually decreased, and human labor is gradually shifted from mass to elite labor. In recent years, industrialized countries have been working on development of advanced manufacturing technologies to take a place in the fierce global economic competition.

Intelligent manufacturing is one of the most typical manufacturing modes in the field of advanced manufacturing technologies. Intelligent manufacturing technology (IMT) is a comprehensive technology formed by mutual penetration and interweaving of various disciplines, including manufacturing technology, automation technology, system engineering and artificial intelligence (AI). Intelligent manufacturing is the development direction of the manufacturing industry in the new century, the core of the new round of industrial revolution, and also the breakthrough and main target of making China's manufacturing industry go out to the world. The development of intelligent manufacturing, the in-depth integration of informatization and industrialization, and the provision of a new drive power for economic development are of decisive significance for promoting improved product quality, increased production efficiency, better transformation and upgrading of the manufacturing industry, and achieving the strategic target of becoming a great manufacturing power.

Responding to development needs of digital, network, and intelligent technologies with respect to intelligent manufacturing, this book systematically describes the installation and commissioning of main hardware equipment and control systems of intelligent manufacturing units, intelligent manufacturing unit integration technology, PLC programming and application, communication setting,

basic operations and communication of industrial robots, MES software communication and control debugging, and typical application cases, in combination with typical intelligent production scenarios and actual working conditions of corresponding posts. This book boasts novel contents and easy teaching & learning. It focuses on enabling students to master comprehensive knowledge, and also places emphasis on the following aspects: cultivating installation and commissioning capabilities of main hardware equipment and control systems of intelligent manufacturing units; normalization of installation and commissioning, and standardization of platforms. This aims to promote the cultivation of high-quality compound technicians and technical upgrading in the field of intelligent manufacturing.

This book is suitable to be used as the textbook of relevant disciplines in higher vocational and technical colleges, such as industrial robot technology, intelligent manufacturing technology, mechatronics technology and electric automation technology, and as a reference for vocational skill training and self-learning of engineering technicians. In consideration of China's vocational skill level standards, the EPIP teaching mode is used and textbook is prepared in both Chinese and English, to meet the needs of making the vocational education related to China's intelligent manufacturing technology go to the world in a better way.

Table of Contents

Chapter 1

Overview of Intelligent Manufacturing

1.1 Introduction to intelligent manufacturing system

In the late 1980s and early 1990s, the concepts of intelligent manufacturing technology (IMT) and intelligent manufacturing system (IMS) were put forward. Intelligent manufacturing shall include IMT and IMS. The latter is the environment for IMT integration and also the carrier for showing intelligent manufacturing mode. After years of development, IMT and IMS are maturing.

IMS is an integrated human-machine system consisting of intelligent machines and experts. In various manufacturing links, IMS completes analysis, judgment, reasoning, conceiving and decision-making in a highly flexible and integrated manner by computer simulation of intelligent activities of experts, which can replace or extend part of human mental efforts in the manufacturing environment. It also can collect, store, perfect, share, integrate and develop the intelligence of experts.

As shown in Figure 1-1, the development and application of steam engine and electricity directly drive the First Industrial Revolution and the Second Industrial Revolution respectively. This greatly increased the productivity, and ushered in the modern industrial society. The Third Industrial Revolution was characterized by the innovation and application of digital technologies, which promoted the advanced development of industrial revolution. The breakthrough and wide application of new-generation IMT in all production and manufacturing links (such

as industrial design, production, management and service)realize intelligent and flexible production and management of products, contributing to a new surge of the Fourth Industrial Revolution.

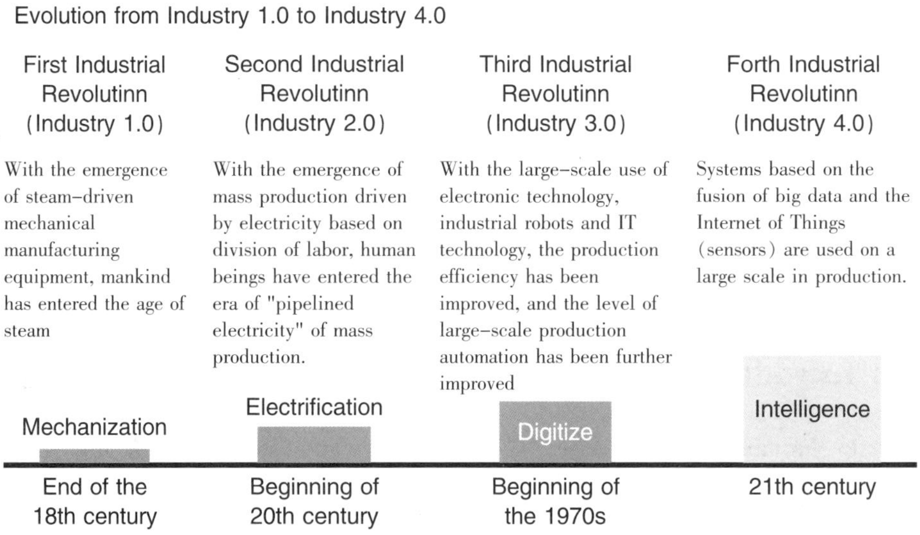
Evolution from Industry 1.0 to Industry 4.0
First Industrial Revolutinn (Industry 1.0)
Second Industrial Revolutinn (Industry 2.0)
Third Industrial Revolutinn (Industry 3.0)
Forth Industrial Revolutinn (Industry 4.0)
With the emergence of steam-driven mechanical manufacturing equipment, mankind has entered the age of steam
With the emergence of mass production driven by electricity based on division of labor, human beings have entered the era of "pipelined electricity" of mass production.
With the large-scale use of electronic technology, industrial robots and IT technology, the production efficiency has been improved, and the level of large-scale production automation has been further improved
Systems based on the fusion of big data and the Internet of Things (sensors) are used on a large scale in production.
Mechanization
Electrification
Digitize
Intelligence
End of the 18th century
Beginning of 20th century
Beginning of the 1970s
21th century

Figure 1-1 Evolution of Industrial Manufacturing

1.2 IMS composition

IMS architecture can be divided into seven layers: basic automation application layer for production, production execution layer, perception layer for production process and status information collection, product lifecycle management layer, enterprise control and support layer, enterprise computing and data center(private cloud)layer, and manufacturing network layer for the whole manufacturing industry based on network and cloud application. These layers are required to cover the product lifecycle and realize the interconnection and data integration between different systems. In addition, a high degree of flexibility and the capability of continuous evolution and optimization based on development situation shall be maintained while a value network for intelligent manufacturing industry is established.

IMS composition and architecture vary with size and automation degree, but basically include the following four parts:(1)The basic automation application lay-

er for production provides solutions for various production needs, mainly including intelligent factories and automated production lines. (2)The production execution layer realizes automatic operation by a variety of intelligent equipment (such as robots, intelligent machine tools and additive manufacturing equipment)with automated production data. (3)The perception layer collects the data generated during the operation by sensors such as RFID and machine vision. (4)The network layer, by industrial Internet communication, collects and monitors production data via SCADA system, or uploads them to the cloud for processing and analysis.

A typical IMS can become a flexible manufacturing system after it is integrated with automatic components(such as industrial robot, intelligent manufacturing unit, flexible logistics and automatic clamping)and workpiece identification system, and a manufacturing execution system(MES)is used for production control. This realizes automatic identification, clamping and machining of parts, so that an intelligent factory can deliver 24–hour unattended production continuously.

1.3 Core intelligent manufacturing technologies

1.3.1 Industrial robot

In the industrial field, industrial robots refer to multi–joint manipulators or multi–degree–of–freedom mechanical devices that work automatically by their own power and control systems. They can receive manual commands or commands from MES system, and then operate automatically according to the pre–programmed programs. With an incomparable advantage over manpower in production efficiency, industrial robots can be widely used for intelligent manufacturing, repetitive production lines and dangerous environment, which can reduce production risks and improve production efficiency, so that intelligent manufacturing features a more efficient and safer production mode.

Large–scale replacement of manual production by robots is an important symbol and a necessary condition for intelligent manufacturing. Industrial robots play an important role in intelligent manufacturing because: (1)they are able to ensure production accuracy and improve production quality under continuous working; (2)they can respond quickly to different production requirements, realizing diversified production; (3)the rest time required by robots is very short, which

can effectively reducing the labor cost. Therefore, the application of industrial robots in intelligent manufacturing can improve product quality, reduce production costs and help enterprises get higher economic benefits.

Industrial robots are widely used in intelligent manufacturing. They can satisfy the transformation of most traditional industries to intelligent manufacturing. They can be combined with various production and manufacturing processes, including welding, cutting, handling, stacking, spraying, loading, unloading and assembling. Therefore, they are widely used in many industries, such as automobile, 3C, metal products and mold industries.

1.3.2 Cutting unit networking

The IMS execution layer is mainly composed of various CNC machining devices. Utilizing CNC machine tool networking to realize machine tool information collection and remote control is one of key technologies for successful transformation of manufacturing industry to intelligence. CNC system, core component of CNC machine tool, is able to communicate with external equipment by RS-232 interface, Ethernet interface, PLC I/O interface, field bus interface or other interfaces. The Ethernet interface is widely used due to its advantages of long transmission distance, fast speed and convenient networking. It can realize NC data transmission, remote control and remote DNC machining. After secondary development, it can also realize remote CNC machine tool diagnosis, machining and maintenance.

1.3.3 PLC control

Programmable logic controller(PLC)is an electronic system operated by digital operations, specially designed for application in industrial environment. It uses a memory that can be programmed to store instructions for executing logical operations, sequence control, timing, counting and arithmetic operations. By digital or analog input(I)and output(O), it controls various types of mechanical equipment or production processes.

In an IMS, PLC not only serves as the controller of mechanical equipment and production line, but also as the collector and transponder of manufacturing information. In addition to traditional logic, sequence, motion and safety control functions, PLC, as the equipment and device controller, also performs the follow-

ing tasks assigned by Industry 4.0 and intelligent manufacturing: more and more sensors are used to monitor the environment, equipment health status and various production process parameters. The effective collection of these industrial big data forces necessary transformation of rack–mounted PLC I/O to distributed I/O. Generally, intelligent components use embedded or micro PLCs to complete increasingly complicated control tasks on site wherever possible. The platformization of application software programming further promotes the automation and intelligence of engineering design. The seamless connectivity is improved significantly. Specifically, relevant control parameters and equipment status can be directly transmitted to various systems and application software of the upper computer, or even to the cloud. To sum up, PLC can meet the collection requirements of industrial big data, realize local real–time autonomous control, promote automatic and intelligent programming, and improve seamless connectivity.

1.3.4 RFID technology

Radio frequency identification(RFID)is a non–contact automatic identification technology, which uses RF signals and their spatial coupling(inductive or electromagnetic coupling)or radar reflection transmission characteristics to achieve automatic identification of objects to be identified. RFID technology boasts the following advantages:

(1)Better security: RFID tags can be embedded in or attached to products of different shapes and types, and also allow setting of password protection for tag data reading and writing, thus providing higher security.

(2)Dynamic change of tag data: A programmer can be used to write data into RFID tags, so that the tags have an interactive portable data file function. Moreover, the writing time is shorter than barcode printing time.

(3)Dynamic real–time communication: The tag can communicate with a reader at a frequency of 50~100 times per second. Therefore, if any object to which an RFID tag is attached appears within the effective identification range of the reader, dynamical tracking and monitoring of the object position can be realized.

(4)Fast identification: Once the tag enters the magnetic field, the reader can immediately read the information contained in it. Multiple tags can be read at the

same time to realize batch identification.

(5)High data capacity: Two-dimensional barcodes with the highest data capacity can only store up to 2725 digits; if letters are included, the storage capacity will be less. RFID tags can be expanded to tens of kilobytes as required by users.

(6)Long service life and wide application: The radio communication mode of RFID tags allows their application in highly polluted environment (such as dust and oil pollution)and radioactive environment. Moreover, RFID tags feature closed packaging, so that their service life far exceeds that of printed barcodes. RFID readers and RFID chips are especially applicable to industrial environment.

(7)Easy and quick reading: Data reading does not require a light source, or even feasible through outer packaging. The effective identification distance is greater. For active tags with batteries, this distance can reach over 30m.

1.3.5 MES

Manufacturing execution system(MES)was proposed by AMR in the early 1990s. This system aims to improve the production process control capability of the manufacturing industry, and connect the planned production with on-site management. Information-based MES can be used to reasonably allocate the whole production process, thus improving the production efficiency. MES, as an important part and core of intelligent manufacturing, is becoming more and more popular for intelligent manufacturing. Its production control capability directly determines the work efficiency in the field of intelligent manufacturing.

The equipment controlled by MES includes PLC, two-dimensional barcode, M&E equipment, sensor, test instrument, industrial robot and CNC machine tool. Using accurate real-time data, MES guides, starts, responds to and records production activities in a workshop. It can respond quickly to any change in production conditions, thereby reducing non-value added activities and improving efficiency. MES is not only able to improve the return on capital (ROC), but also conducive to punctual delivery, speeding up inventory turnover, increasing enterprise profits and improving capital utilization. By multi-channel information interaction, MES can provide managers with various management modules, including manufacturing data management, planning and scheduling management, produc-

tion scheduling management, inventory management, quality management, human resources management, equipment management, procurement management, cost management, project Kanban management, upper-layer data decomposition, underlying data integration analysis, and production process control. This builds a collaborative manufacturing management platform that is solid, reliable, comprehensive and feasible for intelligent production and manufacturing processes.

The main task of MES is to control the intelligent manufacturing process. It is indispensable for whole process of production and manufacturing, serving as the core of intelligent manufacturing. If an enterprise cannot collect accurate information timely at the production execution layer, or cannot properly sort out, analyze, process and judge production information at a higher layer, it will be very difficult for the enterprise to realize effective control of production equipment, manufacturing process and personnel deployment, making its transformation to intelligence a very tough challenge. As the foundation of intelligent manufacturing construction, MES covers the entire production process of intelligent manufacturing, and it is closely connected with all manufacturer businesses. Therefore, MES is known as the "last mile" project of intelligent manufacturing construction. MES is closely related to the production information collection, process design, scheduling management, production process, resource management and allocation, equipment dispatching and other links of enterprises. It is the key for intelligent manufacturing construction.

1.4 IMT development direction

Under the influence of scientific and technological innovation technologies (such as AI, cloud computing, big data, Internet of Things(IoT)and 5G), the intelligent manufacturing industry in China is growing rapidly, facing both opportunities and challenges. The main development directions are as follows:

1.4.1 Deep integration between industrial Internet and intelligent manufacturing

As a product of the deep integration between the new-generation information technology and manufacturing industry, the industrial Internet is the resource sharing carrier in the manufacturing industry. It can connect every device and ap-

plication. It is increasingly becoming the key support for new industrial revolution and an important cornerstone of deepening the strategy of "Internet + advanced manufacturing industry". However, numerous challenges remain in the application of industrial Internet in industrial scenarios. Continuous innovation is required to ensure that machines and equipment use intelligent technologies more effectively. The main development direction of industrial Internet is intelligent manufacturing. Industrial Internet is the infrastructure and way to realize intelligent manufacturing.

1.4.2 The research of industrial software industry has a long way to go

After over 30 years of development, industrial software products in China are relatively complete in types, covering many industries, such as automobile, engineering machinery, aerospace, high-tech electronics, home appliances, national defense and military industry, petrochemical industry, food and beverage, and bio-medicine. China has certain capabilities of industry solution R&D and service support. However, there is still no complete industrial software system product. A certain gap still exists between China and many developed countries such as Germany and the United States. Consequently, more and better industrial software products from R&D and management to production are needed.

1.4.3 Combination of additive and subtractive manufacturing

The manufacturing industry is expected to be reshaped in all aspects as the integration of additive manufacturing service industry with information technology, new material technology and new design concept is speeding up. With additive manufacturing(3D printing)as the core technology, a new IMT featuring multiple processes that complement each other is realized based on comprehensive application of additive/subtractive and equal manufacturing technologies.

1.4.4 AI and big data analysis accelerating the transformation of manufacturing industry to intelligence

At present, the implementation of AI and big data analysis applications in manufacturers is accelerating. All products, quality, operation and energy consumption can be analyzed by AI and big data analysis algorithms. The most fundamental core of AI and big data technology applications is making complex things simple, convenient, user-friendly, and personalized.

1.4.5 Simulation technology moving towards popularization and driving the innovative development of enterprises

With the further development of simulation technology, many manufacturers are devoted to popularizing simulation technology, thus bringing more revolutionary change, that is, simulation drives the innovative development of enterprises. The simulation focuses on establishing mathematical models to represent real objects to the maximum extent, and using parameters in compliant with actual values for computer analysis processing to replace or assist some real object tests. This greatly improves the safety and efficiency.

1.4.6 Edge computing emerging, and cloud-edge collaboration becoming a trend

Under the surge of industrial Internet and 5G commercial exploration, edge computing received much attention from the industry in 2019. Not only cloud computing giants, but also manufacturers, operators, industrial research institutions and various alliances showed great enthusiasm for edge computing. 2019 is even considered as the "first year of edge computing era". Starting from typical business demand scenarios, manufacturers gradually drive some capabilities to edge side upon comprehensive consideration of cost factors and actual effects.

1.4.7 First year of commercial 5G era: manufacturing industry application scenarios still requiring exploration

The issuance of 5G commercial licenses in June 2019 marked the dawn of China's 5G era. The 5G industry also entered the commercialization stage from the technology verification stage. The investigation of industry application demands shows that the proportion (up to 37%) of manufacturing industry is much higher than that of other industries, especially high demands of applications such as data collection, remote control, video monitoring and product test. In the future, the capability to support manufacturing industry application scenarios will be continuously strengthened with the quickened pace of 5G commercialization process, continuously improved various indicator capabilities of 5G network, as well as the integration and application of AI, edge computing and big data.

1.4.8 Popular digital twin concept: application scenarios still requiring breakthroughs

Since 2019, digital twin technology has become a hotspot in the field of intelligent manufacturing in China. Application scenarios of this technology are continuously enriched, covering the whole lifecycle from product design and manufacturing to operation service. The evolution of digital twin technology is driven by the development and cross integration of intelligent manufacturing-related technologies such as CAD technology, virtual simulation technology, industrial IoT and VR/AR.

1.4.9 Unified architecture standard, accelerating the integration of IT and OT

As the intelligent manufacturing strategy is further implemented, a new application demand was generated in enterprises: promoting the vertical integration and connection of the enterprise's operation management system(OMS)and MES. This demand also accelerates the integration of IT and OT. At the same time, OT and IT vendors also began to value the development of unified architecture standard. The integration of IT and OT is often considered as an important industrial trend, aiming to realize the data link between the OMS and MES, and integrate the two to a unified information platform, thereby helping enterprises improve the comprehensive benefits in many aspects such as operational decision-making and manufacturing execution.

1.4.10 Development of intelligent factory integrator

In recent years, China has actively accelerated its goal to become a great manufacturing power and development of its advanced manufacturing industry, cultivated several world-class advanced manufacturing industry clusters, promoted industries to the mid-to high-end of the global value chain, and expanded strategies(such as "Smart+")and a series of policies to empower the transformation and upgrading of manufacturing industry; many traditional manufacturing enterprises also actively pushed forward digital transformation, changed the original production and manufacturing modes, and remained committed to building intelligent factories, thus improving production efficiency and product quality, reshaping enterprise competitive advantages, and realizing sustainable development.

Chapter 2

Integration of Intelligent Manufacturing Cutting Unit

This book elaborates the integration and application technologies of intelligent manufacturing cutting units according to technical standards regarding intelligent manufacturing units of the National Intelligent Manufacturing Application Technology Skills Competition. Figure 2–1 shows the layout of technology platform of intelligent manufacturing cutting unit. This platform includes CNC lathe, three–axis CNC machining center, on–line test unit, six–axis industrial robot, stereoscopic warehouse, central control system, MES software and electronic Kanban. The detailed configuration list is provided in Table 2–1.

Figure 2–1 Layout of Technology Platform of Intelligent Manufacturing Cutting Unit

Table 2–1 Main Configuration of Technology Platform of Intelligent Manufacturing Cutting Unit

No.	Equipment name	Qty.
1	CNC lathe	1
2	Three–axis CNC machining center	1
3	On–line measuring device	1
4	Pneumatic precision flat tongs	1
5	Six–axis industrial robot(with additional seventh axis for traveling)	1
6	Zero–point clamping system	1
7	Industrial robot automatic tool changer	1
8	Industrial robot quick–change table 1	1
9	Stereoscopic warehouse	1
10	Visual display system	1
11	Central electrical control system	1
12	MES	1
13	RFID identification system	1
14	Safety protection system	1

Following the construction concept of "automated equipment + flexible production + digital information + information–based management", the whole platform integrates typical machining and manufacturing equipment (such as CNC machining devices, industrial robots, test equipment and data information collection equipment)into a "hardware" system of intelligent manufacturing unit. This platform is formed in combination with the comprehensive application of "software" such as digital design technology, intelligent control technology, efficient machining technology, industrial IoT technology and RFID digital information technology. The platform has various functions, including digital design and process planning of parts, real–time collection of manufacturing data during machining, automated machining process, RFID–based traceability of machining status, and flexible machining.

The main components of this platform and their functions and technical parameters are described as below.

2.1 CNC lathe and CNC system

In addition to meeting the requirements of turning size and precision, the CNC lathe, as an important machining unit of IMS, and its CNC system shall also satisfy the following networking requirements:

(1)Ethernet interface shall be provided and directly connected with MES for program transmission;

(2)The memory capacity of CNC lathe shall be greater than 5kB, and a data disk shall be provided;

(3)An automatic interface shall be provided to realize remote startup of CNC lathe and program uploading to lathe memory, so that the status, mode and spindle position information of lathe can be obtained;

(4)Control and feedback signals of CNC lathe automatic fixture and automatic door can be directly connected to the lathe I/O module and controlled by the lathe, and corresponding status can be fed back to the industrial personal computer(IPC)over the Internet;

(5)The CNC lathe can stop at the origin position and transmit the origin status to the IPC over the Internet;

(6)The machine tool shall be equipped with a built-in camera, and a pneumatic cleaning nozzle installed in front of the lens.

The CNC lathe of the technology platform in this book is Chenbang SL52a slant bed CNC lathe, as shown in Figure 2-2. This lathe uses FANUC 0i TF CNC system and a 45° slant bed made of high tensile strength Meehanite casting; linear rolling guide rails and C3 high-precision ball screws are adopted for X and Z axes; for spindle, a high-precision(P4)double-row roller bearing with large diameter that features high rigidity and bearing capacity is used; the ten-station hydraulic tool post is hydraulically locked. Therefore, it has the advantages of good rigidity, high stability, high precision, high production efficiency and long service life.

Main technical parameters of CNC lathe

(1)Maximum swing diameter: 420mm;

(2)Distance between centers: 0~350mm;

(3)Spindle speed: 3000~6000rpm;

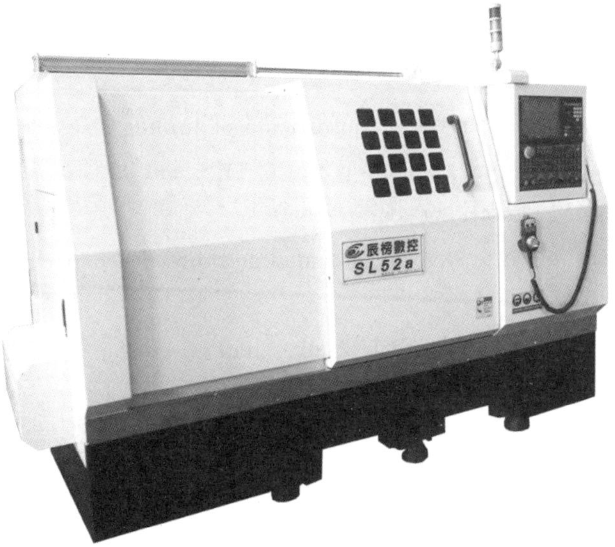

Figure 2–2 Chenbang SL52a CNC Lathe

(4)Slant bed structure;

(5)Hydraulic three–jaw chuck: 6 inch;

(6)Spindle through–hole diameter: Φ56mm;

(7)AC servo main motor: 7.5kW;

(8)Rapid traverse speed of feed spindle: 24m/min;

(9)Number of tool post stations: 8(hydraulic);

(10)CNC system: FANUC Oi TF;

(11)Automatic cooling, centralized lubrication, chip removal by chain plate (or direct removal by water tank);

(12)Front pneumatic door.

2.2 Three–axis CNC machining center and CNC system

Different from CNC lathe mainly used for machining of rotary parts, CNC machining center is mainly suitable for machining of workpieces with complex shapes, multiple processes and high precision requirements. It can complete various workpiece machining processes after one–process clamping, including drilling, milling, boring, chambering, reaming and tapping. IMS, composed of CNC ma-

chining center and CNC lathe that complement each other, features high flexibility and wide application, effectively satisfying the cost and efficiency indicators.

Networking requirements for three-axis CNC machining center:

(1)The center shall be equipped with Ethernet interface;

(2)The center shall have a memory capacity of greater than 5kB, and a data disk;

(3)An automatic interface shall be provided to realize remote startup of center and program uploading to machine tool memory, so that the status, mode and spindle position information of machine tool can be obtained;

(4)Control and feedback signals of center automatic fixture and automatic door can be directly connected to the lathe I/O module and controlled by the lathe, and corresponding status can be fed back to IPC over the Internet;

(5)The center can stop at the origin position and transmit the origin status to the IPC over the Internet;

(6)The machine tool shall be equipped with a built-in camera, and a pneumatic cleaning nozzle installed in front of the lens;

(7)A zero-point clamping system and pneumatic flat tongs, with high positioning accuracy and good reliability, shall be provided;

(8)The center shall be able to measure the workpieces, thus checking whether the machining is qualified online. The on-line measuring device shall be used as a tool. Measurement shall be realized by center programming. MES obtains the test data by Ethernet. The calling of measuring device shall be realized by tool changing.

Chenbang AVL650e three-axis CNC machining center, as shown in Figure 2-3, is used for the technology platform in this book. The center is of "A"-shaped high-rigidity structure. It is equipped with three-axis linear rolling guide rail, C3 high-precision ball screw, high-rigidity spindle with a maximum speed of up to 10000 rpm, and 24-position arm-type automatic tool changer. It is economical with good rigidity, precision and stability.

Main technical parameters of three-axis CNC machining center:

(1)Table size: 650 × 400mm;

(2)Three-axis travel: 600 × 400 × 450mm(XYZ);

(3)Spindle speed: 8000rpm;

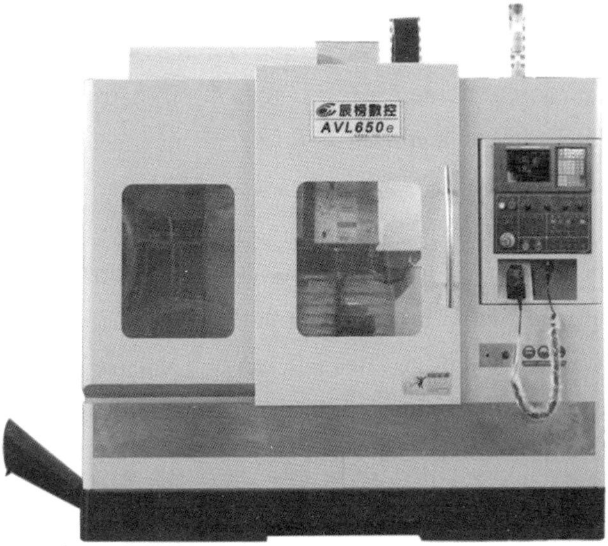

Figure 2–3 Chenbang AVL650e Machining Center

(4)Tool shank standard: BT40;

(5)Rapid traverse speed of feed spindle: 36m/min;

(6)Tool changer: manipulator type, 24–position;

(7)Gas source pressure: 0.5~0.7MPa;

(8)Front pneumatic door;

(9)Interface provided for on–line probe;

(10)Air source and control interface provided for pneumatic flat tongs and zero–point clamping system;

(11)Automatic cooling, centralized lubrication, chip removal by screw(or chain plate);

2.3 Industrial robot

For an intelligent manufacturing cutting unit system, industrial robots are generally used to handle materials and complete loading and unloading of machining equipment. Six–axis and four–axis industrial robots are most commonly used. The type and number of axes of robots should be determined first according to actual production requirements, and then the specific model should be selected

based on parameters of working range, load and precision. To grab workpieces of different sizes and shapes, different grippers need to be installed at the end of robots. An additional traveling axis can be provided to expand the working scope of industrial robots. Guide rails enable robots to complete material handling among equipment such as stereoscopic warehouse, CNC lathe and machining center. Chenbang RUN20 universal six-axis industrial robot is used as the loading and unloading manipulator of technology platform in this book. With a light structure, this robot has a high-precision reducer. Its payload is 20Kg and maximum working radius is 1718mm. It is characterized by large working space, high repeated positioning accuracy, stable performance, fast running speed and flexible installation. It is suitable for handling, stacking, loading, unloading, welding, assembling and other operations.

Main technical parameters of industrial robot:

(1)Degree of freedom(DOF):6;

(2)Load: 20kg;

(3)Arm span: 1717mm;

(4)Repeated positioning accuracy: ± 0.05mm;

(5)Form of seventh axis: ground track;

(6)Total length of ground track: 5000mm;

(7)Effective travel of ground track: 4000mm;

(8)Maximum traveling speed of ground track: 600mm/s;

(9)Repeated positioning accuracy of ground track: ± 0.2mm;

The robot gripper is an important end effector. It is of electric or pneumatic driving mode generally. A pneumatic gripper operates under the action of cylinder driven by compressed air. With the characteristics of simple control, fast speed and low cost, pneumatic grippers are the most widely used grippers at present.

Parallel pneumatic gripper, as shown in Figure 2-4, is used as the robot gripper of the technology platform in this book. It works by two pistons. Each piston is connected with a pneumatic gripper by a roller and a double crank, forming a special drive unit. In this way, the pneumatic grippers always move axially and concentrically, and each gripper cannot move independently. If a gripper moves in the opposite direction, the previously pressurized piston will be exhausted, and the other piston will be pressurized. Moreover, a reflective photoelectric switch is in-

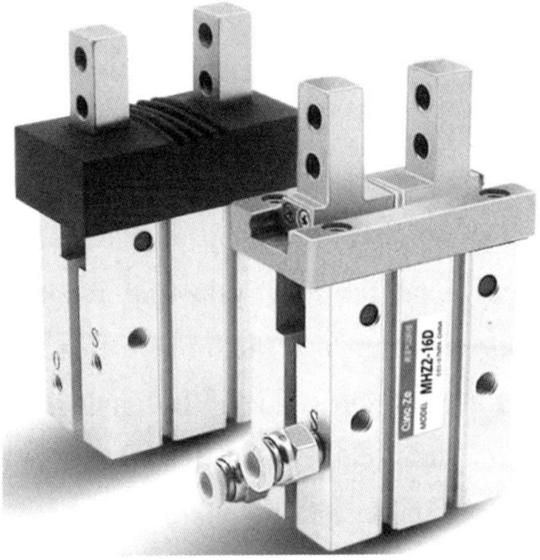

Figure 2–4 Parallel Pneumatic Gripper

stalled on the gripper to detect whether the robot gripper has any workpiece. A magnetic switch is also installed on the gripper to detect whether the gripper is opened in place. The provided RFID reader allows writing and identification of material information.

In recent years, the application of electric grippers in the industrial automation field has increased. Compared with pneumatic grippers, electric grippers show the following advantages:

(1)Some models have a self–locking mechanism to avoid damages to workpieces and equipment caused by power failure. They are safer than pneumatic grippers are;

(2)The opening and closing of gripper are programmable to realize multipoint positioning. A pneumatic gripper only has two position stop points, while an electric gripper can have over 256 position stop points;

(3)The acceleration and deceleration of electric grippers are controllable so that the impact on the workpiece can be minimized. However, the impact caused by clamping of pneumatic grippers is difficult to be eliminated;

(4)The clamping force of electric grippers is adjustable, and the closed–loop control of force can be realized. The clamping force accuracy can reach 0.01 N and the measurement accuracy can reach 0.005mm. The force and speed of pneumatic grippers are basically uncontrollable. Such grippers cannot be used for high-

ly flexible and meticulous operations;

(5)However, the complicated control and high costs of electric grippers limit their application to some extent.

In addition, the following interfaces shall be open for industrial robots to meet the networking requirements:

(1)Ethernet interface supported by robot;

(2)At least 16 I/O points of the robot control system;

(3)The seventh axis linkage controlled by the industrial robot

2.4 On–line measuring device

A commonly used traditional part measuring method is off–line measurement: The part under test needs to be transferred from the machining equipment to the measuring equipment. During production of slightly complicated parts, multiple measurements may be required. Sometimes, compensation based on measurement results may be required for part machining. This not only increases the length of process route and the number of clamping times, but also adds the machining time and production costs.

The on–line measuring device make uses of the accuracy of the machine tool itself to realize on–line measurement by ruby probe and radio frequency hopping technology, as shown in Figure 2–5. The probe receiver is installed on the machining center. During on–line detection of a CNC machine tool, the main detection program needs to be generated automatically by the computer–aided programming system. This program is then transmitted to the CNC machine tool via the communication interface. A skip instruction enables the probe to move as per the path specified by the program. The probe sends a trigger signal after contact with the workpiece. The signal is transmitted to the converter by the special interface between the probe and CNC system. After conversion, the signal is transmitted to the machine tool control system, and the coordinates of the point are recorded. After the signal is received, the machine tool stops moving. The coordinates of measuring point are sent back to the computer by the communication interface, and then the next measuring action is executed.

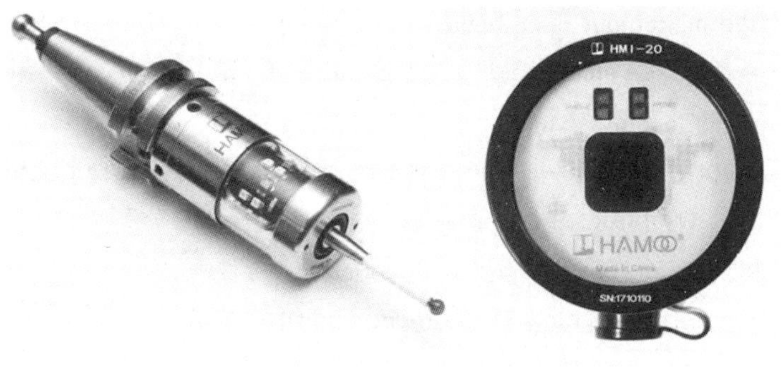

Figure 2-5 On-line Probe and Receiver

Therefore, using on-line measurement instead of off-line measurement is an effective way to make the quality inspection process closer to the machining process under the condition that the efficiency and accuracy of on-line measurement are guaranteed, which ensures that the workpiece is qualified when it is unloaded from the machining equipment. On-line measurement can replace manual alignment, edge finding and measurement, reducing auxiliary setting time of machine tool and improving the dimensional accuracy of finished products.

Main technical parameters of the on-line measuring device of the technology platform in this book:

(1)Trigger direction of probe: ±X, ±Y, +Z;

(2)Trigger protection travel of probe in each direction: XY ± 15°, Z+5mm;

(3)Trigger force of probe in each direction: XY=1.0N, Z=8.0N;

(4)Repeated(2σ)trigger accuracy of probe in any single direction: $\leqslant$ 1μm;

(5)Radio signal transmission range: $\leqslant$ 10M;

(6)IP Rating: IP67.

2.5 Zero-point clamping system

Zero-point positioning systems, playing a significant role in automatic and intelligent production, can greatly reduce the time required for installation and alignment of workpieces. They are used in various metalworking processes, especially in machining centers. They are even known as "quick-change experts". Simply put, it is a unique positioning and locking device that ensures an unchanged zero point when a workpiece is transferred from one station to another,

from one process to another, or from one machine tool to another. In this way, the auxiliary time for zero point re-alignment can be saved to ensure work continuity and improve work efficiency.

The zero-point positioning system converts different types of product or process coordinate systems into unique coordinate systems by zero-point positioning pins, and then realizes positioning and tightening by the standardized gripper interface on the machine tool. This system can directly obtain the unified position relationship of workpieces among different machine tools, eliminating the cumulative errors in multiple processes. Most importantly, it unifies the design basis, process basis and test basis, so that the whole machining process is effective and controllable. This is very important in automatic production lines. Currently, the principles of mainstream zero-point positioning systems in the industry include: steel ball locking + steel ball positioning (as shown in Figure 2-6); tab locking + short taper positioning; jacket locking + jacket positioning; leaf spring locking + short taper positioning. The combination of different types of positioning pins can compensate the position tolerance of positioning pins and zero-point positioner.

The zero-point clamping system shown in Figure 2-6 is mainly composed of two parts, namely, zero-point positioner (socket head or chuck) and positioning joint (convex head or rivet). The zero-point positioner clamps the positioning joint by a large-diameter ball with high rigidity. When a hydraulic pressure of 60bar or an air pressure of 6bar is applied to the zero-point positioner, the ball will spread to both sides so that the positioning joint can enter or exit the zero-point position-

Figure 2-6 Schematic Diagram of Zero-point Clamping System

er freely; after the pressure source is cut off, the ball will gather towards the center to lock the positioning joint. The repeated positioning accuracy between the two parts can reach 0.002mm, and a clamping force of 5kN to 30kN can be provided. The following performance parameters are mainly considered for selection of a zero-point positioning system:

(1)Clamping force: It refers to the force that the locking pin is subjected to when it is pulled into the zero-point positioner and clamped by a ball. The tensioning force is the maximum allowable tensile force of locking pin. A high-precision ball ensures more effective force transmission. For example, the tensioning force of a locking pin in the SET zero-point positioning system can reach 40KN.

(2)Repeated positioning accuracy: It refers to the tolerance range of change in position of a reference point on a workpiece after this workpiece is removed from the fixture and then repeatedly clamped by the fixture. Generally, the repeated positioning accuracy of zero-point positioning system clamping is less than 0.005mm. For some systems, the accuracy even can reach 0.002mm.

The zero-point positioning system has spring driving and self-locking functions, so that continuous connection to the pressure source is not required. After the pressure source is cut off, the integrated spring force will enable permanent locking of module, ensuring safe and reliable workpiece clamping. When the part size or cutting force is relatively large, a single fixture with greater clamping force can be used or multiple zero-point positioning systems can be installed on a tray. This is applicable to almost any place. Furthermore, the zero-point positioning system can also be used for quick change at the end of the automatic manipulator. Various combined sensor systems ensure the grabbing safety of manipulator.

A high-precision EROWA zero-point clamp, as shown in Figure 2-7, is provided for the technology platform in this book. The part and its collets are installed on the reference tray, which is connected with the pneumatic chuck on the machine tool table and accurately

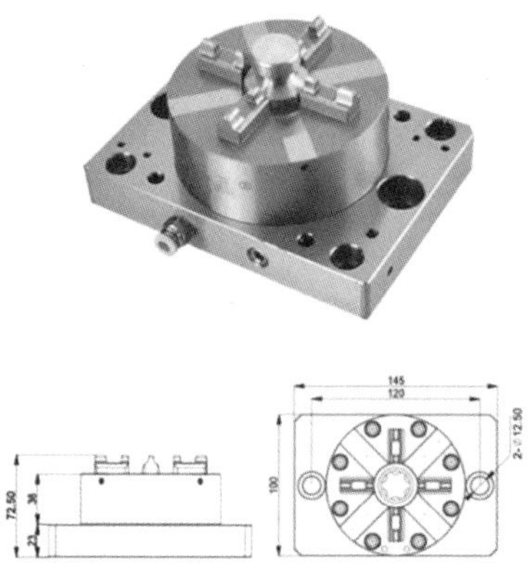

Figure 2-7 EROWA Zero-point Clamp

positioned. The repeated positioning accuracy is less than 0.002mm. Therefore, no manual workpiece alignment is required, which eliminates the manual alignment error and ensures the high accuracy and automation of part machining.

2.6 Pneumatic precision flat tongs

Flat tongs fall into general adjustable fixture. They can also be used as "assemblies" of combined fixture(refers to the independent components that are not disassembled during assembling). Flat tongs are especially suitable for production and machining of small batches with many varieties. With advantages of high positioning accuracy, fast clamping and strong applicability, they are the most widely used machine tool fixture in single-piece production of small batches. Pneumatic precision flat tongs can be connected with the CNC system or IMS to control the automatic release and clamping of pneumatic oil pressure flat tongs, thus realizing fully automatic clamping. They can be used as an important supplement to the zero-point clamp, expanding the IMS application scope.

Pneumatic-hydraulic pressurized flat tongs(6 inches)are used for the CNC machining center of technology platform in this book. The air source pressure is 0.7MPa and the maximum clamping force is 5000kg. They are compatible with parts of various sizes and specifications, as shown in Figure 2-8.

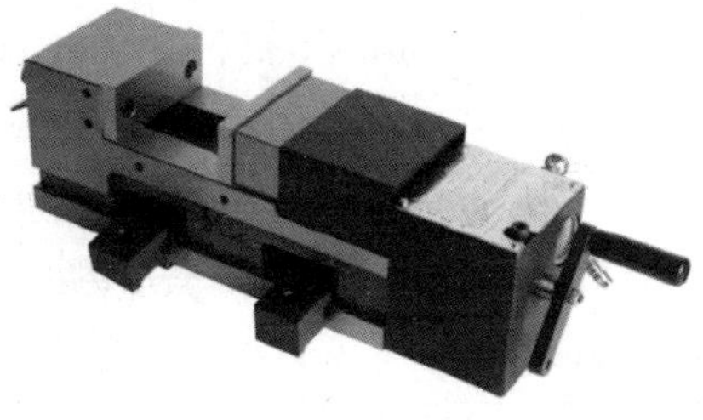

Figure 2-8 Pneumatic Precision Flat Tongs

2.7 Robot automatic tool changer

The robot automatic tool changer, enables a single robot to switch different end effectors during production to increase flexibility. It is widely used for various operations, such as automatic spot welding, arc welding, material grabbing, stamping, testing, crimping, assembling, material removal, burr clearing (grinding)and packaging. It has many advantages such as rapid production line replacement and effective reduction of downtime. Main characteristics of the automatic tool changer are provided below:

(1)Good universality: All accessory quick-change devices of robot automatic tool changer are equipped with international standard interfaces, providing good universality and adaptability.

(2)Compact structure: The robot automatic tool changer has a single piston rod hydraulic cylinder and suspension placement is adopted to ensure its coaxial installation on the quick-change rack. In addition, the single piston rod can realize more motion travel, ensuring the extending length of connecting pin.

(3)High reliability: The robot automatic tool changer can support the hydraulic cylinder and connecting pin, and on the other hand, guide its extension and retraction process, thus further improving the reliability.

As shown in Figure 2-9, the industrial robot automatic tool changer consists of two parts; its master side is on the left side, and the tool side is on the right side. The master side is installed on the front arm of the robot, and the tool side on the execution tool (such as electrode holder and gripper). The automatic tool changer is able to quickly realize the electrical, gas and liquid connection between the master side and execution tools. According to the actual situation of user, a master side can be used in combination with multiple tool sides to promote flexible manufacturing and efficiency of robot production lines, and to reduce production costs. This is mainly reflected in the following aspects:

(1)The production line replacement can be completed in several seconds;

(2)Maintenance and repair tools can be replaced quickly, which greatly reduces downtime;

(3)The flexibility can be increased by using over 1 end effector in an ap-

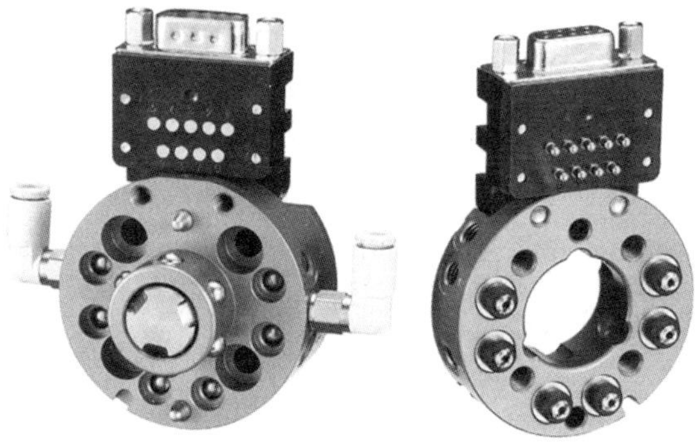

Figure 2-9 Robot Automatic Tool Changer

plication;

(4)An end effector with automatic switching function is used instead of the original cumbersome and complicated multi–function tooling effector.

The industrial robot automatic tool changer of the technology platform in this book comprises 1 set of master side quick–change device(as shown in Figure 2–10) and 3kinds of tool side quick–change grippers (as shown in Figure 2–11), which can realize rapid change of three types of robot grippers. The clamping range of two rod grippers is Φ20~Φ40mm and Φ60~Φ80mm respectively.

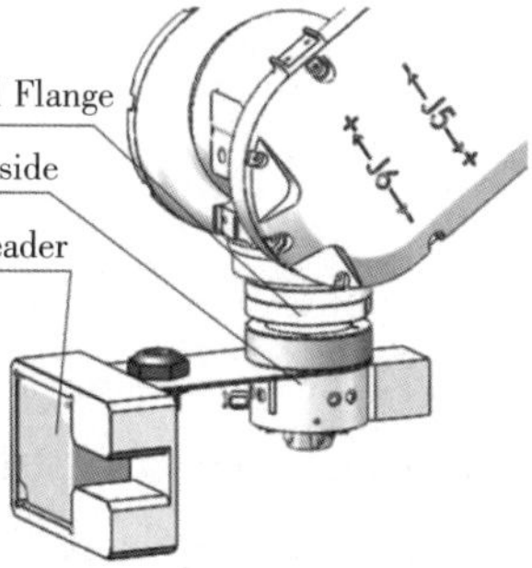

Figure 2–10 Schematic Diagram for Interfaces on the Master Side of Quick–change Gripper

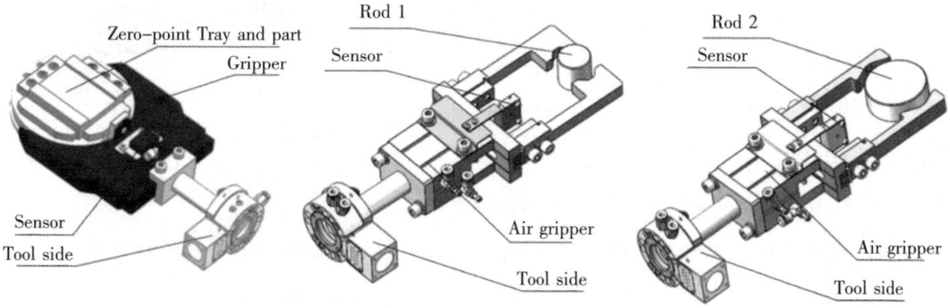

Figure 2–11 Schematic Diagram for Interfaces on the Tool Side of 3 Types of Quick–change Grippers

The robot automatic tool changer workbench is placed at the side end of the seventh axis of the robot. Figure 2–12 shows its detailed structure. This workbench is installed near the ware-house side and fixed with the traveling axis body end. The workbench has three positions for various grippers. Each gripper in–place sensor is provided at each position for rapid change of different

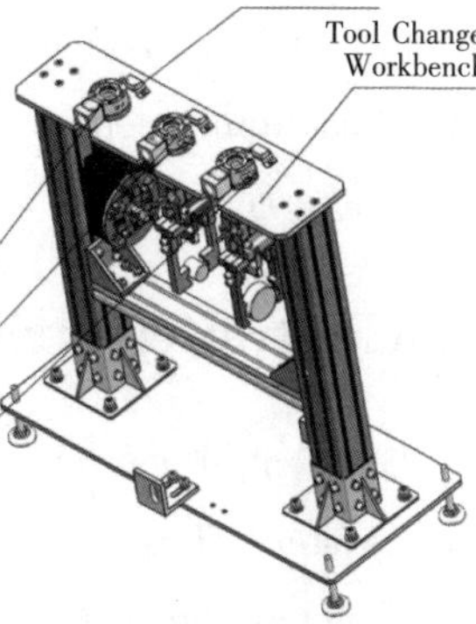

Figure 2–12 Robot Automatic Tool Changer Workbench

grippers during robot loading and unloading.

2.8 Stereoscopic warehouse

The stereoscopic warehouse(i.e., automated stereoscopic warehouse)is mainly used to store blanks during intelligent manufacturing and production, transfer semi-finished products and store finished products. During design and selection of stereoscopic warehouse, the following factors shall be considered:

(1)The position configuration of stereoscopic warehouse shall meet the storage requirements for products of different types and sizes based on actual production conditions. As shown in Figure 2–13, square materials are placed at the bottom layer, large rods at the middle layer and small rods at the top two layers.

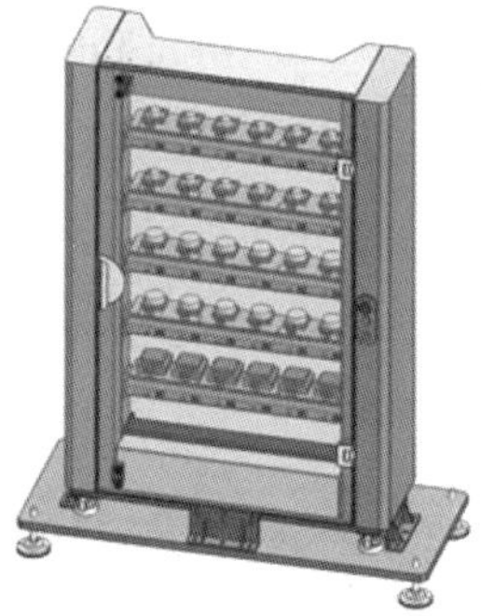

Figure 2–13 Schematic Diagram for Stereoscopic Warehouse

(2)The stereoscopic warehouse shall have a safety protective cover and safety door, with industrial safety electromagnetic lock. Its operation panel shall be equipped with an emergency stop switch, as well as buttons and indicators (such as unlocking permission, door lock release and running).

(3)Each position or standard pallet shall be provided with an RFID tag, sensor and status indicator. The sensor detects whether there is any workpiece at this position. The status indicator indicates the blank status, CNC lathe completed status, machining center completed status, qualified status and unqualified status by different colors.

2.9 Central electrical control system

The central control system includes PLC electrical control and I/O communication system. It is mainly used to control the peripheral devices and robot, and realize overall process and logic control of intelligent manufacturing units. It is mainly composed of Modbus TCP/IP communication module and DI/DQ module.

MODBUS/TCP protocol is an automation standard protocol. It is also a communication protocol widely used in the field of modern industrial control. This protocol can enable controllers to communicate with each other or with other hardware equipment over the Internet. The Modbus protocol uses a master–slave communication technique, that is, the master device actively queries and operates the slave device.

For IMS, PLC programming platform is mainly used to realize functions such as connection with MES, HMI and robot, as well as communication with RFID reader module. Main configuration of central control system of the technology platform in this book:

(1)Siemens S7–1200 CPU1215C DC/DC/DC is used as the main control PLC. It is equipped with Modbus TCP/IP communication module and 16–in and 16–out modules;

(2)A 16–port industrial switch is provided.

2.10 MES

The MES of technology platform in this book mainly consists of 7 functional modules. Detailed functions are shown in Figure 2–14.

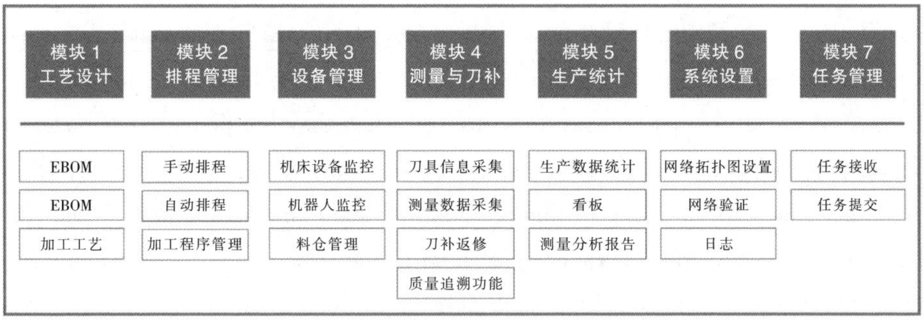

Figure 2–14 Functions of MES Software

Main functions of MES control software system:

(1)Creation and management of machining tasks;

(2)Management and monitoring of stereoscopic warehouse;

(3)Startup, shutdown, initialization and management of machine tool;

(4)Management and uploading of machining program;

(5)Real–time display of on–line detection and tool compensation & correction;

(6)Intelligent kanban function, including real–time monitoring of equipment, stereoscopic warehouse information and tool;

(7)Work order issuance, scheduling, production data management, and report management.

2.11 RFID identification system

RFID system is a simple wireless system with only two basic components. It is used for object control, detection and tracking. This system is composed of a transceiver(or reader)and various transponders(or tags). RFID is divided into passive, active and semi–active RFID according to the way energy is supplied. Passive RFID has short reading/writing distance and low costs; active RFID can realize longer reading/writing distance. RFID is divided into low frequency(LF), high frequency(HF), ultra–high frequency(UHF)and microwave(MW)RFID according to application frequencies. The representative frequency of LF, HF, UHF and MW is as follows: below 135KHz; 13.56MHz; 860M~960MHz; 2.4G, 5.8G. Frequency is an important consideration during selection of RFID system for IMS:

(1)LF: The frequency band used ranges from 10Khz to 1MHz. Common specification is 125Khz/135Khz. Generally, electronic tags of this band are passive. Energy supply and data transmission are realized by inductive coupling. The biggest advantage is that tags are less affected when they are placed near metal or liquid objects. Moreover, LF systems are proven and readers are cheap. The disadvantages are short reading distance, infeasible simultaneous reading of multiple tags(anti–collision)and low quantity of information. The general storage capacity ranges from 125 bits to 512 bits. Such systems are mainly applied to access control systems, animal chips, car immobilizers and toys.

(2)HF: The frequency band used ranges from 1Mhz to 400Mhz. Common specification is 13.56MHZ(ISM band). This band is dominated by passive tags. The energy supply and data transmission are also realized by inductive coupling. The well–known contactless smart card is the largest application for this band. Compared with LF systems, HF systems have higher transmission speed, usually

exceeding 100KBS. In addition, multi-tag identification can be realized (each international standard has a proven anti-conflict mechanism). Due to the application and popularization of contactless smart cards, systems of this band are relatively mature, and the reader price is relatively low. HF products are the most abundant, with a storage capacity ranging from 128 bits to over 8K bytes. They can deliver very high security, from the simplest write locking to encryption, and even integration of cryptographic coprocessor. They are generally used for identity recognition and product management. At present, this frequency band is the only option for RFID applications with high security requirements.

(3)UHF: The frequency band used ranges from 400Mhz to 1GHZ. Common specification is 433Mhz/868~950Mhz. Energy and information transmission of this band are realized by electromagnetic wave. Both active and passive applications are common for this band. For passive tags, the reading distance is about 3~10m, and the transmission rate is relatively high, generally up to about 100KBS. The cost is relatively low because antenna can be manufactured by etching or printing. UHF systems are especially suitable for logistics and supply chain management due to long reading distance, high information transmission rate, and simultaneous reading & identification of numerous tags. However, there are several disadvantages: the application in metal and liquid objects is not ideal; the systems are not proven; the reader price is very high, and the application and maintenance also cost too much.

Furthermore, the minimum distance between multiple electronic tags in actual application and the need for metal resistance shall also be considered for RFID reading and writing. CHENKONG CK-FR08 industrial-grade HF RFID reader(as shown in Figure 2-15)and 13.56 MHz HF RFID tags are used for RFID system of the technology platform in this book.

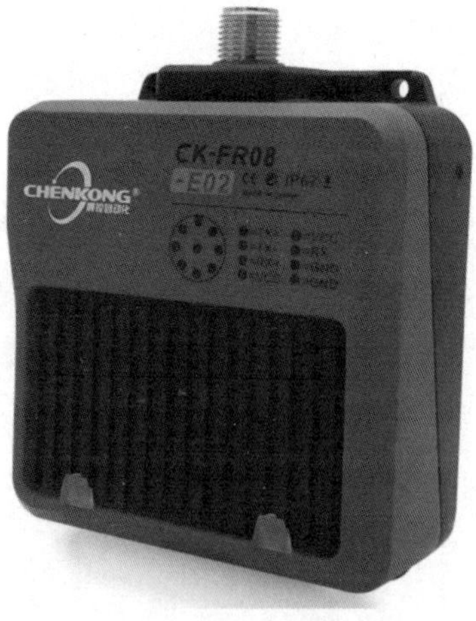

Figure 2-15 RFID Reader

The reader supports both ProfiNet and Modbus TCP(standard industrial communication protocols), which ensures easy

integration into control systems such as PLC by users. It also supports communication protocol MODBUS RTU, and its reading/writing distance is less than 10 cm. The reader integrates the RF communication protocol. Therefore, users can easily complete tag reading only by receiving data through the Ethernet interface, without the need to understand complex RF communication protocol. It has the advantages of good adaptability in harsh environment, long service life and stable data performance. Its main performance parameters are provided below:

(1)Power supply mode: POE power supply(Ethernet power supply 46–54V), DC 24V;

(2)Operating frequency: 13.56MHZ;

(3)Protocol standard: ISO 15693;

(4)Supported tag types: I–CODE2, I–CODE SLI;

(5)Reading distance: 0~100mm;

(6)Reading speed: 4m/s for UID reading(8–byte); 3m/s for data block reading(8–byte); 1m/s for data block writing(8–byte);

(7)Communication interface: Ethernet;

(8)Communication protocol: ProfiNet, MODBUS TCP;

(9)Operating humidity: 10%~90% RH;

(10)Operating temperature:–25℃~+85℃;

(11)IP rating: IP–67.

Chapter 3

PLC Programming Basics

To ensure normal operation of the intelligent manufacturing cutting unit, the connection and communication between PLC and equipment(such as robot, RFID system, CNC machine tool, stereoscopic warehouse and MES software)shall be realized first. PLC programming and debugging can be performed to achieve signal collection and instruction issuance.

3.1 Introduction to PLC

Programmable logic controller(PLC)is an electronic system operated by digital operations, specially designed for application in industrial environment. It uses a memory that can be programmed to store instructions for executing logical operations, sequence control, timing, counting and arithmetic operations. By digital or analog input(I)and output(O), it controls various types of mechanical equipment or production processes.

PLC consists of multiple functional units, such as CPU, instruction and data memory, input/output interface, power supply and digital analog conversion. Early programmable logic controllers only had a logic control function, so they were named programmable logic controllers. With the continuous development, these computer modules only with a simple function had multiple functions, including logic control, sequential control, simulation control and multi–computer communication. Therefore, the name was changed to programmable controller. However, its abbreviation "PC" conflicts with the abbreviation of personal computer, and people get used to calling programmable logic controller, so that the term programmable logic controller and its abbreviation "PLC" are always frequently used.

Nowadays, PLC used in the industry is equivalent to or close to the mainframe of a compact computer. With good expandability and reliability, PLC is widely used in various industrial control fields at present. Los of PLC controllers are used in the computer direct control system, distributed control system (DCS) and fieldbus control system (FCS). There are plenty of PLC manufacturers, including Siemens, Schneider, Mitsubishi and Delta. Almost all manufacturers involved in the field of industrial automation have their own PLC products. Siemens S7-1200 CPU1215C DC/DC/DC is used as the main control PLC of the technology platform in this book.

(1) CPU is the control center and core component of PLC. Its performance directly determines PLC performance. CPU is composed of a control unit, arithmetic logic unit and registers. These circuits are concentrated on a chip and connected to the input/output interface circuit of the memory by address bus and control bus. CPU is used to process and run user programs, execute logical and mathematical operations, and control the whole system for coordination.

(2) Memory is a semiconductor circuit with memory function. It is used to store system programs, user programs, logical variables and other information. System programs refer to programs that enable PLC to achieve various functions. They are written by PLC manufacturers and firmed into read-only memory (ROM). Users do not have access to such programs.

(3) An input unit is the input interface connecting PLC and controlled equipment. It is the bridge for signal access to PLC. It is used to receive signals from master elements and test elements. The input types include DC input, AC input and AC/DC input.

(4) Output unit is also a component connecting PLC and the controlled equipment. It is used to transmit PLC output signals to the controlled equipment (i.e., converting weak current signals from CPU into level signals to drive the actuator of the controlled equipment). The output types include relay output, transistor output and gate output.

3.2 PLC working principle

After PLC is put into operation, its working process is generally divided into three stages, namely, input sampling, user program execution and output refresh.

Completing the above three stages is called a scan cycle. During running, PLC CPU repeats the above three stages at a certain scanning speed. The working process also can be divided into five stages, namely, self–diagnosis, communication processing, reading input, user program execution, and output writing. The scan cycle is flexible. In most cases the shorter the better, the maximum value can be set during configuration. If the actual scan cycle exceeds the maximum value, CPU will report an error.

3.2.1 Input sampling

In this stage, PLC reads input status and data in sequence by scanning, and stores them in the corresponding units of the I/O image area. After this stage are the user program execution and output refresh stages. In these two stages, any change in input status and data will not change those in the corresponding units of the I/O image area. Therefore, if the input is a pulse signal, the width of pulse signal must be greater than one scan cycle to ensure that the input can be read in any case.

3.2.2 User program execution

In this stage, PLC always scans user programs from top to bottom(ladder diagram). The scanning of each ladder diagram starts with control circuits formed by contacts on the left side. Then, logical operations are executed for these control circuits from left to right and from top to bottom. After that, the status of corresponding bit of that logical coil in the system RAM storage area is refreshed based on the logical operation results; or the status of corresponding bit of that output coil in the I/O image area is refreshed; or whether to execute the special function instructions specified by the ladder diagram is determined.

During user program execution, only the status and data of input points in I/O image area will not be changed. Those of other output points and soft devices in I/O image area or system RAM storage area may be changed. Moreover, the program execution results of ladder diagrams will have effect on ladder diagrams below them that use these coils or data. The status or data of the refreshed logic coil of the ladder diagrams can only have effect on the programs arranged above it in the next scan cycle.

3.2.3 Output refresh

After the user program execution is finished, PLC enters the output refresh

stage. In this stage, CPU refreshes all output latch circuits based on the corresponding status and data in the I/O image area, and then drives the corresponding peripherals by the output circuit. This provides the real output of PLC.

CPU has three working modes: startup, running and stop.

(1)Startup: CPU is in startup mode when switching from stop to running mode. There are four key points, namely, input clearing(clear input buffer I), output initialization(initialize output buffer Q), OB startup(start and execute OB), and interrupt queue(arrange the interrupt queue, without processing). Note: The result is 0 when OB is started to read buffer I. Physical input must be read.

(2)Running: There are five key points, namely, output writing(write output in Q), input writing(write input in I), OB execution(execute user program), self-diagnosis(perform self-diagnosis)and interruption & communication processing(in the cycle, process interruption and external communication at any time). The first four are regarded as a cycle.

(3)Stop: There are four key points, program stopping(stop executing user OB), output disabling(disable output or maintain the final output value), refresh stopping(do not refresh the input/output process image), and communication diagnosis only(only process communication and self-diagnosis).

Figure 3-1 shows CPU startup and running processes. The PLC working mode is progressive scanning. The progressive running means that the execution of

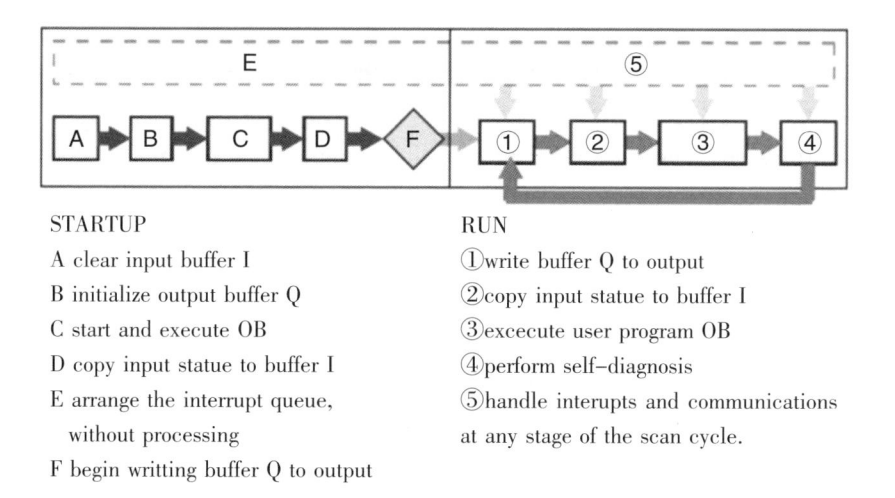

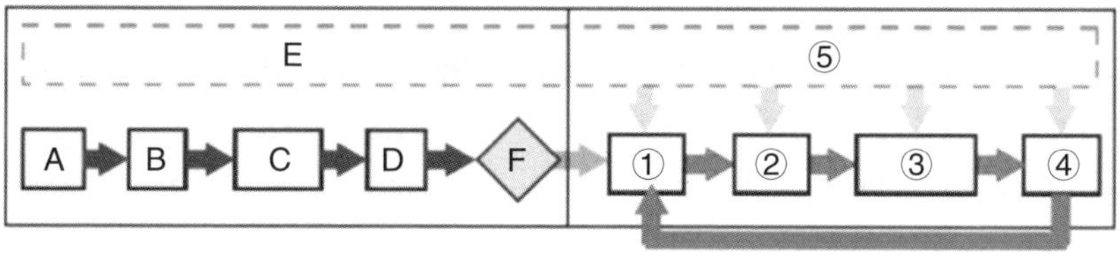

STARTUP

A clear input buffer I

B initialize output buffer Q

C start and execute OB

D copy input statue to buffer I

E arrange the interrupt queue, without processing

F begin writting buffer Q to output

RUN

①write buffer Q to output

②copy input statue to buffer I

③excecute user program OB

④perform self-diagnosis

⑤handle interupts and communications at any stage of the scan cycle.

Figure 3-1 CPU Startup and Running

the next instruction starts from the end of the previous instruction. The progressive scanning means that all instructions are scanned and variables are refreshed in each cycle.

3.3 S7−1200_CPU1215C DC/DC/DC

S7−1200, short for SIMATIC S7−1200, is a compact and modular PLC. As a perfect solution for small automation system of a single machine, it is able to complete tasks such as simple logic control, advanced logic control, HMI and network communication. S7−1200 system has five different modules: CPU 1211C, CPU 1212C, CPU 1214C, CPU 1215C and CPU 1217C. Each module can be extended to satisfy the system requirements.

According to the model of CPU power supply and the type of digital output, CPU 1215 C can be further divided into CPU 1215C AC/DC/RLY, CPU 1215C DC/DC/RLY, and CPU 1215C DC/DC/DC. The model of CPU 1215C DC/DC/DC (as shown in Figure 3−2)is taken as an example here. The first "DC" indicates that the PLC power supply is of DC 24V. The second "DC" indicates that the PLC digital input is transistor signal input, and the digital input can only be transistor input. The third "DC" indicates that the PLC digital output is transistor output. " RLY" indicates that the digital output type is relay type. Different digital output types correspond to different loads and load capacities.

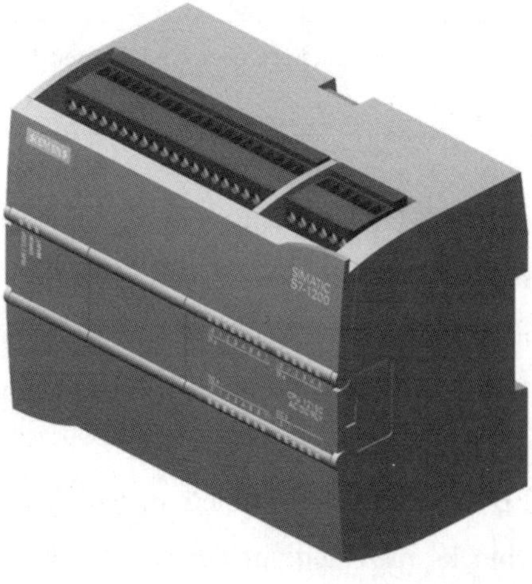

Figure 3−2 S7−1200_CPU1215C DC/DC/DC

CPU 1215C DC/DC/DC: 125KB working memory; 24VDC power supply, with DI14 × 24VDC SOURCE/SINK, DQ10 × 24VDC, AI2 and AQ2; with 6 high-speed counters and 4-channel pulse output; extended signal board with I/O; up to 3 communication modules available for serial communication; up to 8 signal modules for I/O expansion; 0.04ms/1000 instructions; 2 PROFINET ports used for programming and data communication between HMI and PLC.

3.4 PLC programming basics

3.4.1 Programming unit

As shown in Table 3-1, PLC programming units are program code blocks, which are classified into the following types:

Table 3-1 User Program Code Block

	Organization block(OB)	Interface between the operating system and user program, determining the architecture of user program
	Function block (FB)	Subprogram with background data blocks
	Function(FC)	Subprogram without background data blocks
	Background data block(DB)	Used to save FB input, output variables and static variables
	Global data block (DB)	Used to store user data; shared by all code blocks

Organization block(OB): OBs are called by the operating system. OBs cannot call each other. OBs can call subfunctions such as FB/FC. They include program cycle organization block(scan cycle execution), startup organization block(executed once during startup; default number:100)and interruption organization block.

Function block(FB): FB is a sub-function, which contains static variables, with background data blocks provided. In most cases, FB execution is completed within multiple scan cycles.

Function(FC): FC is a subfunction. Its execution is completed within one scan cycle.

Background data block(DB)/Global data block(DB): It is used to store global static data.

Figure 3–3 shows the programming construct of each program code block.

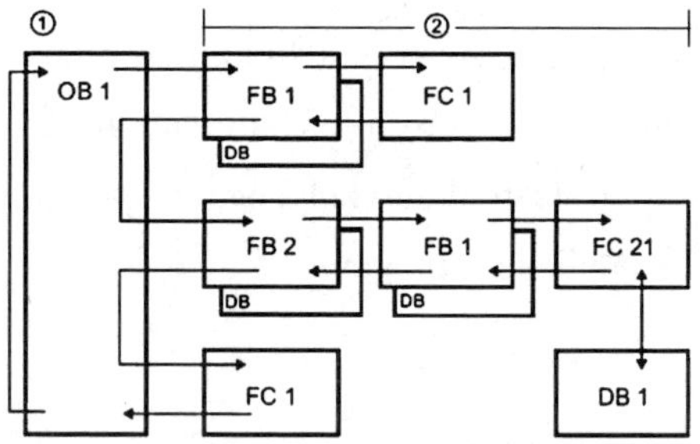

Figure 3–3 Modular Programming Construct

3.4.2 Programming language

(1)Ladder diagram(LAD): It is similar to a relay circuit diagram, consisting of contacts, coils, and instruction boxes represented by boxes. It is intuitive and easy to understand, especially suitable for DI/DO logic control. As shown in Figure 3–4, the "power flow" is assumed from top to bottom and from left to right.

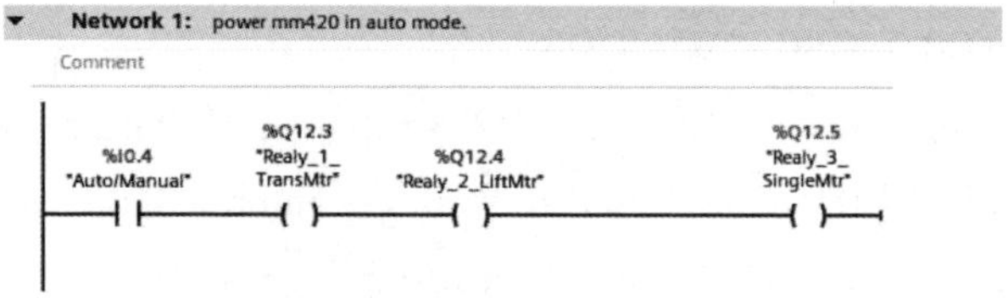

Figure 3–4 Example of LAD

(2)Function block diagram(FBD): It is similar to the graphical logic symbol of power transmission. The logic operation relationship is represented by boxes similar to AND–OR–NOT gate, as shown in Figure 3–5.

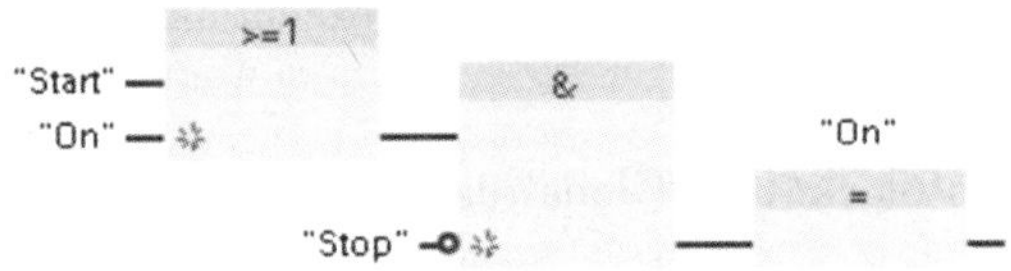

Figure 3–5 Example of FBD

(3)Structured control language: It is a simplified high-level language similar to PASCAL and C, as shown in Figure 3-6. Its function and readability are better than graphic language and instruction language respectively. It is suitable for writing algorithmically complicated programs. But it is not as intuitive as graphic language.

```
IF condition THEN
    // Statement section IF
    ;
END_IF;
```

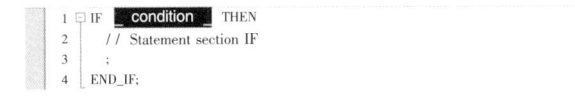

Figure 3–6 Example of Structured control language

3.4.3 Data storage

Process image input(I): The access to it can be realized by bit, byte, word or double word(I0.0, IB0, IW0, ID0).

Physical input(I:P): The input is read immediately.

Process image output(Q): The access to it can be realized by bit, byte, word or double word(Q0.0, QB0, QW0, QD0).

Physical output(Q:P): The output is written immediately. Bit storage area (M): It is global and retainable, used to store the intermediate status of operation or other control information. The access to it can be realized by bit, byte, word or double word.

Temporary local storage area(L): It is used to store temporary local data of blocks. It is allocated when CPU is running.

Data block(DB): It is retainable.

3.4.4 Data type

It is used to specify the size of data elements and to interpret data.

(1)Types of basic data: Bool(1bit), Byte(8bit), Word(16bit), Dword(32bit),

USint(8bit), Sint(8bit), Uint(16bit), Int(16bit), UDint(32bit), Dint(32bit), Real(32bit), LReal(64bit), Sturct, and array

(2)Time and date: Time(32-bit IEC time, T#1d_2h_15m_30s_45ms), date (16-bit date value, D#2009-12-31), TOD(32-bit time-of-day clock value, TOD#10:20:30.400), DT(64-bit date and time value, DTL#2008-12-16-20:30:20.250)

(3)Characters and strings: char(single character:8-bit)and String(256 bytes, storing up to 254 characters). Special note on "String" is as follows: The first byte stores the maximum string length, and the second byte stores the current string length, as shown in Table 3-2.

Table 3-2 Example of String Data Type

Total number of characters	Number of current characters	Character 1	Character 2	Character 3	……	Character 11
1	3	'C'(16#43)	'A'(16#41)	'T'(16#54)		
Byte	Byte 1	Byte 2	Byte 3	Byte 4	……	Byte 11

(4)PLC data type: The data structure that is to be used for many times in the program can be customized.

(5)Pointer data type: pointer, any, variant(not occupying any space of memory).

Example of "any": P#DB11.DBX20.0INT10(10 words starting from DBB20.0 in DB11);

Example of "any": P#M20.0BYTE10(10 bytes starting from MB20.0)

Example of "any": P#I1.0BOOL1(input of I1.0)

There are four ways of access to data fragments:

(1)Access by bit: variable name>".xn, "<data block name>".<variable name>.xn

(2)Access by byte: variable name>."bn, "<data block name>".<variable name>.bn

(3)Access by word: variable name>."wn, "<data block name>".<variable name>.wn

(4)AT access: access to variables in a way different from the original variable data type(e.g., access to byte variables by arrayofbool).

Specific steps:

(1)Select AT variable type below the variable to be overridden, and the editor will create the override immediately, as shown in Figure 3-7.

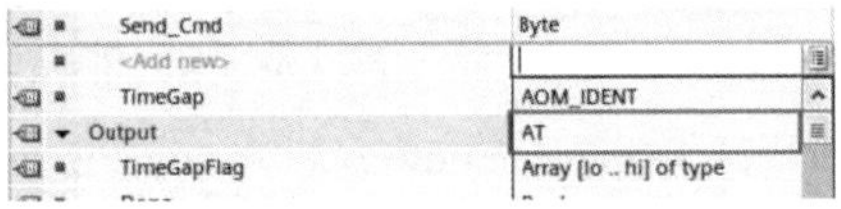

Figure 3-7 AT Override(1)

(2)Rename AT variable, and select the new data type, structure and array for overriding, as shown in Figure 3-8.

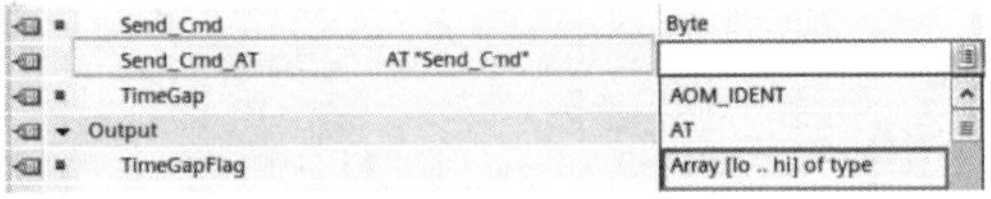

Figure 3-8 AT Override(2)

3.5 Programming preparation

First, install the STEP7 Basic/Profession TIA Portal (eg. V14)software. Connect the PC for programming and S7-1200(eg. 1215C/DC/DC/DC)by RJ-45 interface network cable. Provide DC24V power supply for S7-1200 and other modules.

General steps for PLC programming:

(1)Create a new project;

(2)Hardware configuration: Generate a virtual system corresponding to the actual system in the equipment and network editor. The model, order number, version, installation position, equipment communication connection and parameter configuration of PLC module shall be completely identical to those of the actual hardware system;

(3)Write a user program;

(4)Compile and download it to S7-1200 CPU;

(5)Monitor equipment operation, and conduct debugging and modification.

3.6 Notes

(1)Power flow

The power flow to an instruction with EN and ENO does not necessarily mean that the function execution of the instruction is completed, but only represents that this scan cycle is completed. ENO output of single-scan-cycle instructions such as arithmetic operation and bool variable operation represents that the instruction execution is completed.

(2)Single-cycle instructions and multi-cycle instructions

The execution and cyclic operation of single-scan-cycle instructions will be completed within this scan cycle. EN or REQ of multi-scan-cycle instructions only enables one scan cycle; some instructions(e.g., most communication instructions)will not be successfully executed.

(3)Power flow and scan

The EN end of FB/FC will provide a scan channel for power flow. If the EN end is disconnected, no scan channel will be provided for power flow, and internal variables will not be refreshed, so that the function will no longer be executed; when the EN end of FB/FC is always enabled, but the Enable input is disconnected, the power flow path will still exist inside the block, and corresponding variables will be scanned for refreshing.

As shown in Figure 3-9, the variables in FB12 are always scanned. However, when M3.0 or DB_Valve.done is 1, internal variables are not scanned, as shown in Figure 3-10. Accordingly, the former "done" variable will be set to 0 in the next scan cycle, while the latter "done" will be retained after being set to 1 be-

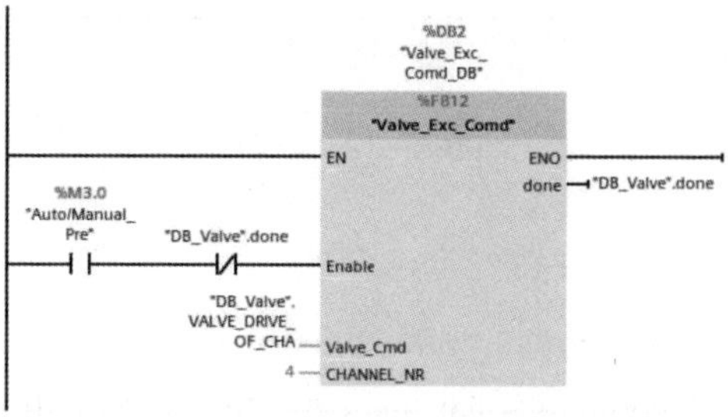

Figure 3-9 Scanning of Internal Power Flow

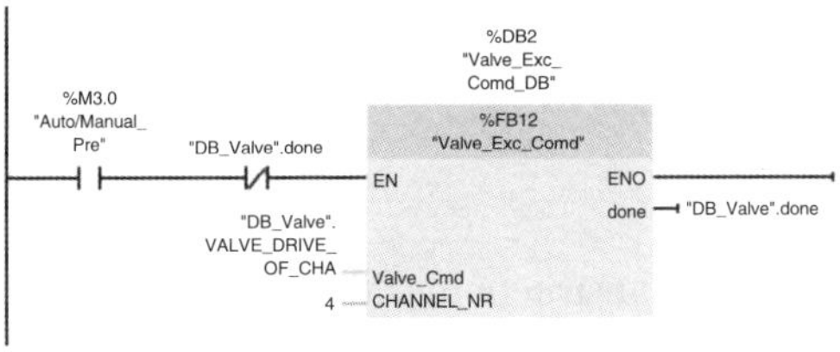

Figure 3–10 Internal Power Flow Not Scanned

cause there is no power flow for scanning.

(4)Variable assignment order

The order in which variables are assigned values is quite important because variable values are always updated by the last execution action and the preceding values are overridden. As shown in Figure 3–11, the program is originally intended to set ERR to 1 after the receiving response is completed, or in case of response timeout. In this case, the program can function normally.

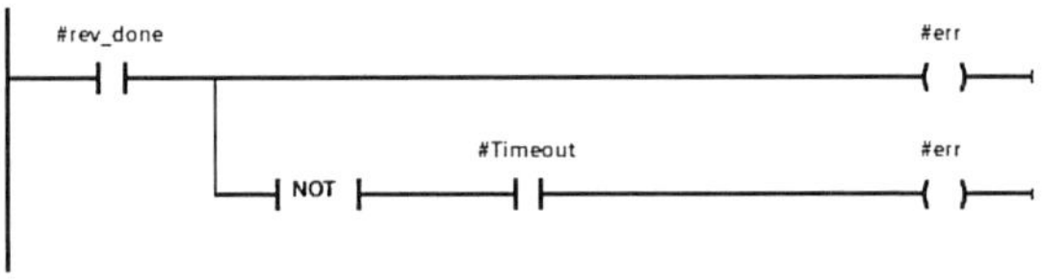

Figure 3–11 LAD 1

However, if the two are interchanged, as shown in Figure 3–12, ERR will not be set to 1 in case of receiving timeout, because ERR is reset when rev_done is 0!

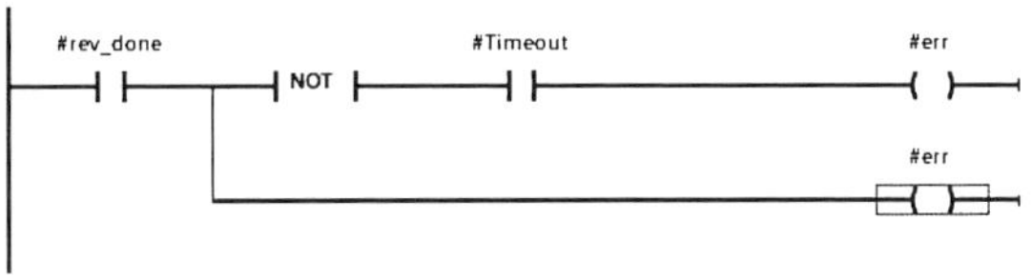

Figure 3–12 LAD 2

(5)Parameters of FB and FC

The input and output formal parameters of FB are stored in the background data block, and actual parameters can be selected during calling of this FB;

FB input and output parameters are retainable, although they are not static

variables. This depends on specific programs;

The input and output parameters of FC block are stored temporarily so that actual parameters must be specified for running;

Temp variables in FC will not be automatically reset.

(6)Reading of rising/falling edge

In a single scan cycle, the rising/falling edge of a Boolean variable can only be read once. The reason for this is as follows: After the Boolean variable is read once, its Pre variable valve will be refreshed immediately, so that any change in the variable status cannot be read successfully in subsequent reading.

(7)Use of array

Array access violation will cause CPU error, and ERR indicator will flash;

Any array index(such as array [i])to be used must be initialized. During powering on, the memory of the variable is randomly allocated. It is not necessarily 0.

(8)SEND_PTP

EN is the power flow that enables the command. REQ triggers the command execution. The rising edge and retention to 1 can only trigger command execution once.

(9)REV_PTP

If a free port communication protocol is used, starting and ending conditions of a message must be specified to ensure correct and timely sending and receiving; otherwise, the communication load will be increased due to unnecessary delay. RCV_CFG command is used to configure such starting and ending conditions.

(10)Message timeout/Response timeout

Message timeout refers to the waiting time starting from the receipt of the first character. Beyond the time, the message will no longer be received. Response timeout refers to the time between the end of transmission and receipt of the first character. Beyond the time, the message will no longer be received and will be considered to have ended.

(11)Refresh frequency of STEP7 online monitoring

LAD operand in STEP 7, the monitoring characteristic color(blue–green)of power flow and refresh frequency of Boolean variables in the monitoring table are limited. They may not reflect actual real–time running conditions. An accumulator can be used to monitor the program running status, as shown in Figure 3–13.

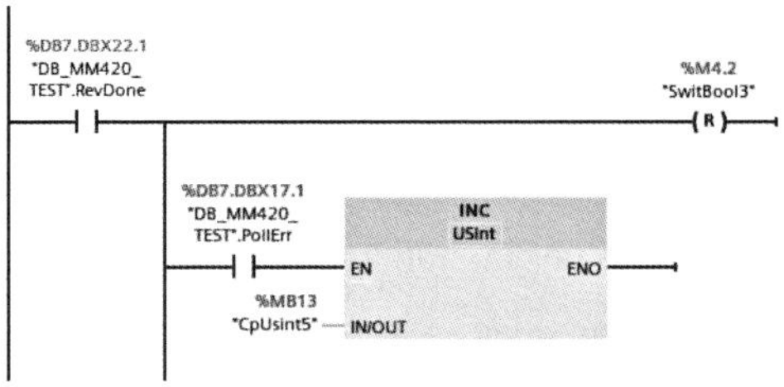

Figure 3–13 Accumulator Monitoring Program

(12)Array index out of bounds and data type

There are 15 elements in an array, i.e., array[0..14]. The queue FIFO(First In, First Out)operation is executed to judge whether the index is greater than 0 in the loop, as shown in Figure 3–14:

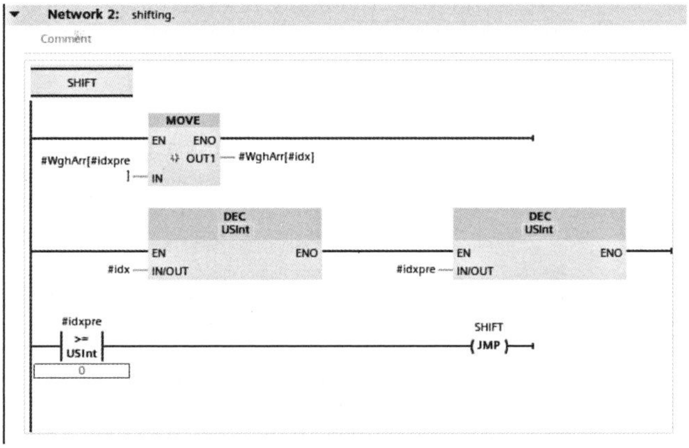

Figure 3–14 Judgment of Array Index Error

The execution result will be an array index out of bounds. As the data type of index is defined as USing(i.e., 8–bit unsigned integer with a range of 0–255), when idxpre is 0, the DEC operation of the next loop causes it to become 255 instead of "–1". Therefore, the correct practice is to reset the index data type to sint or modify the judgment condition.

Chapter 4

MODBUS Communication Setting

4.1 PLC hardware configuration

After a new PLC project is created, the hardware configuration, basis for project programming, shall be set first. Detailed steps for creation and PLC hardware configuration are as follows:

(1)Creation of a new project: Open the TIA Portal software, and click "Start"-"Create new project" to enter the interface shown in Figure 4-1. Enter the project name and select default version number.

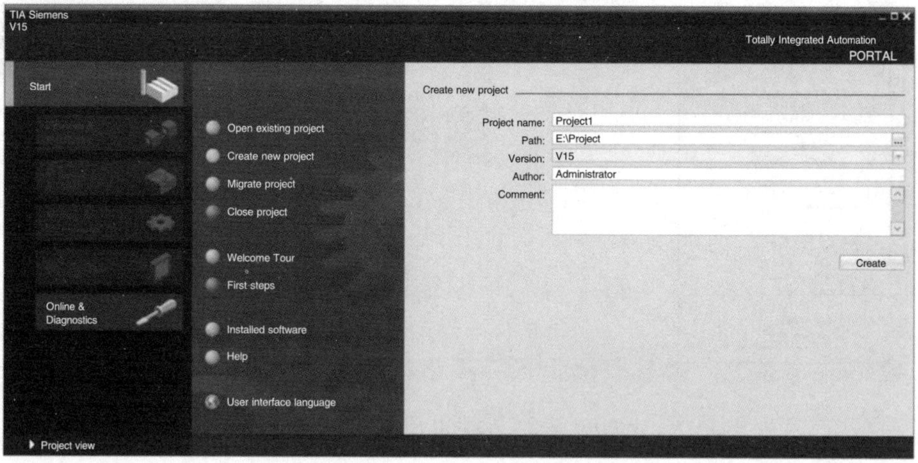

Figure 4-1 New Project Interface

(2)Hardware configuration: Enter the project view, and open the equipment and network interface, as shown in Figure 4-2.

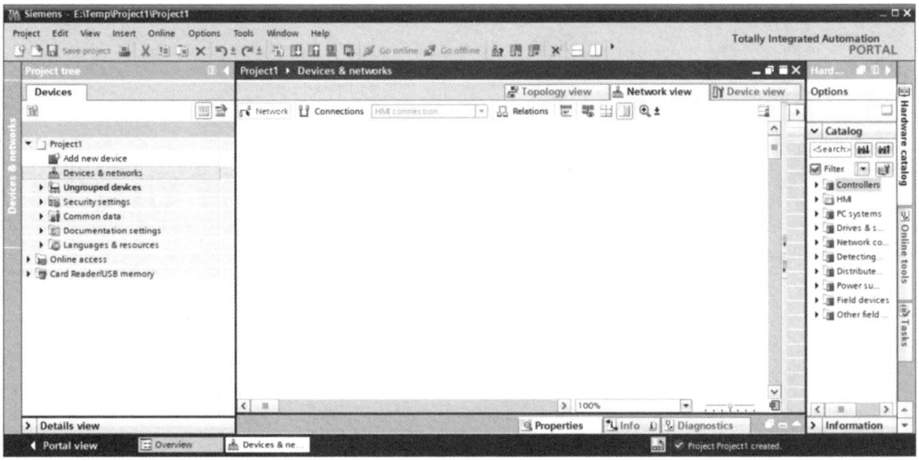

Figure 4–2 Equipment and Network Interface

(3)Addition of PLC hardware: Under the directory of "Hardware directory–Controller–S71200–CPU–1215DC/DC/DC–1AG40", double–click or drag the hardware to add PLC hardware, as shown in Figure 4–3. Make sure that the order number is consistent, and the version number is V4.2.

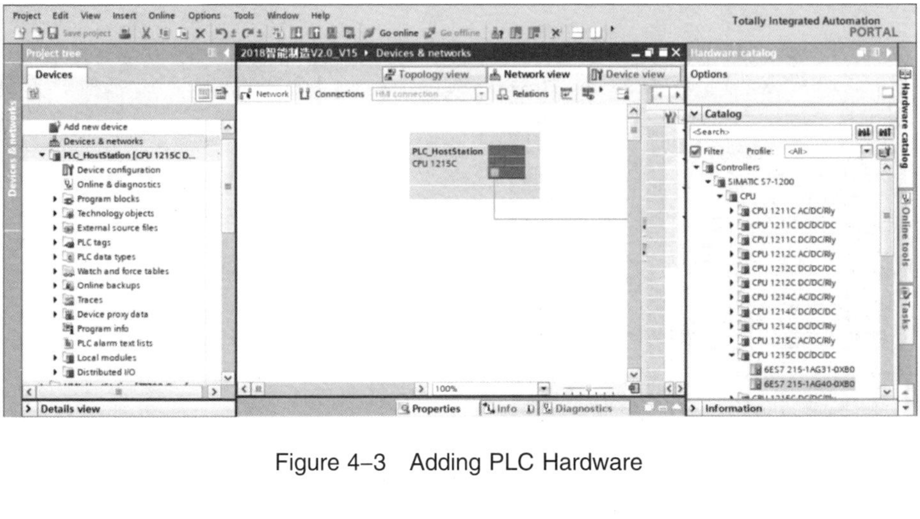

Figure 4–3 Adding PLC Hardware

(4)Addition of IO module: Add IO module according to the order number, as shown in Figure 4–4.

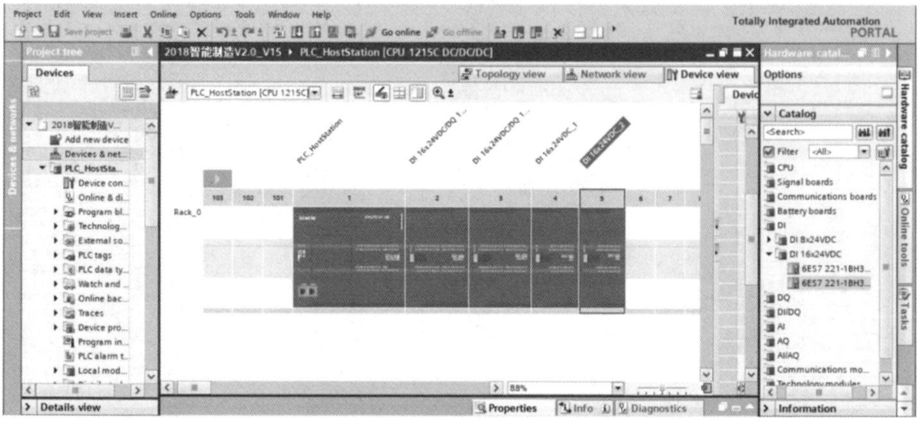

Figure 4–4 Adding IO Module

(5)Setting of IO module starting address: Right–click the IO address in the module properties, and set the input and output starting addresses to 2, 4, 6 and 8 in turn, as shown in Figure 4–5.

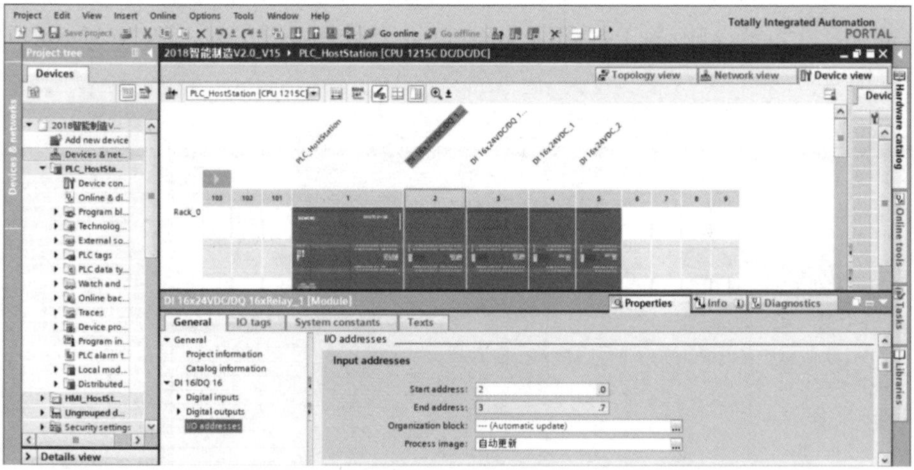

Figure 4–5 Setting IO Module Starting Address

(6)Addition of HMI and RFID hardware configuration: Change the version number into 13.0.1.0 to add HMI hardware configuration; add RFID hardware configuration; select V4.4.0.X for module model, as shown in Figure 4–6.

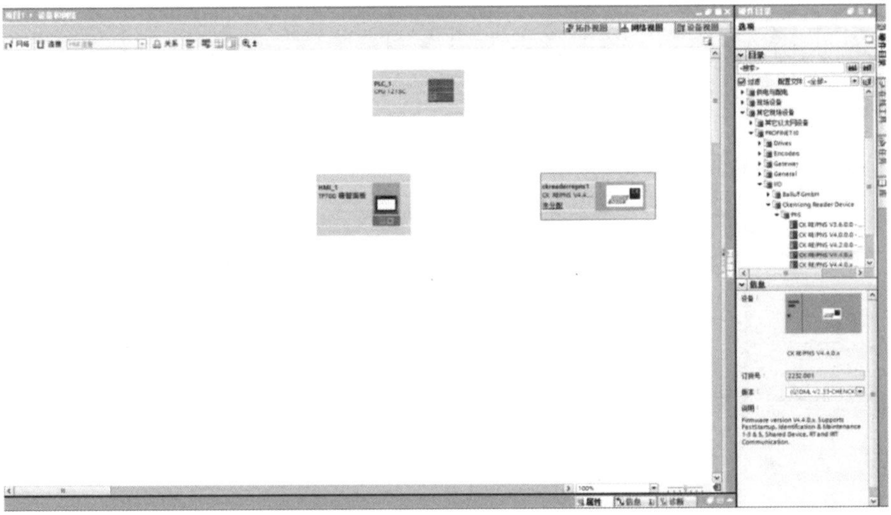

Figure 4–6 Adding HMI and RFID Hardware Configuration

(7)Configuration of RFID hardware: Double–click to enter the RFID equipment view. Add an input module (16bytesinput) and an output module (16bytesoutput). Check whether the input and output addresses are 68–83, as shown in Figure 4–7.

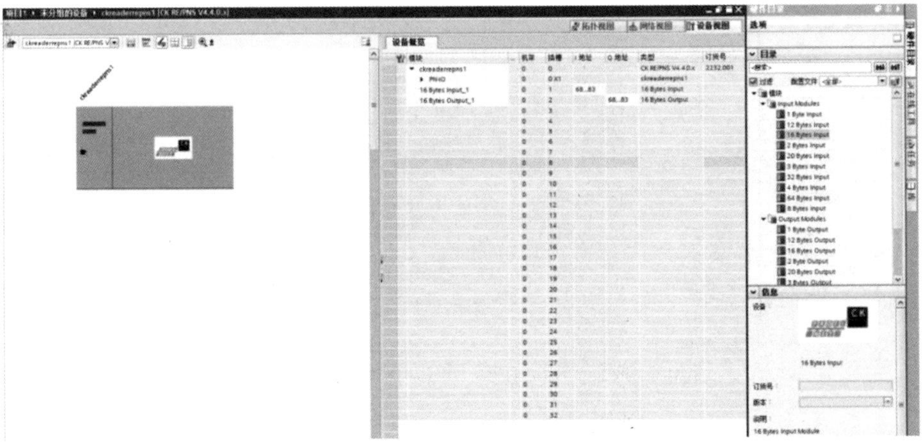

Figure 4–7 Configuration of RFID Parameter

(8)Network connection: Double-click the green network port of the hardware or right-click the equipment to select properties, and set the IP addresses of PLC, HMI and RFID in turn. Drag the green network port to realize network connection, as shown in Figure 4-8.

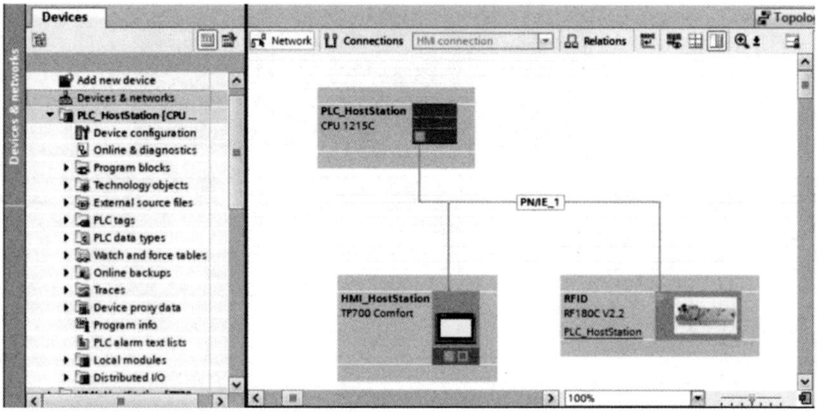

Figure 4-8 Network Connection

(9)Setting of PLC function parameters: Tick the "System memory bit" and "Clock memory bit", as shown in Figure 4-9;

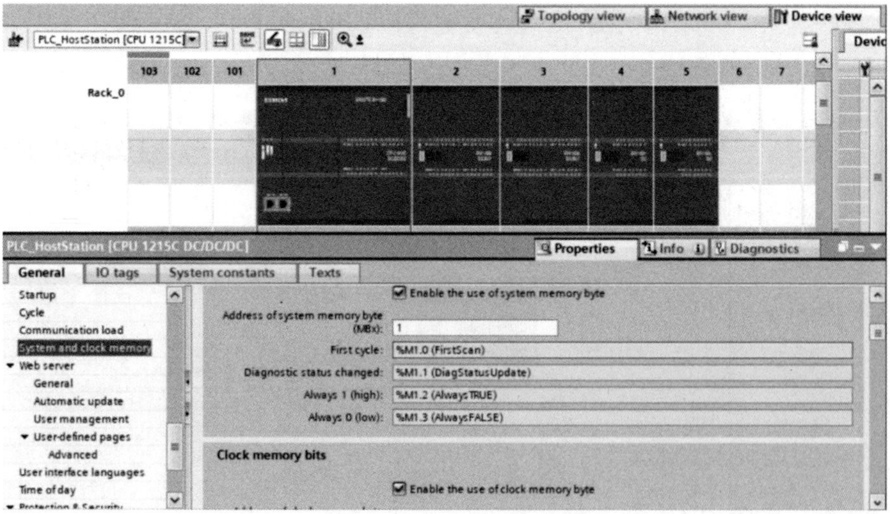

Figure 4-9 Setting PLC Function Parameters

(10)Setting of PLC connection mechanism: As shown in Figure 4-10, tick "Permit remote communication access"; otherwise, robot communication cannot be established.

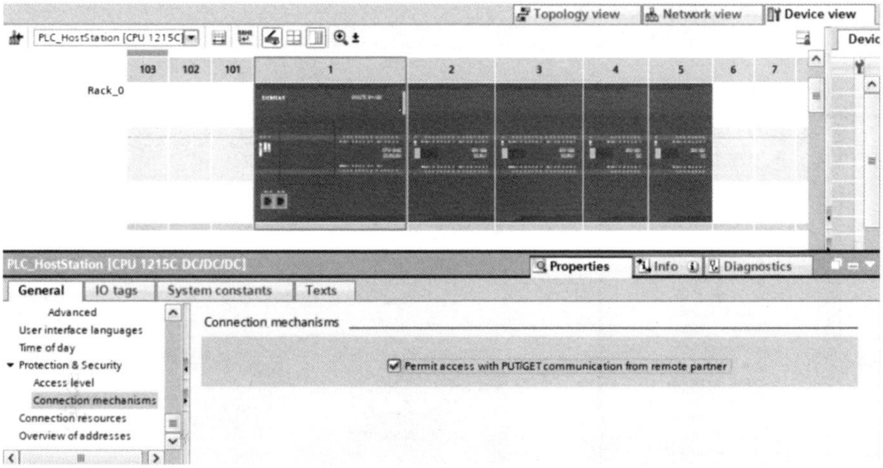

Figure 4-10 Setting PLC Connection Mechanism

4.2 Creation of MODBUS communication block

(1)Select the newly added CPU1215C DC/DC/DC controller, and right-click to open PLC "Properties". Click General→Ethernet address, and set the IP address to 192.168.8.103, as shown in Figure 4-11.

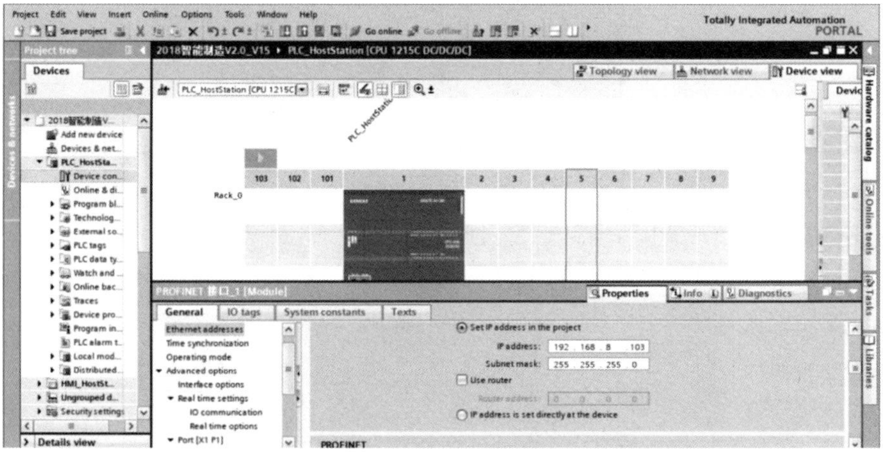

Figure 4-11 IP Address Configuration Interface

(2)Reconfirm that the "Permit PUT/GET communication access from remote objects" at the connection mechanism is ticked. Find S7_1200 in the project tree, click "New block" under the "Program blocks", and click "Function block" in the block adding interface. Enter the name of "Communication between PLC and robot", and remain others unchanged. Click OK, and the function block will be added to the program block, as shown in Figure 4–12.

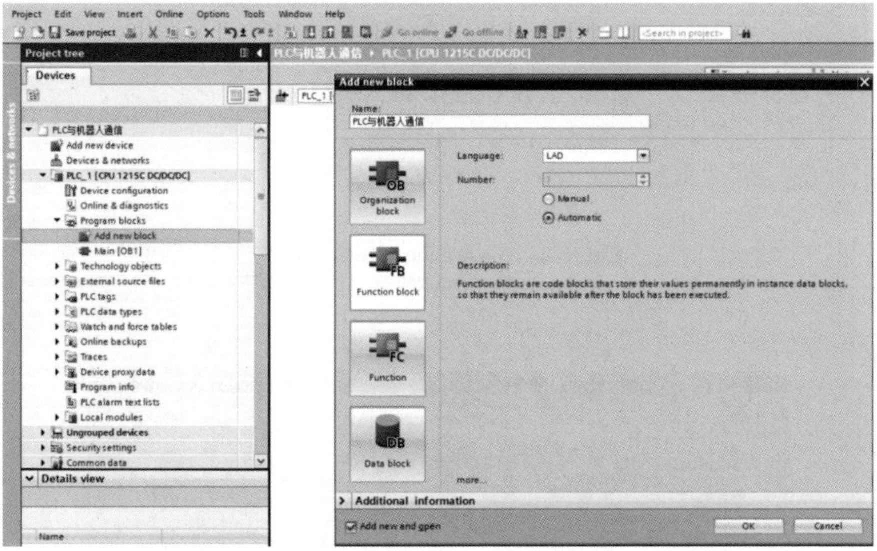

Figure 4–12 Adding Function Block

(3)Open the newly added function block. Click "Instruction" on the right side of the window. Click "Others" under "Communication", and click MODBUS TCP. As the robot is considered as the client, select MB_SERVER (server)and drag MB_SERVER to the created function block, as shown in Figure 4–13.

(4)Add a data block named "PLC and robot" in the adding program, as shown in Figure 4–14.

(5)Right-click "PLC and Robot" data block to open the property dialog box and uncheck the "Optimized block access" checkbox, as shown in Figure 4–15.

(6)Double-click "PLC and Robot" data block with the left mouse button to open the data block setting dialog box, and add three data structures, namely, PlcToRobot, robotToPLC and RobotToInfo, as shown in Figure 4–16.

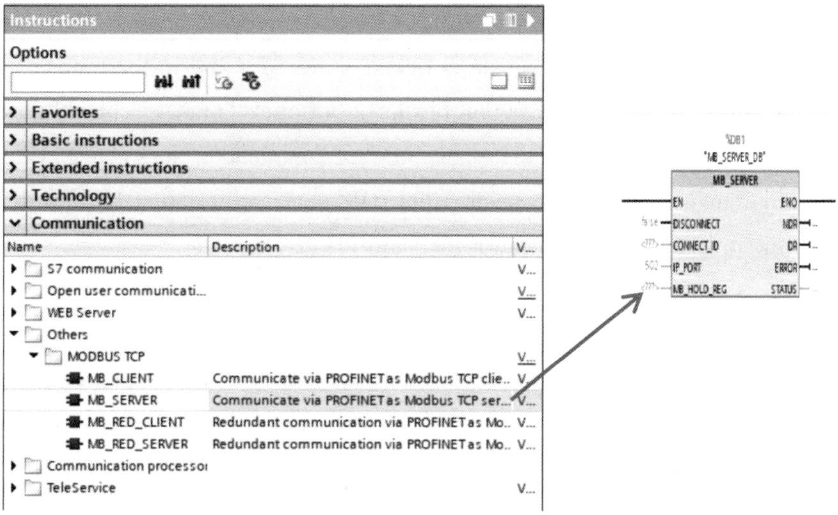

Figure 4–13 Adding MB_SERVER

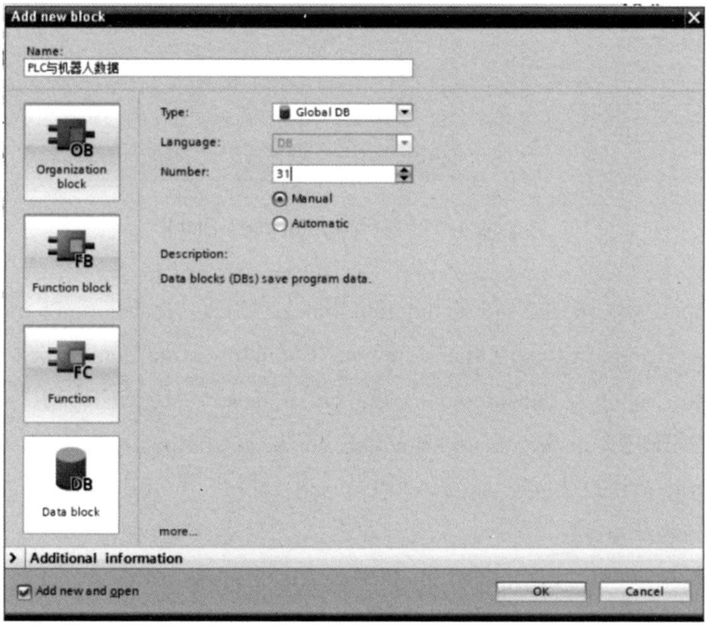

Figure 4–14 Adding Data Block

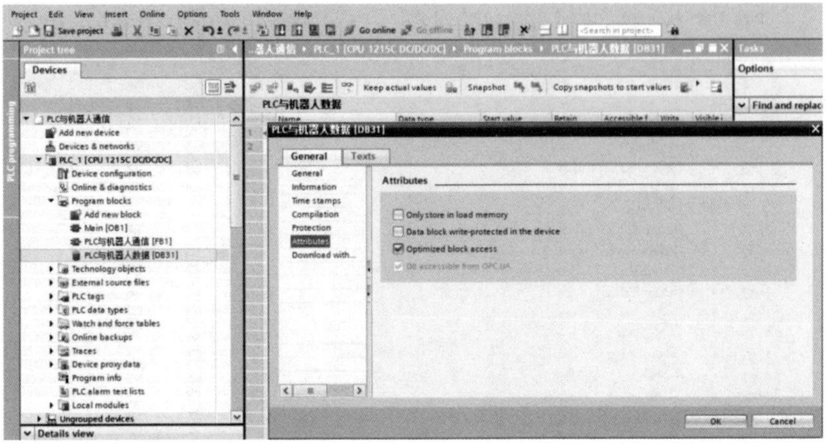

Figure 4–15 Adding Data Block

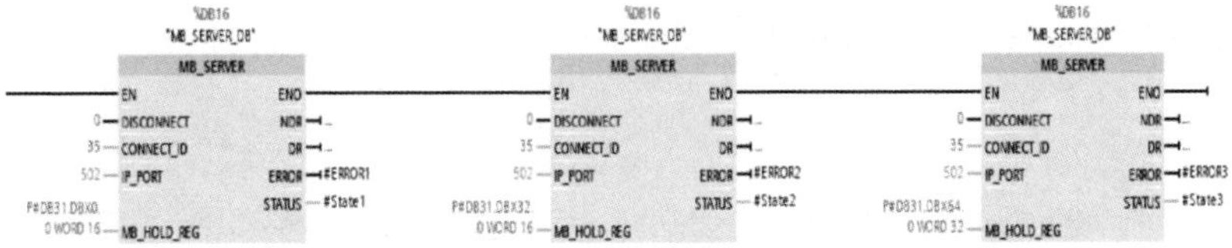

Figure 4–16 Setting Data Block

4.3 Robot communication table

(1)Set the PlcToRobot variable table, as shown in Figure 4–17;

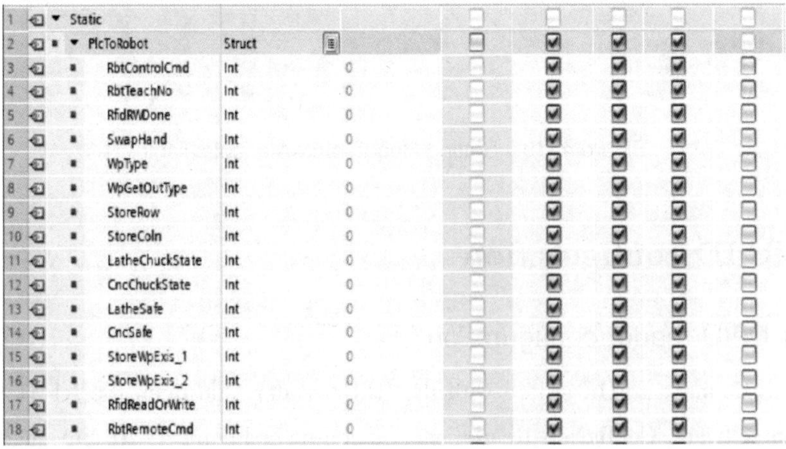

1	▼ Static					☐	☐	☐	☐	☐
2	▪ ▼ PlcToRobot	Struct				☐	☑	☑	☑	☐
3	▪ RbtControlCmd	Int	0			☐	☑	☑	☑	☐
4	▪ RbtTeachNo	Int	0			☐	☑	☑	☑	☐
5	▪ RfidRWDone	Int	0			☐	☑	☑	☑	☐
6	▪ SwapHand	Int	0			☐	☑	☑	☑	☐
7	▪ WpType	Int	0			☐	☑	☑	☑	☐
8	▪ WpGetOutType	Int	0			☐	☑	☑	☑	☐
9	▪ StoreRow	Int	0			☐	☑	☑	☑	☐
10	▪ StoreColn	Int	0			☐	☑	☑	☑	☐
11	▪ LatheChuckState	Int	0			☐	☑	☑	☑	☐
12	▪ CncChuckState	Int	0			☐	☑	☑	☑	☐
13	▪ LatheSafe	Int	0			☐	☑	☑	☑	☐
14	▪ CncSafe	Int	0			☐	☑	☑	☑	☐
15	▪ StoreWpExis_1	Int	0			☐	☑	☑	☑	☐
16	▪ StoreWpExis_2	Int	0			☐	☑	☑	☑	☐
17	▪ RfidReadOrWrite	Int	0			☐	☑	☑	☑	☐
18	▪ RbtRemoteCmd	Int	0			☐	☑	☑	☑	☐

Figure 4–17 Setting PlcToRobot Variable Table

(2)Set the RobotToPLC variable table, as shown in Figure 4-18;

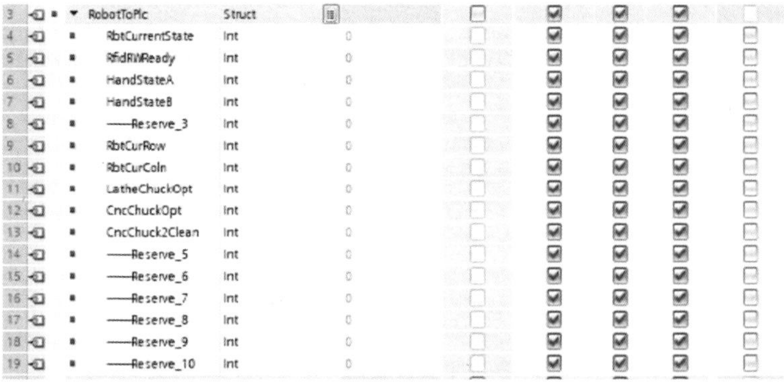

3	▼ RobotToPlc	Struct		☐	☑	☑	☑	☐
4	RbtCurrentState	Int	0	☐	☑	☑	☑	☐
5	RfidRWReady	Int	0	☐	☑	☑	☑	☐
6	HandStateA	Int	0	☐	☑	☑	☑	☐
7	HandStateB	Int	0	☐	☑	☑	☑	☐
8	——Reserve_3	Int	0	☐	☑	☑	☑	☐
9	RbtCurRow	Int	0	☐	☑	☑	☑	☐
10	RbtCurColn	Int	0	☐	☑	☑	☑	☐
11	LatheChuckOpt	Int	0	☐	☑	☑	☑	☐
12	CncChuckOpt	Int	0	☐	☑	☑	☑	☐
13	CncChuck2Clean	Int	0	☐	☑	☑	☑	☐
14	——Reserve_5	Int	0	☐	☑	☑	☑	☐
15	——Reserve_6	Int	0	☐	☑	☑	☑	☐
16	——Reserve_7	Int	0	☐	☑	☑	☑	☐
17	——Reserve_8	Int	0	☐	☑	☑	☑	☐
18	——Reserve_9	Int	0	☐	☑	☑	☑	☐
19	——Reserve_10	Int	0	☐	☑	☑	☑	☐

Figure 4-18 Setting RobotToPLC Variable Table

(3)Set RobotToInfo variable table of robot status data, as shown in Figure 4-19;

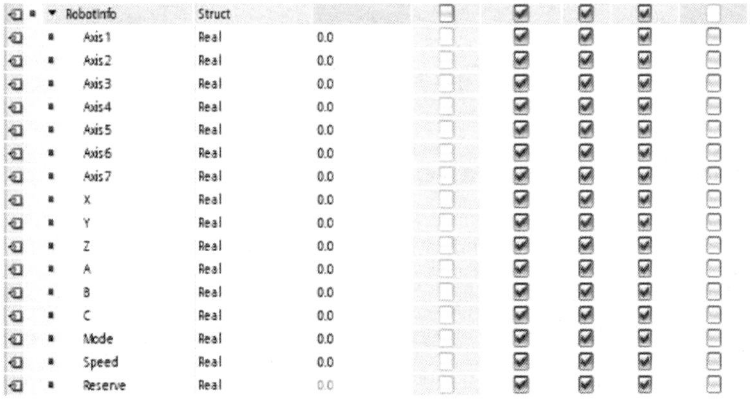

▼ RobotInfo	Struct		☐	☑	☑	☑	☐
Axis1	Real	0.0	☐	☑	☑	☑	☐
Axis2	Real	0.0	☐	☑	☑	☑	☐
Axis3	Real	0.0	☐	☑	☑	☑	☐
Axis4	Real	0.0	☐	☑	☑	☑	☐
Axis5	Real	0.0	☐	☑	☑	☑	☐
Axis6	Real	0.0	☐	☑	☑	☑	☐
Axis7	Real	0.0	☐	☑	☑	☑	☐
X	Real	0.0	☐	☑	☑	☑	☐
Y	Real	0.0	☐	☑	☑	☑	☐
Z	Real	0.0	☐	☑	☑	☑	☐
A	Real	0.0	☐	☑	☑	☑	☐
B	Real	0.0	☐	☑	☑	☑	☐
C	Real	0.0	☐	☑	☑	☑	☐
Mode	Real	0.0	☐	☑	☑	☑	☐
Speed	Real	0.0	☐	☑	☑	☑	☐
Reserve	Real	0.0	☐	☑	☑	☑	☐

Figure 4-19 Setting RobotToInfo Variable Table

4.4 RFID configuration

4.4.1 RFID reader configuration

(1)Connect a POE switch with the RFID reader, and open the RFID configuration software, ConfigNet-Reader.exe, as shown in Figure 4-20. Select the network interface card(NIC). If the computer has multiple NICs, please properly se-

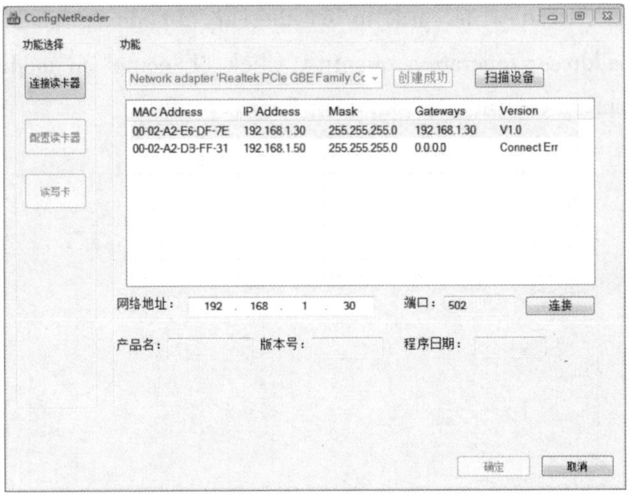

Figure 4–20 RFID Configuration Software Interface

lect the corresponding NIC. An example of NIC name is "Network adapter 'Realtek PCIe GBE Family...". Click "Select NIC", and then "Scan equipment". Select the IP equipment and then click "Connect". The software will show the product model, version and firmware date.

(2)Click the "Reader configuration" button on the left side, and a configuration interface will pop up, as shown in Figure 4–21. Resize the memory as needed (e.g., 16 bytes by default). Note that the reading mode must be consistent with that of the PLC configuration: For the normal reading mode, a command needs to be sent to read data, as shown in the left figure; for automatic reading mode, the data will be read according to the configured "address and quantity" after power–on, as shown in the right figure.

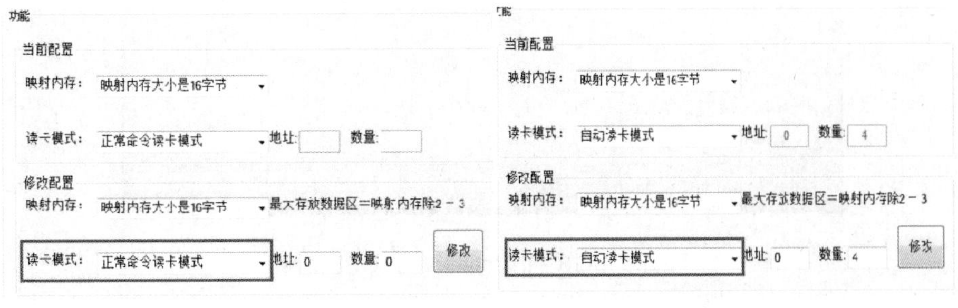

Figure 4–21 Reader Configuration Interface

(3)Click "Read-write card" to test the card functions. Select the operation mode→card address→operation quantity. Click "Execute" to modify the corresponding output refresh time, as shown in Figure 4-22.

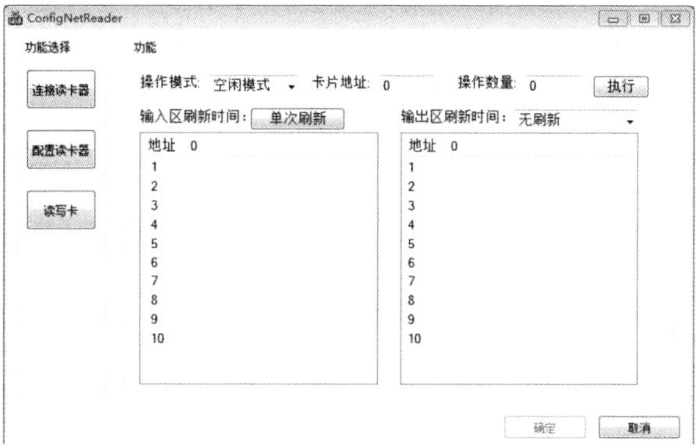

Figure 4-22　Configuration of Reader

4.4.2 Setting of engineering parameters

(1)Installation of GSD file: Open TIA Portal software. Click "Options-Manage general station description file(GSD)". Select the GSD file of RFID reader and click "Install", as shown in Figure 4-23.

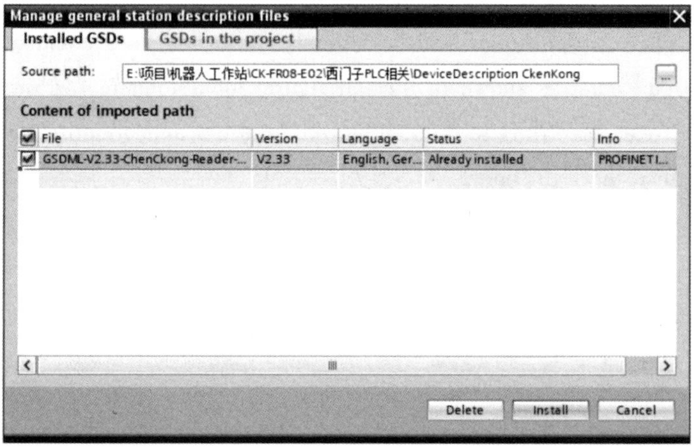

Figure 4-23　Installation of GSD File

(2)Open the project tree on the left side of TIA Portal software. Click " ChenKong Reader Device" under "Equipment and network management", and then "CK RE/PNS V4.4.0.X", as shown in Figure 4-24.

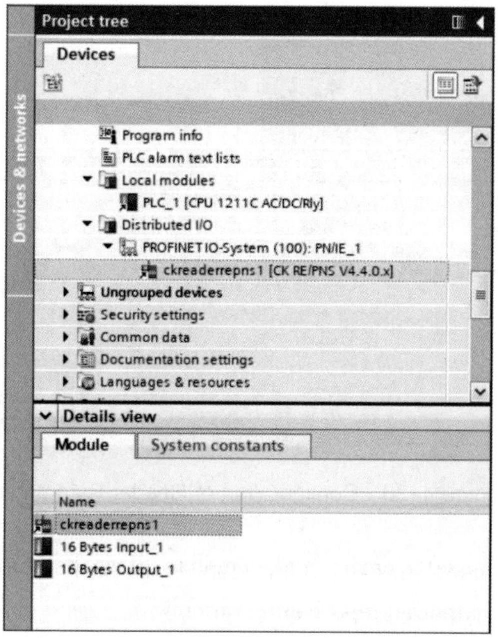

Figure 4-24 RFID Reader Location

(3)Figure 4-25 shows the network view of the newly added RFID reader. Double-click the reader icon to modify the name to "ckreaderrepns1". In case of multiple readers, modify names to "ckreaderrepns1", "ckreaderrepns2", "ckreaderrepns3" and so on. Note that special characters(e.g., "@ ! # _ % ^ & *")cannot be used for naming!

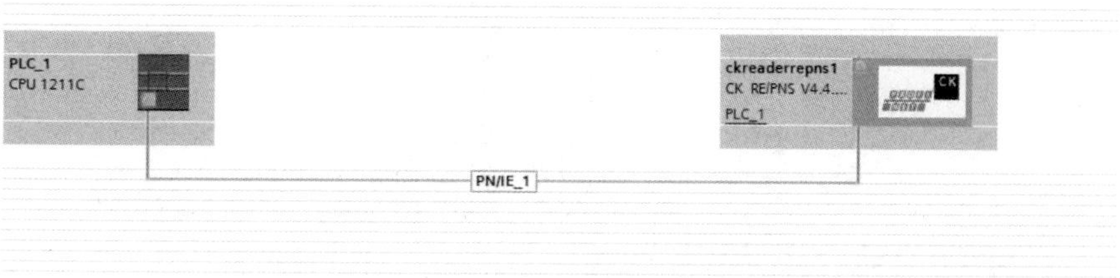

Figure 4-25 Network View Interface

(4)Right-click the reader icon. Select the property option in the menu to set the reader IP address, as shown in Figure 4-26.

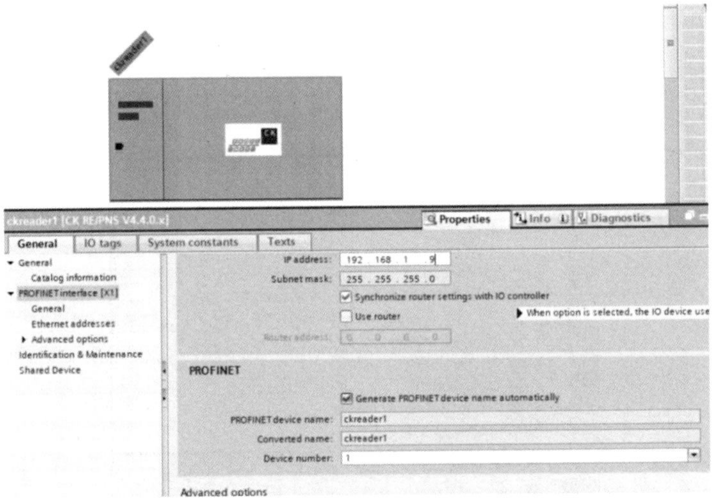

Figure 4-26　Configuration of Reader Parameters

(5)Set the mapped memory and complete byte configuration. Figure 4-27 shows the 16-byte output address configuration.

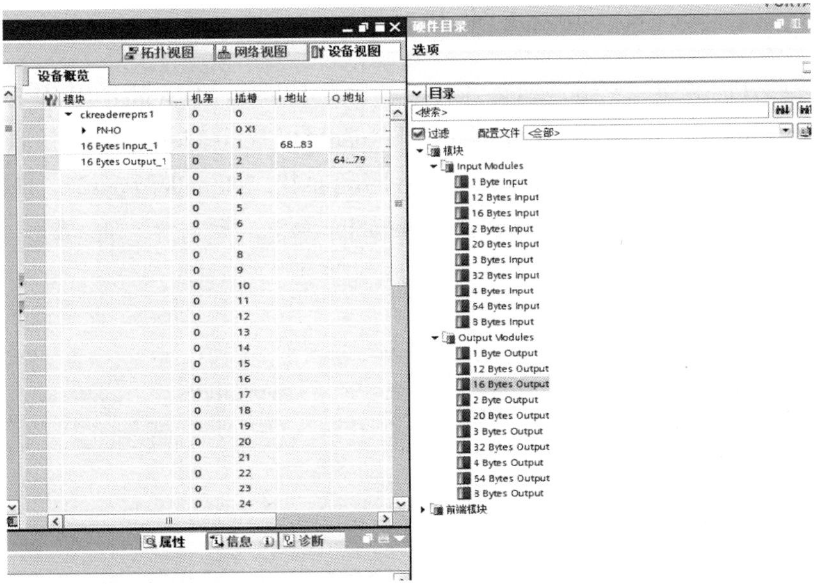

Figure 4-27　Configuration of Mapped Memory

(6)Figure 4–28 shows two 64–byte configuration examples. Especially note that the starting and ending quantities of byte addresses need to match with the setting.

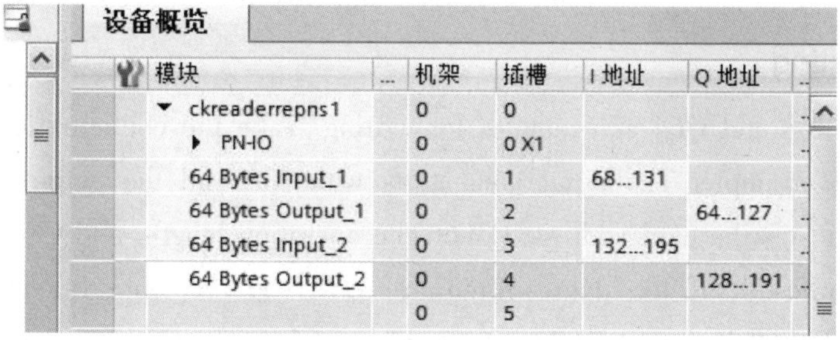

Figure 4–28　Configuration of Mapped Memory

(7)Finally, download the program to PLC. After successful connection, the green indicator of the reader power supply will be on. The configuration is completed.

4.4.3 Reading operation

Take I68 and Q64 as examples for reading. Take the configuration in Table 4–1 as an example: The input area starts with I68 and the output area Q64.

Table 4–1　Input and Output Addresses

PLC output area address	Output area content	PLC input area address	Input area content
QW64, card address	16#04	IW68 system information	Depending on specific version
QW66, operation length	16#04	IW70 operation status	16#03xx
QW68, operation command	16#03	IW72 successful operation mark	16#01(OK)or 16#00
QW70, writing data content	Invalid reading!	IW74 read data	Card data(different cards have different contents)
QW72, writing data content		IW76 read data	
QW74, writing data content		IW78 read data	
QW76, writing data content		IW80 read data	
QW78, writing data content		IW82 read data	

QW64 indicates the card address, QW66 the operation length, and QW68 the operation command. If the UID read is QW64=0, QW66=4, QW68=3, read IW72 after a delay of 20 ms. If the result is 1, read and save the data(IW74–IW80).

4.4.4 Writing

Take I68 and Q64 as examples for writing. Take the configuration in Table 4–2 as an example: The input area starts with I68 and the output area Q64. QW64 indicates the card address, QW66 the operation length, and QW68 the operation command. If the data written are QW7–QW76 data filled (QW64=4, QW66=4, QW68=6), read IW72 after a delay of 2ms. If the result is 1, it means that the data are written successfully.

Table 4–2 Input and Output Addresses

PLC output area address	Output area content	PLC input area address	Input area content
QW64, card address	16#04	IW68 system information	Depending on specific version
QW66, operation length	16#04	IW70 operation status	16#03xx
QW68, operation command	16#03	IW72 successful operation mark	16#01(OK)or 16#00
QW70, writing data content	Written data content, e.g., valid operation length of 4QW70–76	IW74 read data	Invalid writing!
QW72, writing data content		IW76 read data	
QW74, writing data content		IW78 read data	
QW76, writing data content		IW80 read data	
QW78, writing data content		IW82 read data	

Chapter 5

Industrial Robot

In the intelligent manufacturing cutting unit system, an industrial robot includes a 6–axis industrial robot body, robot control cabinet and teach pendant, as well as a 7th–axis industrial robot traveling guide rail, two grippers with an angle of 90° at the end, and an RFID reader installed at the end. As the extended axis of the industrial robot, the traveling axis is also controlled by the teach pendant. Its control and teach modes are the same as those of 1st~6th axes. The two grippers are defined as gripper A and gripper B respectively. They can realize simultaneous unloading and loading, thus improving the robot working efficiency. RFID reader, connected with PLC, is used to read and write the status of workpieces at each position according to instructions.

5.1 Robot teach pendant

5.1.1 Teach pendant interface

Operation keys and buttons required for robot teaching and programming are provided on the teach pendant. Its front and back structures are shown in Figure 5–1.

5.1.2 Functions of teach pendant buttons

The functions are listed in Table 5–1.

The status display bar of teach pendant is displayed in its top right corner, as shown in Figure 5–2.

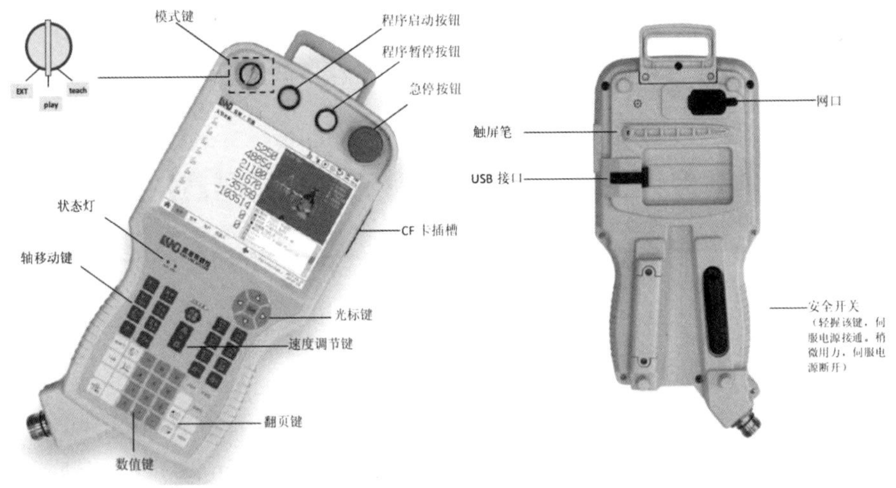

Figure 5–1　Robot Teach Pendant

Table 5–1　Functions of Teach Pendant Buttons

Name	Function
Emergency stop	Press this button to disconnect the servo power supply. • After the servo power supply is disconnected, the "Servo on" indicator on the teach pendant will go out. • "Emergency stop status" will be displayed in the status bar.
Pause	Press this button to pause the robot motion. • This button will respond to all modes. • After this button is pressed, the robot will remain paused until receiving the next start instruction.
Start	Press this button to make the robot start motion play. • It only works in the PLAY mode. • The robot will stop the motion play due to alarm, pause or mode switching.
Mode	"TEACH" mode: The teach pendant can be used for axis operation or programming. "PLAY" mode: Play of taught programs can be realized. "EXT" mode: This mode is not used temporarily.
Safety switch	Press this button to connect the servo power supply. • With the mode knob at "Teach", gently press the safety switch to connect the servo power supply. The sound of contactor closing will be heard from the control cabinet. In this case, if the safety switch is pressed hard, the servo power supply will be disconnected.

CON′D

Name	Function
Servo preparation	Press this button to enable the servo power supply. • After the servo power supply is disconnected due to emergency stop, please use this button to enable the servo power supply. • Press this button: 1. When the safety door is closed in PLAY mode, the servo power supply will be connected. 2. The servo on indicator will be on after the servo power supply is connected.
Speed adjustment	Used to adjust manual speed and trial run speed in TEACH mode, and program play speed in PLAY mode • Manual speed modification: Set the robot axis operating speed. The manual speed includes low, medium, high and jogging speed. The selected speed will be displayed in the status display area. Pressing "High" to switch among "jogging–low–medium–high" in order. Press "Low" to switch among "high–medium–low–jogging" in order. • Trail run rate modification: Use SHIFT + High/Low to activate the modification status. Then modify the trail run rate by "High" or "Low". Use SHIFT + High/Low again to exit the modification status and return to manual speed adjustment status. The adjustment width is 10%~150%.(Adjustment is allowed in "Others" page under the "Settings") • Program play speed modification: The adjustment of play speed will not change the manual and trial run speed status. Adjustment changes will be displayed in the status display area. The adjustment width is 10%~150%.
Cursor, OK	Cursor, OK: • Move the cursor up, down, leftwards or rightwards. In case of a modifiable box, select the item in the drop–down menu. • OK button: acting as Enter
Channel switching	This button is used for switching the robot to another channel. After switching is successful, the robot control group status icon in the status display area will be changed accordingly. Subsequent operations will only take effect for this control group. They will not affect another channel.
Coordinate system teaching	During axis operation, this button is used to select the coordinate system for actions. There are 5 coordinate systems for selection: joint, world, tool, user and robot coordinate systems. Press this button to switch among "Joint–World–Tool–User–Robot" coordinate systems in order.

CON'D

Name	Function
TAB	Window switching key: When multiple windows are displayed, press this key to switch among active windows in sequence.
SHIFT	Other functions can be realized by SHIFT + other keys. Keys that can be pressed simultaneously with SHIFT are: (High)/(Low)and numerical keys. For functions realized by combination keys, please refer to the description of each key.
RESET	Reset button: • Under special or emergency circumstances, pressing this button can stop the manipulator action and meanwhile make the cursor return to the first line. • Alarm contents on the information page can be cleared.
Trial run	Taught program points can be identified as continuous track. • TEACH mode needs to be enabled. • The robot operates at the teaching speed. However, the robot shall operate at the maximum teaching speed if its speed exceeds this maximum value. • If JOG is released during continuous operation, the robot will stop working.
Forward	When the button is pressed and held, the robot operates according to the track of teaching program points. • TEACH mode needs to be enabled. • Motion or non-motion commands are executed. • The operation type can be set in the "Setting"/"Others" page. • This button(FWD)needs to be pressed again for moving to the next step.

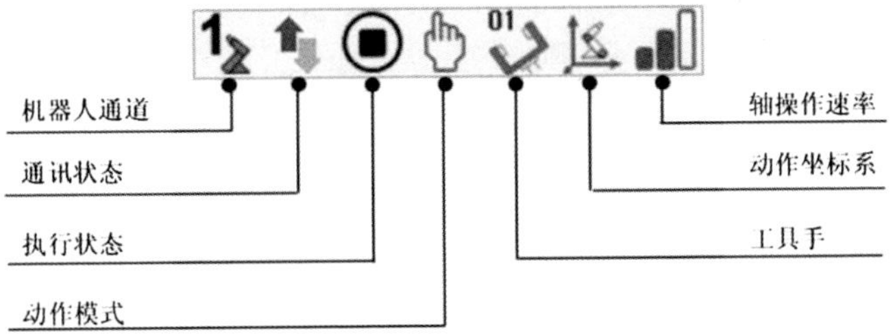

Figure 5–2 Status Display Bar of Teach Pendant

Icons in the status display bar are detailed below:

(1)Robot channel: It is used to select the operable axis group. When the

system drives multiple robots, the control axis groups available for axis operations will be displayed, such as 1 2.

(2)Communication status: The two icons indicate the status of communication between the teach pendant and control system. They represent normal connection and connection failure respectively. Click the communication status icon, and the communication window will pop up, as shown in Figure 5–3. You can manually enter the IP address. Click "Connect" for connection to the controller, or click "Disconnect" for disconnection.

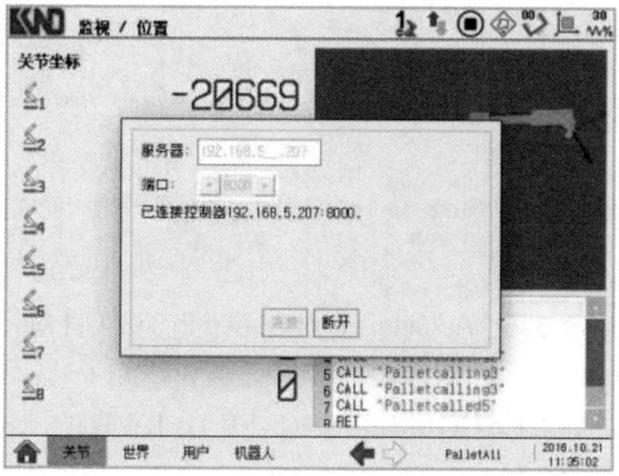

Figure 5–3　Communication Setting Window

(3)Execution status: 停止 暂停 急停 报警 运行, namely, robot operation status, represent "Stop", "Pause", "Emergency stop", "Alarm" and "Running" respectively.

(4)Action mode: 示教 再现 represent TEACH and PLAY modes respectively.

(5)Action coordinate system: 关节 ⇨ 世界 ⇨ 工具 ⇨ 用户 ⇨ 机器人 display the currently selected coordinate system. Click the icon to switch the coordinate system.

(6)Manual speed: In manual mode, there are 4 speed rate modes. Press "High" or "Low" to adjust the axis motion speed, as shown in Figure 5–4.

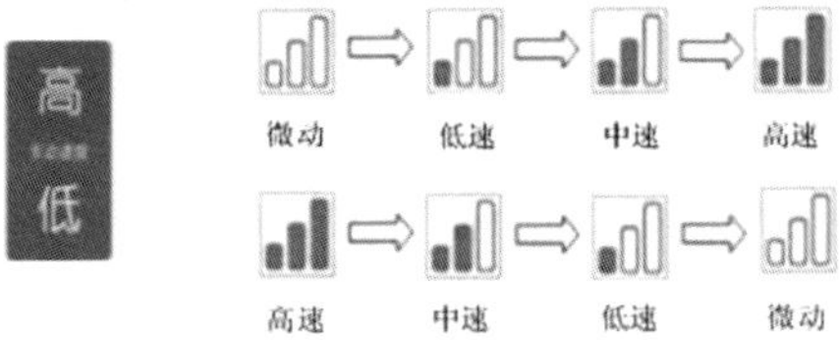

Figure 5-4 Schematic Diagram for Speed Adjustment

(7)Rate adjustment: The rate adjustment can be realized in the following 3 operations by "High" or "Low".

- Axis movement rate in TEACH mode: as shown in Figure 5-5.

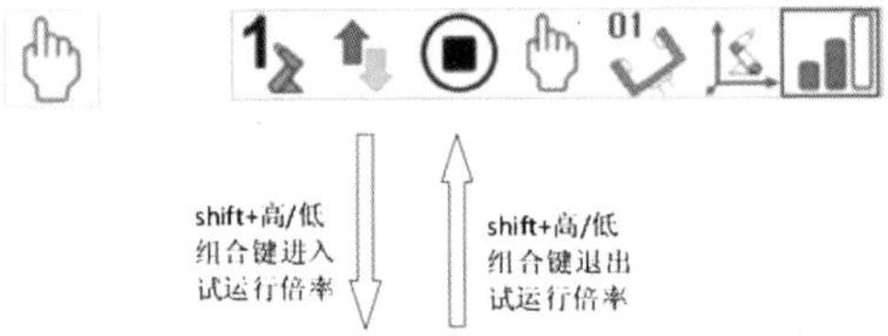

Figure 5-5 Adjustment of Speed in TEACH Mode

- Trial run rate in TEACH mode(JOG, FWD, BWD):

- Automatic program execution rate in PLAY mode:

5.1.3 Robot working mode

There are three modes, namely, TEACH, PLAY and EXT modes. Figure 5-6 shows the corresponding positions. EXT mode is not used temporarily.

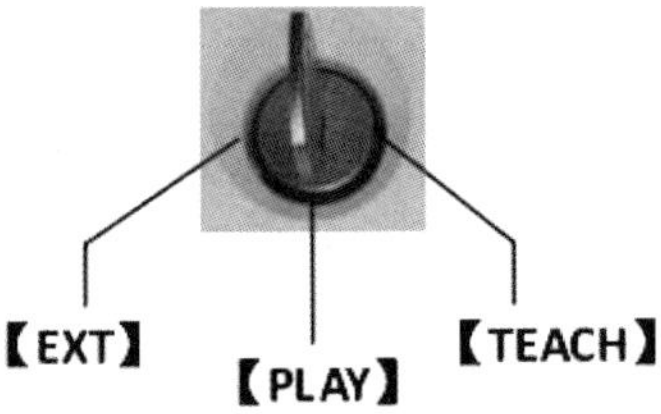

Figure 5-6 Working Modes

(1)TEACH mode: Any program editing or modification of the loaded program shall be performed in the TEACH mode. In addition, the setting of various characteristic files and various parameter shall also be completed in this mode. The following operations cannot be performed in the TEACH mode:

- START button cannot be used for play.
- External input signals cannot be used for operations.

(2)PLAY mode: used for the robot program play.

5.2 Robot operation instructions

Such instructions include motion, setting, I/O, control, operation and system instructions, as well as operators. These instructions are detailed below:

(1)Motion instructions include motion type, position indication symbol, position data type, motion speed, positioning type, and additional motion instruction. For industrial robots, there are three primary motion modes in space: joint motion (MOVJ), linear motion(MOVL)and circular motion(MOVC). The motion instruction parameters are detailed in Table 5–2.

- MOVJ instruction: Joint motion is suitable for situations with low path accuracy requirements. The robot tool center point(TCP)moves from one position to another. The path between two positions is not necessarily a straight line. There is a certain arc. The motion range is large. This mode shall be used with caution in case of any obstacle around the path.
- MOVL instruction: The robot moves to the target point in a linear motion mode. The track between the current point and target point is a straight line. Singularity may appear during motion. MOVL instructions generally are used when obstacles around the robot need to be avoided.
- MOVC instruction: For circular motion instructions, three position points are defined within the space accessible to the robot. The first point is the starting point of circular arc, the second one is used for the curvature of circular arc, and the third one is the ending point of circular arc.

Table 5-2 Motion Instructions

MOVJ	Function	Moving to the teaching position by joint interpolation	
	Add item	Position data	
		VJ=(play speed)	VJ:0%~100%
		PL=(positioning level)	PL:0~8
		NMTCON	
		ACC=(acceleration adjustment ratio)	ACC:
		DEC=(acceleration adjustment ratio)	DEC:
		IMOV(incremental motion)	
	Use example	MOVJPOOOOVJ=5PL=4	
MOVL	Function	Moving to the teaching position by linear interpolation	
	Add item	Position data	
		V=(play rate) VR=(pose play speed) VE=(outer axis play speed)	V:mm/s VR:deg/s VE:
		PL=(positioning level)	PL:0~8
		NMTCON	
		ACC=(acceleration adjustment ratio)	ACC:
		DEC=(acceleration adjustment ratio)	DEC:
	Use example	MOVLPOOO1V=1200PL=3	
MOVC	Function	Moving to the teaching position by circular interpolation	
	Add item	Position data	
		V=(play rate) VL=(pose play speed) VE=(outer axis play speed)	VJ:0%~100% VR:deg/s VE:0%~100%
		PL=(positioning level)	PL:0~8
		NMTCON	
		ACC=(acceleration adjustment ratio)	ACC:
		DEC=(acceleration adjustment ratio)	DEC:
		CST(next seventh point)	
	Use example	MOVCPOOO2V=200	
NOP	Function	No operation	
	Description	NOP instructions are generally used at the beginning of a program: During programming design, NOP can be used for some modules not designed in detail to occupy a statement line.	
END	Function	End of program	
	Description	END instruction is used to end this task. The instructions after the END will be invalid.	

(2)Setting instructions: They are used to set basic functions, status variables and parameter functions of industrial robots, including tool, coordinate system, speed, acceleration and area. The instructions and their parameters are detailed in Table 5–3.

Table 5–3 Setting Instructions

RAMP	Function	Set the acceleration type	
	Add item	ACC=POLYO straight line ACC=POLY1 polynomial ACC=SINE trigonometric function 0 ACC=SINE1 trigonometric function 1	
		DEC=POLY straight line DEC=POLY1 polynomial DEC=SINE trigonometric function 0 DEC=SINE1 trigonometric function 1	
	Use example	RAMPACC=POLY1DEC=SINE	
REFSYS	Function	Set the reference system instructions	
	Add item	Coordinate system number	
	Use example	REFSYS "CSYS1"	
SPEED	Function	Set the play speed	
	Add item	VJ=(joint speed)	VJ: same as MOVJ V, VR, VE: same as MOVL
		V=(control point speed)	
		VR=(pose angle speed)	
		VE=(outer axis speed)	
	Use example	SPEEDVJ=50	
TOOL	Function	Set the acceleration type	
	Add item	Tool No.	
	Use example	TooL "TOOL"	
AREA	Function	Select the area to be activated	
	Add item	Area No.	
	Use example	AREA "Work"	

(3)I/O instructions: They are used to change the output signal status of peripheral equipment or read the input signal status. I/O instructions and their parameters are detailed in Table 5–4.

Table 5–4　I/O Instructions

AIN	Function	Read the interface voltage value into the specified variable	
	Add item	D <variable No.>, LD<variable No.>	
		AO#: analog output port AL#: analog input port	
		IF statement	
	Use example	AIND5AL#(1)	
AOUT	Function	Output the set voltage value to the general analog output port	
	Add item	AO#(<output port No.>)	
		<Output voltage value>	
		IF statement	
	Use example	AOUTAO#(1)10.8	
DIN	Function	Read the signal status to the specified variable	
	Add item	D <variable No.>, LD<variable No.>	
		IN#(<input No.>) IG#(<input group No.>) OT#(<output No.>) OG#(<output group No.>)	1 point 8 points(1 group) 1 point 8 points(1 group)
		IF statement	
	Use example	DIND0001IN#(10000.5); DIND0007OG#(20000)	
DOUT	Function	ON/OIFF general output signal	
	Add item	OT#(< output No.>) OG#(<output group No.>)	1 point 8 points(1 group)
		ON/OFF/INVER/D/LD	Status: on/off/inverse/ variable/variable
		IF statement	
	Use example	DOUTOT#(20000.0)ON: DOUTOG#(20001)D0003	
PULSE	Function	General output signal output pulse	
	Add item	OT#(<output No.>) OG#(<output group No.>)	1 point 8 points(1 group)
		INVERT(pulse inversion)	
		T=	Time(S)
	Use example	PULSEOT#(20000.4)T=3 PULSEOG#(200001)D0005	

(4)Control instructions: They are used for robot program flow control. Control instructions and their parameters are detailed in Table 5–5.

Table 5–5 Control Instructions

ABORT	Function	Stop the task execution, and return to the first line of the task	
	Add item	IF statement	
	Use example	ABORTIF(D0004==1)	
CALL	Function	Call a specified program	
	Add item	"Program name" D/L IG#	
		ARG <all types of variables or constants>	Support up to 8 parameters
		IF statement	
	Use example	CCALL"knd"	
GETA	Function	Receive parameters in CALL instructions. When GETARG instruction is executed, the parameter data attached to the CALL instruction will be retrieved and stored in the local variable specified under the GETA instruction.	
	Add item	D variable S variable P variable	
		#()	Retrieval number of the parameter to be saved
	Use example	GETALD0001#(1)	
GETR	Function	Get the return value of RET instruction	
	Add item	D variable	
		S variable	
		P variable	
	Use example	GETRLD0004	
JUMP	Function	To the specified label	
	Add item	Lxx LABEL=<Via port or specified D variable/constant label>	
		IF statement	
	Use example	JUMPL00	

CON′D

LABEL	Function	(Label)displays the JMP destination	
	Add item	<JMP destination>	
	Use example	L00	
RET	Function	Return to the calling program from the called program	
	Add item	D/P/S<return value>	
		IF statement	
	Use example	RETLD0001	
PAUSE	Function	Temporarily pause the task	
	Add item	IF statement	
	Use example	PAUSEIFIN#(10000.3)==ON	
TIMER	Function	Pause operation until end of specified time	
	Add item	T=<specified pause time>	0~12*60*60 seconds (12 hours)
		IF statement	
	Use example	TIMERT=10	
WAITIO	Function	Keep the standby status before the general IO signal reaches the specified status	
	Add item	IN#(<input No.>), IG#(<input group No.>), OT#(< output No.>), OG#(<output group No.>) (status), D(variable)	1 point 8 points(1 group) 1 point 8 points(1 group)
	Use example	WAITIOIN#(10000.0)==ON WAITIOIN#(10000.1)==D0008	
WATMTN	Function	Wait for the motion driven by motion instruction of the current step to finish, and continue execution	
	Add item	IF statement	
	Use example	WATMIN	

(5)Operation instructions: They are used to read and set the internal data of variables. The operation instructions and their parameters are detailed in Table 5-6.

Table 5–6 Operation Instructions

GETE	Function	(Extract position variable element)Extract the position variable of specified element in data 2 and store it in data 1 Format: GETE <data 1> <data 2>(element)		
	Add item	Data 1	D <variable No.>, LD<variable No.>	
		Data 2	P variable < variable No.>(<element No.>) LP variable <variable No.>(<element No.>)	
	Use example	GETED0000P0001(2)		
SETE	Function	(Set the element data of position variables)Set the data in data 2 to the position variable of specified element in data 1 Format: SETE <data 1>(element)<data 2>		
	Add item	Data 1	P variable < variable No.>(<element No.>) LP variable <variable No.>(<element No.>)	
		Data 2	D <variable No.>, LD<variable No.>	
	Use example	SETEP0002(1)D0001;		

(6)System instructions: They are used for interaction and setting of robot system parameters and information. System instructions and their parameters are detailed in Table 5–7.

Table 5–7 System Instructions

ALM	Function	Generate an alarm, including alarm number and alarm information string	
	Add item	D/LD <digital variable> Constant <constant>	
		S/LS <string variable>	
	Use example	ALM2000"error"	
CLS	Function	Delete characters shown on the display	
	Add item	None	
	Use example	CLS	
PRINT	Function	Display specified strings and variables on the terminal	
	Add item	"" <format string> S/LS <string variable> P/LP <position variable>	
		D/LD <digital variable>	
		Constant <constant>	
	Use example	PRINT"Kndrobot"	

CON′D

GETPRM	Function	Get system parameter values to variables	
	Add item	D variable <target where parameter values are stored>	
		PRMNO <parameter No. label>	
		MAXV: maximum MINV: minimum DFTV: default	
	Use example	GETPRMD0003PRMNO=45	
SETPRM	Function	Set the system parameters	
	Add item	PRMNO <parameter label>	
		DFTV: default D/LD/Constant <custom value>	
	Use example	SETPRMPRMNO=D00451500	

(7)Operators: Industrial robot operators include arithmetic operators, comparison operators and logical operators, as detailed in Table 5–8.

Table 5–8 Operators

<table>
<tr><th>Symbol</th><th>Description</th></tr>
<tr><td>&</td><td>Bitwise AND</td></tr>
<tr><td>^</td><td>Bitwise XOR</td></tr>
<tr><td>|</td><td>Bitwise OR</td></tr>
<tr><td><<</td><td>Left shift</td></tr>
<tr><td>>></td><td>Right shift</td></tr>
<tr><td>~</td><td>Bitwise complement</td></tr>
<tr><td>+</td><td>Plus</td></tr>
<tr><td>–</td><td>Minus</td></tr>
<tr><td>*</td><td>Multiplication</td></tr>
<tr><td>/</td><td>Division</td></tr>
<tr><td>%</td><td>Modulo</td></tr>
<tr><td>&&</td><td>Logical AND</td></tr>
<tr><td>||</td><td>Logical OR</td></tr>
<tr><td>!</td><td>Logical NOT</td></tr>
<tr><td>></td><td>Greater than</td></tr>
<tr><td>⩾</td><td>Greater than or equal</td></tr>
<tr><td><</td><td>Less than</td></tr>
<tr><td>⩽</td><td>Less than or equal</td></tr>
<tr><td>==</td><td>Equality</td></tr>
</table>

5.3 Robot variables

The program syntax of robots is similar to that of C language. It supports various nested structures. The positions, IO, parameters in the program are recorded by various types of variables. They can be called by corresponding syntax. All parameters in the program except syntax can be called variables. According to the application range, industrial robot variables can be divided into the following three types:

5.3.1 Project variables

Project variables are shared by all job files within the project. These variables can be referenced as per the following names or defined names.

- Digital variable(D0000~D9999): any type of S32/U32/S64/U64/DBL
- String variable(S0000~S9999): up to 127 characters
- Position variable(P0000~P9999)

5.3.2 Local variables

Local variables are valid only within the current job file. Predefined local variables are referenced directly as per the following names. Custom local variables are referenced by defined names. Automatic allocation of space ensures there is no overlap with predefined local variables.

- Digital variable(LD0000~LD9999)
- String variable(LS0000~LS9999)
- Position variable(LP0000~LP9999)

5.3.3 System variables

System variables are shared by all projects. They are used for information interaction between the controller kernel and job files. These variables can be referenced as per the following names or defined names. All defined variables are for fixed purposes.

- Digital variable($D0000~$D9999)
- String variable($S0000~$S9999)
- Position variable($P0000~$P9999)

5.4 Introduction to robot program

The instructions for robot motion and operation are controlled by programs. There are two common programming methods, namely, teach and offline programming methods. The former method includes teaching, editing and track play. It can be realized by teaching with teach pendant or guiding teaching. This method is practical in use and easy in operations, so it is used for most robots. The off-line programming method is to establish a geometric model by a graphics processing tool based on results of computer graphics, and to get the planned operation track by some planning algorithms. Unlike teach programming, offline programming doos not occupy the robot. The robot can work normally during programming. Teach programming is adopted for the intelligent manufacturing cutting unit system robot in this book. Its program structure is shown in Figure 5–7.

• The robot program is composed of a main program and 8 subprograms. Each subprogram consists of small subprograms. These small subprograms are used to achieve the desired effect by positioning P points and various instructions through logical relationship expressions.

• Each subprogram shall start with the robot "busy"(robot status)and end with the robot "idle"(robot status), while the main program shall start with the robot "idle".

• Moreover, the programs about the loading and unloading of the lathe and milling machine shall be able to execute computing to judge the type of workpieces.

• In the subprogram for material picking, the gripper change subprogram shall be added.

• For all P points, the position type shall be selected before teaching.

A teach pendant can be used to write the main program and 8 subprograms, and then the points are taught uniformly. For program codes, the following examples can be used as references.

5.4.1 Main program

In an IMS, the robot system is mainly used to realize RFID reading and writing, as well as workpiece clamping, loading and unloading. Sub–functions are re-

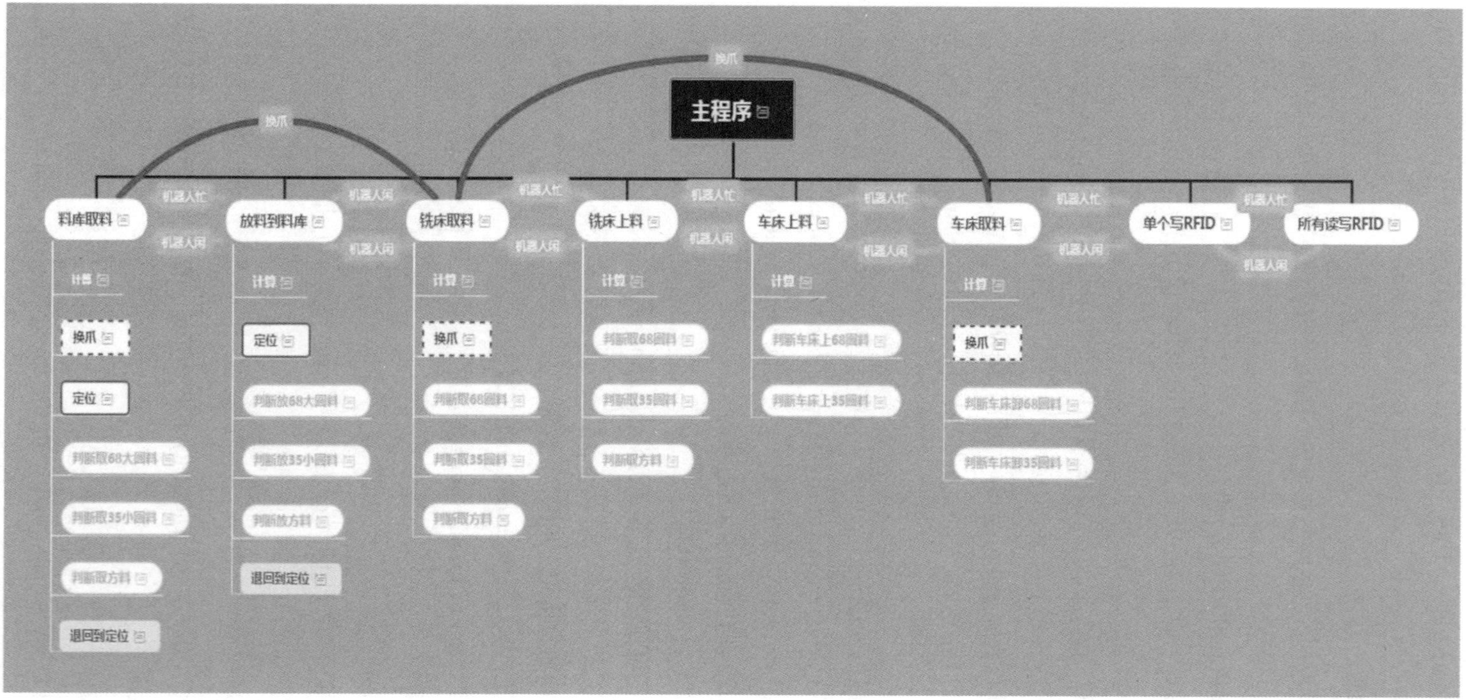

Figure 5–7 Robot Program Structure

alized by subprograms. They are uniformly dispatched by the main program according to process needs. Example of main program codes:

- ´NOP´,
- ´D0020=1´,(project variable D20 assignment by robot status; 1: idle; 2: busy)
- ´JUMPL0000IF(D2==0)´,
- ´CALL\´part_pick_form_store\´IF(D2==11)//material picking from warehouse´,
- ´CALL\´part_put_to_stote\´IF(D2==12)//material put to warehouse´,
- ´CALL\´part_pick_form_lather\´IF(D2==21)//material picking from lathe´,
- ´CALL\´part_put_to_lather\´IF(D2==22)//material put to lathe´,
- ´CALL\´part_pick_form_mill\´IF (D2==31)//material picking from milling machine´,
- ´CALL\´part_put_to_mill\´IF(D2==32)//material put to milling machine´,
- ´CALL\´rfid_rw_once\´IF(D2==13)//writing once´,
- ´CALL\´rfid_rw_all\´IF(D2==10)//all reading and writing´,
- ´D0020=1´,(robot status: idle)
- ´L0002:´,(label: 0002)
- ´JUMPL0002IF(D2! =0)//waiting for reset´,
- ´NOP´,
- ´L0000:´,(label: 0000)
- ´TIMERT=1.2´,(waiting time: 1.2s)
- ´RET´,(return to main program)
- ´END´,
- ´L0001:´,
- ´ALM5000\´ instruction process error\",(alarm signal)
- ´RET´,
- ´END´

5.4.2 Subprogram of picking materials from warehouse (part_pick_form_store)

- ´NOP´,
- ´CALL\´sj\´//computing´,(call the workpiece type computing program)

- 'D0020=2',(robot status: busy)
- 'CALL\'huanzhua\",(call the gripper change program)
- 'CALL\'ld\'//positioning',(call the positioning program)
- 'CALL\'sub_1\'IF(D80==2)', round materials(35)picking from warehouse
- 'CALL\'sub_2\'IF(D80==3)', round materials(68)picking from warehouse
- 'CALL\'sub_3\'IF(D80==1)', square materials picking from warehouse
- 'CALL\'lt\'//return to the safety position',
- 'D0020=1',(robot status: idle)
- 'NOP',

5.4.3 Workpiece type computing subprogram

- '//compute the workpiece type',
- 'NOP',
- 'L0000:',
- 'JUMPL0000IF(D3==0)//workpiece type waiting',(D3 indicates workpiece type; 1: pallet upper plate; 2: pallet lower plate; 3: connecting shaft φ35; 4: connecting shaft φ68)
- 'JUMPL0002IF((D03==1)||(D003==2))',(jump to label L0002 if D3 is equal to 1 or D3 is equal to 2)
- 'JUMPL0003IF(D3==3)//workpiece type waiting',
- 'JUMPL0004IF(D3==4)//workpiece type waiting',
- 'L0002:',(label: 0002)
- 'D80=1',(D80 assigned to 1)
- 'JUMPL0001',(jump to label 0001)
- 'L0003:',(label: 0003)
- 'D80=2',(D80 assigned to 2)
- 'JUMPL0001',(jump to label 0001)
- 'L0004:',(label: 0004)
- 'D80=3',(D80 assigned to 3)
- 'JUMPL0001',(jump to label 0001)
- 'L0001:',(label: 0001)
- 'JUMPL0001IF(D5==0)//waiting of material picking and placing positions',

- ´D81=D5´,(D81 assigned to 5)
- ´NOP´,
- ´RET´,
- ´END´

5.4.4 Gripper change program

- ´//gripper change´,
- ´NOP´,
- ´JUMPL0000IF(D85==D80)´(jump to the tail of this program if the current gripper is the same as the required gripper)
- ´MOVJP0010VJ=40´,(joint motion at 40% speed to P0010 point(middle waiting position between lathe and warehouse))
- ´MOVJP0024VJ=40´,(joint motion at 40% speed to P0024 point(only rotate 5th axis at P0010, and adjust the pose to prepare for gripper change))
- ´JUMPL0001IF(D85==0)//jump to upper gripper´,
- ´P204=P[200+D85]+P210´,(P204 coordinate values are center coordinates of the selected gripper [200+D85] plus the offset P210)
- ´P205=P[200+D85]+P211´,(the position derived from 200+D85 is of coordinates when the gripper is put in place)
- ´MOVLP204V=200´,(linear motion, at a speed of 200mm/s, to a position above the center of table when the gripper is placed)
- ´MOVLP[200+D85]V=50´,(linear motion, at a speed of 50mm/s, to the center of table when the gripper is placed)
- ´TIMERT=0.8´,(waiting time: 0.8s)
- ´PULSEOT#(41101.4)T=1//lower gripper´,(quick–change release)
- ´D085=0´,
- ´TIMERT=2´,(waiting time: 2s)
- ´MOVLP205V=15´,(linear motion, at a speed of 15mm/s, to a position directly in front of the center of table when the gripper is placed)
- ´L0001:´,(label: 0001)
- ´P204=P[200+D80]+P210´,(P204 coordinate values are center coordinates of the selected gripper [200+D85]
- plus offset P210)

- ´P205=P[200+D80]+P211´,(the position derived from 200+D85 is of coordinates when the gripper is put in place)
- ´MOVLP205V=200´,(motion, at a speed of 200mm/s, to a position directly in front of the center of table when the gripper is placed)
- ´MOVLP[200+D80]V=30´,(gripper moves at a speed of 30mm/second to the position where the gripper is placed on the table)
- ´TIMERT=0.8´,(waiting time: 0.8s)
- ´PULSEOT#(41101.5)T=1//upper gripper´,(quick-change suction)
- ´D085=D80´,(D085 assigned to D81)
- ´TIMERT=2´,(waiting time: 2s)
- ´MOVLP204V=80´,(linear motion, at a speed of 80 mm/s, to a position above the center of gripper when placed)
- ´MOVJP0024VJ=40´,(motion at 40% joint speed to transfer point)
- ´MOVJP0010VJ=40´,(motion at 10% joint speed to transfer point; lifting the fifth axis)
- ´L0000:´
- ´NOP´,
- ´RET´,
- ´NOP´,
- ´END´

5.4.5 Positioning subprogram

- ´NOP´,
- ´MOVJP010VJ=50´,(motion at 50% joint speed to the middle waiting position between the lathe and warehouse)
- ´MOVJP011VJ=50´,(motion at 50% joint speed to the middle waiting position directly in front of warehouse)
- ´RET´,
- ´END´

5.4.6 Subprogram of judging large rod picking sub_2

- ´NOP´,
- ´JUMPL0001IF((D85! =3)||(D85==0))//error´,
- ´JUMPL0001IF((D81<13)||(D81>24))//error´,

- ´PULSEOT#(41101.6)T=1//release control´,
- ´WAITIOIN#(31101.2)==ON´,
- ´P140=P[100+D81]+P131´,
- ´P141=P[100+D81]+P132´,
- ´MOVLP0140V=300´,
- ´MOVLP0141V=150´,
- ´MOVLP[100+D81]V=20´,
- ´TIMERT=0.3´,
- ´PULSEOT# (41101.7)T=1.0´,(output: 41101.7 point; pulse signal duration: 1s)
- ´WAITIOIN#(31101.3)==ON´,(waiting for input of 31101.3(signal status: ON))
- ´TIMERT=1´,
- ´MOVLP141V=150´,
- ´MOVLP140V=200´,
- ´RET´,
- ´END´,
- ´L0001:´,
- ´ALM5000´´ instruction position(or fixture)error \",
- ´END´

5.4.7 Subprogram of judging small rod picking sub_1

- ´NOP´,
- ´JUMPL0001IF((D85! =2)||(D85==0))//error´,
- ´JUMPL0001IF((D81<1)||(D81>12))//error´,
- ´PULSEOT#(41101.6)T=1//release control´,
- ´WAITIOIN#(31101.2)==ON´,
- ´P140=P[100+D81]+P131´,
- ´P141=P[100+D81]+P132´,
- ´MOVLP0140V=300´,
- ´MOVLP0141V=150´,
- ´MOVLP[100+D81]V=20´,
- ´TIMERT=0.3´,

- ´PULSEOT#(41101.7)T=1.0´,
- ´WAITIOIN#(31101.3)==ON´,
- ´TIMERT=1´,
- ´MOVLP141V=150´,
- ´MOVLP140V=200´,
- ´RET´,
- ´END´,
- ´L0001:´,
- ´ALM5000´´ instruction position(or fixture)error \",
- ´END´

5.4.8 Subprogram of judging small rod picking sub_1

- ´NOP´,
- ´NOP´,
- ´JUMPL0001IF(D81>30)//error´,
- ´JUMPL0001IF(D81<25)//error´,
- ´PULSEOT#(41101.6)T=1//release control´,
- ´WAITIOIN#(31101.2)==ON´,
- ´P140=P[100+D81]+P131´,
- ´P141=P[100+D81]+P132´,
- ´P142=P[100+D81]+P133´,
- ´MOVLP142V=300´,
- ´MOVLP[100+D81]V=20´,
- ´PULSEOT#(41101.7)T=1.0´,
- ´TIMERT=1´,
- ´WAITIOIN#(31101.3)==ON´,
- ´MOVLP141V=50´,
- ´MOVLP140V=100´,
- ´MOVLP12V=100´,
- ´RET´,
- ´END´,
- ´L0001:´,
- ´ALM5000´´ instruction position error",

- ´END´

5.4.9 Returning to positioning subprogram

- ´NOP´,
- ´MOVJP011VJ=60´,
- ´MOVJP010VJ=60´,
- ´RET´,
- ´END´

5.4.10 Subprogram of putting materials to warehouse (part_put_to_stote)

- ´//putting materials´,
- ´NOP´,
- ´CALL\´sj\´//computing´,
- ´D0020=2´,
- ´CALL\´ld\´//positioning´,
- ´CALL\´sub_11\´(D081)IF(D80==2)´,
- ´CALL\´sub_12\´(D081)IF(D80==3)´,
- ´CALL\´sub_13\´(D081)IF(D80==1)´,
- ´CALL\´lt\´//return to the safety position´,
- ´D0020=1´,
- ´NOP´,
- ´RET´,
- ´NOP´,
- ´END´

5.4.11 Subprogram of judging large rod placement sub_12

- ´NOP´,
- ´JUMPL0001IF((D85! =3)||(D85==0))//error´,
- ´JUMPL0001IF((D81<13)||(D81>24))//error´,
- ´P140=P[100+D81]+P131´,
- ´P141=P[100+D81]+P132´,
- ´MOVLP0140V=300´,
- ´MOVLP0141V=150´,

- ´MOVLP[100+D81]V=80´,
- ´TIMERT=0.3´,
- ´PULSEOT#(41101.6)T=1//release control´,
- ´WAITIOIN#(31101.2)==ON´,
- ´TIMERT=1´,
- ´MOVLP141V=150´,
- ´MOVLP140V=200´,
- ´RET´,
- ´END´,
- ´L0001:´,
- ´ALM5000´´ instruction position(or fixture)error \",
- ´END´

5.4.12 Subprogram of judging small rod placement sub_11

- ´NOP´,
- ´JUMPL0001IF((D85! =2)||(D85==0))//error´,
- ´JUMPL0001IF((D81<1)||(D81>12))//error´,
- ´P140=P[100+D81]+P131´,
- ´P141=P[100+D81]+P132´,
- ´MOVLP0140V=300´,
- ´MOVLP0141V=150´,
- ´MOVLP[100+D81]V=80´,
- ´TIMERT=0.3´,
- ´PULSEOT#(41101.6)T=1.0´,
- ´WAITIOIN#(31101.2)==ON´,
- ´TIMERT=1´,
- ´MOVLP141V=150´,
- ´MOVLP140V=200´,
- ´RET´,
- ´END´,
- ´L0001:´,
- ´ALM5000´´ instruction position(or fixture)error \",
- ´END´

5.4.13 Subprogram of judging square material placement sub_13

- ´NOP´,
- ´JUMPL0001IF(D81>30)//error´,
- ´JUMPL0001IF(D81<25)//error´,
- ´P140=P[100+D81]+P131´,(compute the number position of square material)(P131: set robot offset)
- ´P141=P[100+D81]+P132´,
- ´P142=P[100+D81]+P133´,
- ´MOVLP140V=300´,
- ´MOVLP141V=100´,
- ´MOVLP[100+D81]V=20´,
- ´PULSEOT#(41101.6)T=1.0´,
- ´WAITIOIN#(31101.2)==ON´,
- ´TIMERT=1´,
- ´MOVLP142V=100´,
- ´MOVLP12V=100´,
- ´RET´,
- ´END´,
- ´L0001:´,
- ´ALM5000´´ instruction position error",
- ´END´

5.4.14 Subprogram of picking materials from machining center (part_pick_form_mill)

- ´NOP´,
- ´NOP´,
- ´CALL\´sj\´//computing´,
- ´D0020=2´,
- ´CALL\´huanzhua\´´,
- ´L0000:´,
- ´JUMPL0000IF(D9!=11)//safe waiting´,(D9 indicates the status of whether milling machine is safely in place; 11: safe; 0: unsafe)
- ´CALL\´sub_unload_mill_cir\´IF (D80==3)//unload round materials from

milling machine´,

- ´CALL\´sub_unload_mill_cir35\´IF(D80==2)//unload round materials from milling machine´,
- ´CALL\´sub_unload_mill_squ\´IF (D80==1)//unload square materials from milling machine,
- ´D0020=1´,
- ´NOP´,
- ´RET´,
- ´NOP´,
- ´END´

5.4.15 Subprogram of judging large rod picking(sub_unload_mill_cir)

- ´NOP´,
- ´REFSYS#(0)´,
- ´MOVJP070VJ=50´,
- ´MOVJP071VJ=15´,
- ´DOUTOG#(41113)1//release´,(machining center fixture control)
- ´WAITIOIG#(31113)==1´,
- ´MOVJP072VJ=25´,
- ´PULSEOT#(41101.6)T=1//round material release control´,
- ´TIMERT=2´,
- ´WAITIOIN#(31101.2)==ON´,
- ´MOVLP073V=20//picking position´,
- ´TIMERT=1´,
- ´PULSEOT#(41101.7)T=1//round material clamping control´,
- ´TIMERT=2´,
- ´WAITIOIN#(31101.3)==ON´,
- ´MOVLP074//exit´,
- ´MOVJP071VJ=15´,
- ´DOUTOG#(41113)0//clamping´,
- ´WAITIOIG#(31113)==2´,
- ´MOVJP070VJ=20´,
- ´RET´,

- ´END´

5.4.16 Subprogram of judging small rod picking (sub_unload_mill_cir35)

- ´NOP´,
- ´NOP´,
- ´REFSYS#(0)´,
- ´MOVJP070VJ=50´,
- ´MOVJP071VJ=15´,
- ´MOVLP082V=150´,
- ´DOUTOG#(41113)1//release´,
- ´WAITIOIG#(31113)==1´,
- ´PULSEOT#(41101.6)T=1//round material release control´,
- ´TIMERT=2´,
- ´WAITIOIN#(31101.2)==ON´,
- ´MOVLP083V=20//picking position´,
- ´TIMERT=1´,
- ´PULSEOT#(41101.7)T=1//round material release control´,
- ´TIMERT=2´,
- ´WAITIOIN#(31101.3)==ON´,
- ´MOVLP082//exit´,
- ´MOVJP071VJ=15´,
- ´DOUTOG#(41113)0//clamping´,
- ´WAITIOIG#(31113)==2´,
- ´MOVJP070VJ=15´,
- ´RET´,
- ´END´

5.4.17 Subprogram of judging square material picking (sub_unload_mill_squ)

- ´NOP´,
- ´REFSYS#(0)´,(set a coordinate system with reference coordinate system of 0 according to teach pendant)
- ´MOVJP070VJ=50´,

- ´MOVJP071VJ=50´,
- ´MOVLP077V=120//position ready to pick square materials´,
- ´PULSEOT#(41101.6)T=1//release control´,
- ´TIMERT=2´,
- ´WAITIOIN#(31101.2)==ON´,(standby before conditions are satisfied)

(31101.2: PLC–robot detection gripper is released in place)

- ´MOVLP076V=25//position of picking square materials´,
- ´TIMERT=1´,
- ´PULSEOT#(41101.7)T=1//clamping control´,
- ´TIMERT=2´,
- ´WAITIOIN#(31101.3)==ON´,(clamped in place)
- ´DOUTOG#(41113)1//release´,
- ´WAITIOIG#(31113)==1´,(machining center fixture status)
- ´MOVLP075V=15//return to the position ready for putting materials´,
- ´DOUTOG#(41113)0//clamping´,
- ´WAITIOIG#(31113)==2´,
- ´MOVJP071VJ=35´,
- ´MOVJP070VJ=35´,
- ´NOP´,
- ´RET´,
- ´END´

5.4.18 Subprogram of loading materials to machining center (part_put_to_mill)

- ´NOP´,
- ´CALL\´sj\´//computing´,"
- ´D0020=2´,
- ´L0000:´,
- ´JUMPL0000IF(D9! =11)//safe waiting´,
- ´CALL\´sub_load_mill_cir\´IF(D80==3)//load round materials to milling machine´,
- ´CALL\´sub_load_mill_cir35\´IF(D80==2)//load round materials to milling machine´,

- ´CALL\´sub_load_mill_squ\´IF(D80==1)//load square materials to milling machine´,
- ´D0020=1´,
- ´NOP´,
- ´RET´,
- ´NOP´,
- ´END´

5.4.19 Subprogram of loading large rods to machining center(sub_load_mill_cir)

- ´NOP´,
- ´REFSYS#(0)´,
- ´MOVJP070VJ=45´,
- ´DOUTOG#(41113)1//release´,
- ´WAITIOIG#(31113)==1´,
- ´MOVJP071VJ=35´,
- ´MOVJP072PL=30´,
- ´MOVLP073V=15//put in´,
- ´TIMERT=1´,
- ´PULSEOT#(41101.6)T=1//round material release control´,
- ´TIMERT=2´,
- ´WAITIOIN#(31101.2)==ON´,
- ´MOVLP074//exit´,
- ´DOUTOG#(41113)0//clamping´,
- ´WAITIOIG#(31113)==2´,
- ´MOVJP071VJ=20´,
- ´MOVJP070VJ=20´,
- ´RET´,
- ´END´

5.4.20 Subprogram of loading large rods to machining center (sub_load_mill_cir35)

- ´NOP´,
- ´REFSYS#(0)´,

- ´MOVJP070VJ=50´,
- ´DOUTOG#(41113)1//release´,
- ´WAITIOIG#(31113)==1´,
- ´MOVJP071VJ=20´,
- ´MOVLP082V=150//positioning´,
- ´TIMERT=0.2´,
- ´MOVLP083V=20//put in´,
- ´TIMERT=1´,
- ´PULSEOT#(41101.6)T=1//round material release control´,
- ´TIMERT=2´,
- ´WAITIOIN#(31101.2)==ON´,
- ´MOVLP082//exit´,
- ´DOUTOG#(41113)0//clamping´,
- ´WAITIOIG#(31113)==2´,
- ´MOVJP071VJ=20´,
- ´MOVJP070VJ=20´,
- ´RET´,
- ´END´

5.4.21 Subprogram of loading square materials to machining center (sub_load_mill_squ)

- ´NOP´,
- ´REFSYS#(0)´,
- ´MOVJP070VJ=50´,
- ´DOUTOG#(41113)1//release´,
- ´WAITIOIG#(31113)==1´,
- ´MOVJP071VJ=35´,
- ´MOVLP075V=150//high material placement position´,
- ´MOVLP076V=20//put in chuck´,
- ´TIMERT=1´,
- ´PULSEOT#(41101.6)T=1//release control´,
- ´TIMERT=2´,
- ´WAITIOIN#(31101.2)==ON´,

- ´MOVLP077V=50//exit´,
- ´DOUTOG#(41113)0//clamping´,
- ´WAITIOIG#(31113)==2´,
- ´MOVJP071VJ=35´,
- ´MOVJP070VJ=35´,
- ´RET´,
- ´END´,
- ´NOP´,
- ´RET´,
- ´END´

5.4.22 Subprogram of loading materials to lathe(part_put_to_lather)

- ´NOP´,
- ´CALL\´sj\´//computing´,
- ´D0020=2´,
- ´L0000:´,
- ´JUMPL0000IF(D8! =11)//safe waiting´,
- ´CALL\´sub_load_lather\´IF(D80==3)//load 68mm materials to lathe´,
- ´CALL\´sub_load_lather35\´IF(D80==2)//load 35mm materials to lathe´,
- ´D0020=1´,
- ´NOP´,
- ´RET´,
- ´NOP´,
- ´END´

5.4.23 Subprogram of judging large rod loading to lathe(sub_load_lather)

- ´NOP´,
- ´MOVJP040VJ=35´,
- ´DOUTOG#(41111)1//chuck released´,
- ´WAITIOIG#(31111)==1´,
- ´MOVJP041´,
- ´MOVLP042V=120´,
- ´MOVLP043V=10//bit 4´,

- ´TIMERT=1´,
- ´DOUTOG#(41111)0//clamping´,
- ´WAITIOIG#(31111)==2´,
- ´TIMERT=0.5´,
- ´PULSEOT#(41101.6)T=1//round material release control´,
- ´TIMERT=2´,
- ´WAITIOIN#(31101.2)==ON´,
- ´MOVLP042V=100´,
- ´MOVJP041VJ=35´,
- ´MOVJP040´,
- ´NOP´,
- ´NOP´,
- ´NOP´,
- ´RET´,
- ´END´

5.4.24 Subprogram of judging small rod loading to lathe(sub_load_lather35)

- ´NOP´,
- ´REFSYS#(0)´,
- ´MOVJP040VJ=35´,
- ´DOUTOG#(41111)1//chuck released´,
- ´WAITIOIG#(31111)==1´,
- ´MOVJP041´,
- ´MOVLP047V=150´,
- ´MOVLP048V=10//bit 4´,
- ´TIMERT=1´,
- ´DOUTOG#(41111)0//clamping´,
- ´WAITIOIG#(31111)==2´,
- ´TIMERT=0.5´,
- ´PULSEOT#(41101.6)T=1//round material release control´,
- ´TIMERT=2´,
- ´WAITIOIN#(31101.2)==ON´,

- ´MOVLP047V=20//exit´,
- ´MOVJP041VJ=35´,
- ´MOVJP040´,
- ´NOP´,
- ´NOP´,
- ´RET´,
- ´END´

5.4.25 Subprogram of picking materials from lathe(part_pick_form_lather)

- ´NOP´,
- ´CALL\´sj\´//computing´,
- ´D0020=2´,
- ´CALL\´huanzhua\´´,
- ´L0000:´,
- ´JUMPL0000IF(D8!=11)//safe waiting´,(D8 is the lathe safety position; 0: unsafe, 11: safe)
- ´CALL\´sub_unload_lather\´IF(D80==3)//unload 68mm materials from lathe´,
- ´CALL\´sub_unload_lather35\´IF(D80==2)//unload 35mm materials from lathe´,
- ´D0020=1´,
- ´NOP´,
- ´RET´,
- ´NOP´,
- ´END´

5.4.26 Subprogram of judging large rod unloading from lathe(sub_unload_lather)

- ´NOP´,
- ´REFSYS#(0)´,
- ´MOVJP040VJ=35´,
- ´MOVJP041´,
- ´MOVLP042V=120´,

- ´PULSEOT#(41101.6)T=1//round material release control´,
- ´TIMERT=2´,
- ´WAITIOIN#(31101.2)==ON´,
- ´MOVLP043V=30//material placing, low speed´,
- ´TIMERT=1´,
- ´PULSEOT#(41101.7)T=1//round material clamping control´,
- ´TIMERT=2´,
- ´WAITIOIN#(31101.3)==ON´,
- ´DOUTOG#(41111)1//chuck released´,
- ´WAITIOIG#(31111)==1´,
- ´MOVLP042V=100´,
- ´MOVJP041VJ=35´,
- ´MOVJP040´,
- ´NOP´,
- ´NOP´,
- ´RET´,
- ´END´

5.4.27 Subprogram of judging small rod unloading from lathe(sub_unload_lather35)

- ´NOP´,
- ´NOP´,
- ´REFSYS#(0)´,
- ´MOVJP040VJ=35´,
- ´MOVJP041´,
- ´MOVLP047V=150´,
- ´PULSEOT#(41101.6)T=1//round material release control´,
- ´TIMERT=2´,
- ´WAITIOIN#(31101.2)==ON´,
- ´MOVLP048V=25//material placing, low speed´,
- ´TIMERT=1´,
- ´PULSEOT#(41101.7)T=1//round material clamping control´,
- ´TIMERT=2´,

- 'WAITIOIN#(31101.3)==ON',
- 'DOUTOG#(41111)1//chuck released',
- 'WAITIOIG#(31111)==1',
- 'MOVLP047V=100//bit 3',
- 'MOVJP041VJ=35',
- 'MOVJP040',
- 'NOP',
- 'NOP',
- 'RET',
- 'END'

5.4.28 Subprogram of writing RFID once(rfid_rw_once)

- 'NOP',
- 'NOP',
- 'L0000:',
- 'D025=D81',(D81: variable of 1–30)
- 'JUMPL0000IF(D81==0)
- 'D0020=2',
- 'MOVJP010VJ=50',
- 'MOVJP015VJ=25',
- 'MOVLP[150+D81]V=180',
- 'D025=36',(feedback of in–place signal)
- 'TIMERT=1',
- 'D030=2',
- 'L0001:',
- 'JUMPL0001IF(D10==0)//wait for reading and writing to finish',
- 'D0025=0',
- 'D0030=0',
- 'MOVJP015VJ=20',
- 'MOVJP010VJ=20',
- 'D0020=1',
- 'NOP',
- 'RET',

- ´NOP´,
- ´END´

5.4.29 Subprogram of warehouse initialization and counting (rfid_rw_all)

- ´NOP´,
- ´D0020=2´,
- ´MOVJP010VJ=50´,(50% on-line speed)
- ´MOVJP015VJ=25´,
- ´D25=0´,(warehouse No.:1-30)
- ´L0000:´,
- ´D25++´,(D25=D25+1)
- ´MOVLP[150+D25]V=150´,(V=150mm/s)
- D30=D25
- ´TIMERT=2´,(waiting time:2s)
- ´L0001:´,
- ´JUMPL0001IF(D10==0)//waiting´,
- ´JUMPL0000IF(D25! =30)´,
- ´MOVJP015VJ=25´,
- ´MOVJP010VJ=50´,
- ´D030=33´,
- ´D0025=0´,
- ´D0020=1´,
- ´TIMERT=2´,(waiting time:1s)
- ´D030=0´,
- ´NOP´,
- ´RET´,
- ´NOP´,
- ´END´

5.5 IO interfaces and variables

The use of IO is mainly divided into two categories according to the application: digital IO and MODBUS. Digital IO, is the most frequently used IO commu-

nication mode. Status or control signals of common electrical elements such as sensors, relays and solenoid valves are digital. The IO use of MODBUS is mainly divided into two categories. The first is the use of IIN variables: WAIT command expressions or combined expressions with IF statement are used. The second is the use of IOUT variables: WAIT command expressions are used, or assignment statements are used for assigning values to the corresponding variables.

(1)Table 5–9 shows the robot programming IO interfaces.

Table 5–9 Robot Programming IO Interfaces

PLC —> robot			Robot —> PVC		
Variable	Name	Description	Variable	Name	Description
31111	Lathe chuck status	1–released, 2–clamped	41111	Lathe chuck control	1–released, 0–clamped
31113	Machining center fixture status	1–released, 2–clamped	41113	Machining center fixture	1–released, 0–clamped
31101.2	Signal to check that the gripper is released in place		41101.6	Pneumatic gripper released	
31101.3	Signal to check that the gripper is clamped in place		41101.7	Pneumatic gripper clamped	
31101.4	Signal to check whether the gripper clamps any material		41101.4	Pneumatic quick–change gripper released	
31102.4	Whether there is any gripper in position 1 of quick–change table		41101.5	Pneumatic quick–change gripper clamped	
31102.5	Whether there is any gripper in position 2 of quick–change table		41101.6	Round collet release output control	
31102.6	Whether there is any gripper in position 3 of quick–change table		41101.7	Round collet clamping output control	

(2)Table 5–10 shows the robot programming IO interface addresses.

Table 5–10 Robot Programming Interface Addresses

PLC —> robot			Robot —> PVC		
Variable	Name	Description	Variable	Name	Description
D000	Reserved		D020	Robot status	1–idle, 2–busy
D001	Reserved		D021	Reserved	

CON'D

PLC —> robot			Robot —> PVC		
Variable	Name	Description	Variable	Name	Description
D002	Main command code	Refer to the table "Teaching Number of Robot Programming" below	D022	Reserved	
D003	Part type	1-pallet upper plate; 2-pallet lower plate; 3-connecting shaft φ35; 4-connecting shaft φ68	D023	Reserved	
D004	Reserved		D024	Reserved	
D005	Picking/placing position	Range of warehouse positions: 1~30	D025	Arrival at warehouse Current position	Range of warehouse positions: 1~30
D006			D026		
D007			D027		
D008	Lathe feeding safety	0-unsafe; 11-safe	D028	Reserved	
D009	Machining center feeding safety	0-unsafe; 11-safe	D029	Reserved	
D010	RFID reading and writing completion	1-reading and writing completed	D030	Reaching RFID position	1-reading; 2-writing; 11-reading completed; 22-writing completed
D011	RFID reading/writing mode	1-reading; 2-writing	D031	Reserved	
D012	Reserved		D032	Reserved	
D013	Reserved		D033	Reserved	
D014	Reserved		D034	Reserved	
Intermediate variables: D81-warehouse position number; D80-required gripper number/D85-current gripper number(1-upper and lower plates; 2-connecting shaft; 3-intermediate shaft)					

(4)The robot positions are called position variables, e.g., MOVJ P070VJ=50, where MOVJ is a syntax, indicating point-to-point motion, and P070 is a position

variable. P070 is the name of this position variable. It is used to store the coordinate values of material clamping points relative to the robot coordinate system. They can be displayed or modified in the corresponding menu. Table 5–11 shows position variables used for the intelligent manufacturing cutting unit system in this book.

Table 5–11 Type and Location of Position Variable

Type and actual location of P point		
Point No.	Type	Actual location
P[100+D81]	Cartesian	Clamping position of material selected from the warehouse
P[150+D25]	Cartesian	RFID reading/writing position
P[200+D85]	Cartesian	Determine which gripper is at the center of table when it is placed based on the value received by D85
P0010	Joint	Middle waiting position between lathe and warehouse
P0011	Joint	Center directly in front of the warehouse
P0015	Joint	Align with the warehouse and prepare the pose for RFID reading
P0024	Joint	Rotate only 5th axis at P0010, and adjust the pose to prepare for gripper change
P0040	Joint	Transfer point for loading and unloading between lathe and warehouse
P0041	Joint	The robot adjusts its pose properly facing the machine tool.
P0042	Cartesian	Right in front of the lathe collet, ready for loading No.68 material
P0043	Cartesian	No.68 material position on lathe collet
P0047	Cartesian	Right in front of the lathe collet, ready for loading No.35 material
P0048	Cartesian	No.35 material position on lathe collet
P0070	Joint	Common waiting position in front of milling machine
P0071	Joint	Align with the milling machine doorway
P0072	Cartesian	Flat tongs directly above No.68 port
P0073	Cartesian	Place No.68 material in flat tongs
P0074	Cartesian	Exit placing position
P0075	Cartesian	Directly above the pneumatic chuck
P0076	Cartesian	Put in pneumatic chuck
P0077	Cartesian	Laterally exit from the bottom of carrier
P0082	Cartesian	Flat tongs directly above No.35 port
P0083	Cartesian	Place No.35 material in flat tongs
P0101	Cartesian	Coordinates of warehouse position 1
P0102	Cartesian	Coordinates of warehouse position 2
P0103	Cartesian	Coordinates of warehouse position 3

CON´D

Type and actual location of P point		
Point No.	Type	Actual location
P0104	Cartesian	Coordinates of warehouse position 4
P0105	Cartesian	Coordinates of warehouse position 5
P0106	Cartesian	Coordinates of warehouse position 6
P0107	Cartesian	Coordinates of warehouse position 7
P0108	Cartesian	Coordinates of warehouse position 8
P0109	Cartesian	Coordinates of warehouse position 9
P0110	Cartesian	Coordinates of warehouse position 10
P0111	Cartesian	Coordinates of warehouse position 11
P0112	Cartesian	Coordinates of warehouse position 12
P0113	Cartesian	Coordinates of warehouse position 13
P0114	Cartesian	Coordinates of warehouse position 14
P0115	Cartesian	Coordinates of warehouse position 15
P0116	Cartesian	Coordinates of warehouse position 16
P0117	Cartesian	Coordinates of warehouse position 17
P0118	Cartesian	Coordinates of warehouse position 18
P0119	Cartesian	Coordinates of warehouse position 19
P0120	Cartesian	Coordinates of warehouse position 20
P0121	Cartesian	Coordinates of warehouse position 21
P0122	Cartesian	Coordinates of warehouse position 22
P0123	Cartesian	Coordinates of warehouse position 23
P0124	Cartesian	Coordinates of warehouse position 24
P0125	Cartesian	Coordinates of warehouse position 25
P0126	Cartesian	Coordinates of warehouse position 26
P0127	Cartesian	Coordinates of warehouse position 27
P0128	Cartesian	Coordinates of warehouse position 28
P0129	Cartesian	Coordinates of warehouse position 29
P0130	Cartesian	Coordinates of warehouse position 30
P0131	Cartesian	Offset value:(P1:165/P2:45), used for offset calculation
P0132	Cartesian	Offset value:(P2:45), used for offset calculation
P0133	Cartesian	Offset value:(P1:165), used for offset calculation
P0140	Cartesian	Directly in front of the material in the warehouse; keeping a proper pose
P0141	Cartesian	Directly above the material in the warehouse
P0142	Cartesian	Directly above the material in the warehouse, closer to the material than P140 and basically to the material edge

CON′D

Type and actual location of P point		
Point No.	Type	Actual location
P0151	Cartesian	No. 1 material position of the warehouse during RFID warehouse scanning
P0152	Cartesian	No. 2 material position of the warehouse during RFID warehouse scanning
P0153	Cartesian	No. 3 material position of the warehouse during RFID warehouse scanning
P0154	Cartesian	No. 4 material position of the warehouse during RFID warehouse scanning
P0155	Cartesian	No. 5 material position of the warehouse during RFID warehouse scanning
P0156	Cartesian	No. 6 material position of the warehouse during RFID warehouse scanning
P0157	Cartesian	No. 7 material position of the warehouse during RFID warehouse scanning
P0158	Cartesian	No. 8 material position of the warehouse during RFID warehouse scanning
P0159	Cartesian	No. 9 material position of the warehouse during RFID warehouse scanning
P0160	Cartesian	No. 10 material position of the warehouse during RFID warehouse scanning
P0161	Cartesian	No. 11 material position of the warehouse during RFID warehouse scanning
P0162	Cartesian	No. 12 material position of the warehouse during RFID warehouse scanning
P0163	Cartesian	No. 13 material position of the warehouse during RFID warehouse scanning
P0164	Cartesian	No. 14 material position of the warehouse during RFID warehouse scanning
P0165	Cartesian	No. 15 material position of the warehouse during RFID warehouse scanning
P0166	Cartesian	No. 16 material position of the warehouse during RFID warehouse scanning
P0167	Cartesian	No. 17 material position of the warehouse during RFID warehouse scanning

CON´D

Type and actual location of P point		
Point No.	Type	Actual location
P0168	Cartesian	No. 18 material position of the warehouse during RFID warehouse scanning
P0169	Cartesian	No. 19 material position of the warehouse during RFID warehouse scanning
P0170	Cartesian	No. 20 material position of the warehouse during RFID warehouse scanning
P0171	Cartesian	No. 21 material position of the warehouse during RFID warehouse scanning
P0172	Cartesian	No. 22 material position of the warehouse during RFID warehouse scanning
P0173	Cartesian	No. 23 material position of the warehouse during RFID warehouse scanning
P0174	Cartesian	No. 24 material position of the warehouse during RFID warehouse scanning
P0175	Cartesian	No. 25 material position of the warehouse during RFID warehouse scanning
P0176	Cartesian	No. 26 material position of the warehouse during RFID warehouse scanning
P0177	Cartesian	No. 27 material position of the warehouse during RFID warehouse scanning
P0178	Cartesian	No. 28 material position of the warehouse during RFID warehouse scanning
P0179	Cartesian	No. 29 material position of the warehouse during RFID warehouse scanning
P0180	Cartesian	No. 30 material position of the warehouse during RFID warehouse scanning
P0201	Cartesian	Actual position of gripper 1 on the gripper table
P0202	Cartesian	Actual position of gripper 2 on the gripper table
P0203	Cartesian	Actual position of gripper 3 on the gripper table
P0204	Cartesian	Gripper directly above the center of the table when it is placed
P0205	Cartesian	Gripper directly in front of the center of the table when it is placed
P0210	Cartesian	Offset value:(P0:−165), used for offset calculation
P0211	Cartesian	Offset value:(P2:50), used for offset calculation

5.6 Safety precautions for robot operations

During commissioning and application of an intelligent manufacturing cutting unit system, substantial industrial robot programming and teaching efforts are required. Most of them need to be completed on site, which has certain risks. Therefore, safe operation specifications for robots must be followed strictly. Main safety precautions are:

(1)Be sure to read the instructions and master the basic operation methods of an industrial robot before using a robot.

(2)Be sure to know positions of emergency stop buttons on the robot controller and peripheral devices, to ensure proper use of these buttons in case of emergency.

(3)Make sure that areas around the robot are clean, without oil, water or impurities. Operators shall wear safety helmets, safety shoes and work clothes.

(4)Confirm that the robot and peripheral devices are normal without dangerous situation before operating a robot. Before entering the robot working area, please turn off the power supply or press the emergency stop switch, even if the robot is not running.

(5)Do not wear gloves to operate the teach pendant or operation panel.

(6)Before pressing the jogging button on the teach pendant, observe the robot motion trend and confirm that the route is not interfered.

(7)During jogging operation of a robot, use relatively low speed(generally controlled below 25%)to improve the degree of control over robot.

(8)During programming and teaching in the robot area, arrange corresponding watchmen to ensure that the emergency stop button can be pressed quickly in case of emergency.

(9)Never think that the robot is shut down when it is still, because the robot is probably waiting for an input signal to continue moving.

Chapter 6

MES

6.1 Function introduction of MES module

MES is important throughout the intelligent manufacturing cutting system. It creates order tasks, issues initialization commands and resets the whole system. After the reset is completed, MES counts the workpieces to be machined in the material warehouse, and after that, the system will start to operate. The MES records, analyzes and processes the operation data while monitoring the operation status. Based on the production and equipment operation, it also issues commands and gives prompts or alarms as appropriate. MES generally operates in an order of "process creation–product binding–counting of materials in warehouse–stopping–reset–startup–manual scheduling–automatic scheduling".

The MES of the technology platform mentioned in this book must be consistent with the interface definitions of PLC, and the MES mainly consists of 7 functional modules(described in 2.10 and shown in Figure 2–14). Each module sha ll have the following functions:

6.1.1 Technological design

The system is required to design 3D files according to the given 2D(DWG) files, and automatically generate EBOM, PBOM and CNC machining process files (MES automatically generates process cards according to EBOM and PBOM information)from the design files of 3D software. Table 6–1 shows the CNC milling machining process cards(Excel)automatically generated by MES system of the technical platform mentioned in this book, the process card can be automatically updated after manual modification of EBOM or PBOM.

Table 6–1 CNC Machining Process Card

CNC machining process card								
Part name		Material				Drawing No.		
Step	Machining mode (Trace name)	Cutting volume				Cutter		Rated work-ing hours
		Spindle speed (rpm/min)	Feed speed (mm/min)	Cutting depth (mm)	Machining stock (mm)	Tool name	Tool diameter	

6.1.2 Scheduling management

Scheduling management module includes manual scheduling, automatic scheduling and program management.

(1)Manual scheduling: The operator is allowed to select the manual scheduling according to the machining and forming needs to generate the machining sequence and forming sequence of the workpiece. The workpiece in each working procedure can be machined and formed step by step for feeding, blanking and material changing, and the electrodes can be automatically matched in the warehouse. According to the test results of the three-coordinate system, the CNC equipment can be repaired. Manual scheduling can machine the parts through permutation and combination, even with great numbers and of various types. The part machining process is automatically issued to the CNC equipment through the network, and in the process, repair and material change can be carried out.

(2)Automatic scheduling: The automatic scheduling can automatically schedule the production, machining and forming of order materials according to process and other parameters. After the scheduling is completed, the order materials can be automatically machined and formed in combination with other modules.

(3)Program management: It is mainly used for management of machining programs and it has the following functions.

- The machining program can be imported to it, and then it directly distributes the machining program to the machine tool through the network, and the distribution status can be tracked.
- The machining program can be uploaded through it, and then it can directly upload the machining center program to the local computer through the network.
- After the machining program is imported, the workpiece can automatically identify the matching machining program (adapting to the workpiece types), and issue the machine tool through the network and automatically load it before machining.

6.1.3 Equipment management

Data collection of production line equipment.

(1)Data collection of machining center; the data mainly includes:

- The working status of the machine tool, including offline/online, machining, idle, alarm, etc.
- The axis information, including working mode, feed rate, axis position, spindle load, spindle speed, etc.
- The name of the machining program being conducted by the machine tool.
- The alarm information of the machine tool.
- The machine chuck, door opening and closing information.
- The information of tool and tool compensation of the machine.

(2)Data collection of robot; the data mainly includes:

- Position and speed of robot axis, including joints 1~6 and seventh axis.
- Information such as robot working state, working mode and operating rate.
- Robot communication status.
- Robot alarm information.
- Information about the project name and program name being loaded by the robot.

(3)Warehouse management, i.e. management of stereoscopic warehouse, the main data collected are as follows:

- Material information settings, including type, part number, etc.
- Material information tracking, real–time tracking of material status information, including no material, to be machined, machining, abnormal machining, machining completed, non–conforming status.
- The material information is sent to PLC and tri–color light.
- It has counting function for material in warehouse. Each position drop–down list can be bound to workpiece of any type, and each type of workpiece can be bound to multiple positions. At the same time, the module has the reading and writing function of RFID.

(4)Tri–color light communication setting function: MES adjusts the indicator light color of the corresponding position according to the warehouse status.

(5)Warehouse initialization function: It is used to initialize the warehouse state during the first operation.

(6)Monitoring function: It is used for on–site monitoring and recording of intelligent manufacturing cutting units. Its main functions are as follows.

- Setting video recorder communication parameters.
- Previewing camera video.
- Obtaining camera images.
- Displaying video recorder operation information.

6.1.4 Measurement and tool compensation

The MES shall have on–line measurement and error compensation functions as follows:

(1)Tool information collection: Obtain the number of tools of the machine in real time and collect the data of the machine tool.

(2)Data collection: read and display the tool information of the machining center, including length, radius, length compensation, radius compensation and other information.

(3)On–line measurement data collection: display the size information and tool compensation information of the workpiece. After the workpiece machining in the machining center is completed, the error between the theoretical value and the actual value of the workpiece can be viewed.

(4)Repair: Display the dimension information and tool compensation informa-

tion of the workpiece. After the workpiece machined in the machining center is completed, the error between the theoretical value and the actual value of the workpiece can be viewed, and then whether to repair or complete the process can be decided; If repair is needed, the corresponding tool compensation shall be determined first, and the repair shall be carried out after being written into the system.

(5)Quality tracing function: It can trace the machining process of each part, and the tracing content includes the machining process, measurement data, measurement results, measured yield and defect rate of each part.

6.1.5 Production statistics

(1)The MES systen has the function of production data statistics, including:

• Production statistics of individual parts. and statistics on the percentage of qualified, unqualified and abnormal parts.

• Statistics of the number of comprehensive production parts of multiple parts, and statistics of the proportion of qualified, unqualified and abnormal parts.

(2)Kanban functions are as follows:

• Machining center monitoring kanban: including machine tool online status, machine tool working status(idle, running, alarm), axis position, axis speed, spindle load.

• Robot kanban: including information such as robot online status, robot working status(idle, operation, alarm), axis position, etc.

• Warehouse kanban: including warehouse material information and workpiece status.

• Production statistics kanban: including the number of processed parts, qualification rate, equipment rate, etc.

• Measurement result analysis report and kanban.

6.1.6 System settings

(1)The network topology diagram can be set here, and the specific functions are as follows:

• Graphical display of production line network topology.

• Configuration of communication parameters of each device.

(2)Network verification; with specific functions as follows:

• Machine tool communication test: manually dispatch and load the machin-

ing program by collecting chuck, door opening and closing, spindle speed and other information to verify whether the machine tool communication is normal.

• The robot communication test: verify whether the robot communication is normal by collecting the robot position information.

• The communication test of warehouse: verify whether the communication of the warehouse is normal by setting the status of the warehouse and the tri-color light.

(3)Log: record the operation information of the software.

6.1.7 Task management

It is mainly used for assigning tasks and uploading documents for operator training and assessment. The specific functions are as follows:

(1)The operator can directly obtain task documents such as task book and task drawing in the task receiving module.

(2)The operator can upload the answer documents(including drawings, PDF format process cards and other documents)to the server.

6.2 MES login

Start a computer with the MES, enter the Chrome, and input the URL: localhost/cbmes/school/login.html. Click the login interface of Chenbang MES, as shown in Figure 6-1.

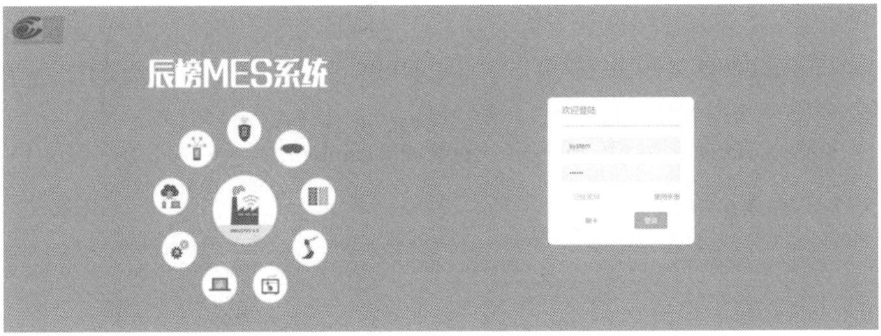

Figure 6-1 MES Login Interface

Input the account "system" and password (initial password "system")and log in to MES. The main interface of MES is shown in Figure 6-2.

Figure 6–2　MES Main Interface

6.3 General operation process of MES

The operation process of Chenbang MES is as follows:

(1)Click EBOM under the machining technology column, as shown in Figure 6–3.

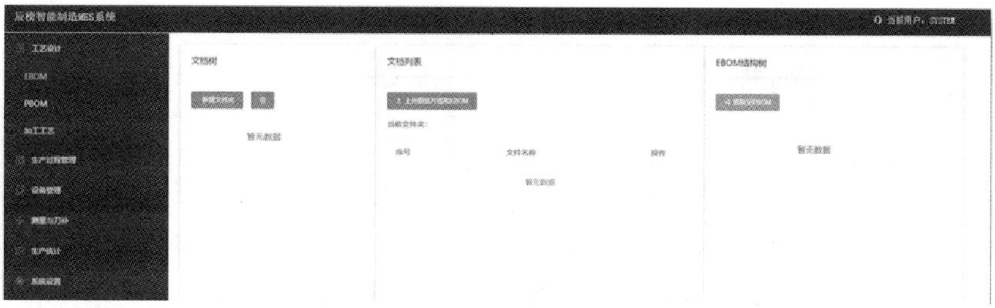

Figure 6–3　EBOM Interface

(2)Import drawings and export BOM. The specific steps are shown in Figure 6–4.

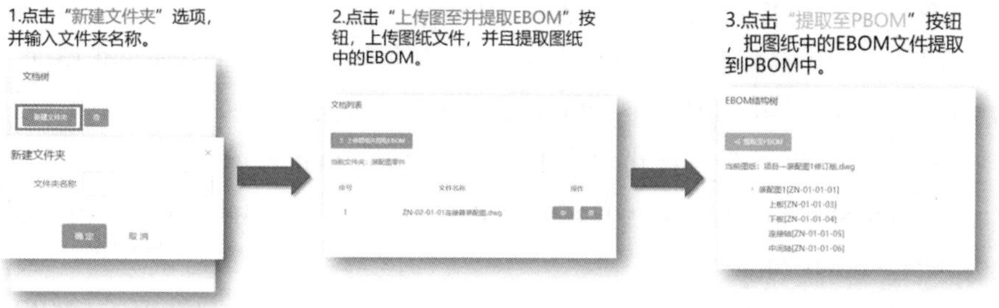

Figure 6–4　EBOM Add Process

• Click the "New folder" option and enter the folder name and click "OK";

• Click the "Upload drawings and export EBOM" button to upload drawing files and export EBOM in drawings;

• Click the "Extract to PBOM" to export the EBOM file in the drawing to PBOM.

Note: When clicking the "Extract to PBOM", a prompt as shown in the figure above will appear. There is a need to create a new product category and product in the PBOM interface first. After the creation is completed, click the "Extract to PBOM" button.

(3)The specific steps to export PBOM documents, add machining procedures and release process routes are shown in Figure 6–5.

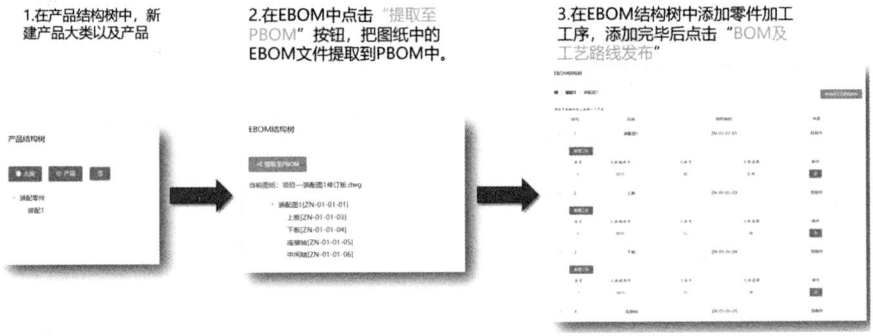

Figure 6–5 Release Process Route

• Create new product categories and products in the product structure tree;

• Click Export to PBOM in EBOM to export the EBOM file in the drawing to PBOM;

• Add the part processing procedure in the EBOM structure tree, and click " BOM and Process Route Release" after adding.

(4)Uploading of product process drawing files and NC codes and export of process parameter files. The specific steps are as follows:

• Upload NC code, i.e. the machine tool machining code;

• Upload the part drawing(the drawing name must contain the corresponding part name in any format);

• The process parameter file is the process parameter exported from PBOM (as shown in Figure 6–6).

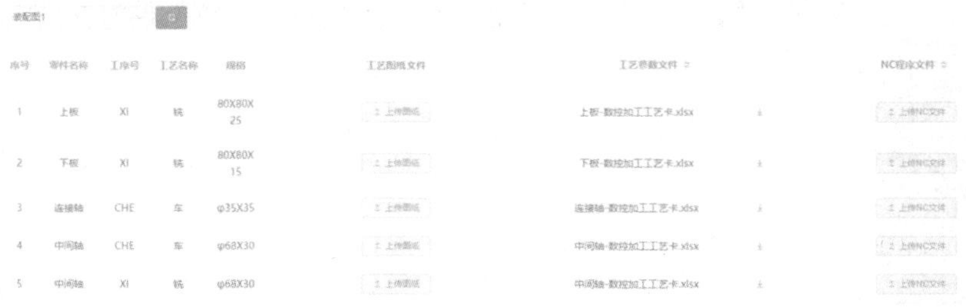

Figure 6-6 Export Interface of Process Parameter File

(5)Network topology

The network topology interface is shown in Figure 6-7. It is mainly used to test the communication of each unit to ensure the normal communication of the system. Click the "Connection Test" to conduct communication test(green indicates successful connection, and red indicates failed connection). If communication is abnormal, handle it immediately to ensure the normal operation of on-line commissioning.

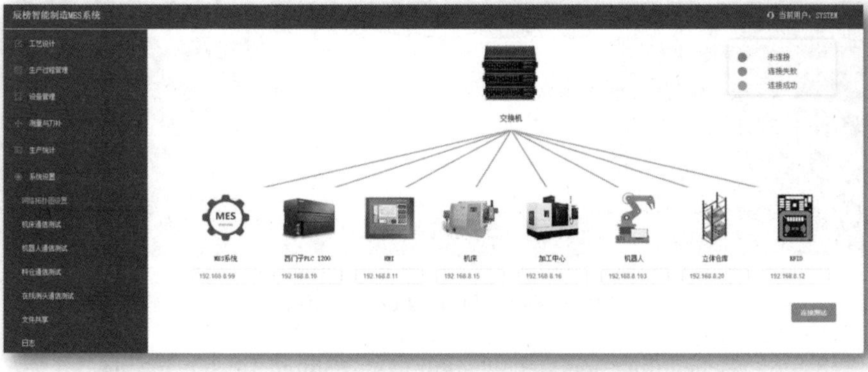

Figure 6-7 Network Topology Interface

(6)Warehouse communication test. The communication test methods of each unit are similar. Take the warehouse communication test as an example, click the "Warehouse Communication Test" option on the left side of MES to enter the test interface, as shown in Figure 6-8. Select the corresponding position and the color of the machining signal lamp for the warehouse communication test, and test the status of the position(colorless-not machined, gray-to be machined, blue-machining, green-machining completed, yellow-non-conforming machining, red-abnor-

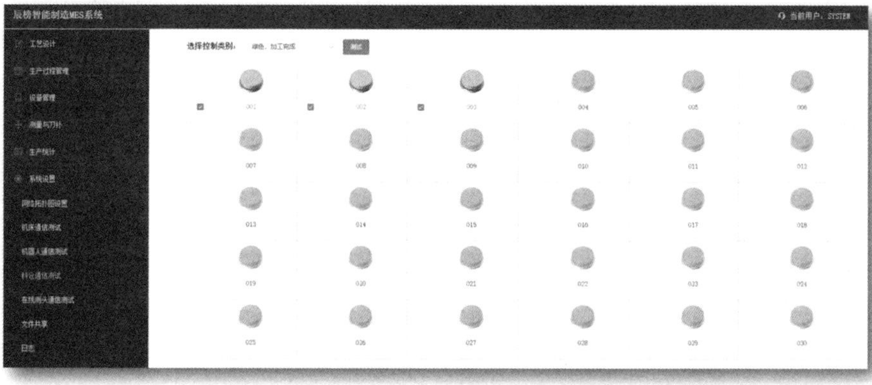

Figure 6–8　Communication Test Interface of Warehouse

mal machining).

(7)New orders. In order management(New order), as shown in Figure 6–9, fill in the order number, select the delivery time, select the corresponding product part, and click OK to complete the new order.

Figure 6–9　New Order Interface

(8)Order scheduling–manual scheduling and automatic scheduling.

• Manual Scheduling: Select the order number to be machined, select the start time and the expected end time(10 minutes by default)in the manual scheduling, and finally click "Confirm scheduling", as shown in Figure 6–10.

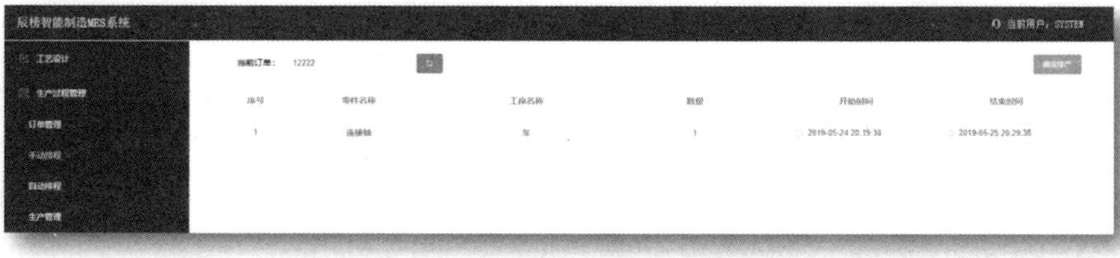

Figure 6–10　Manual Scheduling Interface

• Automatic Scheduling: Select the order number to be scheduled, click Automatic Scheduling, and input the machining time. The default is 10 minutes. As shown in Figure 6–11.

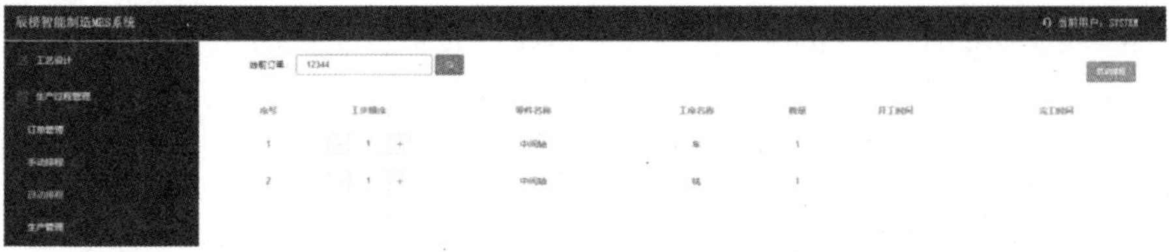

Figure 6–11 Automatic Scheduling Interface

(9)Production management

Click the "Production Management" on the left side of MES to enter the production management interface, as shown in Figure 6–12. The specific operation method is as follows:

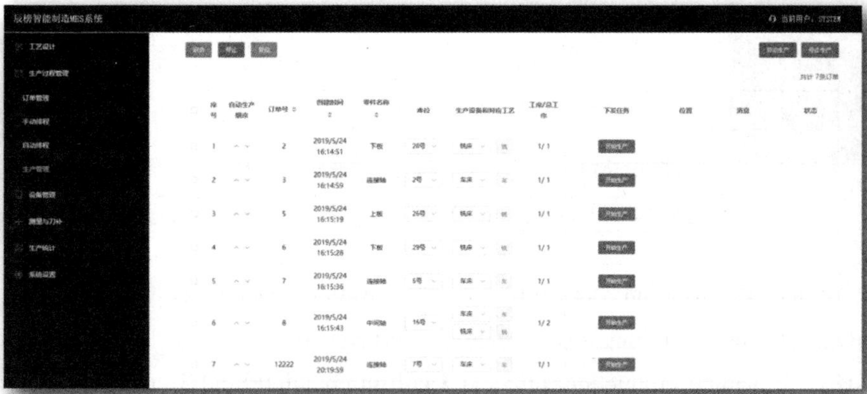

Figure 6–12 Production Management Interface

• First click the stop button to stop the operation of the machine tool, then click the reset button to reset the equipment before machining, and finally click the start button to make the machine tool ready for operation;(Note: Before starting production, the machine tool must be stopped, reset and started. Each step of operation is completed with a corresponding prompt to show that the operation is completed. At the same time, when the machine tool is in the ready operation state, the PLC master control will show a green light.)

• The production management displays the scheduled orders, and the location information of each part and the equipment corresponding to the production process can be filled here;

• Click Start Production in the task column below to manually produce orders; click Automatic Production in the upper right to automatically produce all orders;

• Click Stop production to stop producing the current order.

(10)Tool compensation repair

Before manual production, the measurement program must be added to the end of the machining program, and the measurement data will be saved in the #601–#620 variables corresponding to the machine tool. In the MES software, the measurement parameters need to be set in the(Measurement data collection)interface in(Measurement and tool compensation), as shown in Figure 6–13.

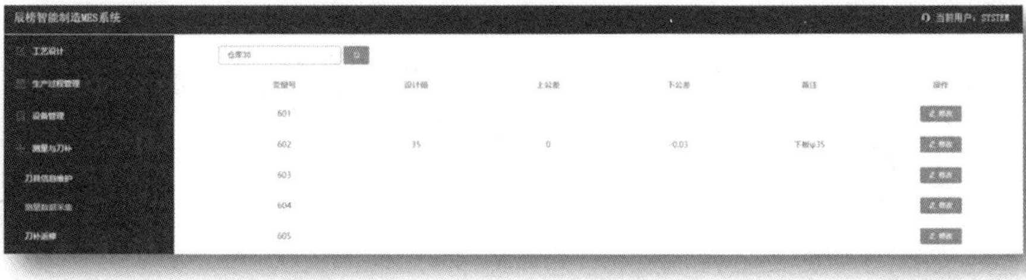

Figure 6–13 Measurement Parameter Setting Interface

Select the position and corresponding variable number, click (Modify), to modify the corresponding design value, tolerance and remarks, and then click (Save). In manual production, prompts(Confirm complete)and(Repair)will appear after machining, as shown in Figure 6–14.

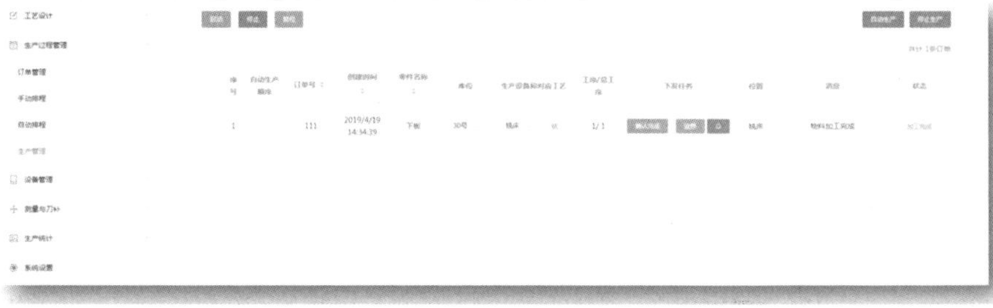

Figure 6–14 Repair Entrance Interface

(11)Repair machining

Click(Repair)in Figure 6–14 to enter the interface of measurement and tool compensation(Repair), as shown in Figure 6–15. In the repair interface, the corresponding warehouse position number will appear automatically, and click(Obtain the measured value). Check the measured data and modify the corresponding data on the right side of the tool compensation data. Click(OK)to see a prompted "Successful tool compensation", and the repair is completed.

Figure 6–15 Repair Entrance Interface

After modifying the tool compensation data, click(Confirm repair)to see a popped up confirmation window, click OK, and the machine tool will be repaired; after the repair is completed, click(Return to the production page)and return (Production management)to continue(Confirm the completion)–(Return to the warehouse)to complete the repair processing.

Chapter 7

Online Measurement

7.1 Basic operation method of probe

The model of on-line probe of the intelligent manufacturing cutting unit system mentioned in this book is RUN-CP52BT40, and the equipment list includes: one tool handle, one probe, one ruby probe, one wireless receiver and several electric signal lines. The use method is as follows:

(1)Wiring instructions: Power supply of probe signal receiver:+24V(NC power supply), 0V(NC power supply), signal line(X12.0/+24v input valid), wiring: Blue-signal terminal, brown-start signal 24V, red-blue-black 24V, white-black 0V. When the probe receiver is powered on, three green lights will light up. When the probe touches the surface of the workpiece, the red light of the probe will be on, and the red light of the receiver will be on. System X12.0 has input and the value is 1.

(2)Macro program for calibration probe call:

- Calibration of probe length, procedure O9801;
- Finger XY compensation calibration, program O9802;
- Ball radius calibration, procedure O9803;
- Vector ball radius calibration, program O9804.

(3)Macro program for measuring workpiece call:

- Measure the outer and inner sides of the workpiece, procedure O9812;
- Measure the inner hole of the workpiece, program O9813;
- Measure the excircle of the workpiece, procedure O9814.

(4)Basic operations:

• M19 spindle controls the direction, ensuring that the green indicator light of the probe is forward when the probe is installed for easy viewing; the probe is manually installed to the spindle;

• Calibrate the measuring head with ring gauge;

• Establish the XYZ coordinate of the probe with the handwheel. XYZ is the ring gauge center and Z is the plane height above the ring gauge. Run the macro program(maintain the same feed rate during all calibration measurements).

• During each measurement, it is necessary to confirm whether there are variables to be changed in the program, such as whether the used coordinate system, diameter parameters, tool number, xyz offset are appropriate.

7.2 Probe calibration

(1)Calibration of probe length

The probe length calibration program is 09801. When the program is used to measure the length, a tool number and a tool compensation number must be specified first, and then a height must be roughly aligned. After completion, the following program shall be executed. After completion, the calibration value of the measured height will be written into the macro variable #507. The program codes are as follows:

% O1113

M19;(spindle orientation)

G80G90G40G49;(fixed cycle canceled, absolute value coordinate, tool radius compensation and length compensation canceled)

G54G0X18Y0;(G54 coordinate X18 is used as the offset, and it is determined according to the size of the ring gauge to ensure that it can hit the upper surface)

G43H1Z50;(tool length compensation, H1 refers to calling No. 1 tool compensation)

G65P9832;(connected to probe rotation)

G65P9810Z10F1000;(reach position of 10mm above the surface at a speed of 1000 in anti−collision mode)

G65P9801Z0T1;(move to surface height 0 with No.1 tool to calibrate the length of probe)

G65P9810Z100F5000;(reach position of 100mm above the surface at a speed of 5000 in anti−collision mode)

M30;

%

(2)Finger XY compensation calibration

The XY compensation calibration program is O9802. When the program finger XY compensation calibration is used, a tool number and a tool compensation number must be specified first, and then the center XY of a ring gauge must be roughly aligned. After completion, the following program will be executed. After execution, the measured contact finger XY compensation calibration standard value will be written into macro variables #502 (measuring head X deviation)and #503(measuring head Y deviation), if no DC is written, the system will report the alarm that the variable is not initialized.

% O1114

M19;

G90G80G40G49;(absolute value coordinate, fixed cycle canceled, cutter radius compensation canceled, tool length compensation canceled)

G54G0X0Y0;(call G54 coordinate to quickly move to ring gauge center)

G43H1Z50;(tool length compensation, use No.1 tool compensation to 50 mm above the surface)

G65P9810Z−5F1000;(reach position of−5mm above the surface at a speed of 1000 in anti−collision mode)

G65P9802DC25;(Calibrate the probe XY in ring gauge diameter of 25mm)

G0Z50;(move quickly to 50mm above the surface)

M30;

%

(3)Finger ball radius calibration

The calibration program of finger ball radius is O9803. To calibrate the radius by the program, a tool number and a tool compensation number must be first specified, and then the center XY of a ring gauge must be roughly aligned. After completion, the following program shall be executed. After completion, the mea-

sured calibration standard value of finger ball radius will be written into macro variables #500(X–direction ball radius)and #501(Y–direction ball radius), if no DC is written, the system will report the alarm that the variable is not initialized.

% O1115M19;

G90G80G40G49;(absolute value coordinate, fixed cycle canceled, cutter radius compensation canceled, tool length compensation canceled)

G54G0X0Y0;(call G54 coordinate to quickly move to ring gauge center)

G43H1Z50;(tool length compensation, use No.1 tool compensation to 50 mm above the surface)

G65P9810Z–5F1000;(reach position of–5mm above the surface at a speed of 1000 in anti–collision mode)

G65P9803DC25;(Calibrate the probe radius of finger ball in ring gauge diameter of 25mm)

G0Z50;(move quickly to 50mm above the surface)

M30;

%

(4)Vector finger ball radius calibration

The calibration program of finger ball radius is O9804#505(center of coordinate system Y of the workpiece). To calibrate the radius by the program, a tool number and a tool compensation number must be first specified, and then the center XY of a ring gauge must be roughly aligned. After completion, the following program shall be executed. After completion, the measured calibration standard value of finger ball radius will be written into macro variables #504 (X–direction ball radius)and #505 (Y–direction ball radius), if no DC is written, the system will report the alarm that the variable is not initialized.

% O1116

M19;

G90G80G40G49;(absolute value coordinate, fixed cycle canceled, cutter radius compensation canceled, tool length compensation canceled)

G57G0X0Y0;(call G57 coordinates to quickly move to ring gauge center)

G43H3Z20;(tool length compensation, call No. 3 tool compensation to 20mm above the surface)

G65P9810Z–5F1000;(reach position of–5mm above the surface at a speed of

1000 in anti−collision mode)

G65P9804DC38;(Calibrate the probe radius of finger ball of vector in ring gauge diameter of 38mm)

G0Z50;(move quickly to 50mm above the surface)

M30;

%

7.3 Measurement procedure

(1)After calibrating the probe, measure the inside and outside of the workpiece with the macro program O1118 program. The detailed code is as follows:

% O1118;

M19;

G90G80G40G49;(absolute value coordinate, fixed cycle canceled, cutter radius compensation canceled, tool length compensation canceled)

G56G0X0Y0;(call G56 coordinate to quickly move to ring gauge center)

G43H3Z20;(tool length compensation, call No. 3 tool compensation to 20mm above the surface)

G65P9810Z5F1000;(reach position of 5mm above the surface at a speed of 1000 in anti−collision mode)

G65P9812X80Z−4R6;(R6 indicates that the outer edge exceeds 6mm, and X80 is the theoretical distance between the two sides in X direction is 80mm)

G0Z50;(move quickly to 50mm above the surface)

M30;

%

(2)After calibrating the probe, measure the inner hole with the macro program O1119. The detailed code is as follows:

% O1119;

M19;

G90G80G40G49;(absolute value coordinate, fixed cycle canceled, cutter radius compensation canceled, tool length compensation canceled)

G56G0X0Y0;(call G56 coordinate to quickly move to ring gauge center)

G43H3Z20;(tool length compensation, call No. 3 tool compensation to 20mm

above the surface)

G65P9810Z−5F1000;(reach position of−5mm above the surface at a speed of 1000 in anti−collision mode)

G65P9814DC30;(Measure the inner hole of the object with a theoretical diameter of 30)

#600=#138;(138 value assigning 600)

G0Z50;(move quickly to 50mm above the surface)

M30;

%

(3)After calibrating the probe, measure the excircle with the macro program O1120, and the detailed code is as follows:

% O1120;

M19;

G90G80G40G49;(absolute value coordinate, fixed cycle canceled, cutter radius compensation canceled, tool length compensation canceled)

G57G0X0Y0;(call G56 coordinates to quickly move to ring gauge center)

G43H3Z20;(tool length compensation, call No.3 tool compensation to 20mm above the surface)

G65P9810Z5F1000;(reach position of 5mm above the surface at a speed of 1000 in anti−collision mode)

G65P9814DC70Z−5R6;(Measure the actual value of theoretical outer edge diameter of 70mm at the position where the outer edge exceeds 6mm and is 5mm below the surface)

G0Z50;(move quickly to 50mm above the surface)

M30;

%

(4)Method of viewing values

Click the key "Tool compensation/variable" on the CNC machine tool system panel twice continuously to see the variable page. Click the black key corresponding to "Public hold" under the display screen to see the following page. Press the page change key to view the measurement structure, as shown in Figure 7−1.

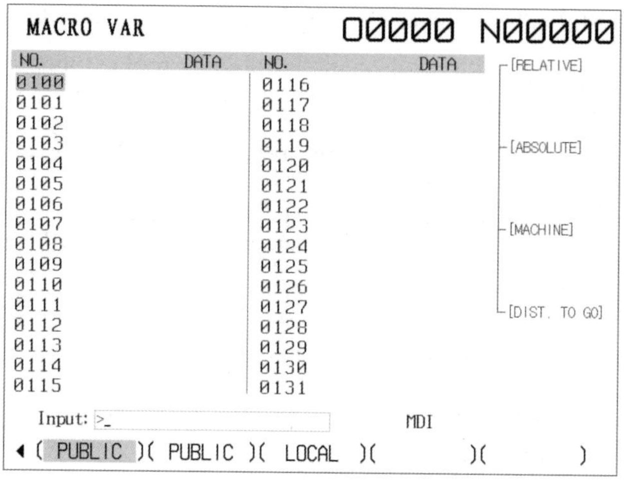

Figure 7–1　Repair Entrance Interface

7.4 Examples of practical measurement procedures

(1)Measure the inner hole diameter of intermediate shaft φ30(+0.03,0)

% M19;

G90G80G40G49;(absolute value coordinate, fixed cycle canceled, cutter radius compensation canceled, tool length compensation canceled)

G56G0X0Y0;//G56 coordinate system(call G56 coordinate system to quickly move to X0Y0)

G43H1Z20;//Tool No. 1(tool length compensation, call No. 1 tool to 20mm above the surface)G65P9810Z−5F1000;//P9810 moving anti−collision protection depth−5(move to the position of−5mm above the surface at a speed of 1000 in anti−collision mode)

G65P9814DC30;//P9814: measurement of inner diameter and outer diameter; DC30: theoretical aperture 30(actual value of aperture with measurement theoretical inner diameter of 30)

#601=#138;//assign the measurement result to #601 G0Z150;

M30;

%

(2)Measure the lower plate hole φ35(+0.03,0)

% M19;

G57G0X0Y0;(call coordinate G57 to quickly move to coordinate X0Y0)

G43H1Z20;(tool length compensation, call No.1 tool compensation to 20mm above the surface)

G65P9810Z−5F1000;(reach position of−5mm above the surface at a speed of 1000 in anti−collision mode);

G65P9814DC35;//Theoretical hole diameter 35 (measure the actual value of aperture with theoretical hole diameter of 35)

#602=#138;

G0Z150;

M30;

%

(3)Measure the groove in the upper plate: width X50(+0.03,0)

% O0024

M19;

G90G80G40G49;(absolute value coordinate, fixed cycle canceled, cutter radius compensation canceled, tool length compensation canceled)

G59G0X0Y0;(call coordinate G59 to quickly move to coordinate X0Y0)

G43H1Z20;(tool length compensation, call No.1 tool compensation to 20mm above the surface)

G65P9810Z−2.7F1000;(reach position of−2.7mm above the surface at a speed of 1000 in anti−collision mode)

G65P9812X50;//Theoretical width of groove:50mm(measure the actual value of theoretical distance between edges: 50mm)

#603=#138;

G0Z150;

M30;

%

(4)Measure the outer diameter of connecting shaft φ30(−0.03,−0.06)

% M19;

G90G80G40G49;(absolute value coordinate, fixed cycle canceled, cutter radius compensation canceled, tool length compensation canceled)

G58G0X0Y0;(call G58 coordinate to quickly move to X0Y0)

G43H1Z20;(tool length compensation, call No.1 tool compensation to 20mm

above the surface)

G65P9810Z5F1000;(reach position of 5mm above the surface at a speed of 1000 in anti-collision mode)

G65P9814DC30Z−20R6;//Theoretical outer diameter: 30mm; measurement depth: 20mm; measurement of withdrawal trace beyond the edge of the work-piece by 6mm; measurement of actual value of theoretical outer diameter: 70mm at 5mm below the surface by 6mm.

#604=#138;

G0Z150;

M30;

%

Chapter 8

Examples of PLC Programs

Installation and commissioning of the intelligent manufacturing cutting unit control system is the key to the smooth operation of the whole system. Mastering the basic methods and skills for the installation and commissioning of the control system can not only ensure the normal system operation after troubleshooting, but also adjust the process and takt according to the characteristics of different workpieces, so as to enhance the system applicability and increase the production efficiency.

The installation and commissioning of intelligent manufacturing cutting unit control system mainly comprises the installation and commissioning of MES software and PLC control system of the intelligent manufacturing control system:

- Perform the programming and commissioning of PLC to realize the connection and communication between the master control PLC and the robot, RFID system, CNC machine tool, stereoscopic warehouse, and MES etc.;
- Jointly commission the intelligent manufacturing unit and the MES software to realize normal acquisition and visualization of equipment layer data, including machine tool state, robot state, stereoscopic warehouse state and product state data information, etc.;
- Utilize the manual scheduling of MES software to make the industrial robot can take out the blank to be machined from the stereoscopic warehouse, and send it back to the specified position in the stereoscopic warehouse and update RFID data after machining and online measurement;

Jointly commission the intelligent manufacturing unit and the MES software to realize the scheduling, ordering, starting the intelligent manufacturing unit and

automatic machining by the MES software.

Therefore, PLC program is the key to the installation and commissioning of the control system of intelligent manufacturing cutting unit, and beginners should follow the three stages of "understand-be able to modify-then compile" to learn the PLC program. The PLC programming variables of the intelligent manufacturing cutting unit system are detailed in Annexed Table 1, which specifies the input and output signal variables between PLC and MES system, industrial robot, machining center, CNC lathe, stereoscopic warehouse and RFID, etc.

The basic programming principles of PLC are as follows:

(1)The contacts of soft elements such as external inputs/outputs, internal relays, timers, counters, etc. can be reused without the need for complex program structures to reduce the number of contact usage.

(2)Each line of the ladder diagram starts from the left busbar, and the coil is connected to the rightmost side. In the relay control schematic diagram, the relay contact can be placed on the right side of the coil, but in the ladder diagram, the contact is not allowed to be placed on the right side of the coil.

(3)The coil cannot be directly connected to the left busbar, that is, the coil output must be conditional as a logical result. If necessary, this can be realized by using the dynamic breaking contact of an internal relay or an internal special relay.

(4)There is no limit on the number of contacts connected in series and in parallel in the ladder diagram, and these contacts can be used without limitation.

(5)When preparing the ladder diagram, the principle of "heavy on top and light at bottom, heavy on left and light on right" shall be followed as far as possible.

(6)Two or more coils may be connected in parallel but not in series.

(7)The ladder diagram program must conform to the principle of sequential execution, that is, from left to right and from top to bottom. The circuit not conforming to the sequential execution cannot be programmed directly.

(8)The program ends with the END instruction, and the execution of the program is from the first address to the end of the END instruction. During commissioning, the program can be divided into several blocks by using this characteristic for block commissioning, until the whole program is successfully commis-

sioned.

Examples of the[CPU1215CDC/DC/DC] PLC program of the technical platform used herein are as follows:

8.1 Main[OB1] organization block

The main program block is mainly divided into the following five parts:

(1)Machining center and CNC lathe control and signal interaction module, as shown in Figure 8–1.

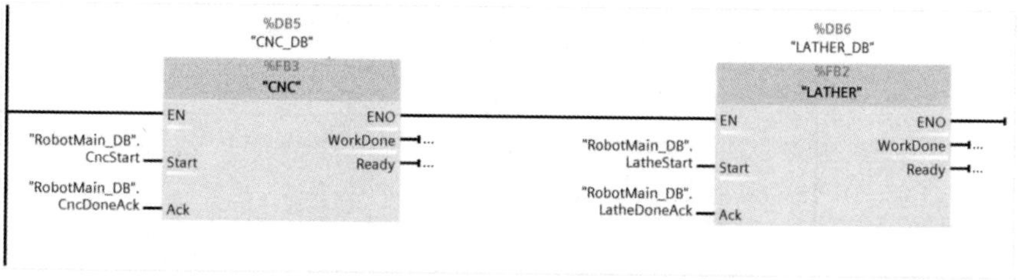

Figure 8–1 Machine Tool Control Module

(2)Robot control and signal interaction module, as shown in Figure 8–2.

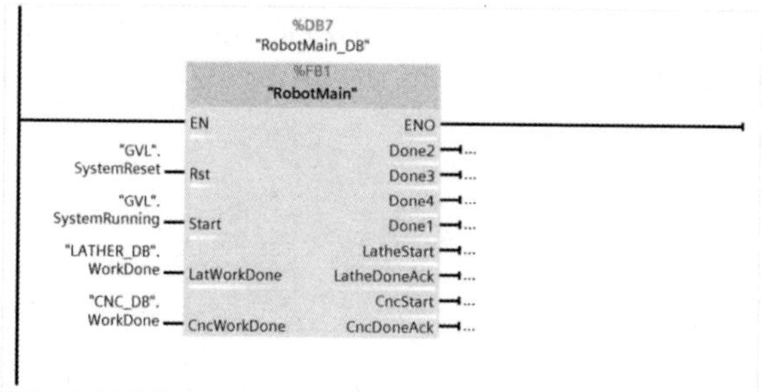

Figure 8–2 Robot Control Module

(3)RFID control and signal interaction module, as shown in Figure 8–3.

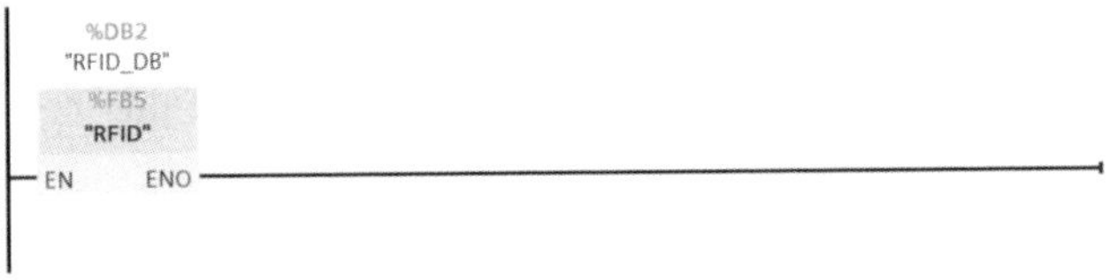

Figure 8–3　RFID Control Module

(4)MES system control and signal interaction module, as shown in Figure 8–4.

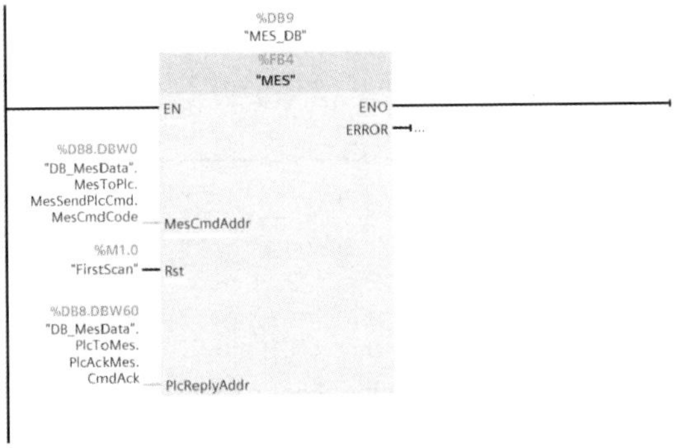

Figure 8–4　MES Control Module

(5)Other control modules, which are mainly used for stereoscopic warehouse, tri–color light, system alarm, measuring head calibration and other information, as shown in Figure 8–5.

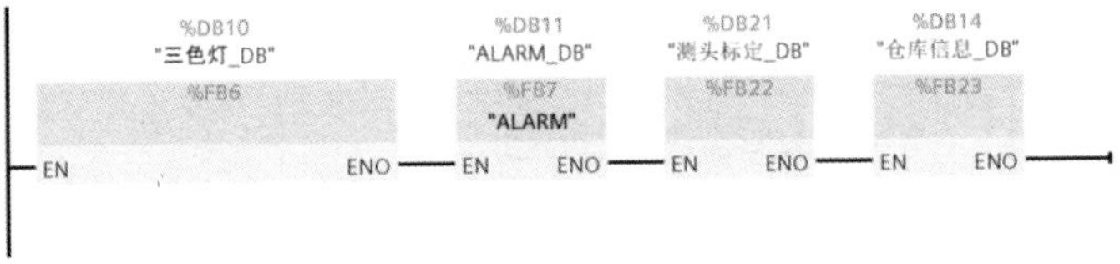

Figure 8–5　Other Control Modules

8.2 MES[FB4] function block

The list of MES system variables, list of industrial robot variables and list of

MES function block variables are as shown in Annexed Tables 2, 3 and 4, respectively. MES [FB4] is a function module receiving the control commands from MES, and mainly receives the start, stop and reset signals sent from MES. The details are As follows:

(1)MB_SERVER program, as shown in Figure 8–6.

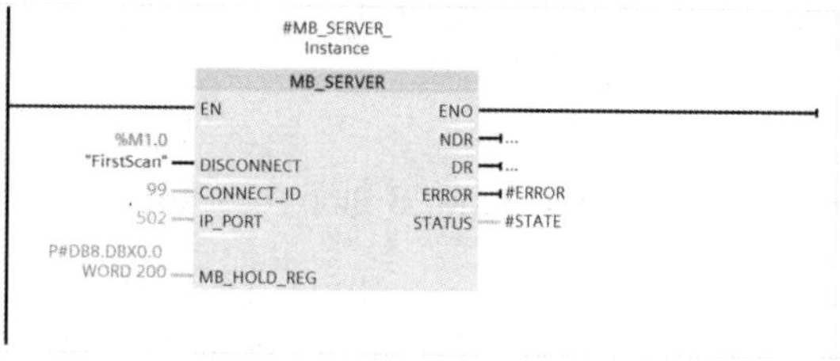

Figure 8–6 MB_SERVER Program

(2)MES reset program is shown in Figure 8–7. During reset, the data sent from MES shall be directly returned to avoid that the data sent from MES last time is not returned. Under normal circumstances, reset is not required, and automatic restoration takes effect upon communication timeout.

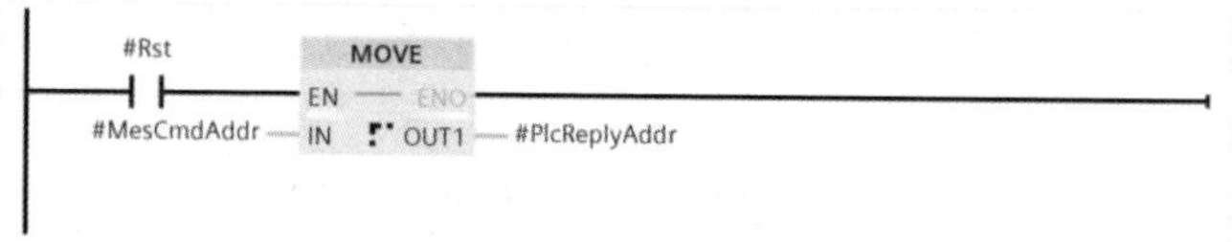

Figure 8–7 MES Reset Program

(3)MES start(98)program, as shown in Figure 8–8.

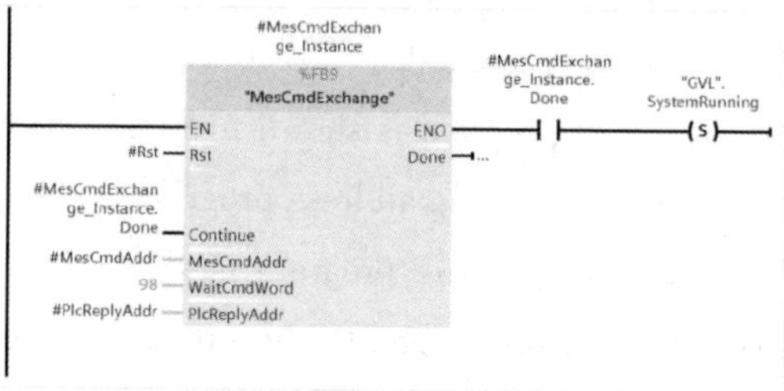

Figure 8–8 MES Startup Program

(4)MES stop(99)program. As shown in Figure 8-9.

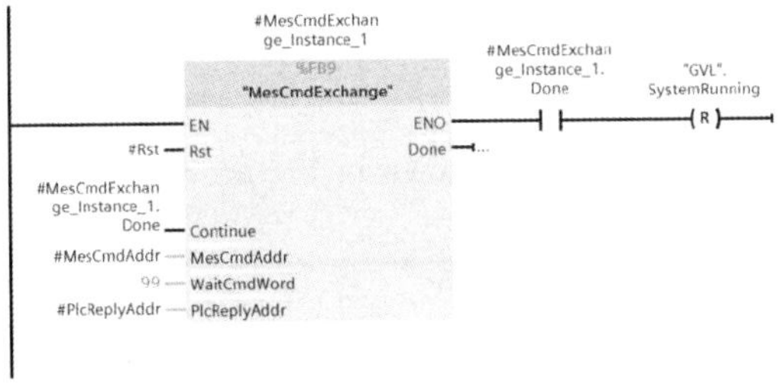

Figure 8-9 MES Stop Program

(5)MES reset machine tool(100)is the same as that of "GVL." SystemRunning limit system common for starting machine tool during operation and repair, as shown in Figure 8-10.

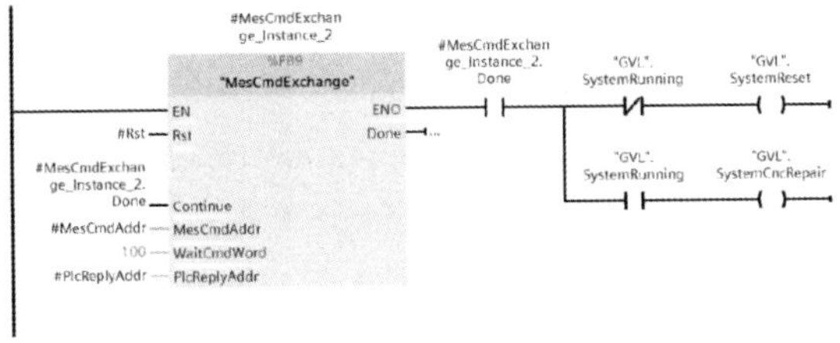

Figure 8-10 MES Reset Machine Tool

8.3 MesCmdExchange[FB9] function block

The list of variables for MES command exchange function block MesCmdExchange[FB9] is shown in Table 8-1, which is used to parse MES commands and notify the parameters of return commands.

(1)The module data reset program is shown in Figure 8-11.

(2)MES control command sending address program, as shown in Figure 8-12.

(3)The MES command processing program is shown in Figure 8-13. If the current command is valid and greater than 0, the processing begins.

(4)MES response waiting procedure is shown in Figure 8-14. After the response waiting is completed, both reset.

Table 8–1 List of Variables for MES Command Exchange Function Block

Name	Data Type	Default value	Hold	Accessible from HMI/ OPC UA	Writable from HMI/ OPC UA	Visible in HMI engineering configuration	Set value	Moni–toring	Notes
▼Input									
Rst	Bool	false	Non–holding	True	True	True	False		Reset program block, interrupt with MES command interaction
Continue	Bool	false	Non–holding	True	True	True	False		After the external machining is completed, the signal setting will continue to receive the specified MES command
MesCmdAddr	Word	16#0	Non–holding	True	True	True	False		Address of PLC receiving command from MES
WaitCmdWord	Word	16#0	Non–holding	True	True	True	False		MES command number to be processed by the block
▼Output									
Done	Bool	false	Non–holding	True	True	True	False		MES command interaction completion signal
▼InOut									
PlcReplyAddr	Word	16#0	Non–holding	True	True	True	False		Address of PLC response to MES command
▼Static									
StepRecord	Int	0	Non–holding	True	True	True	False		
Trig_1	Bool	false	Non–holding	True	True	True	False		
Temp									
Constant									

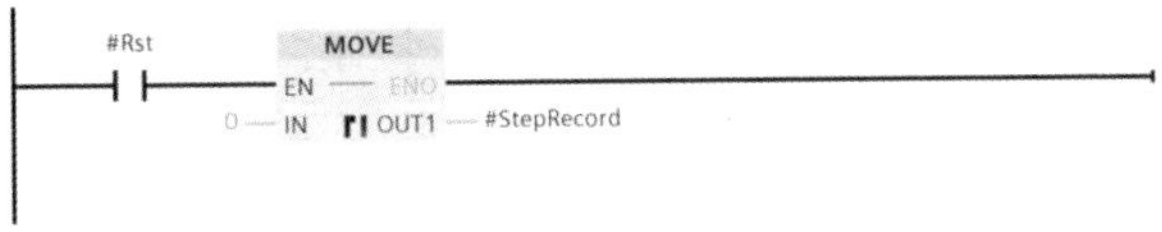

Figure 8–11 Module Data Reset Program

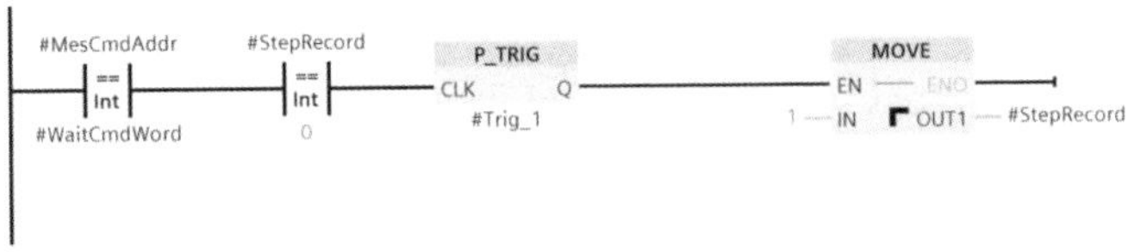

Figure 8–12 MES Control Instruction Address Program

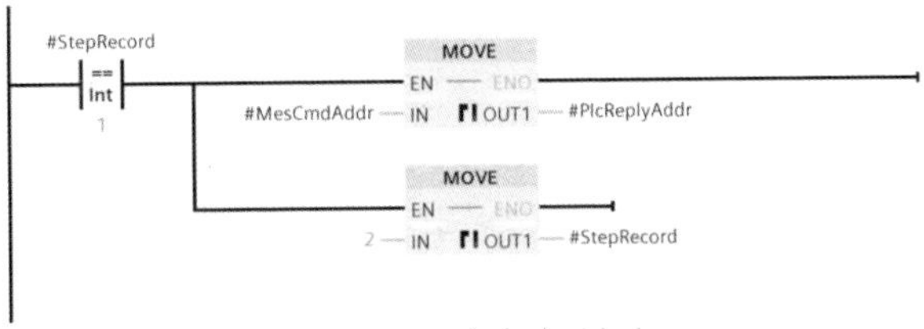

Figure 8–13 MES Command Processing Program

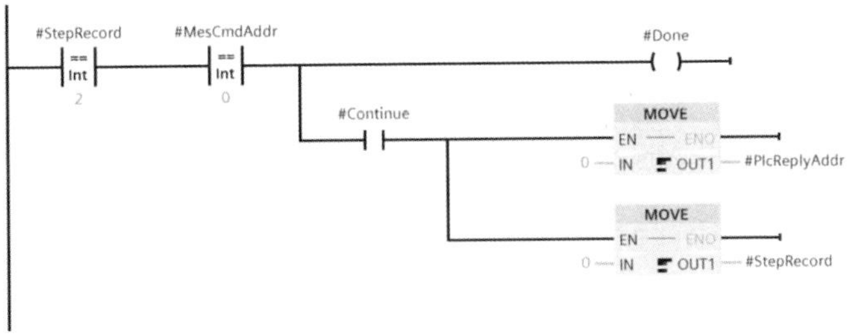

Figure 8–14 MES Response Waiting Procedure

8.4 PlcCmdExchange[FB8] function block

The list of variables for PLC command exchange function block PlcCmdExchange[FB8] is shown in Table 8–2, which is the module that PLC sends commands to MES and waits for MES response.

Table 8–2 List of Variables for PLC Command Exchange Function Block

Name	Data Type	Default value	Hold	Accessible from HMI/ OPC UA	Writable from HMI/ OPC UA	Visible in HMI engineering configuration	Set value	Moni– toring	Notes
▼Input									
Start	Bool	false	Non–holding	True	True	True	False		Start sending command to MES, which needs to prepare command parameters in advance
Rst	Bool	false	Non–holding	True	True	True	False		Reset program block, interrupt with MES command interaction
MesReplyAddr	Word	16#0	Non–holding	True	True	True	False		Current address that MES responds to PLC command
PlcCmdWord	Word	16#0	Non–holding	True	True	True	False		Command number that the PLC sends to MES under user control
Continue	Bool	false	Non–holding	True	True	True	False		Response continue input signal upon completion of user processing
▼Output									
Done	Bool	false	Non–holding	True	True	True	False		PLC command interaction complete
▼InOut									
PlcCmdAddr	Word	16#0	Non–holding	True	True	True	False		Address that PLC sends commands to MES
▼Static									
CurrentPlcCmd	Word	16#0	Non–holding	True	True	True	False		
StepRecord	Int	0	Non–holding	True	True	True	False		
Trig_1	Bool	false	Non–holding	True	True	True	False		
Temp									
Constant									

(1)The module data reset program is shown in Figure 8–15.

Figure 8–15 Module Data Reset Program

(2)All required parameters need to be transmitted externally for sending startup commands to MES. The pneumatic command sending program is shown in Figure 8–16.

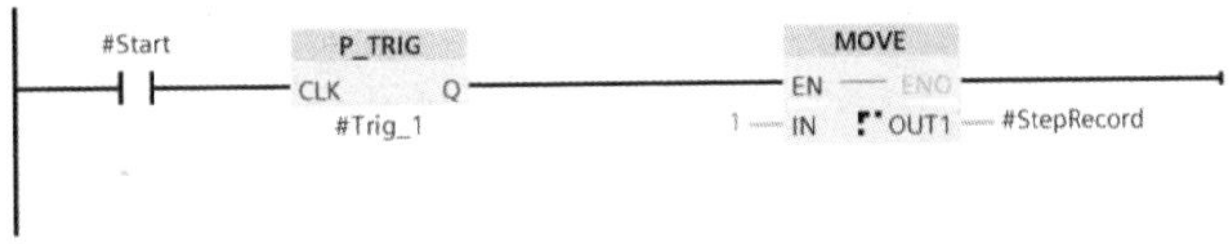

Figure 8–16 Pneumatic Command Sending Program

(3)The MES response processing program is shown in Figure 8–17. If the current received MES command is valid greater than 0, the interaction process begins after it is confirmed that the MES response is received, and ends when the command is equal to 0.

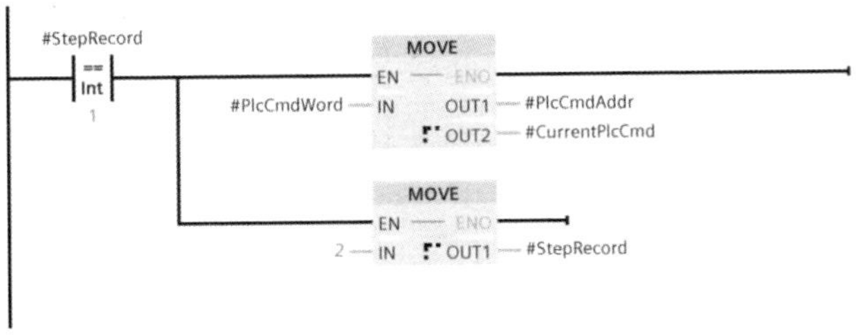

Figure 8–17 MES Response Processing Program

(4)The MES response processing program is shown in Figure 8–18, which is shown as waiting for response and obtaining the MES response to PLC address.

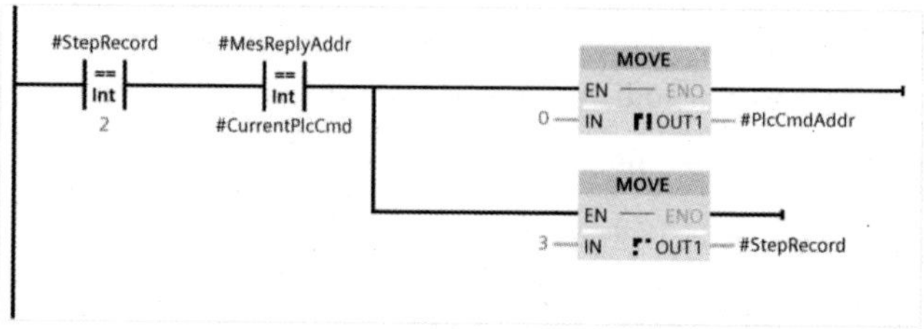

Figure 8–18 MES Response Processing Program

(5)The signal interaction completion program is shown in Figure 8–19. After the response waiting ends, both reset.

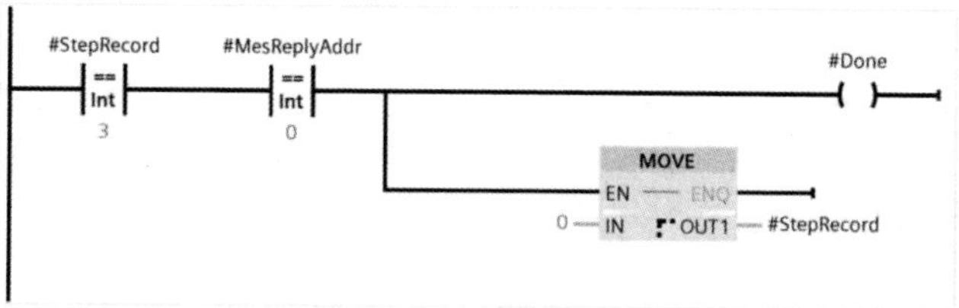

Figure 8–19 Signal Interaction Completion Program

8.5 RFID Related Function Blocks

8.5.1 RFID[FB5] function block

The list of variables for RFID main function block RFID [FB5] is shown in Annexed Table 5, and its ladder diagram is as follows:

(1)RFID manual read–write program and warehouse scanning, as shown in Figure 8–20.

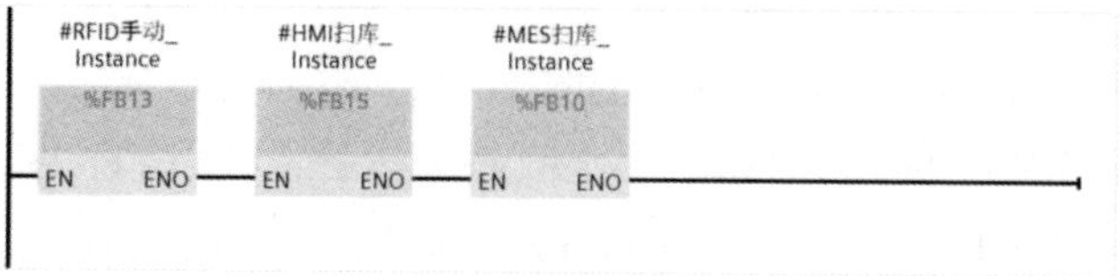

Figure 8–20 RFID Manual Read/Write Program

(2)The MES instruction processing program is shown in Figure 8–21, which is used for storage position indication to realize the function of displaying the current order on the warehouse interface of touchscreen.

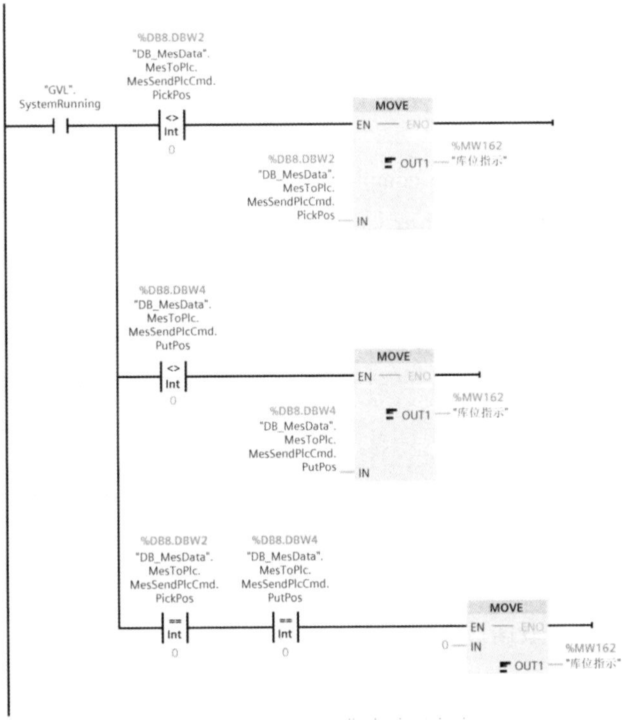

Figure 8–21 MES Instruction Processing Program

8.5.2 RFID[FB12] function block

The variables of RFID read–write function block RFID[FB12] are shown in Table 8–3.

(1)RFID read control word program, as shown in Figure 8–22.

(2)Read RFID data to HMI program, as shown in Figure 8–23.

(3)Write RFID write control word program, as shown in Figure 8–24.

(4)Write data transmission program, as shown in Figure 8–25.

(5)RFID read–write completion program, as shown in Figure 8–26

Table 8–3 RFID Read and Write Variables

Name	Data Type	Default value	Hold	Accessible from HMI/ OPC UA	From HMI/ OPC UA Writable	On HMI Visible in engineering configuration	Set value	Moni–toring	Notes
Input									
▼Output									
Reading and writing	Bool	false	In IDB	True	True	True	False		
completed									
InOut									
▼Static									
▼SendBuffer	Array[1..4] of Byte		Non–holding	True	True	True	False		RFID write data
SendBuffer[1]	Byte	16#0	Non–holding	True	True	True	False		RFID write data
SendBuffer[2]	Byte	16#0	Non–holding	True	True	True	False		RFID write data
SendBuffer[3]	Byte	16#0	Non–holding	True	True	True	False		RFID write data
SendBuffer[4]	Byte	16#0	Non–holding	True	True	True	False		RFID write data
▼IEC_Timer_0_Instance	TON_TIME		Non–holding	True	True	True	False		
PT	Time	T#0ms	Non–holding	True	True	True	False		
ET	Time	T#0ms	Non–holding	True	False	True	False		
IN	Bool	false	Non–holding	True	True	True	False		
Q	Bool	false	Non–holding	True	False	True	False		
▼IEC_Timer_0_Instance_1	TON_TIME		Non–holding	True	True	True	False		
PT	Time	T#0ms	Non–holding	True	True	True	False		
ET	Time	T#0ms	Non–holding	True	False	True	False		
IN	Bool	false	Non–holding	True	True	True	False		
Q	Bool	false	Non–holding	True	False	True	False		

CON'D

Name	Data Type	Default value	Hold	Accessible from HMI/ OPC UA	From HMI/ OPC UA Writable	On HMI Visible in engineering configuration	Set value	Moni-toring	Notes
▼IEC_Timer_0_Instance_2	TON_TIME		Non-holding	True	True	True	False		
PT	Time	T#0ms	Non-holding	True	True	True	False		
ET	Time	T#0ms	Non-holding	True	False	True	False		
IN	Bool	false	Non-holding	True	True	True	False		
Q	Bool	false	Non-holding	True	False	True	False		
▼IEC_Timer_0_Instance_3	TON_TIME		Non-holding	True	True	True	False		
PT	Time	T#0ms	Non-holding	True	True	True	False		
ET	Time	T#0ms	Non-holding	True	False	True	False		
IN	Bool	false	Non-holding	True	True	True	False		
Q	Bool	false	Non-holding	True	False	True	False		
Read and write start	Bool	false	Non-holding	True	True	True	False		
▼IEC_Timer_0_Instance_4	TON_TIME		Non-holding	True	True	True	False		
PT	Time	T#0ms	Non-holding	True	True	True	False		
ET	Time	T#0ms	Non-holding	True	False	True	False		
IN	Bool	false	Non-holding	True	True	True	False		
Q	Bool	false	Non-holding	True	False	True	False		
▼IEC_Timer_0_Instance_5	TON_TIME		Non-holding	True	True	True	False		
PT	Time	T#0ms	Non-holding	True	True	True	False		
ET	Time	T#0ms	Non-holding	True	False	True	False		
IN	Bool	false	Non-holding	True	True	True	False		
Q	Bool	false	Non-holding	True	False	True	False		
Temp									
Constant									

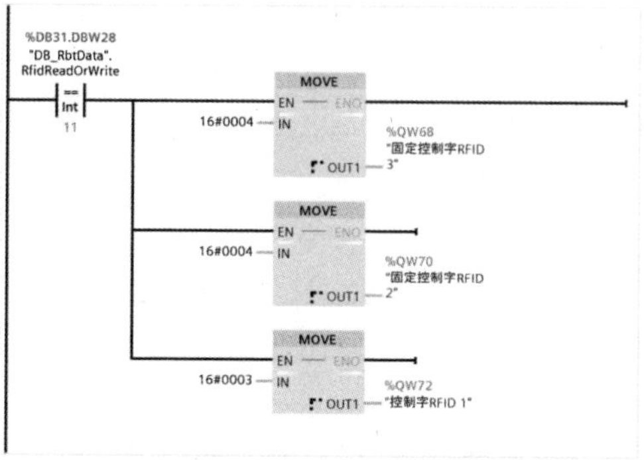

Figure 8–22 RFID Read Control Word Program

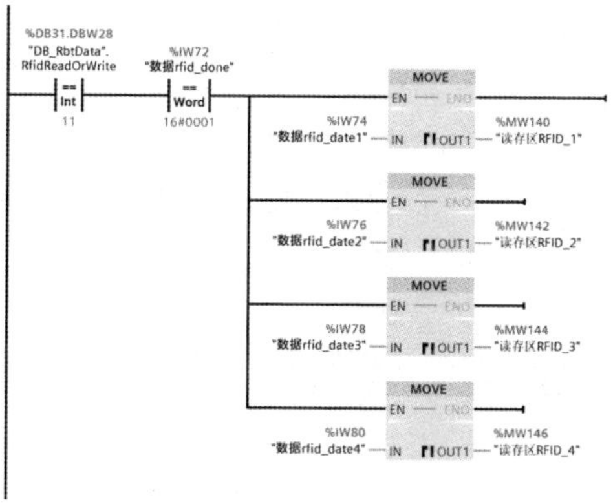

Figure 8–23 RFID Read to HMI Program

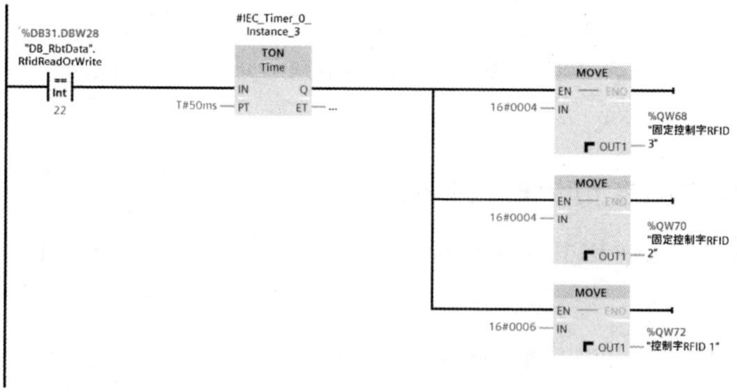

Figure 8–24 RFID Write Control Word

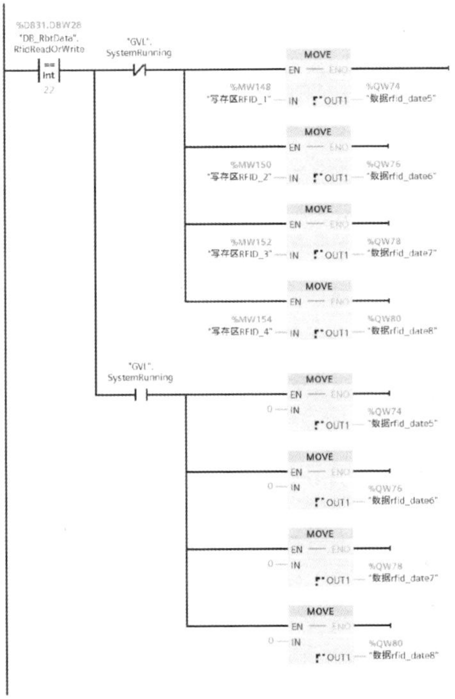

Figure 8–25 RFID Write Data Transmission Program

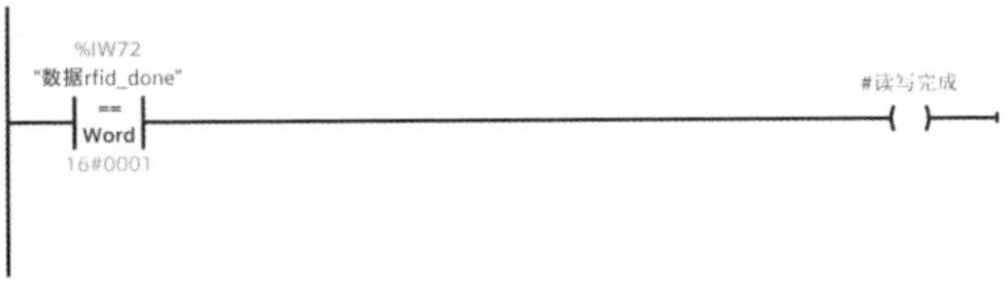

Figure 8–26 RFID Read–Write Completion Program

8.5.3 RFID[FB13] function block

The variables of RFID manual operation function block RFID[FB13] are shown in Table 8–4.

Examples of ladder diagrams are as follows:

(1)Calculate the position, send position number to start the single robot read–write program(teaching No. 13), as shown in Figure 8–27.

Table 8–4 RFID Read and Write Variables

Name	Data Type	Default value	Hold	Accessible from HMI/ OPC UA	Writable From HMI/ OPC UA	Visible in HMI engineering configuration	Set value	Moni-toring	Notes
Input									
Output									
InOut									
▼Static									
Step	Int	0	Non–holding	True	True	True	False		
posEx	Int	0	Non–holding	True	True	True	False		
▼GetRowColnByPosition_In	"GetRowColnBy–			True	True	True	False		
▼Input									
Position	Int	0	Non–holding	False	False	False	False		
▼Output									
Row	Int	0	Non–holding	False	False	False	False		
Coln	Int	0	Non–holding	False	False	False	False		
InOut									
▼Static									
date1	Int	0	Non–holding	True	True	True	False		
date2	Int	0	Non–holding	True	True	True	False		
date3	Int	0	Non–holding	True	True	True	False		
date4	Int	0	Non–holding	True	True	True	False		
▼IEC_Timer_0_Instance	TON_TIME		Non–holding	True	True	True	False		
PT	Time	T#0ms	Non–holding	True	True	True	False		
ET	Time	T#0ms	Non–holding	True	False	True	False		
IN	Bool	false	Non–holding	True	True	True	False		
Q	Bool	false	Non–holding	True	False	True	False		
Temp									
Constant									

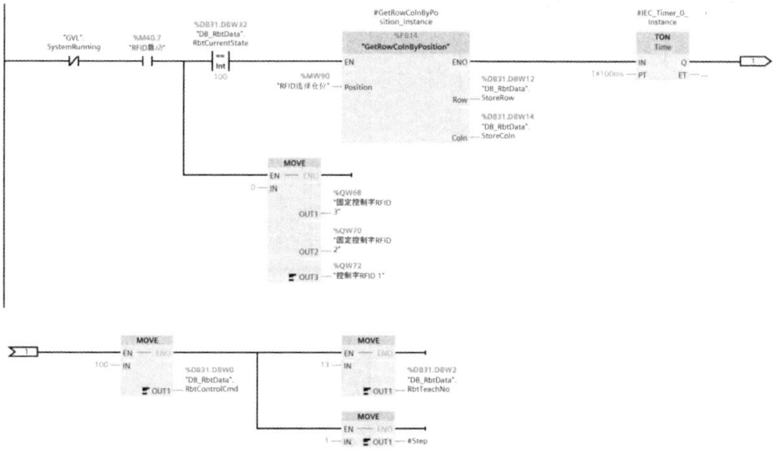

Figure 8–27　Single Teaching No. Read–Write Program

(2)The robot reaches the read/write position and returns the line/row position (e.g. 7/0), as shown in Figure 8–28.

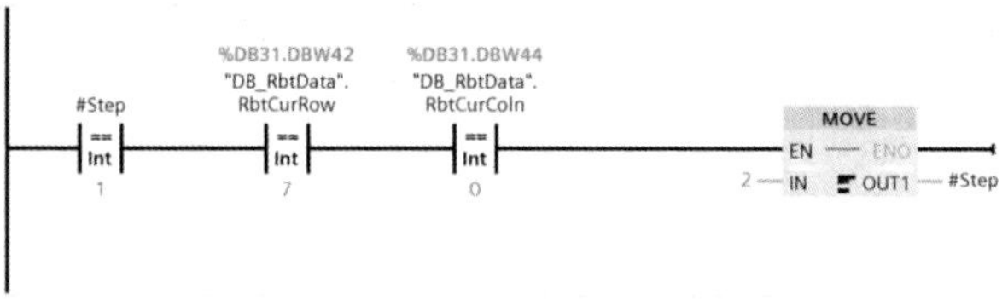

Figure 8–28　Position Return Program

(3)Get the read–write command program of HMI, as shown in Figure 8–29.

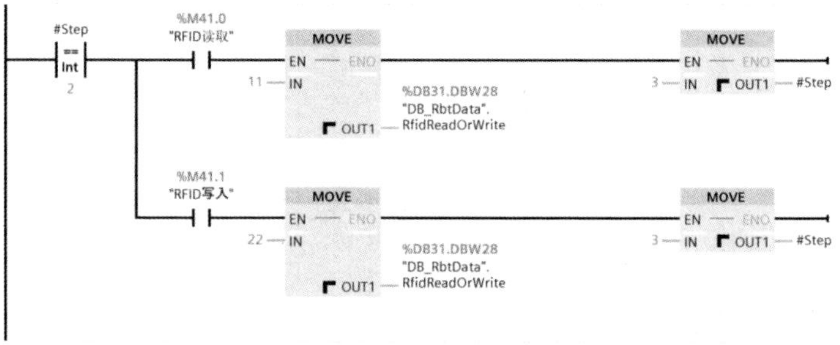

Figure 8–29　Get HMI Read/Write Command Program

(4)Reset robot control word program, as shown in Figure 8–30.

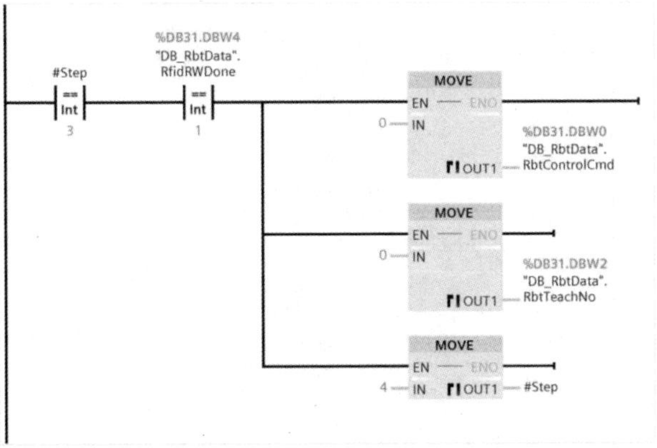

Figure 8–30 Reset Robot Control Word Program

(5)Reset robot control word completion signal and return to step 0, as shown in Figure 8–31.

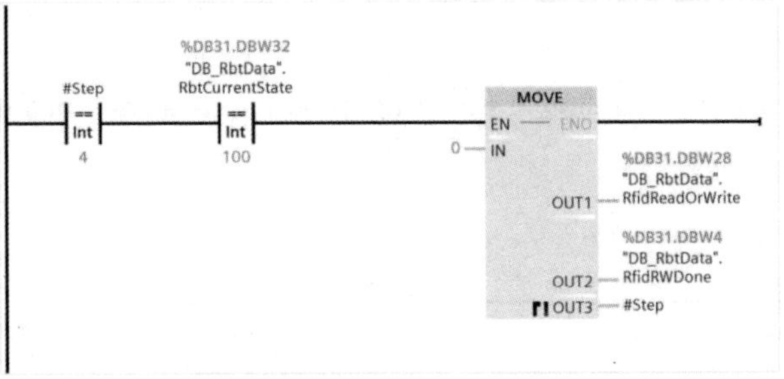

Figure 8–31 Reset Completion Program

(6)Manually complete the indication, and then proceed to the next operation (writing may not be necessary), as shown in Figure 8–32.

Figure 8–32 RFID Manual Completion

(7)HMI control permission program, as shown in Figure 8–33.

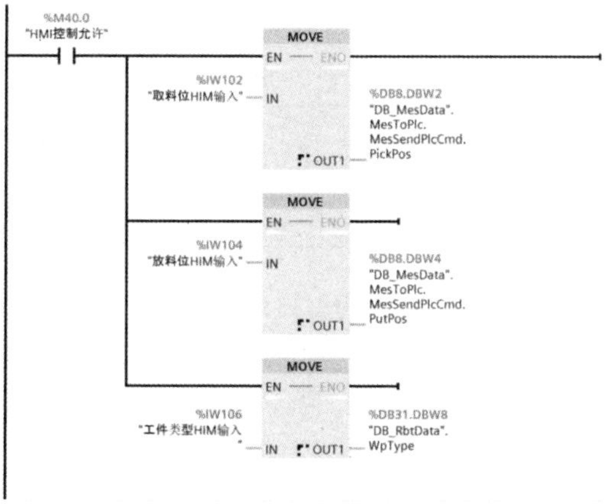

Figure 8–33　HMI Control Permission Program

8.5.4 RFID[FB15] function block

An example of the ladder diagram of the HMI warehouse scanning function block RFID[FB15] is as follows:

(1)RFID manual warehouse scanning program, as shown in Figure 8–34.

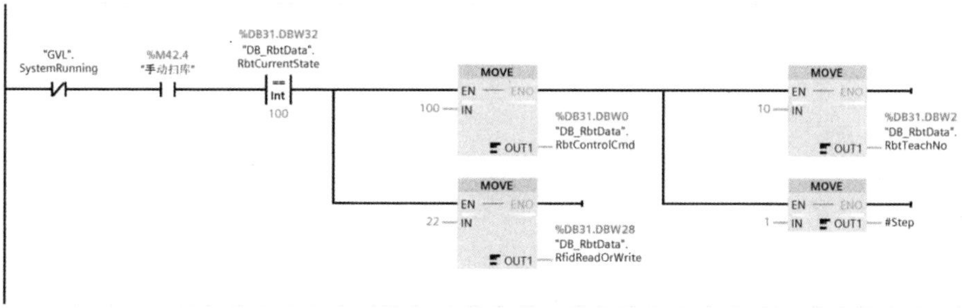

Figure 8–34　RFID Manual Warehouse Scanning

(2)RFID warehouse scanning is completed, and the robot control word is reset, as shown in Figure 8–35.

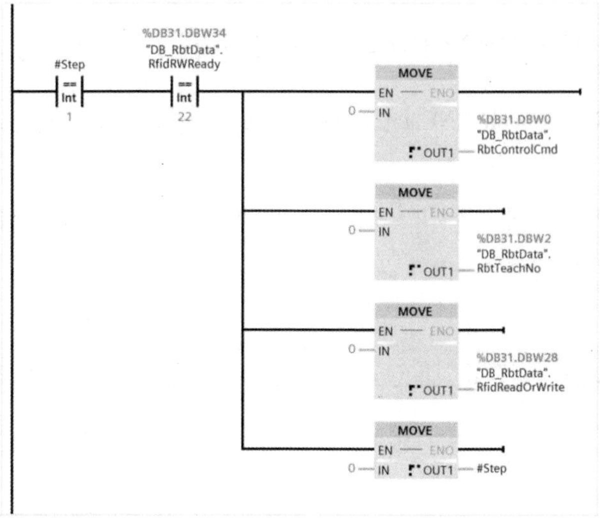

Figure 8–35 Reset Robot Control Word

8.5.5 MES warehouse scanning [FB10] function block

The MES software controls all the warehouses to be written, and starts to write RFID=103+ and report to MES. All RFID writing is completed=203, as shown in Figure 8–36.

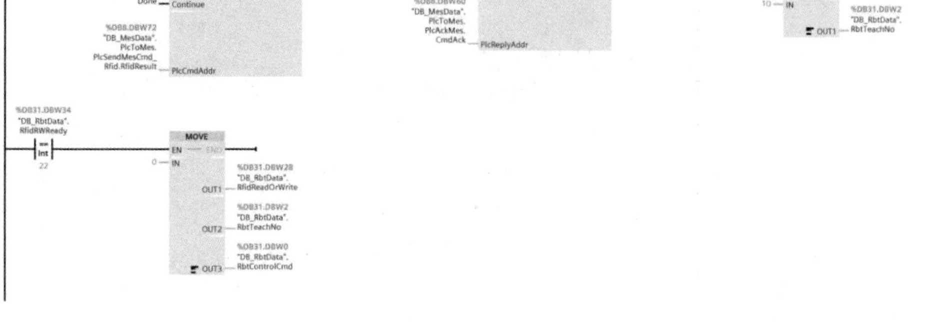

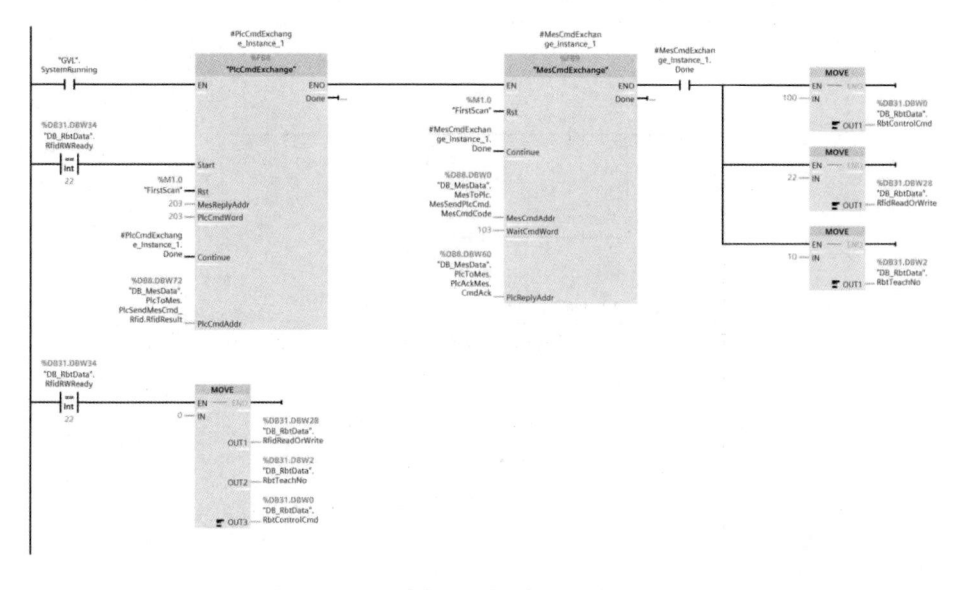

Figure 8–36 Reset Robot Control Word

8.6 LATHER[FB2] function block

LATHER[FB2] is a CNC lathe control function block, with specific functions as follows:

(1)Allow the machine tool feeding signal and inform the robot as shown in Figure 8-37.

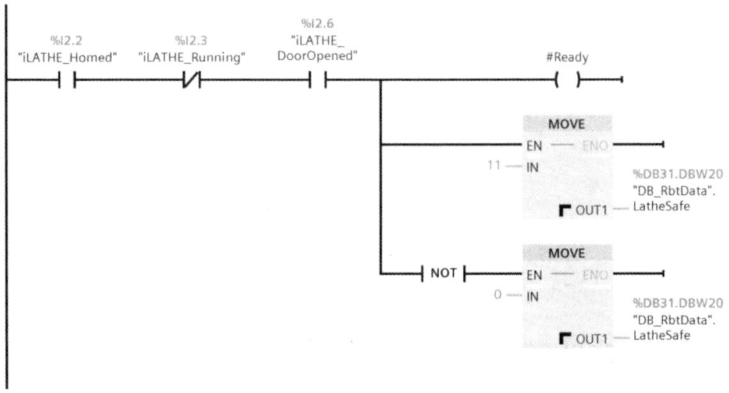

Figure 8-37 Lathe Feeding Permission Program

(2)Lathe fixture control program as shown in Figure 8-38.

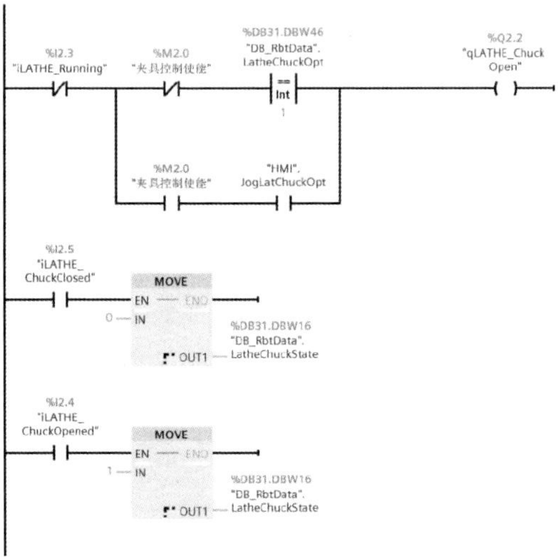

Figure 8-38 Lathe Fixture Control Program

(3)The CNC lathe startup program as shown in Figure 8–39.

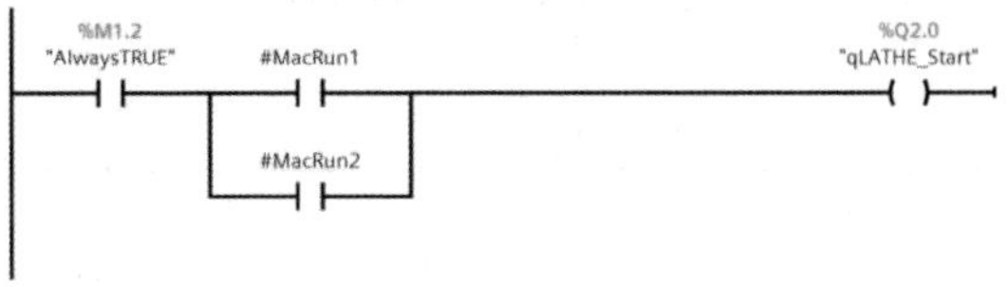

Figure 8–39 CNC Lathe Startup Program

(4)Initial setting and control online enabling(the position 1, control signal is valid), as shown in Figure 8–40.

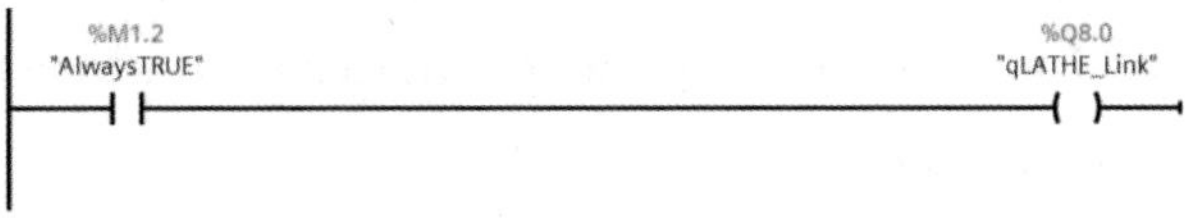

Figure 8–40 Initialization Program

(5)MES reset signal program, step 0, as shown in Figure 8–41.

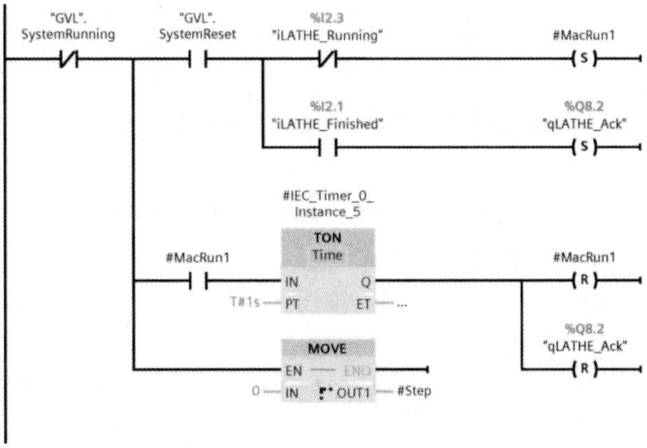

Figure 8–41 MES Reset Program

(6)Lathe online normal program, step 1, as shown in Figure 8–42.

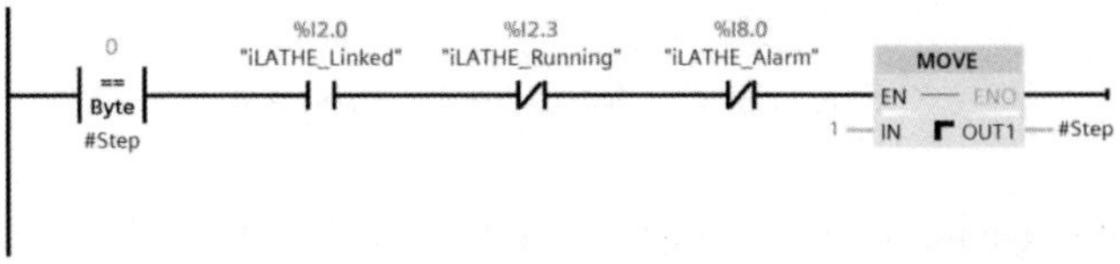

Figure 8–42 Lathe Online Normal Program

(7)Clear the last completion signal before starting the machine tool, otherwise the machine tool cannot be started, step 2, as shown in Figure 8–43.

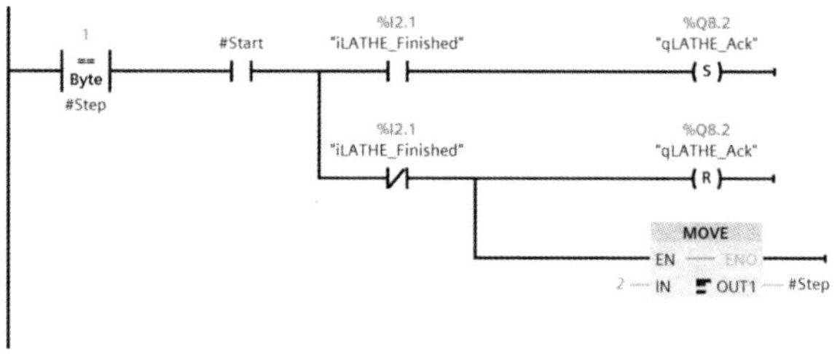

Figure 8–43　Signal Clearing Program

(8)Start machine tool program and start to trigger the machine tool movement. Step 5, as shown in Figure 8–44.

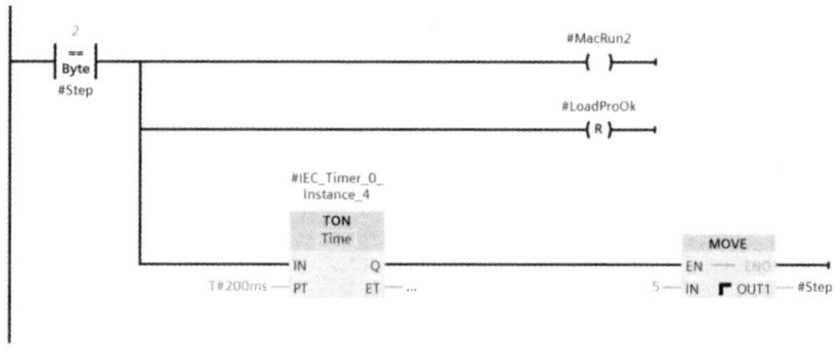

Figure 8–44　Start Machine Tool Program

(9)Report to MES after successful startup of machine tool; retry in case of failure; step 6, as shown in Figure 8–45.

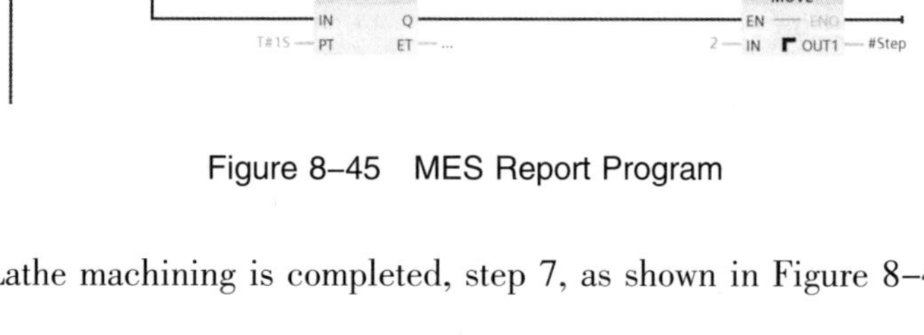

Figure 8–45　MES Report Program

(10)Lathe machining is completed, step 7, as shown in Figure 8–46.

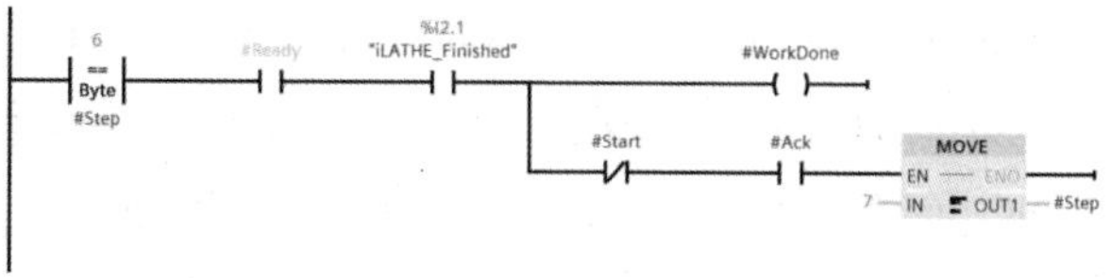

Figure 8–46 Lathe Machining Completion Program

(11)Clear the completion signal after lathe machining is completed, step 9, as shown in Figure 8–47.

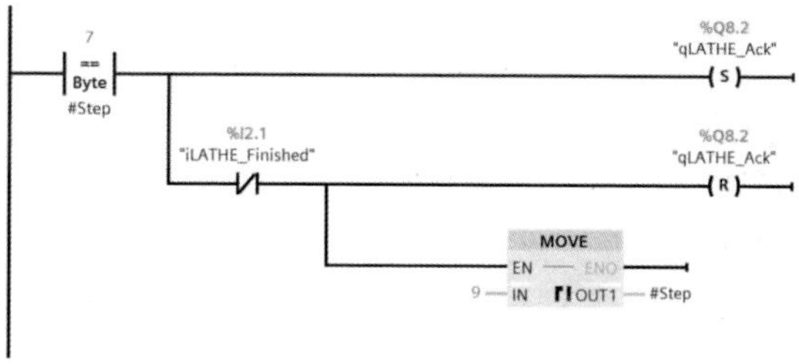

Figure 8–47 Completion Signal Clearing Program

(12)Return to step 0 after the flag bit is cleared, as shown in Figure 8–48.

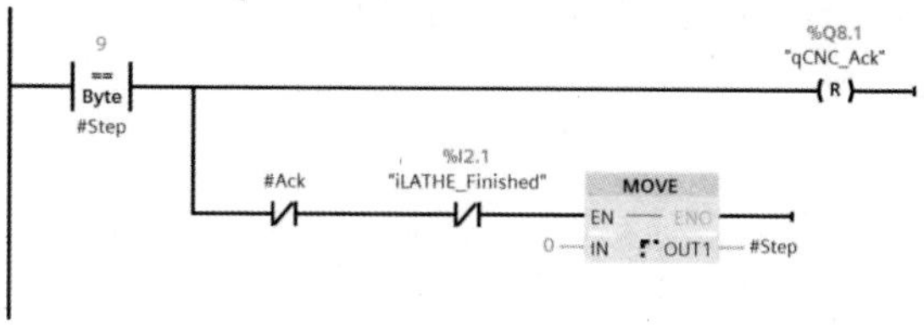

Figure 8–48 Return Start Program

(13)Return the fixture and door state and completion signal to MES as shown in Figure 8–49.

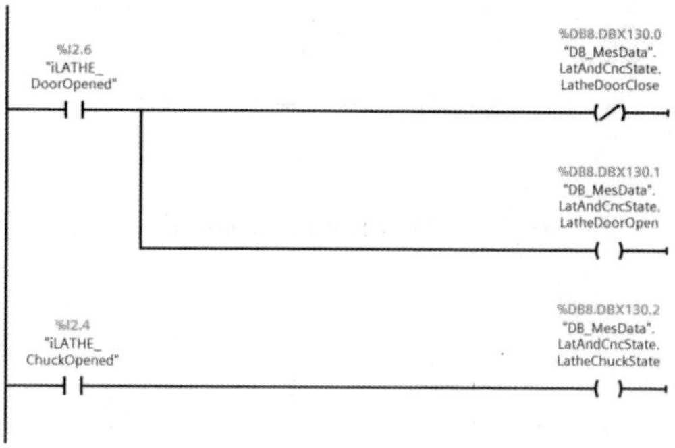

Figure 8–49 Return State Signal Program

(14)PLC reports the machining completion to MES:202+result, 1/2+equipment number, machine tool machining completion report result,/PlcCmdExchange block is called by multiple instance blocks, as shown in Figure 8–50.

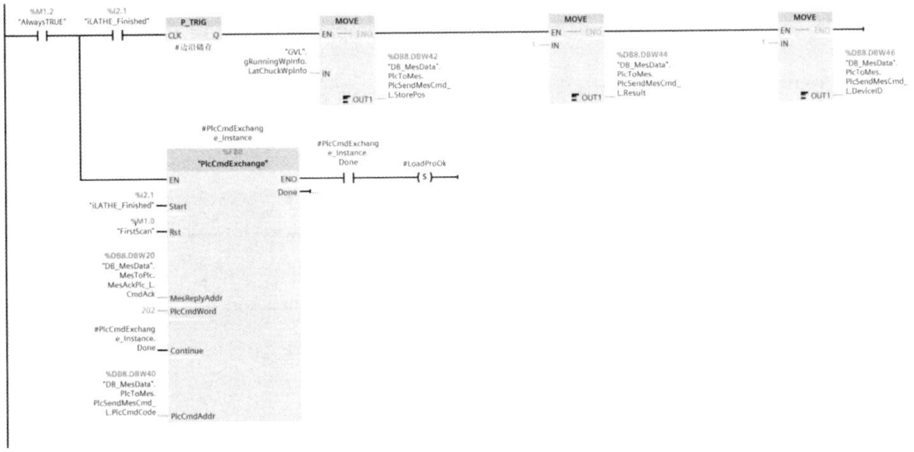

Figure 8–50 Report MES Program

(15)Purge the camera, as shown in Figure 8–51.

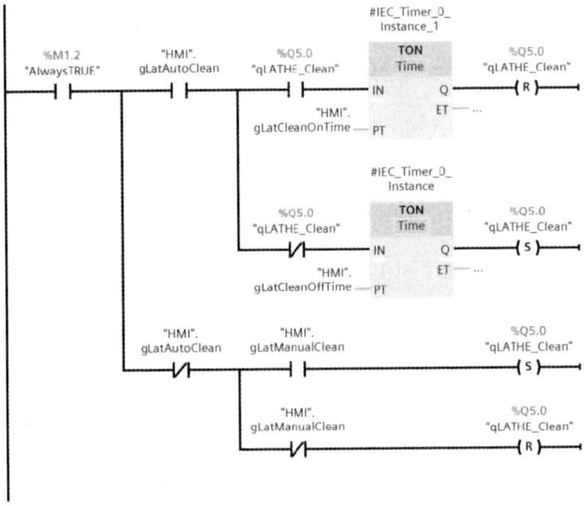

Figure 8–51 Camera Purging Program

8.7 CNC[FB3] function block

CNC[FB3] is the control function block of machining center, with specific functions as follows:

(1) Machining center repair start program, as shown in Figure 8-52.

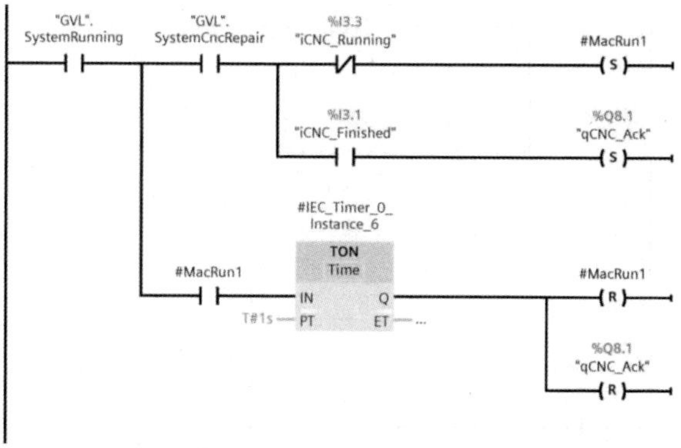

Figure 8-52 Repair Start Program

(2) Allow machining center feeding signal and inform robot, as shown in Figure 8-53.

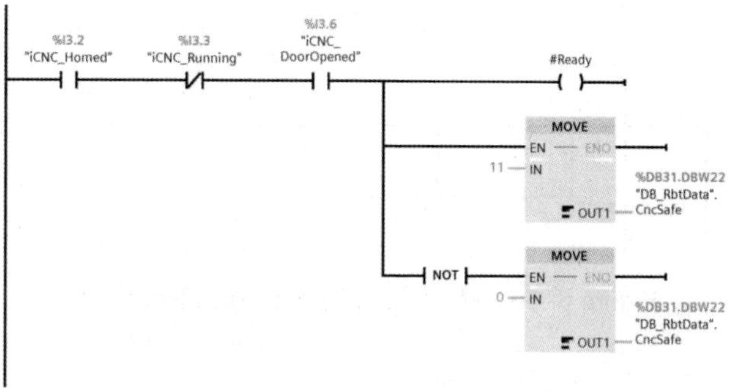

Figure 8-53 Feeding Permission Program

(3) Machining center fixture control program, as shown in Figure 8-54.

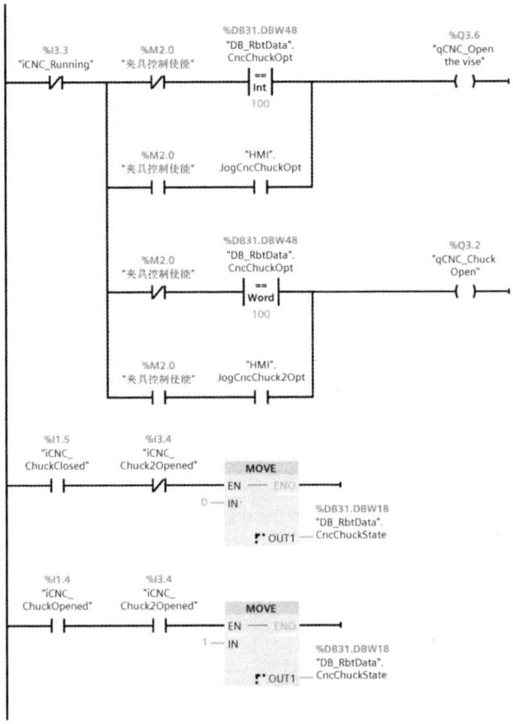

Figure 8–54 Fixture Control Program

(4)Machining center start program, as shown in Figure 8–55.

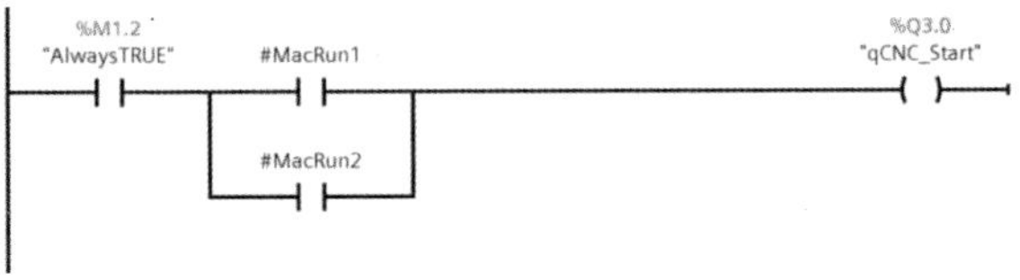

Figure 8–55 Machining Center Start Program

(5)Initial setting program, machining center control online enabling(the position 1, control signal is valid), as shown in Figure 8–56.

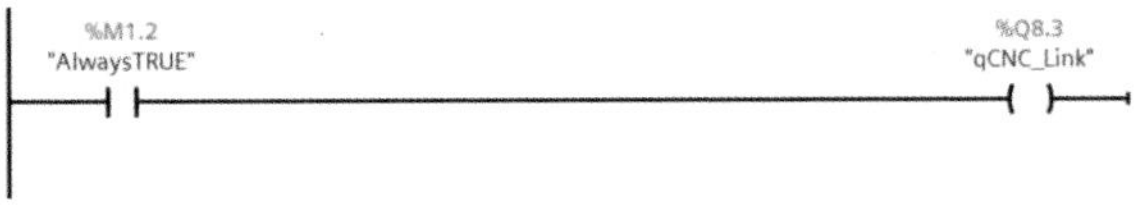

Figure 8–56 Initial Setting Program

(6)MES reset signal program, step 0, receive the reset command, reset the completion signal and confirmation signal first, and reset the start signal 1s later, step 0, as shown in Figure 8–57.

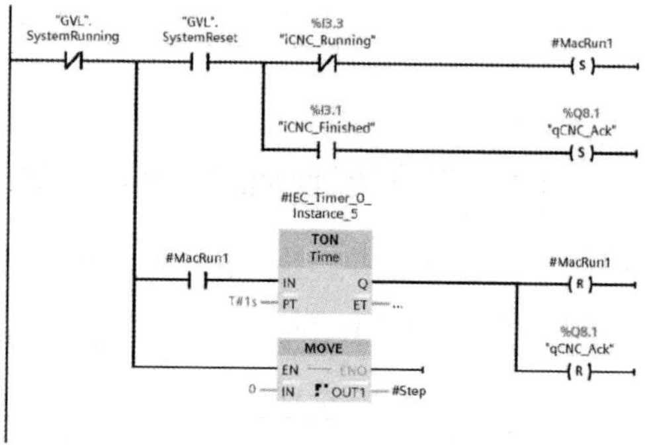

Figure 8–57 Initial Setting Program

(7)Machining center online normal program, step 1, as shown in Figure 8–58.

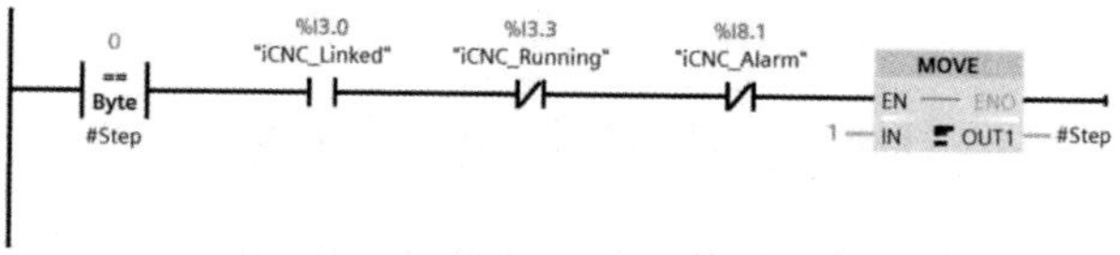

Figure 8–58 Initial Setting Program

(8)Clear the last completion signal before starting the machine tool, otherwise the machine tool cannot be started, step 2, as shown in Figure 8–59.

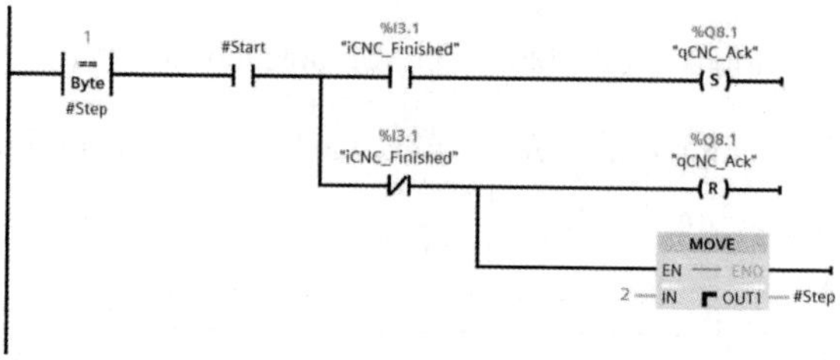

Figure 8–59 Signal Clearing Program

(9)Start machining center program and start to trigger the machine tool operation. Step 5, as shown in Figure 8–60.

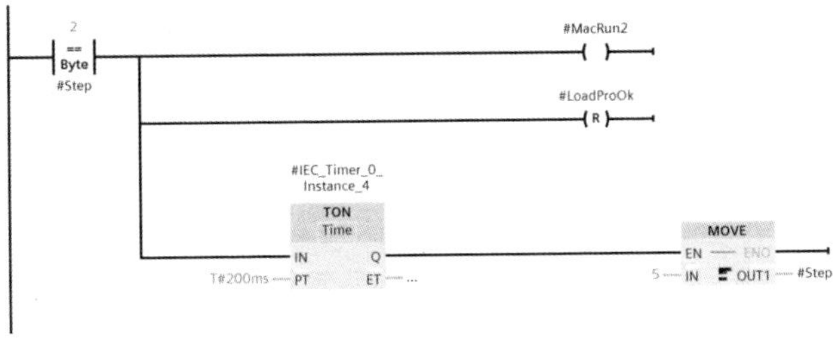

Figure 8–60 Start Machining Center Program

(10)Report to MES after successful startup of machine tool; retry in case of failure; step 6, as shown in Figure 8–61.

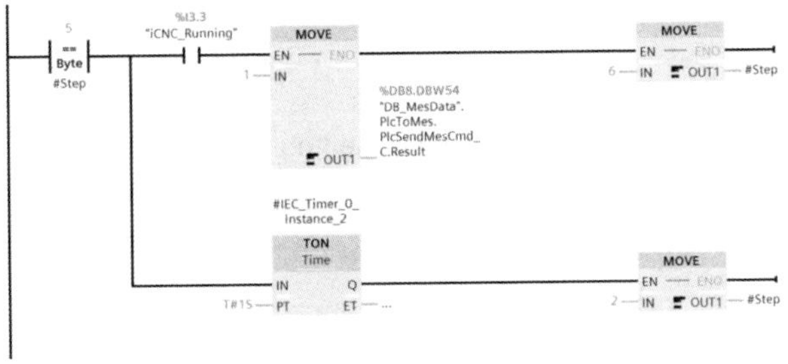

Figure 8–61 MES Report Program

(11)Machining center machining completion program, step 7, as shown in Figure 8–62.

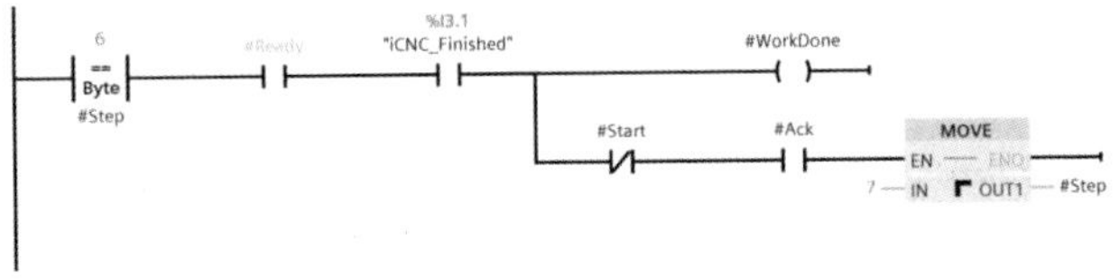

Figure 8–62 Machining Completion Program

(12)Clear the completion signal after machine tool machining is completed, step 9, as shown in Figure 8–63.

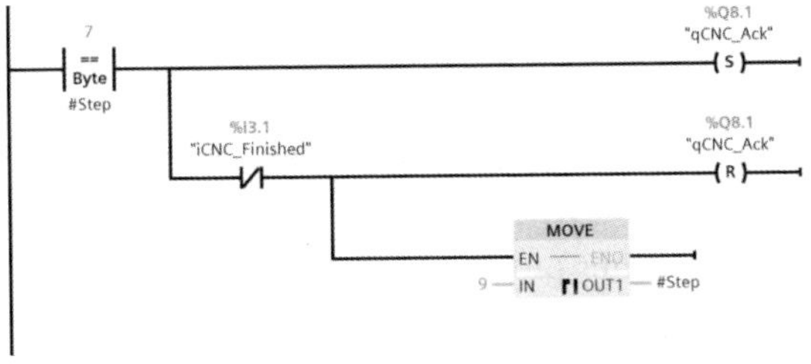

Figure 8–63 Completion Signal Clearing Program

(13)Return to step 0 after the flag bit is cleared, as shown in Figure 8–64.

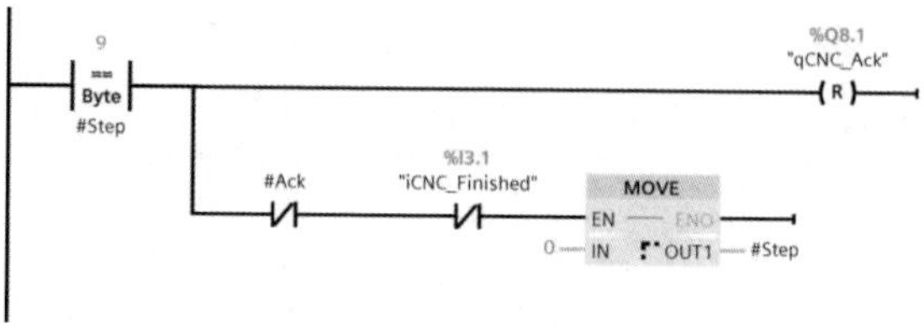

Figure 8–64　Return Start Program

(14)Return the fixture and door state and completion signal to MES as shown in Figure 8–65.

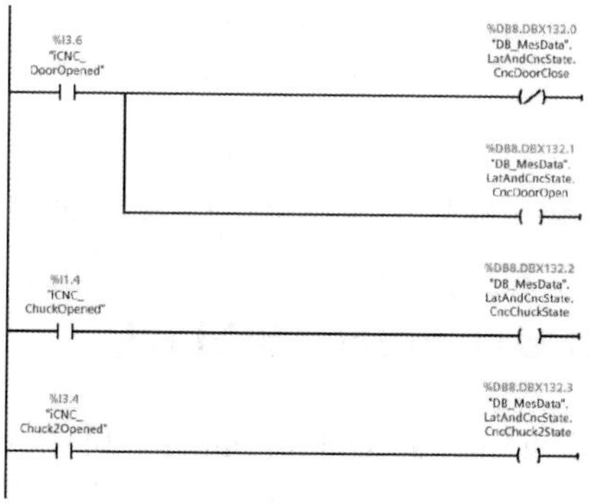

Figure 8–65　Return State Signal Program

(15)PLC reports the machining completion to MES: 202+result, 1/2+equipment number, machine tool machining completion report result,/PlcCmdExchange block is called by multiple instance blocks, as shown in Figure 8–66.

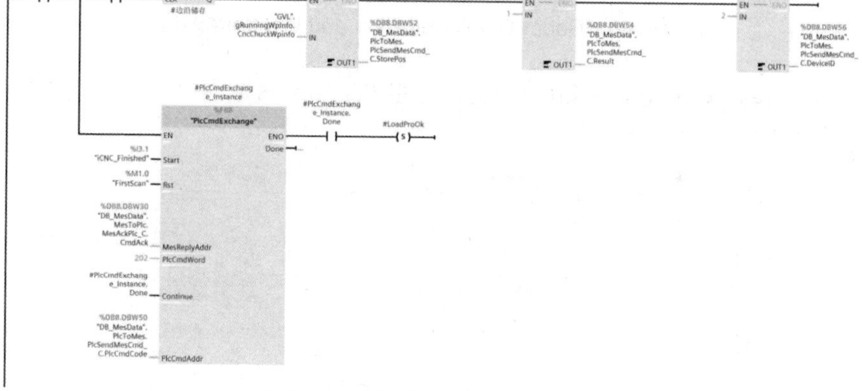

Figure 8–66　MES Report Program

(16)Purge the camera, as shown in Figure 8-67.

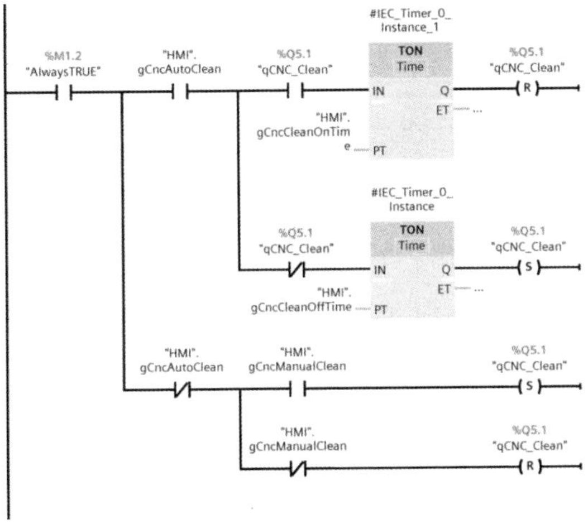

Figure 8-67 Camera Purging Program

8.8 RobotMain[FB1] function block

RobotMain [FB1] is the master control function block of industrial robot, with specific functions as follows:

(1)Robot communication and control module, as shown in Figure 8-68.

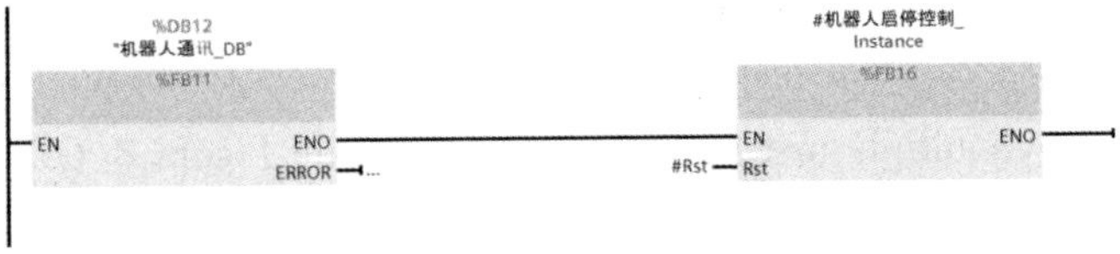

Figure 8-68 Robot Communication and Control Module

(2)Reset program variables, as shown in Figure 8-69.

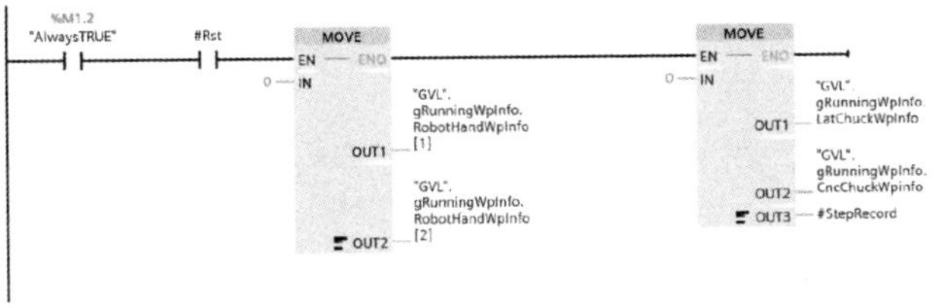

Figure 8-69 Reset Program

(3)Analyze the dispatching command sent by MES to carry out machine tool loading and unloading, and return the material fetching position and equipment number information(102). MES can obtain the state of the robot, and will not send nen tasks when the robot is running. Until the robot is idle MES will send new tasks. as shown in Figure 8–70.

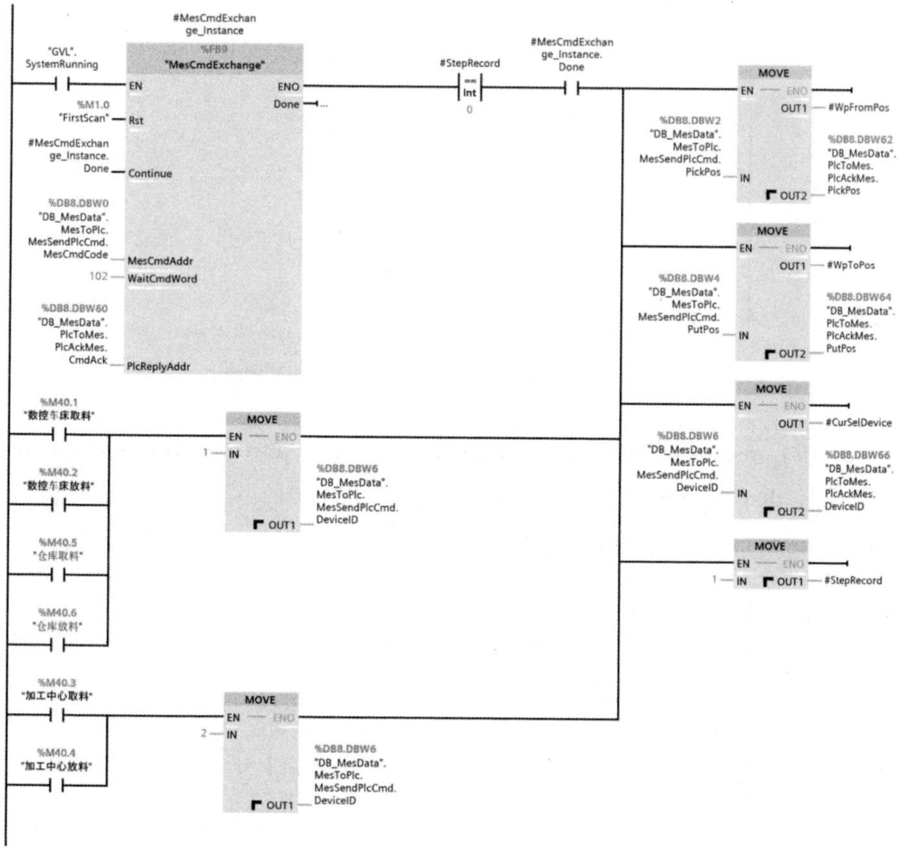

Figure 8–70 Loading and Unloading Program

(4)PLC requests the MES for machining program and accepts the MES response, and judges that the program uploading is successful(201). The lathe feeding requests the MES to upload the machining program, as shown in Figure 8–71.

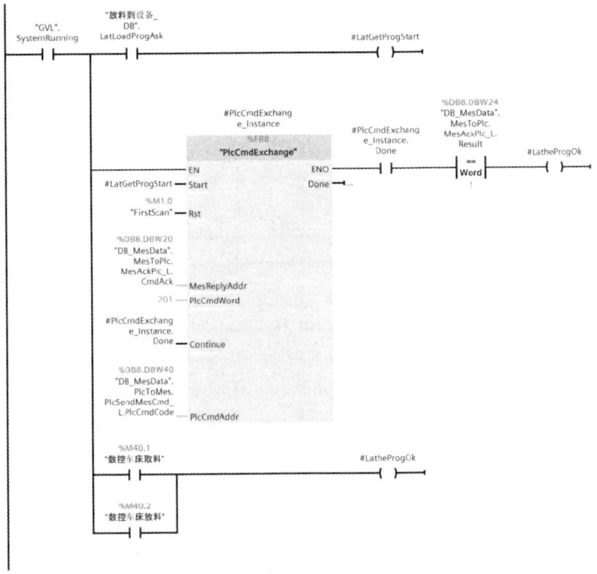

Figure 8–71 Lathe Request Machining Program

(5)PLC requests MES for handover program and accepts MES's response, and judges that the program uploading is successful(201). CNC loading requests MES for program, as shown in Figure 8–72.

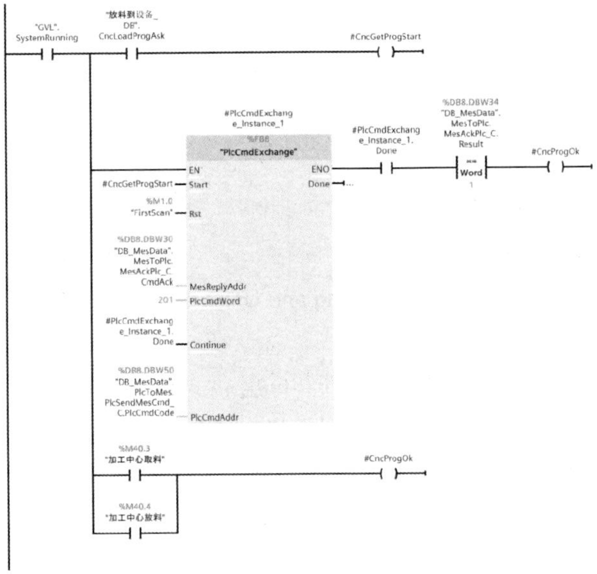

Figure 8–72 Machining Center Request Machining Program

(6)Verification of parameters sent by MES, as shown in Figure 8–73.

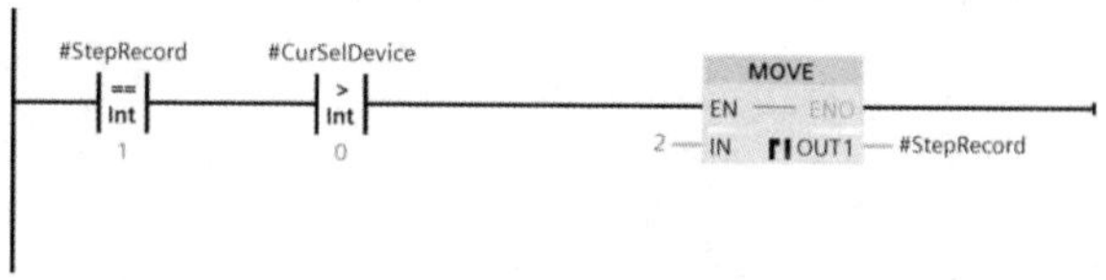

Figure 8–73 Parameter Verification Program

(7)Determine the dispatching mode according to WpFromPos and WpToPos, judge the validity of the workpiece type equipment number, as shown in Figure 8–74.

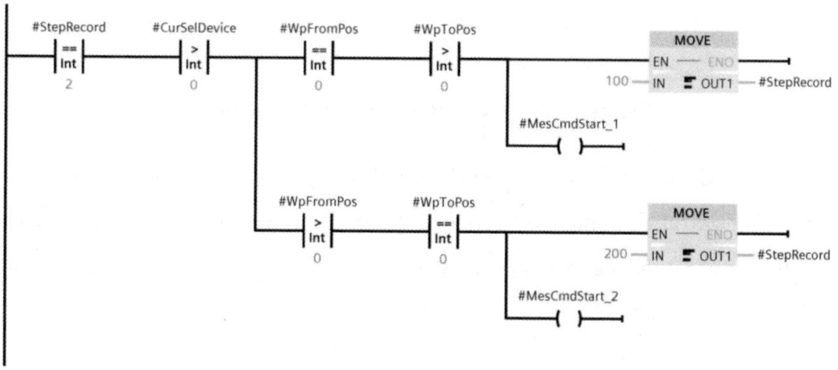

Figure 8–74 Dispatching Mode Judgment Program

(8)First case: When WpFromPosition=0 and WpToPosition! =0, it indicates that the material on the equipment is returned to the WpToPosition position. Note that the type of workpiece taken from the machine tool shall be output. It is necessary to give the machine tool confirmation signals LatheDoneAck and CncDoneAck after the workpiece is taken, as shown in Figure 8–75.

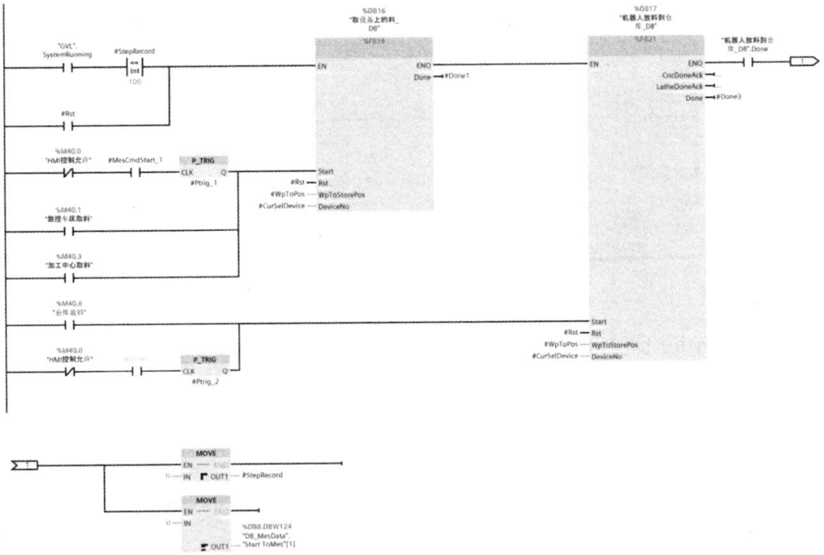

Figure 8–75 Equipment Unloading Program

(9)Second case: When WpFromPosition!=0 and WpToPosition=0, it indicates that the material at fetching position n is placed in the corresponding equipment. Pay attention to inputting the type of workpiece to be placed on machine tool, as shown in Figure 8–76.

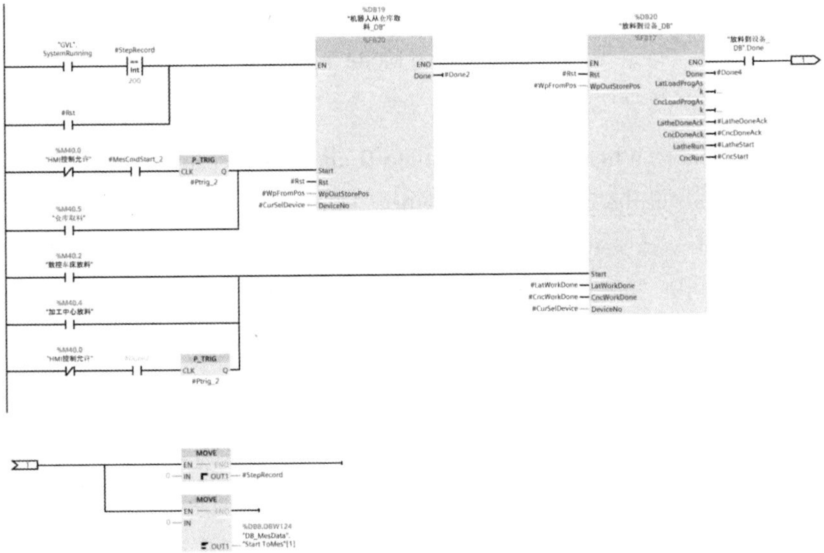

Figure 8–76 Equipment Feeding Program

8.9 Feed to equipment [FB17] function block

(1)Program reset, as shown in Figure 8–77.

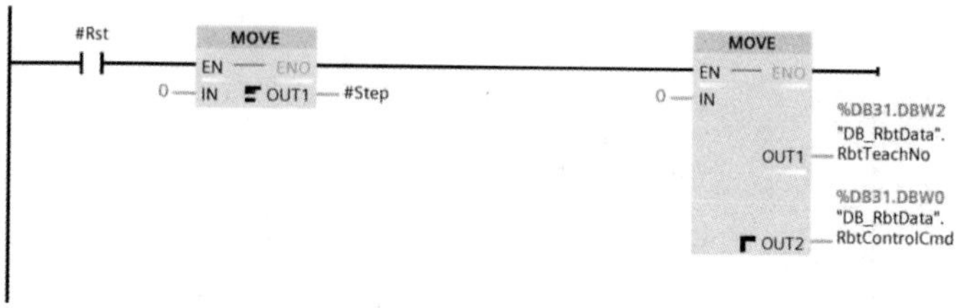

Figure 8–77 Reset Program

(2)Program startup, as shown in Figure 8–78.

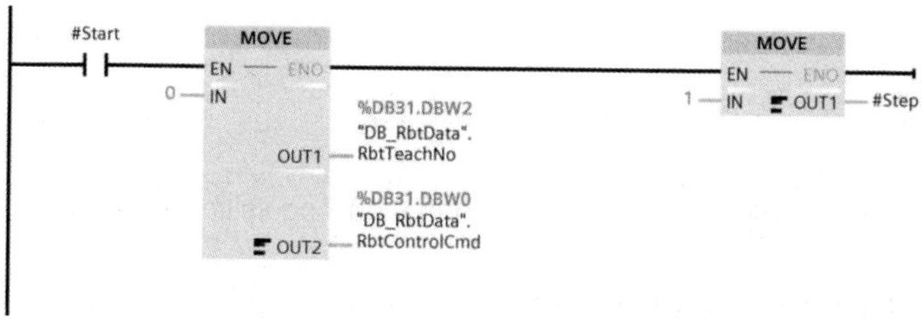

Figure 8–78 Startup Program

(3)Check the safety state of the machine tool, as shown in Figure 8–79.

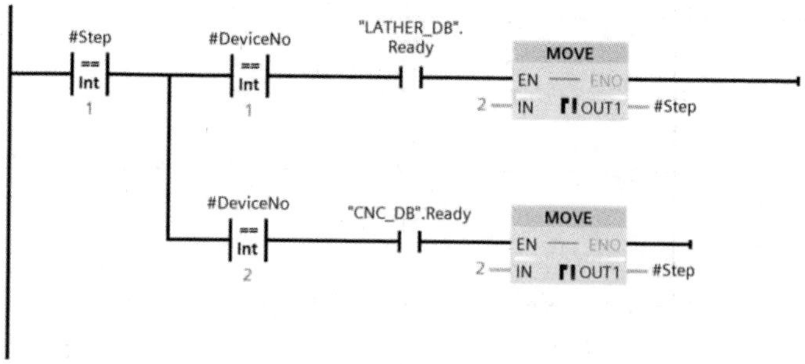

Figure 8–79 Machine Tool Test Program

(4)Obtain the workpiece type and position in the warehouse, as shown in Figure 8–80.

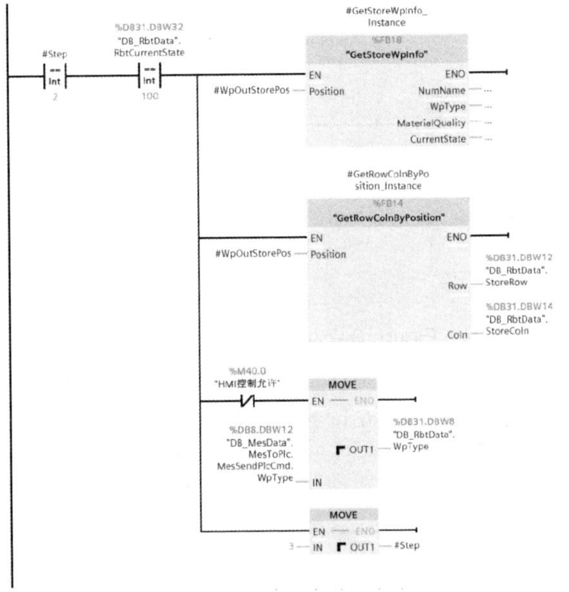

Figure 8–80 Workpiece Information Acquisition Program

(5)Wait until the robot fetches the materials, update the information of the grip tool and the workpiece, and prepare to place the workpiece on the machine tool, as shown in Figure 8–81.

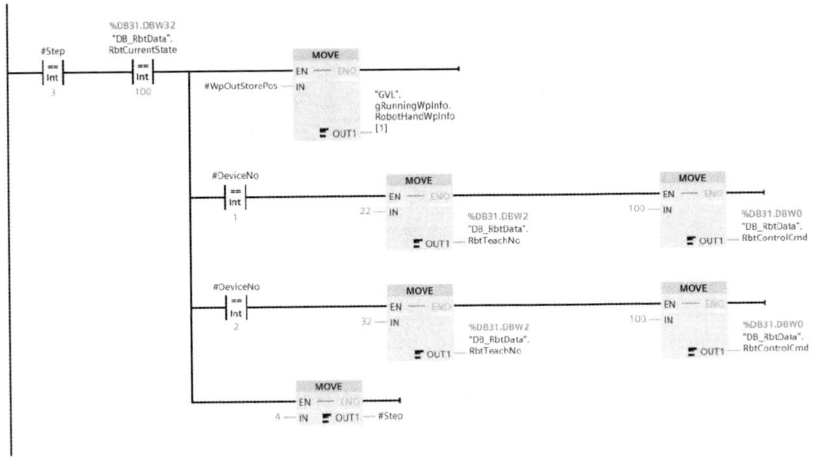

Figure 8–81 Workpiece Fetching Program

(6)From the robot fetching material in warehouse to place it on machine tool, the transmission of the line and row number for the robot placing the workpiece back to warehouse has been started, as shown in Figure 8–82.

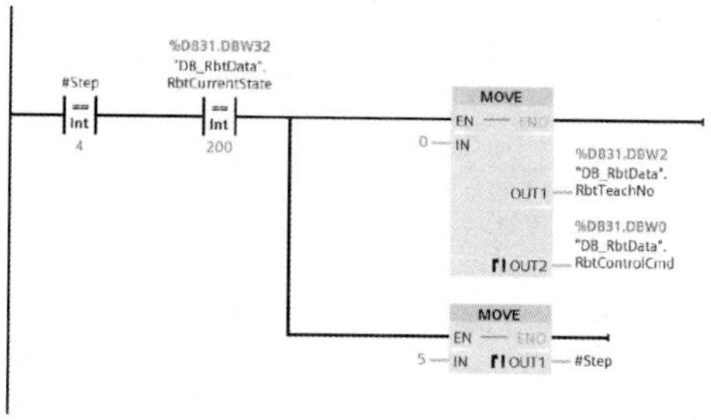

Figure 8–82 Return Position Recording Program

(7)The robot finishes fetching workpiece from warehouse, updates the grip tool information, and transfers the workpiece from the grip to the machine tool, as shown in Figure 8–83.

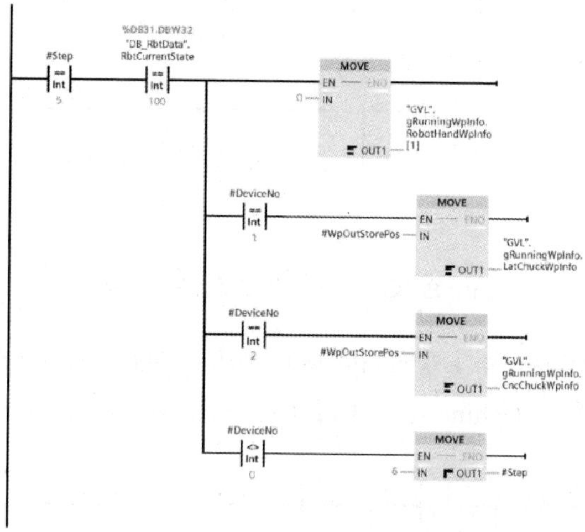

Figure 8–83 Machine Tool Workpiece Update Program

(8)After the machine tool feeding is completed, the robot gets ready to request for machining program, and sends the original workpiece position and the parameter information of the currently requested machine tool type, as shown in Figure 8–84.

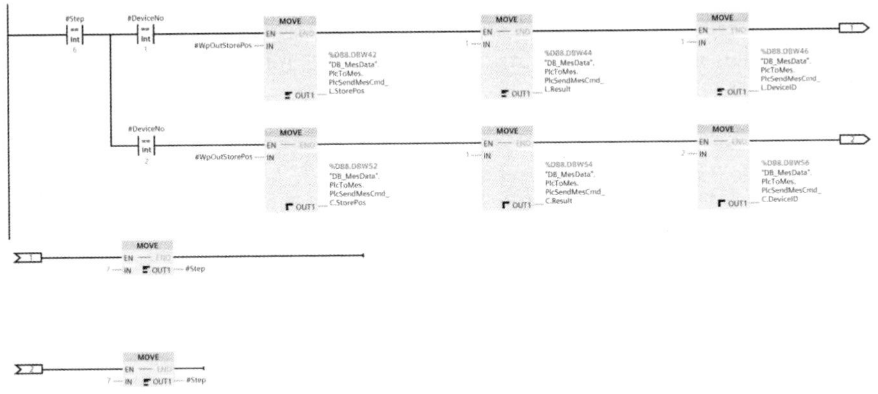

Figure 8–84 Feeding Completion Program

(9)After the workpiece fetching is completed, the robot starts requesting the MES upload program, as shown in Figure 8–85.

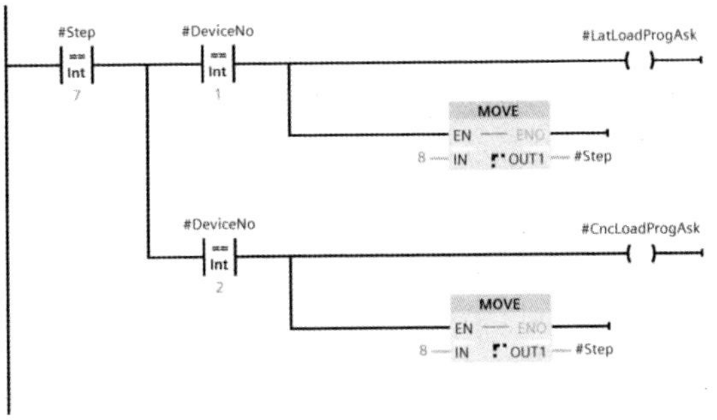

Figure 8–85 MES Request Program

(10)After MES response is completed, start to take material from the machine tool and complete the machine tool cleaning, as shown in Figure 8–86.

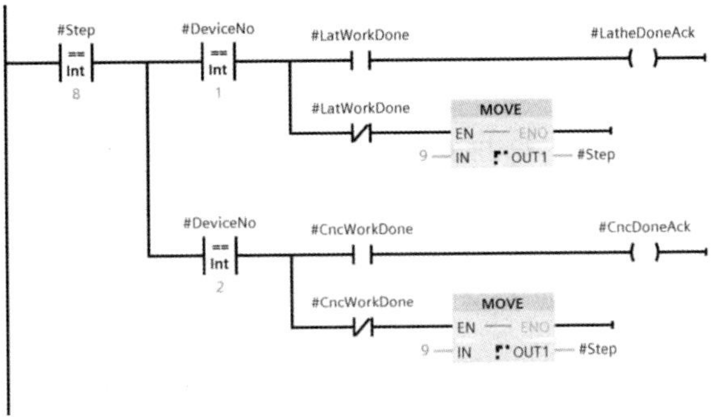

Figure 8–86 Machine Tool State Setting Program

(11)After MES response is completed, start the machine tool according to the equipment number, as shown in Figure 8–87.

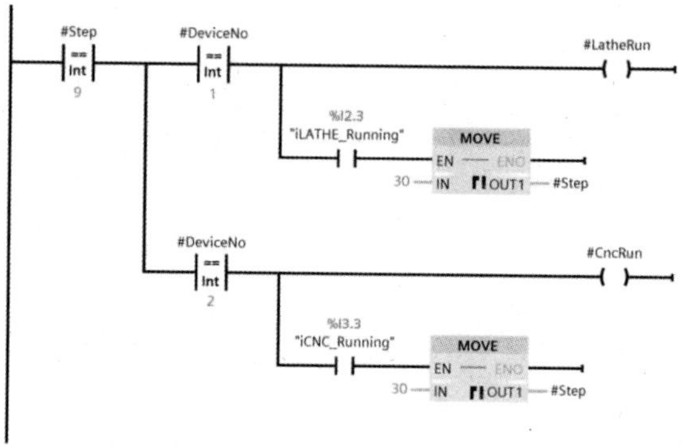

Figure 8–87 Machine Tool Startup Program

(12)The workpiece returns to the warehouse position, as shown in Figure 8–88.

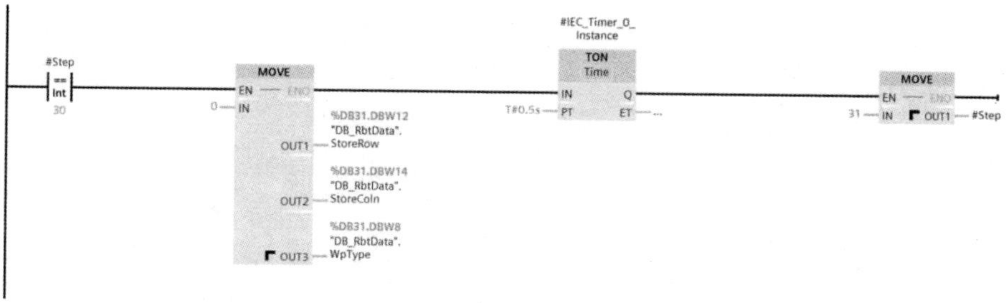

Figure 8–88 Return Position

(13)The module execution is completed, as shown in Figure 8–89.

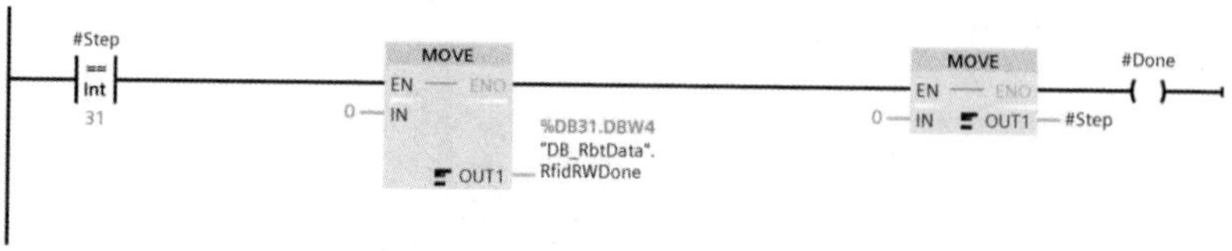

Figure 8–89 Feeding Completion Program

Chapter 9

Use of CNC Machine Tool

9.1 Overview

The intelligent manufacturing cutting unit is in automatic operation most of the time, but the CNC machine tool and the machining center have to be operated manually during system commissioning and troubleshooting. Therefore, it is necessary to master the operation methods of CNC equipment of this system. The three–axis CNC machining center and the CNC machine tool have three operation modes:manual mode, test run, and automatic mode. The manual mode comprises zero returning operation, manual feed, and handwheel feed.

(1)Zero returning operation: A specific mechanical position is arranged on the CNC machine tool. This position is called the reference point, in which the tool is changed and the coordinate system is set. In general, the tool needs to be moved to the reference point after the power is turned on. The operation moving the tool to the reference point by using corresponding buttons on the operation panel is called manual return to reference point. In addition, the tool can also be returned to the reference point according to the program instructions. This is called automatic return to reference point.

(2)Automatic operation: The machine tool operating in accordance with the prepared program is called automatic operation. Automatic operation comprises memory operation, MDI operation and DNC operation.

- MDI operation: After the program is input by using the buttons on the MDI keypad, the machine tool runs in accordance with the instruction, which is called MDI operation.

• DNC operation: Machining while inputting a program from the programmer is called DNC operation.

The procedure of automatic operation is as follows:

(1)Select program: Select the program for the part to be processed. In general, one program is prepared for one part. When there are several programs in the memory, the program number can be retrieved, as shown in Figure 9-1.

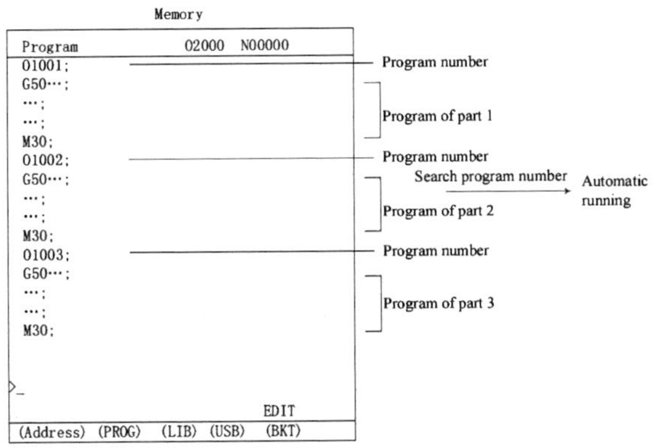

Figure 9-1 Program Selection Interface

(2)Start and stop: The automatic operation begins after the cycle start button is pressed. The automatic operation stops after the feed holding button or reset button is pressed. In addition, if the program Contains stop or end mstrution, the automatic operation stops midway. The automatic operation also stops after the machining of a part is completed.

• After the prepared program is saved into the memory, it can be modified, changed or edited by using the MDI keypad. (See the Machine Tool Operation Manual for details)

• Program protection switch: In order to prevent program change due to misoperation, a switch can be provided, which is called the program protection switch("program switch" for short). The system allows the change of program only this switch is on.

9.2 Operation panel of CNC machine tool

(1)In this document, the three-axis machining center CNC system for the intelligent manufacturing cutting unit system is K2000MC1i, for which the operation panel is as shown in Figure 9-2.

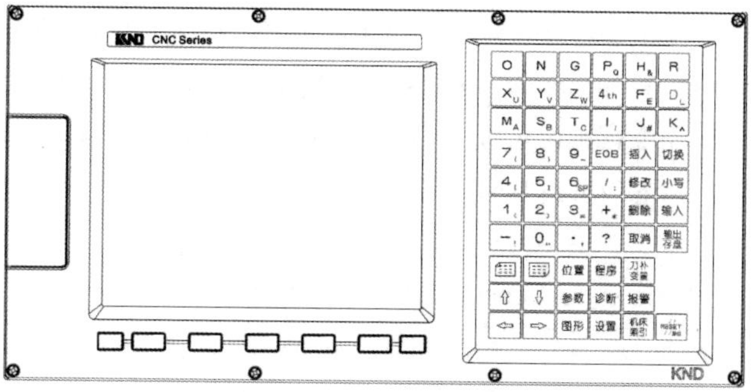

Figure 9-2 K2000MC1i System Panel

(2)In this document, the lathe CNC system for the intelligent manufacturing cutting unit system is K2000TC1i, for which the operation panel is as shown in Figure 9-3.

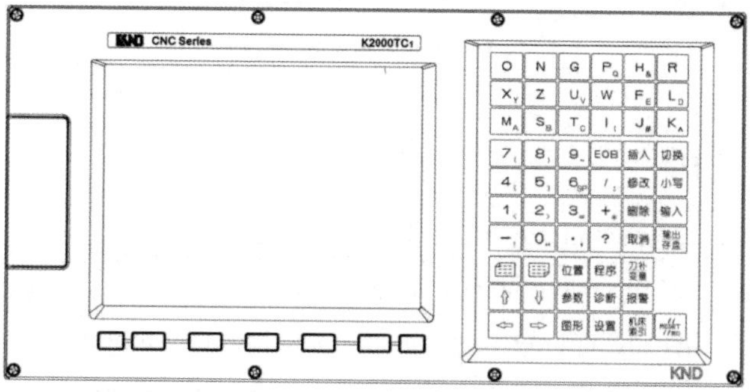

Figure 9-3 K2000TC1i System Panel

9.3 Power on and off

9.3.1 Power on

The basic power-on steps are as follows:

- First, confirm that the CNC machine tool is normal by its appearance;
- Second, turn on the power supply in accordance with the specification of the machine tool manufacturer;
- At last, confirm that the content displayed on the LCD screen is normal after the power is turned on.

Note: When turning on the power supply, do not press any button on the MDI panel before the position screen or the alarm screen is displayed. This is because the buttons on the panel are also used for maintenance and special operations at this moment, which may cause accidents. Some special operations during startup are as shown in Table 9−1.

Table 9−1 Special Button Functions during Startup

1	(Enter)+ Numeric key 0	: System initialization, standard parameter setup, clearing of program and tool compensation data.
2	(Enter)+ Numeric key 1~3	: Access the saved electronic disc data.
3	(Enter)+(Program)	: Upgrade the system software version through USB flash disc.
4	(Enter)+ Numeric key 9	: Import the system data from the backup in USB flash disc to the system.
5	(EOB)+(Cancel)	: Disable the soft limit check of the system.
6	(Reset)+(Parameter)	: Initialize the system parameters and PLC parameter, without clearing the program.

9.3.2 Power off

- The basic power−off steps are as follows:
- Confirm that the cycle start indicator on the operation panel is off;
- Confirm that all moving parts of the machine are stopped;
- Refer to the machine tool specification for turning off the machine power supply.

9.4 Manual operation

Manual operation refers to the operations under each manual mode, including: zero returning mode, manual mode, handwheel mode, and step−by−step mode.

9.4.1 Machine zero returning mode

Machine zero returning mode selection: Multiple types of machine zero-point configurations can be matched through the parameter "machine zero returning mode selection"(P5130); and at present, the system supports 6 settings. As shown in Table 9-2:

Table 9-2 Machine Zero Returning Mode

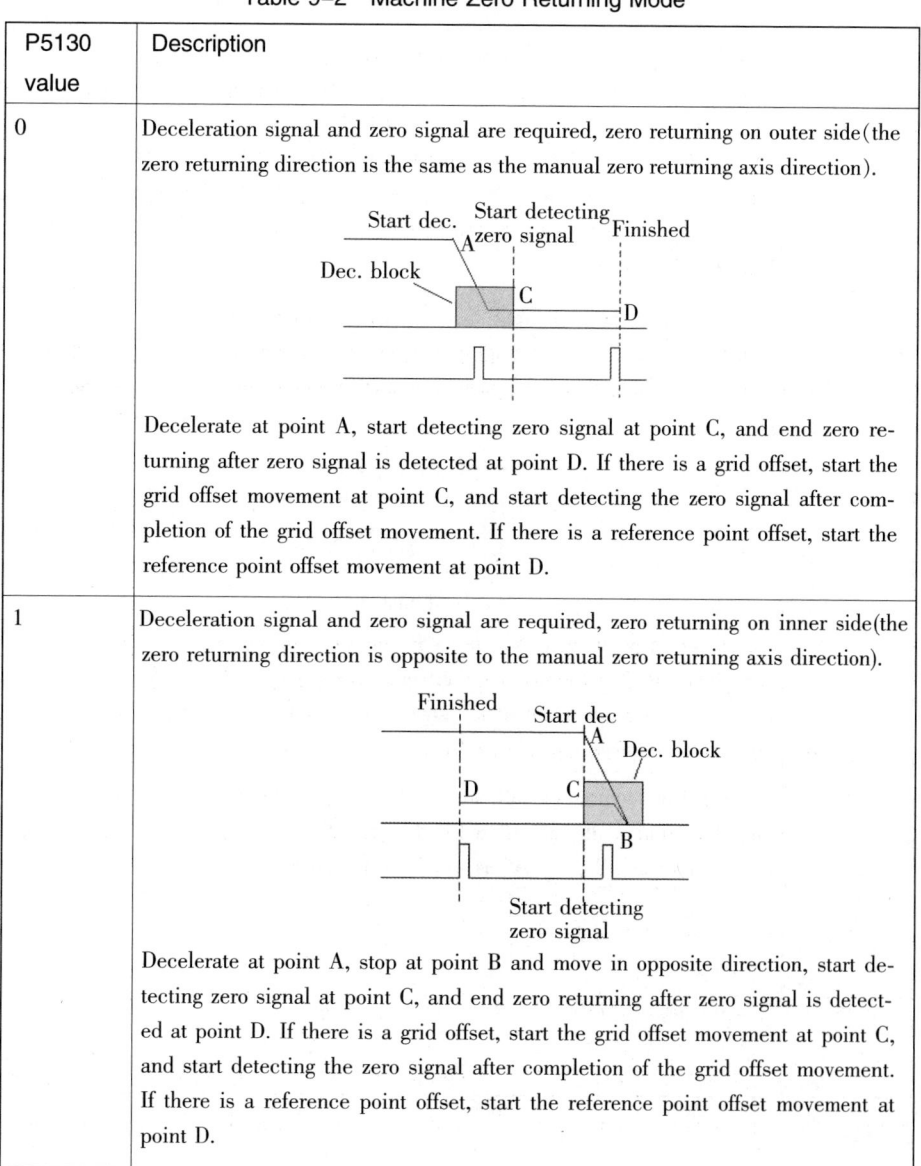

P5130 value	Description
0	Deceleration signal and zero signal are required, zero returning on outer side(the zero returning direction is the same as the manual zero returning axis direction). 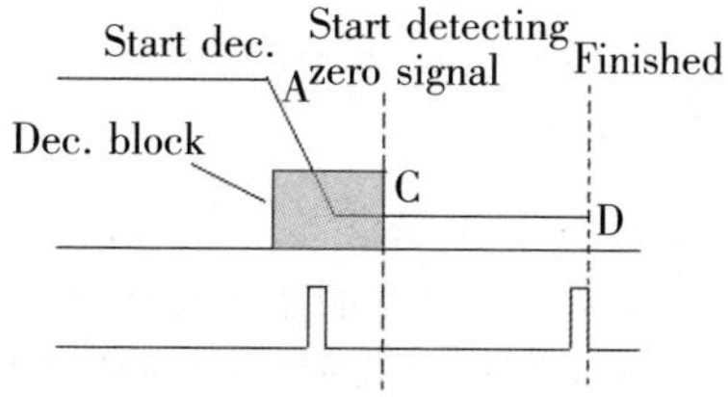 Decelerate at point A, start detecting zero signal at point C, and end zero returning after zero signal is detected at point D. If there is a grid offset, start the grid offset movement at point C, and start detecting the zero signal after completion of the grid offset movement. If there is a reference point offset, start the reference point offset movement at point D.
1	Deceleration signal and zero signal are required, zero returning on inner side(the zero returning direction is opposite to the manual zero returning axis direction). 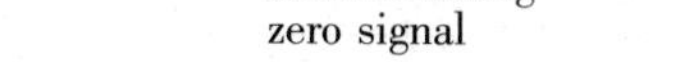 Decelerate at point A, stop at point B and move in opposite direction, start detecting zero signal at point C, and end zero returning after zero signal is detected at point D. If there is a grid offset, start the grid offset movement at point C, and start detecting the zero signal after completion of the grid offset movement. If there is a reference point offset, start the reference point offset movement at point D.

CON'D

<table>
<tr><th>P5130 value</th><th>Description</th></tr>
<tr><td>2</td><td>Deceleration signal is required, zero returning on outer side. Stop deceleration after leaving the deceleration switch, then look up the deceleration signal falling edge in opposite direction at low speed.
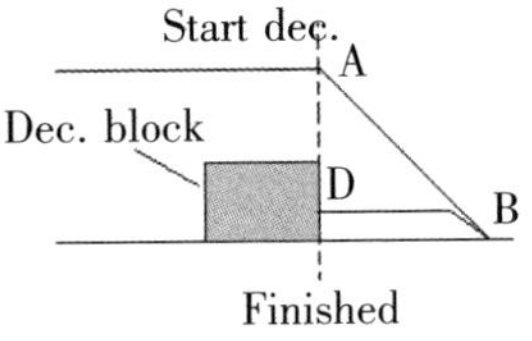

Decelerate at point A, stop at point B and move in opposite direction, end the zero returning after the deceleration signal falling edge is detected at point D. If there is a reference point offset, start the reference point offset movement at point D. Grid offset is invalid.</td></tr>
<tr><td>3</td><td>Deceleration signal is required, zero returning on inner side.
Stop deceleration after entering the deceleration switch, then look up the deceleration signal rising edge in opposite direction at low speed, as shown in the figure below:
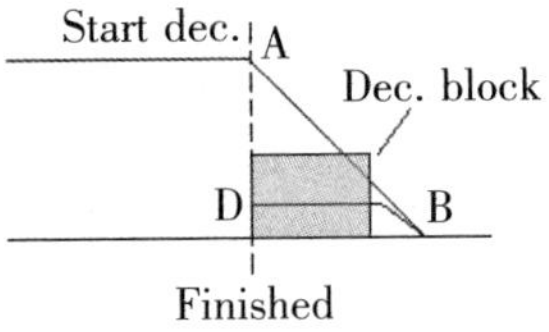

Decelerate at point A, stop at point B and move in opposite direction, end the zero returning after the deceleration signal rising edge is detected at point D. If there is a reference point offset, start the reference point offset movement at point D. Grid offset is invalid.</td></tr>
<tr><td>4</td><td>Zero signal is required (usually for rotation axis)
Stop deceleration after zero signal is detected, then look up the zero signal in opposite direction at low speed, as shown in the figure below:
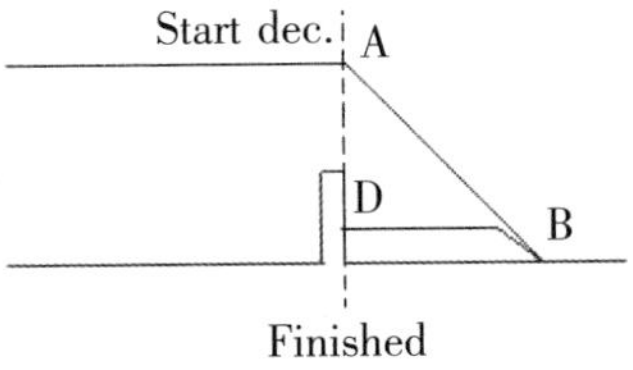
</td></tr>
</table>

CON'D

P5130 value	Description
	Decelerate at point A, stop at point B and move in opposite direction, end the zero returning after the zero signal is detected at point D. For great distance between A and B and multiple zero signals, then point D is the zero signal nearest to point B. If there is a reference point offset, start the reference point offset movement at point D. Grid offset is invalid.
5	Absolute encoder zero returning (only for motor equipped with absolute encoder) 1. Return to zero point of absolute encoder. Grid offset and reference point offset are invalid. 2. After this mode is selected, it will check whether the axis has an absolute encoder when enabling the servo; if yes, the coordinate system will be set up automatically; if not, an alarm will be given. Before setting the coordinate system, the error between the absolute encoder feedback and the system memory coordinates will be checked, then action will be performed according to parameters P1112 and ACRTn (P1105.1). 3. Delay the setting time of parameter P5131 before execution.

The specific operation steps of machine zero returning are shown as follows:

(1)Press the(zero return)button to enter the zero returning mode;

(2)Press the axis movement switch and release it after the reference point is reached. After returning to the reference point, the reference point return completion indicator is on.

It should be noted that:

• During manual zero returning, axial movement holding function, manual zero returning axial movement button+direction/−direction valid or invalid functions are controlled by the PLC program; refer to the specification of machine tool manufacturer.

• After returning to reference point is completed, if it is still in the manual zero returning mode, the machine tool cannot move by pressing the axial movement button.

• The distance between the zero returning start point and the reference point shall not be too close. Refer to the specification of machine tool manufacturer for the optimal distance.

- After returning to reference point is completed, the indicator will be off in the following cases: a. move out from the reference point; b. press the emergency stop switch.

9.4.2 Manual feed

The specific operation steps are shown as follows:

(1)Press the(manual)mode button to select the manual operation mode.

(2)Press and hold the movement switch button of the axis to be moved, so as to make the machine tool move along the direction of the selected axis.

(3)Release the axis movement switch button to decelerate and stop the machine tool immediately.

Manual feed rate: The manual feed rate is set by the parameter "speed at manual rate 1"(P5220). The manual feed rate can be controlled by the feed rate button on the machine tool operation panel or the rate switch on the machine tool accessory operation panel(or additionally installed rate switch). The feed rate can be adjusted in the range of 0%~150%, with a difference of 10% per grade. The final speed value manual feed rate="speed at manual rate 1" set value×feed rate. There are the following three feed rate buttons on the machine tool operation panel:

- 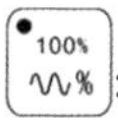

: Set the feed rate to 100%;
- : Reduce the feed rate to a lower grade;
- 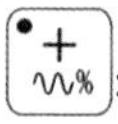: Increase the feed rate to a higher grade;
- 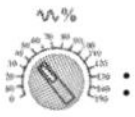: Additionally installed rate switch, which may be used to select the percentile of feed rate.

(Note: The PLC program settings determine whether the manual feed rate is controlled by the machine tool operation panel or the machine tool accessory operation panel or the additionally installed rate switch;refer to the machine tool specification for details.)

Manual fast feed: Press the 

button in manual mode to control the manual movement as manual fast feed. 

is a self-locking button, which changes

the switching state when it is pressed repeatedly. When the indicator on the button is on, it means that the manual fast switch is on; and when the indicator on the button is off, it means that the manual fast switch is off. When the manual fast switch is on, the manual feed is changed to manual fast feed, and the actual feed rate is related to parameter P5221 and fast rate. The fast rate has 4 grades, which may be selected through 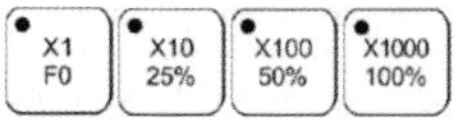

4 buttons. The 4 buttons are compound buttons. The fast rate is corresponding to the second line of words on the buttons. The function of each button is as follows:

- 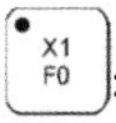

: Set the fast rate to the minimum grade F0;
- 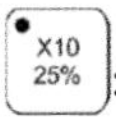

: Set the fast rate to 25%;
- 

: Set the fast rate to 50%;
- 

: Set the fast rate to 100%.

9.4.3 Step–by–step feed

The specific operation steps are shown as follows:

(1)Press the(step–by–step)mode button; when the parameter "HPG"(P0001.3) is set to 0, the system enter the step–by–step feed mode, and the indicator on the button is on;

(2)Press the rate select button; the amount of step–by–step movement can be selected as ×1, ×10 or ×100 times of the minimum programming unit;

(3)Press the axis movement switch button to select the axis to be moved and the movement direction; press the axis movement switch button once, the corresponding axis will move one step in the specified direction; and the movement speed is the same as the manual feed rate.

9.4.4 Handwheel feed

In the handwheel mode, the machine tool can feed by micro amount through rotating the manual pulse generator that is set on the machine tool operation panel or installed externally; and the user can select the axis to be moved through the axis select button. The minimum unit of the amount of movement for each scale of the manual pulse generator is corresponding to the minimum programming unit;

and the selectable rates are ×1, ×10 or ×100 times. The parameters relevant to handwheel feed are as shown in Table 9–3:

Table 9–3 Handwheel Feed Parameters

Parameter number	Description
P5414	Handwheel smoothing time
P5420	Handwheel or step–by–step rate limit of each axis

The specific operation steps are shown as follows:

(1)Press the(step–by–step)mode button; when the parameter "HPG"(P0001.3) is set to 1, the system enters the handwheel feed mode, and the indicator on the button is on;

(2)Press the rate select button; the amount of movement of each scale of manual pulse generator can be selected as ×1, ×10 or ×100 times of the minimum programming unit;

(3)Press the handwheel axis select button to select the axis to be moved;

(4)Rotate the manual pulse generator clockwise to select the positive movement of axis, and counterclockwise to select the negative movement of axis.

Automatic handwheel function: When the automatic handwheel switch is on, the system will display "handwheel" after the operation mode in the status display; when the program is running, the system will ignore the feed rate given in the program, and the feed rate will be determined by the handwheel rotating speed. When the handwheel is rotating in positive direction, the system movement is in the direction specified by the program; when the handwheel is rotating in negative direction, the system movement is in the direction opposite to that specified by the program(reverse movement).

(Notes: 1. The smoothing time can be set by "automatic handwheel smoothing time"(P5310), in order to reduce the shaking caused by manual rotation. 2. Reverse movement cannot cross the program segment; it can at most move to the start point of the existing program segment.)

9.5 Automatic operation

Machine tool running under program control is called automatic operation.

Automatic operation has several types, including memory operation, MDI operation and DNC operation.

9.5.1 Memory operation

In the automatic mode, running a certain program stored in the memory in advance is called memory operation. The steps are as follows:

(1)Store the program into the memory(the program can be edited directly in the system or input from the serial port or USB flash disc);

(2)Press the mode button(automatic)to enter the automatic mode;

(3)Press the(program)button to enter the program screen, then press the [program] soft key to display the program area;

(4)Press the address button O, and input the number of program to be executed with the numeric keys, then press the cursor button to retrieve the program to be executed;

(5)Press the(start)button to start the automatic operation program, the indicator on the(start)button is on; when the operation is completed, the indicator is off.

9.5.2 DNC operation

The operation mode in which the system can read can run program directly through external input equipment is called DNC operation. When the machining program is too large to be completed contained in the system memory, the user can still perform the machining in the DNC operation mode with USB flash disc DNC mode or network DNC mode.

The steps of USB flash disc DNC operation are as follows:

(1)Set the DNC to 0(select type B DNC);

(2)Press the(edit)button to enter the edit mode, press the(program)button to enter the program screen, and press the [USB flash disc] soft key to enter the USB flash disc page, and press the cursor button to select the machining program;

(3)Press the soft key [USB flash disc] → [DNC open], the system switches to the program area and displays the selected machining program;

(4)Press the mode button(automatic)to switch to the automatic mode;

(5)Press the(start)button, the system starts the machining.

(Notes: 1. The program filename extension supported by the system is PRG/TXT/NC/PTP; 2. Set "DNCE"(P2301.1)to 1 to make the file opened by DNC

editable.)

The steps of network DNC operation are as follows:

(1)Set the DNC to 0(select type B DNC);

(2)Press the(edit)button to enter the edit mode, press the(program)button to enter the program screen, and press the[network] soft key to enter the network page, and press the cursor button to select the machining program;

(3)Press the soft key [DNC open], the system switches to the program area and displays the selected machining program;

(4)Press the mode button(automatic)to switch to the automatic mode;

(5)Press the(start)button, the system starts the machining.

(Notes: 1. The program filename extension supported by the system is PRG/TXT/NC/PTP; 2. Set "DNCE"(P2301.1)to 1 to make the file opened by DNC editable.)

9.6 Recovery management

Recovery management comprises the breakpoint management and the power failure management functions. The user can recover the execution from the previously saved breakpoint or power failure. In order to use such function, the parameter "BKPT"(P0004.6)must be set to 1. When the recovery management is enabled, press the(program)function button twice to enter the recovery management screen; by default, it enters the breakpoint management page. The recovery management screen comprises two pages, which can be accessed by pressing the [breakpoint management] and the [power failure management] menus.

Safety height: Either breakpoint recovery or power failure recovery, the tool must be manually returned to above the safety height before recovery. The axis on which the tool is located can be set by the parameter "tool axis No."(P8011). Setting to 1/2/3 indicates that the tool axis is 1/2/3. The tool safety height can be set by the parameter "Z direction reserved height in breakpoint/power failure recovery"(P8010). When the difference between the location of tool axis and the breakpoint/power failure memory location exceeds the set value, the system judges that the tool is above the safety height and that the direction from the current tool location to the memory location is the movement direction during tool recovery, as

shown in Figure 9–4; the reserved height is the parameter set value.

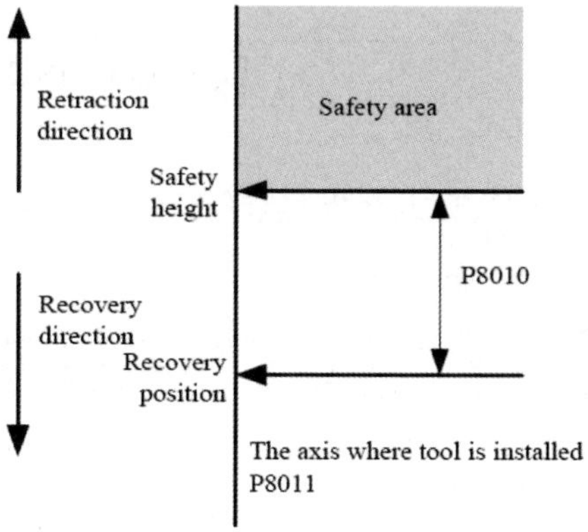

Figure 9–4 Schematic Diagram of Reserved Height

(Warning: If the setting of "tool axis No."(P8011)is incorrect, or the manual tool withdrawal direction after power–on is incorrect, the recovery error will occur!)

9.6.1 Breakpoint management

The breakpoint management function allows the user to temporarily suspend the execution of machining program and continue to execute the program from the breakpoint when necessary. The breakpoint is of power–off holding characteristics, that is, after breakpoint saving, the system can still perform the breakpoint recovery after power is supplied again. The breakpoint management function mainly comprises 3 processes:

(1)Program stop;

(2)Breakpoint saving;

(3)Breakpoint recovery.

(Note: Breakpoint save involves a relatively large amount of date, and many information can only be saved after the program is stopped.)At present, the system does not support the real–time breakpoint save yet, that is, the execution of program must be stopped prior to breakpoint save.)

Breakpoint management page: Press the [breakpoint management] soft key on the recovery management screen to enter the breakpoint management page, as

shown in Figure 9–5. Breakpoint management page comprises the breakpoint information and the absolute sum machine tool coordinates of the existing system.

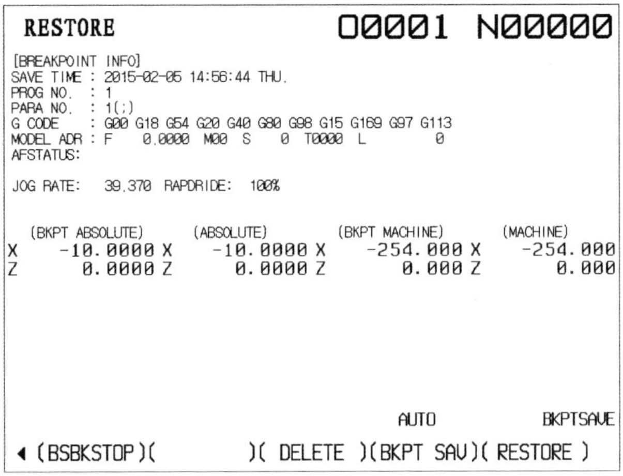

Figure 9–5 Breakpoint Management Page

9.6.2 Program stop

Before breakpoint save, the execution of program shall be stopped, which can be done in three methods: large single segment stop, immediate stop and single segment stop. The three operation methods are as follows:

• Large single segment stop: During automatic operation, switch to the recovery management screen, press the soft key [breakpoint management] → [large single segment stop] to open the large single segment stop switch. The program will stop at the corner, and the display screen at stop is as shown in the figure below, then the breakpoint save can be implemented. As shown in Figure 9–6.

(Note: The soft key [large single segment stop] is a switching state, which is in off state after resetting. The program enters the reset state after execution(M02/M30), so the [large single segment stop] switch will be off automatically after execution of the program.)

Immediate stop: During automatic operation, switch to the recovery management screen, press the soft key[breakpoint management]→[immediate stop]to stop the execution of program immediately, the system will decelerate and stop, and the deceleration process is the same as suspension(feed holding). After the

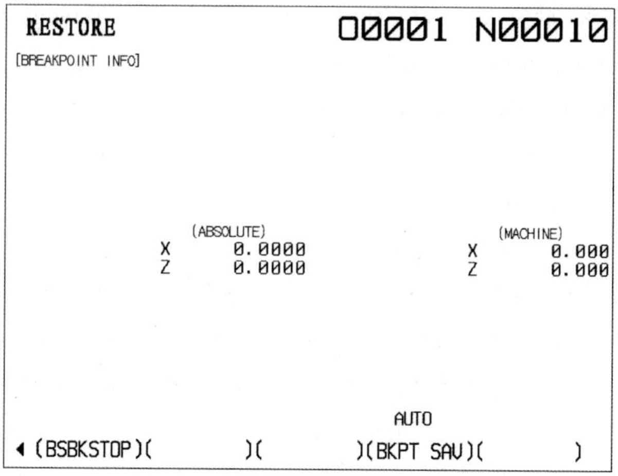

Figure 9–6 Breakpoint Saving Interface

program is stopped, press the[breakpoint save]soft key to implement the breakpoint save.

(Notes: 1. The [immediate stop] is different from the feed holding; after the [immediate stop] is executed, if the execution of the existing program segment is not completed, the system will recompile the existing program segment after the machining is restarted. If the program segment comprises relative programming instructions, the end point error will occur, and special attention shall be paid to such error. 2. If [immediate stop] is implemented at the arc programmed with I/J/K instructions, an error will occur after the machining is restarted, because the start point of the arc has changed, resulting in the change of the arc center.)

Single program segment stop: During automatic operation, if the single program segment stop(single segment stop)switch is on, the program will implement the single segment stop. The breakpoint save operation can be performed after the single segment stop.

(Notes: 1. Breakpoint save at cycle instruction shall be avoided, because the recovery cannot be executed correctly even if the breakpoint is saved; 2. Breakpoint cannot be saved in subprogram; 3. During type A DNC operation, breakpoint cannot be saved after stop.)

9.6.3 Breakpoint recovery

When the breakpoint is valid(correctly saved), the user can recover the exe-

cution from the breakpoint at any time, and the saved breakpoint will not be lost even the system is powered on again. There are 6 steps to interpret the breakpoint recovery process; and the user can implement the step–by–step recovery or recover them all at once. Specific steps are provided below:

(1)Recover the program. Open the program saved at breakpoint, and jump to the segment No. saved at breakpoint.

(2)Recover the modal valve, output auxiliary function MST to recover the mode saved at breakpoint, and output the auxiliary function according to the M/S/T mode saved at the breakpoint. The parameter "MAKET" (P8000.0)decides whether or not to output the T code.

(3)Check whether the tool axis is above the safety height; if not, the system will pop out the prompt of "Move the(tool)axis to the safety height, and press ´cancel´ to exit", as shown in Figure 9–7.

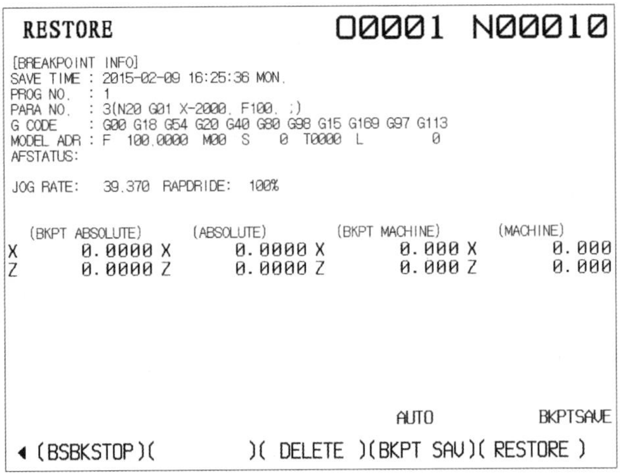

Figure 9–7 Safety Height Check

(4)Recover the coordinates of other axes except the tool axis. Recover the coordinates of other axes to the values saved at breakpoint, and use the manual fast rate(fast rate switch on)as the movement speed.

(5)Move the tool axis to the safety height(if the absolute coordinate of the tool axis is just at the safety height, the axis does not move). The reserved height of tool axis is determined by parameter P8010, with manual fast rate the move-

ment speed(fast rate switch on).

(6)Recover the tool axis coordinates at low speed. Move to the coordinate of tool axis saved at breakpoint, with manual rate as the movement speed (manual rate switch on).

(Note: For network DNC program recovery, the system acquires the host directory, then looks up the file saved at breakpoint, and then executes the recovery steps above. When network connection fails, the system will exit after timeout.)

Specific recovery operation steps are as follows:

(1)After power-on, switch to the manual mode, and return the tool to the safety height;

(2)Perform the machine zero returning;

(3)Reset the tool if the tool has changed;

(4)Check whether the tool is above the safety height; if not, move the tool above the safety height in manual mode;

(5)Switch to the automatic mode, enter the recovery management screen, and press the [breakpoint management] soft key;

(6)Press the soft key [breakpoint management] → [breakpoint recovery], the system pops up a prompt dialog box to prompt whether to perform the breakpoint recovery, as shown in the figure below. Press the address button N to enter the step-by-step recovery state, press address button R for recovery of all, which may recover the status of the saved breakpoint into the system. As shown in Figure 9-8.

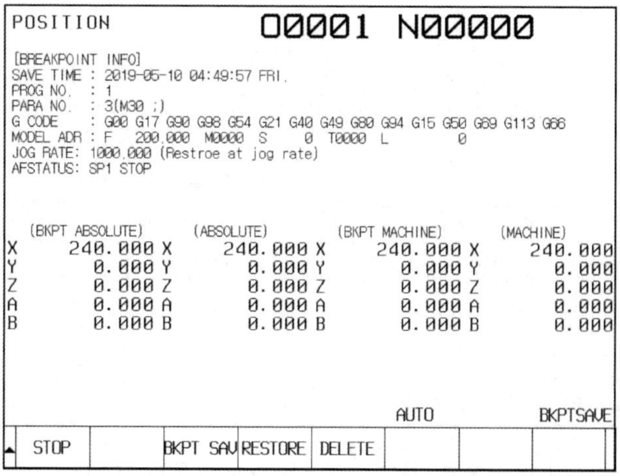

Figure 9-8 Breakpoint Recovery

(7)During step-by-step recovery, upon completion of each step, there is a prompt to continue the step-by-step recovery or all the remaining recovery steps, as shown in Figure 9-9.

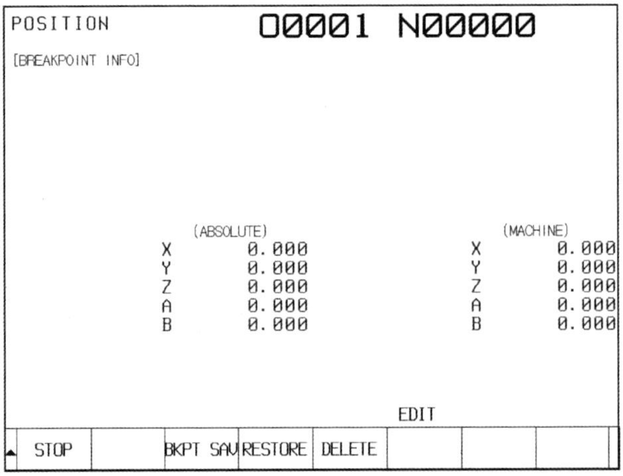

Figure 9-9 Breakpoint Recovery Prompt

(8)For recovery of all, the system automatically executes all the recovery steps until the recovery is completed. When the recovery is completed, the system prompts that the recovery is successful, as shown in Figure 9-10.

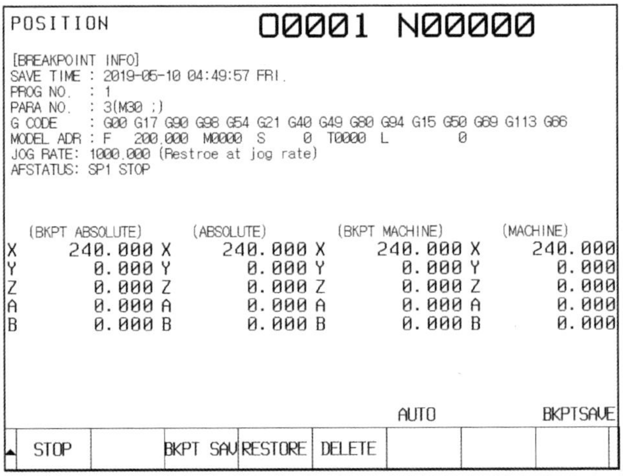

Figure 9-10 Breakpoint Recovery Successful

(9)Check whether the absolute coordinates and the workpiece coordinate system are correct, check the relevant states of PLC(manually output some auxiliary functions), and press the cycle start button to continue the machining from the breakpoint.

Special notes:

(1)If the breakpoint is relatively programmed, the re-execution of the program segment will cause end point error.

(2)If the breakpoint is an arc interpolation programmed by I/J/K, an error will occur when the program segment is executed again, because the start point of the arc has changed, resulting in change of the arc center; in such case, move the end point of the last program segment and restart the machining.

(3)Reset the tool if the tool has changed; if the setting of workpiece coordinate system has changed, the absolute coordinates after breakpoint recovery may be different from the absolute coordinates saved at the breakpoint, but the machine tool coordinates are the same.

(4)If tool breakage occurs, please enter the step-by-step recovery, and press the(cancel)button to cancel the recovery process upon completion of the 1st step of recovery program or the output auxiliary function at the 2nd step, switch to the edit mode, move the program cursor up, and locate the program segment before the tool breakage.

(5)If the mode of G code of group 01 at the breakpoint is not G00/G01, during the mode recovery, the system will prompt "G code of the existing group 01 is not G00/G01; it is suggested to move the program segment forward. Press [N] button to continue, press [cancel] button to continue". At this moment, it is preferred to move the cursor forward to the nearest program segment which contains the G00/G01 instruction, then manually move the axis to the safety position, and manually recover the spindle, lubrication, etc.

(6)If the machining program to be recovered is a DNC program(breakpoint save is not supported for type B and type A DNC), when recovering the program, the ":Jxxxx" edit command will be used for jumping; and when the system reads the program, the number of program segments set by parameter P114 will be reserved before the jumping target program segment.

(7)Linear axis decimal digits and rotating axis decimal digits are saved, but they are only used for check and cannot be recovered during the recovery.

9.6.4 Power failure management

The power failure management function allows the user to perform the power failure recovery and continue to execute the program from the saved recovery location after sudden power failure or pressing the emergency stop or reset button during machining. When the recovery management function is enabled, the system saves the machine tool status information in real time during automatic operation.

Power failure management page: When the recovery management function is enabled, the machine tool status information saved by the system in real time is displayed on the power failure management page of the recovery management screen, as shown in Figure 9–11. Press the[power failure management] soft key on the recovery management screen to enter the power failure management page.

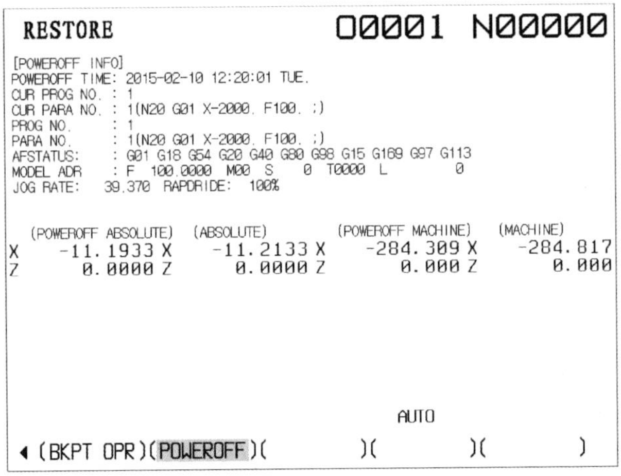

Figure 9–11 Power Failure Management

Power failure recovery: After power failure, when the system is powered on again, it is able to select to recover the machine tool status saved at power failure. There are also 6 steps of the power failure recovery process; and the user can implement the step–by–step recovery or recover them all at once.

(1)Recover the program. Open the program saved at power failure, and jump to the segment No. saved at power failure.

(2)Recover the modal valve, output auxiliary function MST to recover the mode saved at power failure, and output the auxiliary function according to the M/S/T mode saved at the power failure. The parameter "MAKET" (P8000.0)decides whether or not to output the T code.

(3)Check whether the tool axis is above the safety height; if not, the system will pop out the prompt of "Move the(tool)axis to the safety height, and press ´cancel´ to exit", as shown in Figure 9–12.

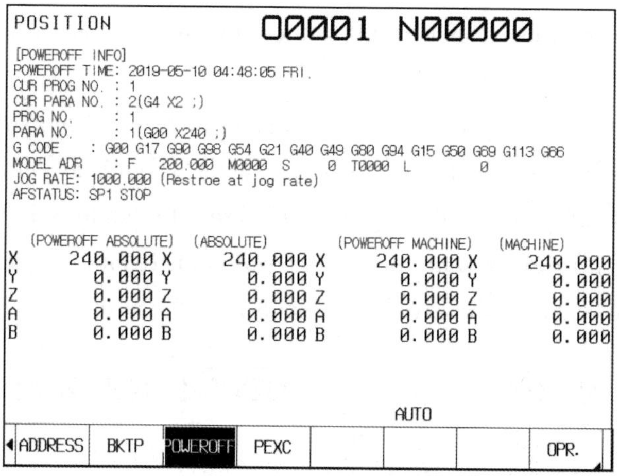

Figure 9–12　Power Failure Management

(4)Recover the coordinates of other axes except the tool axis. Recover the coordinates of other axes to the values saved at breakpoint, and use the manual fast rate(fast rate switch on)as the movement speed.

(5)Move the tool axis to the safety height(if the absolute coordinate of tool axis is just at the safety height, the axis does not move); the reserved height of tool axis is determined by parameter P8010, with manual fast rate as the movement speed(fast rate switch on).

(6)Recover the tool axis coordinates at low speed. Move to the coordinate of tool axis saved at breakpoint, with manual rate as the movement speed(manual rate switch on).

(Note: For network DNC program recovery, the system acquires the host di-

rectory, then looks up the file saved at breakpoint, and then executes the recovery steps above. When network connection fails, the system will exit after timeout.)

Operation steps of power failure recovery:

(1)After power-on, switch to the manual mode, and move the tool above the safety height in Z axis direction;

(2)Perform the machine zero returning;

(3)Reset the tool if the tool has changed;

(4)Check whether the tool is above the safety height; if not, move the tool above the safety height in manual mode;

(5)Switch to the automatic mode, enter the recovery management screen, and press the [power failure management] soft key to enter the power failure management page;

(6)Press the soft key [power failure management] → [breakpoint recovery], the system pops up a prompt dialog box to prompt whether to perform the power failure recovery, as shown in the Figure 9-13. Press the address button N to enter the step-by-step recovery state, press address button R for recovery of all, which may recover the status of the saved breakpoint into the system.

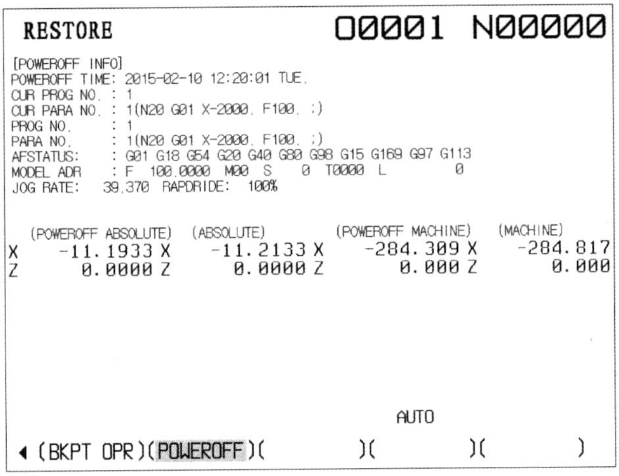

Figure 9-13 Power Failure Recovery Prompt

(7)During step-by-step recovery, upon completion of each step, there is a prompt to continue the step-by-step recovery or all the remaining recovery steps.

(8)For recovery of all, the system automatically executes all the recovery steps

until the recovery is completed. When the recovery is completed, the system prompts that the recovery is successful, as shown in Figure 9–14.

(9)Check whether the absolute coordinates and the workpiece coordinate system are correct, check the relevant states of PLC (manually output some auxiliary functions), and press the cycle start button to continue the machining from the breakpoint.

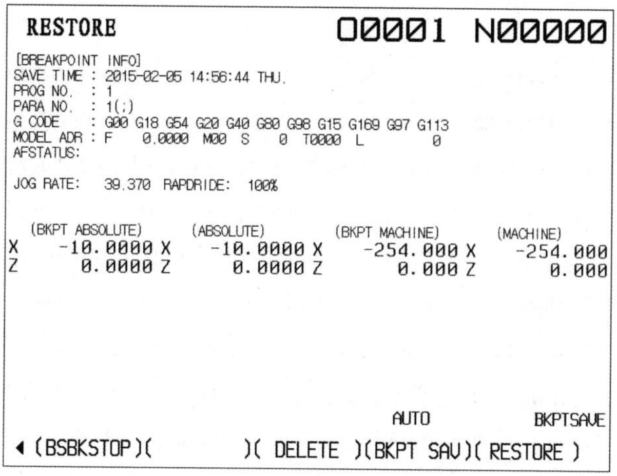

Figure 9–14 Power Failure Recovery Successful

9.7 Test Run

Prior to actual machining, the functions described in this chapter can be used for commissioning of the machining program, in order to test the correctness of the machining program.

9.7.1 Machine tool axis lock

The machine tool axis lock switch is also known as the axis lock switch; when this switch is on:

The machine tool cannot move, but the display of position coordinate is the same as that during machine tool movement;

M, S and T instructions can be correctly executed and output;

Graphic trace of tool can be correctly displayed.

The machine tool axis lock function is mainly used to check whether the pro-

gram operation trajectory is correct.

(1)Z axis cancel: The diagnostic parameter "ZNG"(G0011.5)can control the separate lock of Z axis movement, without influence on the other axes.

(2)Machine tool axis lock alarm: If the axis lock or ZNG is on, when the machine tool moves, the machine tool coordinate in the system will be incorrect, and tool impact will occur is machining is performed at this moment. The "machine tool axis lock alarm" prompts that user that the machine tool zero point must be re-established.

(Note: Zero returning is not required for machine tool connected with absolute encoder, but reset must be performed; during resetting, the system reads the current position from the absolute encoder to re-establish the reference system.)

(3)Axis locking step: Press the(axis lock)button on the machine tool operation panel to change the state of axis lock switch. This button is as a self-locking button; when it is pressed repeatedly, it changes the states among "on → off → on". When it is "on", the indicator on the button is on; and when it is "off", the indicator on the button is off. When the parameter "QGRH"(P0005.0)is set to 1, the (axis lock)button on the machine tool additional panel is invalid, at the same time, the(machine tool lock)option on the first page of the(machine tool/index)is invalid and displayed as [reserved]. The axis lock signal G29.7 can only be turned on or off by the(quick graph)soft key.

(4)Limit: When the axis lock switch is on, even the G27 or G28 instruction has been executed, the machine does not return to the reference point, so the indicator of return to reference point will not be on.

(Note: Do not operate this switch during normal program operation.)

9.7.2 Auxiliary function lock

The auxiliary function lock switch is also called the M lock switch; when it is turned on, M, S and T instructions cannot be executed. In general, this switch is used together with the axis lock switch for program verification.

(1)Operation step: Press the(M lock)button on the machine tool operation panel to change the states of M axis switch. This button is as a self-locking button; when it is pressed repeatedly, it changes the states among "on → off → on". When it is "on", the indicator on the button is on; and when it is "off", the indi-

cator on the button is off.

(2)Limit: The execution of M00, M01, M30, M98 or M99 is not affected by the state of the M lock switch. When the parameter "QGRH"(P0005.0)is set to 1, the (M lock)button on the machine tool additional panel is invalid, at the same time, the(auxiliary lock)option on the first page of the(machine tool/index)is invalid and displayed as [reserved].

9.8 Safe operation

9.8.1 Hardware overrun protection

On the machine tool, the positive and the negative directions of each axis are generally equipped with limit switches(travel switches), and the tool can only move within the range limited by the positive and negative limit switches on each axis. When the tool tries to cross the limit switch, the limit signal takes effect, the system stops the tool movement immediately and displays the overrun alarm information.

When overrun occurs, move the tool in opposite direction(move in the negative direction for positive overrun, and move in the positive direction for negative overrun)to disengage the limit switch; the alarm will be released automatically when the limit signal is invalid during the movement.

9.8.2 Software overrun protection

The software overrun protection is similar to the hardware overrun protection. The positive and negative limit coordinates of software overrun correspond to the limit switches of hardware overrun. The positive and negative limit coordinates of each axis are respectively specified by the axis type parameters "positive travel limit"(P0610)and "negative travel limit"(P0611); and the range limited by them is called the soft limit. When the machine tool coordinate is about to cross the soft limit, the system stops the tool movement immediately and displays the overrun alarm. The alarm can be released by manually moving the tool in opposite direction to make the machine tool coordinate of each axis enter the limit range.

Alarm for exceeding the work range ensures that the tool will not cross the soft limit; and the system will monitor the movement speed and direction of the tool. If the system detects that the tool will cross the soft limit, it decelerates with

the "emergency deceleration factor" (P6436)until stop, and generates the "out of work area" alarm.

9.8.3 Soft limit prediction

Effectiveness of this function is controlled by parameter "MJPCH" (P0605.7). When the function is valid, the system predicts the soft limit in the following cases.

Manual movement: The system calculates the limit distance according to the movement direction, and internally set a maximum manual movement amount which is slightly larger than this distance. Before reaching the soft limit, the system reduces the speed of the axis, and reaches the soft limit with a fairly low speed. When the soft limit prediction function is invalid, a fairly large maximum manual movement amount is set internally. The axis will reach the soft limit with a relatively high speed. In such case, the system only smoothens the output rate with the manual mode smoother. When the speed is relatively high, the value of " manual mode smoothing factor" (added with parameter cross reference)shall be increased.

Figure 9–15 shows the schematic of movements when the soft limit prediction function is turned on and off during manual movement(the trajectory in the figure does not take the influence of manual mode smoother into consideration).

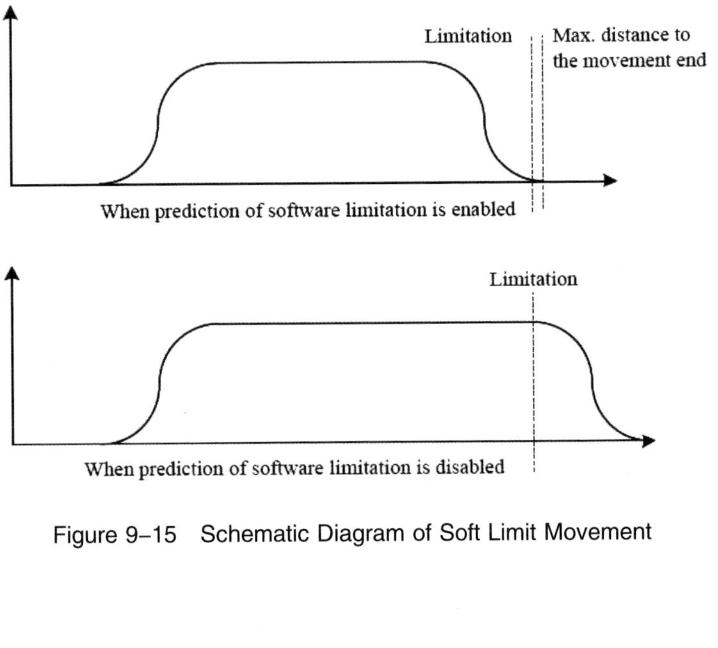

Figure 9–15 Schematic Diagram of Soft Limit Movement

Reset: When the machine tool output is abnormal or the coordinate axis action is abnormal, press the(reset)button to reset the system immediately. The machine tool state after resetting is as follows:

(1)All axis movements are stopped;

(2)Outputs of cooling, lubrication and spindle rotation are stopped(refer to the explanation);

(3)Automatic operation is terminated, but each mode is maintained.

Emergency stop: During operation of the machine tool, press the emergency stop button in case of danger or emergency, the system immediately controls the machine tool to stop movement, stops the outputs of cooling, lubrication and spindle rotation, etc., and displays the emergency stop alarm.

The alarm is released after the emergency stop button is released, and the system enters the resetting state. In order to ensure the correctness of coordinate position, after the emergency stop alarm is released, the machine zero returning operation shall be performed again (zero returning is not allowed for machine tool without machine zero point).

(Notes: 1. The emergency stop button may be shielded by the PLC program, refer to the machine tool specification; 2. Before releasing the emergency stop alarm, confirm that the fault has been eliminated; 3. Electrical impact on the equipment can be reduced by pressing the emergency stop button before startup and shutdown.)

9.9 Alarm handling

During the machining process, the system operation abnormality may occur due to user programming, improper operation, product failure or other reasons, and different treatments are required for different system phenomena.

In general, alarm displayed on screen is caused by the problems due to user programming, parameter setting or improper operation. The system will display the alarm number and prompt on the alarm screen, as shown in Figure 9-16. Determine the cause of fault and modify the program or parameter setting according to the alarm prompt information or with reference to the alarm list in the Operation Manual.

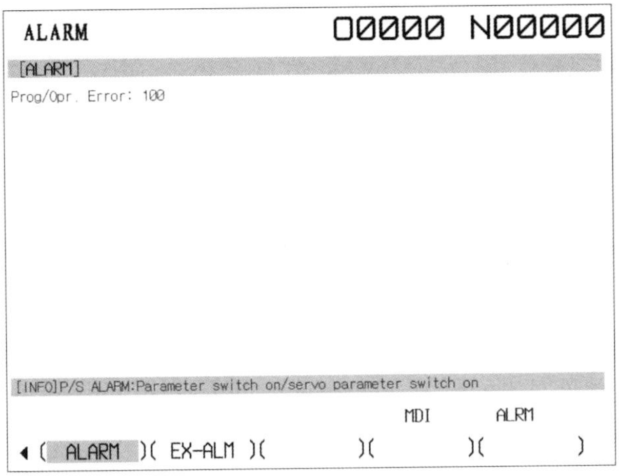

Figure 9-16 Alarm Interface

Alarm not displayed on screen: Sometimes, it seems that the system is not running as judged by the display, but the system may be busy with the processing of internal tasks at this moment. In such case, switch to the diagnostic screen to judge the system state according to the current state of diagnostic variables. Refer to the diagnostic data in the Operation Manual.

Abnormality which cannot be eliminated: Record the phenomenon when the abnormality occurs and the possible cause in detail, and contact the machine tool manufacturer.

9.10 Program edit

The user can directly edit the program in the CNC system. In general, the program editing steps are as follows:

(1)Switch to the position screen or the program area of program screen;

(2)Switch to edit mode or MDI mode;

(3)Turn on the program protection switch;

(4)Insert, modify or delete the program by using the address buttons, numeric keys and function keys of the MDI keypad.

9.10.1 Program area

Program area refers to the window for displaying and editing of program in the system. The position screen and the program screen both contain the program

area. As indicated by mark ① in Figure 9–17. The steps to enter the program area on position screen are as follows:

(1)Press the(position)button to enter the position screen;

(2)Press the [total] soft key to enter the total page, where the program area is shown at the lower right corner; then the edit operations can be implemented.

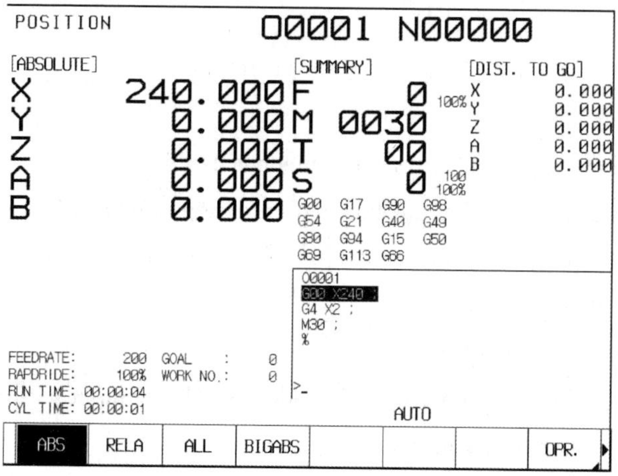

Figure 9–17 Program Area Screen

(Note: Press the [relative] or [machine tool] soft key to enter the relative page or machine tool page, where the program areas are all at the lower right corner.)

The steps to enter the program area of program screen are as follows:

(1)Press the(program)button to enter the program screen;

(2)Press the [program] soft key to enter the program page, where the program area is on the left.

9.10.2 Edit the program

Before editing the program, switch to the program area–edit mode, and turn on the program protection switch. This step will not be repeatedly described for the program editing operations hereinafter.

9.10.2.1 New program creation steps:

(1)Press the address button O, and enter the program number, e.g., "O1";

(2)Press the(insert)key to create an empty program by the system. Where: "O0001" is the program number; and "%" is the program end mark.

Create several programs at once: When the user inputs multiple program numbers at once, for example"O10203", the system will create 3 empty programs at once: O0001, O0002 and O0003.

Insert some program words during creation of new program: If some program segments, e.g. "O2;G01X10.;" are input when the user enters the program number, the system will create the program O0002 and create multiple edit units at the same time.

(Note: The ";" character is input by(EOB)key.)

System limit

(1)The range of normal program number is 1~9999.

(2)The system does not allow the same program number for any two programs; when an existing program number is input, the program creation will fail, and the alarm PS140 will be given.

9.10.2.2 Delete the program

(1)Delete a single program: Input the address "O" → input the program number, e.g. "0001", → press the(delete)button.

(2)Delete all programs: Input the address "O" → input "-9999" → press the (delete)button.

9.10.2.3 Insert an edit unit

Edit unit is the minimum unit of edit operation. For a normal G code program, a program word is an edit unit; the edit units are separated by the address letter. However, if macro program instruction is used, there is no concept of program word; all macro program instructions inserted at once are considered one edit unit. The edit units inserted into the program are separated by space.

(1)Insert a single edit unit: Input a program word, e.g. "G01" → press the (insert)button to insert the edit unit "G01" after the current cursor location in the system, and move the cursor to the edit unit just inserted.

(2)Insert multiple edit units: Input multiple program words, e.g. "G01X100. Y100.Z100.F2000;" → press the(insert)button, the system will create 6 edit units including "G01", "X100.", "Y100.", "Z100.", "F2000" and ";", then insert them after the current cursor location, and move the cursor to the last edit unit among the edit units just inserted.

(Note: If the multiple program words input are invalid, e.g. "G01XY100. Z100.;", the created edit units may not be as expected. In this case, the wrong input can be deleted to input the correct one again.)

9.10.2.4 Modify the edit unit

(1)Locate the cursor to the edit unit to be modified, e.g. "X100.";

(2)Input the desired result, e.g. "Y100.␣Z100.";

(3)Press the(modify)button, the user can modify the current edit unit as one or more edit units; and the creation method of edit unit is the same as that during insertion.

Modify the program segment end mark EOB: If the modified edit unit is ";" and the modified result does not contain ";", the two program segments separated by ";" will be merged as one program segment. When the limit cursor is at the program end mark "%", modification cannot be operated.

9.10.2.5 Delete one or more program segments

(1)Delete the program segment where the cursor is located: Input the address "N" → press the(delete)button;

(2)Delete the program segments after the cursor(including the program segment where the cursor is located): Input the address "N" → input the number of program segments to be deleted, e.g. "10" → press the(delete)button;

(3)Delete the program segments before the cursor(excluding the program segment where the cursor is located): Input the address "N" → input the negative sign "–" → input the number of program segments to be deleted, e.g. "10" → press the(delete)button.

(Note: When deleting multiple program segments in forward or backward direction, the number of program segments can be greater than the number of existed program segments. Assuming that there are only 10 program segments after the cursor, but the input is "N9999", after the delete button is pressed, only 10 program segments will be deleted, and no error will be reported. The program number(e.g. "O0001")and the program end mark("%")will not be deleted.)

9.10.3 Program retrieval

(1)Retrieve the next program: Input the address "O" → press the cursor button ⇩.

If there are more than one programs in the system, the cursor will jump to the next program. This retrieval method is circular; the one after the last program is the first program.

(2)Retrieve the specified program: Input the address "O" → input the program number to be retrieved, e.g. "0002" → press the cursor button ⇩.

If the program with the specified program number exists in the system, the cursor will jump to the current location of that program.

9.10.4 Expanded edit

The expanded edit provides copy, move and merge functions; these functions can only be operated in the program area of the program screen; and such functions are not available in the program area of the position screen.

1. Copy: With the copy function, the user can copy the whole or a part of the program to a new program.

2. Copy the whole program: As shown in Figure 9–18, it is the schematic diagram for copying the whole program. In the figure, the program number of the copied program is Oxxxx, and the program number of the new program generated by the copy operation is Oyyyy. After the copy operation, the content of program Oyyyy is completely the same as the content of program Oxxxx.

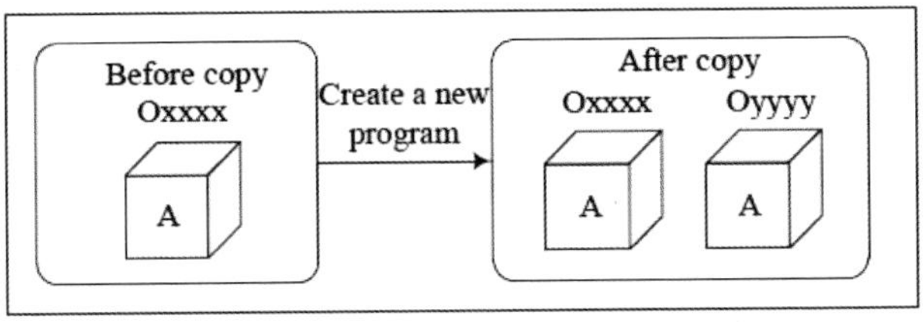

Figure 9–18 Schematic Diagram for Copying the Whole Program

Specific steps are provided below:

(1)Turn on the program protection switch, select the edit mode, and enter the program area of the program screen;

(2)Press the [program] soft key again to enter the start screen of expanded edit; the soft menu is displayed as follows:

◀ (   )(   )(   )(   )(Ex-Edit)

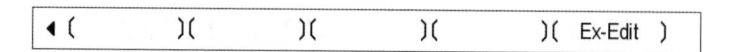

(3)Press the[expanded edit] soft key to enter the expanded edit submenu, which is displayed as follows:

◀ (COPY)(MOVE)(MERGE)(   )(   )

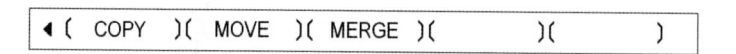

(4)Press the [copy] soft key to enter the copy submenu, which is displayed as follows:

◀ (CRSR~)(   )(   )(   )(ALL)

(5)Press the [all] soft key to prepare to execute the copy operation; the menu is displayed as in Figure 9–19;

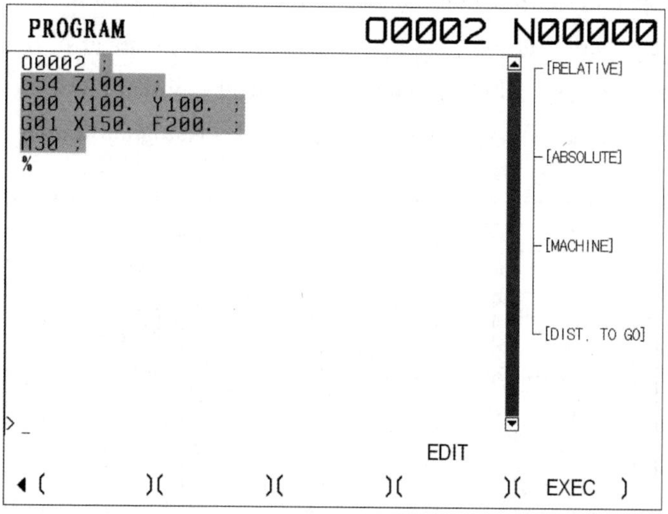

Figure 9–19 Copy Preparation Screen

(6)Input the address "O" and the program number of the program to be created, e.g. "O0010";

(7)Press the [execute] soft key, the system executes the operation to copy the whole program; the copy result is as shown in Figure 9–20.

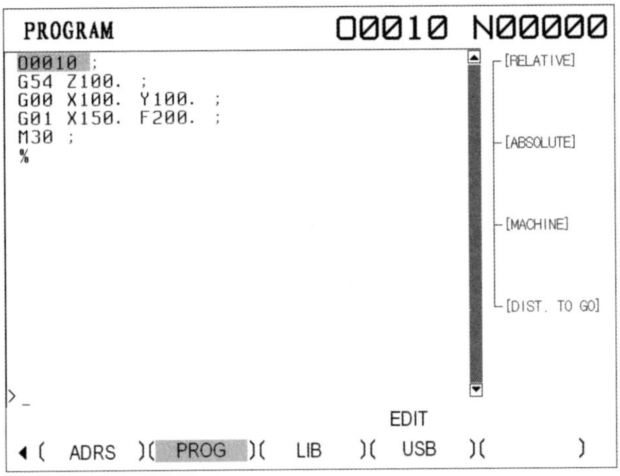

Figure 9–20 Copy Completion Screen

3. Copy a part of program: Figure 9–21 is the schematic diagram for copying a part of program. The program number of the copied program is Oxxxx, the part to be copied is part B of the program, and the program number of the newly created program is Oyyyy. After the copy operation, the program Oxxxx remains unchanged, and program Oyyyy is the same as part B of program Oxxxx.

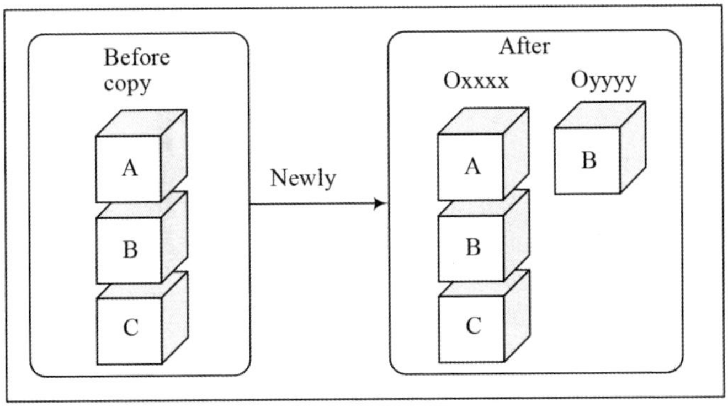

Figure 9–21 Schematic Diagram of Partial Copy

Specific steps are provided below:

(1)Turn on the program protection switch, select the edit mode, and enter the program area of the program screen;

(2)Press the [program] soft key again to enter the start screen of expanded

edit;

(3)Press the [expanded edit] soft key to enter the expanded edit submenu;

(4)Press the [copy] soft key to enter the copy submenu;

(5)Move the cursor to the start of the part to be copied, and press the [start] soft key;

(6)Move the cursor to the end of the part to be copied, press the [end] soft key; the selected effect is as shown in Figure 9–22. The [to end] soft key can also be pressed, this makes the end of the part to be completed become the end of the program, which is irrelevant to the current cursor location.

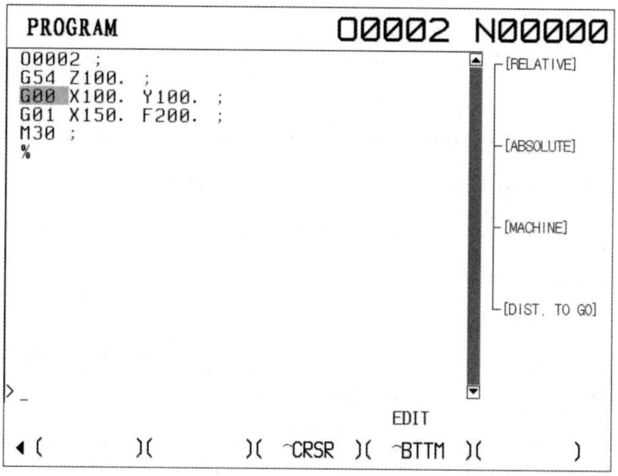

Figure 9–22 Schematic Diagram of Partial Copy

(7)Input the address "O" and the program number of the program to be created, e.g. "O0011";

(8)Press the [execute] soft key, the system executes the operation to copy a part of the program; the copy result is as shown in Figure 9–23.

9.10.4 Network program

This system can open and start the program in the working directory of the host, but it does not support the modification of network files yet. The method to open a single network file is as follows:

(1)Turn on the program switch;

(2)Press the(edit)button to switch the system in to edit mode;

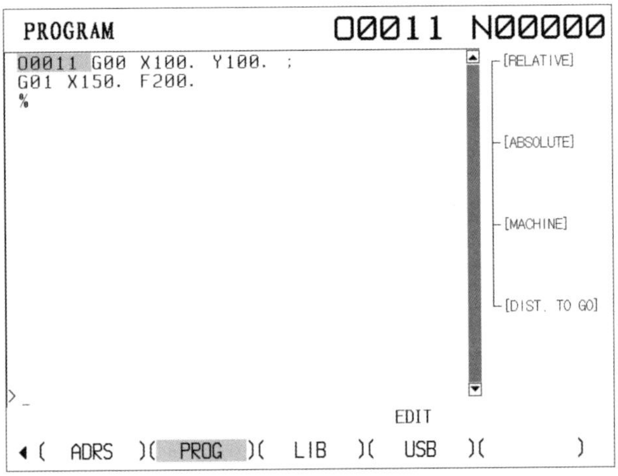

Figure 9–23 Schematic Diagram of Partial Copy

(3)Press the(program)button to enter the program screen;

(4)Press the [network] soft key to enter the network page;

(5)Press the [network] soft key again to display the network submenu, which is as shown in Figure 10–24;

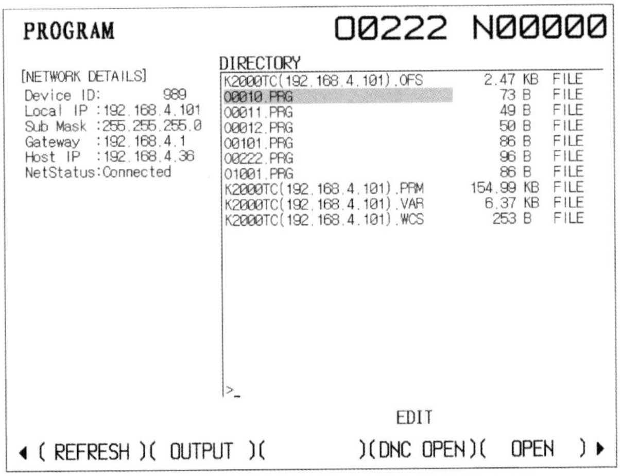

Figure 9–24 Schematic Diagram of Partial Copy

(6)Move the cursor to the program file to take effect; valid program filename: Oxxxx.### or xxxx (****). ###, in which xxxx means the program number, #### means the extension name; valid filenames include PRG, TXT, NC and PTP; ****

means the comment, which can be Chinese with unlimited length.

(7)Press the [open] soft key, the system displays the network input dialog box, until the file content is fully read into memory.

9.11 Data display and setting

The CNC system of the intelligent manufacturing cutting unit in this document can display 15 main screens:

(1)Position: The screen displayed by pressing the **POS** button;

(2)Program: The screen displayed by pressing the **PROG** button once;

(3)Recovery management: The screen displayed by pressing the **PROG** button twice;

(4)Tool compensation: The screen displayed by pressing the **OFSET** button once;

(5)Macro variable: The screen displayed by pressing the **OFSET** button twice;

(6)Parameter: The screen displayed by pressing the **PARM** button once;

(7)Servo parameter: The screen displayed by pressing the **PARM** button twice;

(8)Diagnosis: The screen displayed by pressing the **DGN** button once(Error reference to diagnostic screen! Reference source is not found.)

(9)Bus diagnosis: The screen displayed by pressing the **DGN** button twice;

(10)Axis control diagnosis: The screen displayed by pressing the **ALARM** button three times;

(11)Alarm: The screen displayed by pressing the **SET** button;

(12)Graph: The screen displayed by pressing the **Mac. INDEX** button;

(13)Settings: The screen displayed by pressing the **Mac. INDEX** button;

(14)Machine tool: The screen displayed by pressing the button once;

(15)Index: The screen displayed by pressing the button twice.

Each main screen can also be displayed by pressing the soft key on the main menu.

Each main screen also comprises several pages, which are displayed through

the corresponding menu of each main screen. The pages are also switched by pressing the  or 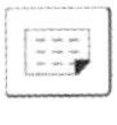 button. This section describes each screen in the system as well as the data setting method on the screen.

9.11.1 Common display

Each screen in the system contains common display elements, and this section will describe these elements separately. As shown in Figure 10-25.

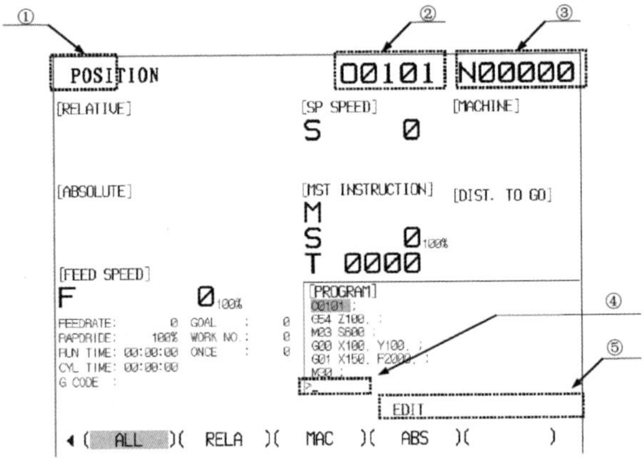

Figure 9-25 Common Display Elements

(1)Main screen name display

The name of the current main screen is displayed at the upper left corner of each screen, as indicated by mark ① in Figure 9-25, which means the current screen is the position screen.

(2)Program number and serial number display

The program number being edited or executed is displayed at the upper right corner of each screen, as indicated by mark ② in the figure, which means the program being edited is program No. 0040. The serial number of program segment being executed is displayed on the right of the program number, as indicated by mark ③ in the figure. It should be noted that, the serial number display will be updated only the program segment with serial number is executed; in the edit mode, the serial number display will not be updated when moving the cursor in different program segments or switching the programs. If no machining has been

started since the system is powered on, the serial number display will be " N00000".

(3)Input line display

Many screens in the system allow the user to set up data. During setting, data input is required. The input data is displayed in the input line, as indicated by mark ④ in the figure above, where ">" is a prompt. When setting the data, after valid data is input, the data setting operation can be executed by pressing the(input)or other button (refer to the description of each screen), and the data input can be cleared by pressing the(cancel)button, in order to input new data.

(Note: Not all the screens have an input line. Each screen has certain restrictions on user input. The input characters that failed to meet the conditions will be discarded directly, instead of being displayed in the input line.)

(4)Status line display

There is a line at the lower right corner of each screen to display the existing important states of the system, as indicated by mark ⑤ in the figure. The stats line display mainly comprises:

• Operation mode: It displays the current operation mode, that is, edit mode, automatic mode, input mode, machine zero returning, program zero returning, step-by-step/handwheel mode, manual mode.

• Not ready: It means that the control system or the drive system is not in the operable state, by means of red flashing characters.

• Alarm: It indicates the occurrence of alarm in the system, by means of red flashing characters. Enter the alarm screen to obtain details about the existing alarm.

• Commissioning: It means that the system is in "PLC" commissioning state.

• Suspension: It indicates that the system is in feed holding state, by means of red flashing characters.

• Handwheel: In automatic mode, it means that the current feed rate is controlled by handwheel.

• Breakpoint memory: It indicates that the system has correctly memorized the breakpoint by means of red flashing characters, and the power failure recovery can be executed.

(5)Chinese and English switch

The system supports full English interface, which is configured by the setting screen. The position screen of the English interface is as shown in Figure 9–26.

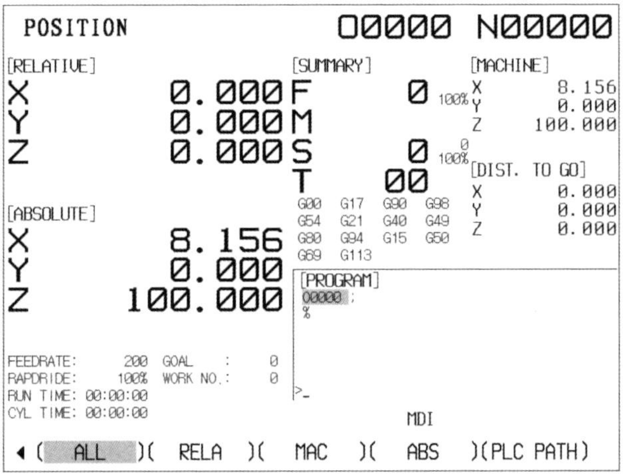

Figure 9–26 English Interface

(Note: The English interface has no index screen and no prompt of position parameter.)

(6)System interface style

The system provides two interface styles: black background(new interface) and gray background(old interface). Parameter "interface select"(P2310)is used to select the interface style; when P2310 is set to 0, it is the new interface; when P2310 is set to 1, it is the old interface. After modification of P2310, the interface style can only be changed after power is turned on again.

(7)System screensaver

The system supports the screensaver function during long machining process, in order to protect the liquid crystal display screen of the system and extend the service life of liquid crystal display screen.

Enter the screen saving state: If the system does not detect any keypress action within the time range set by the parameter "screensaver waiting time" (P2312), and the "WULPS" (0080.7)state remains unchanged, the system will turn off the screen display and enter the screen saving state.(Note: When the parameter P2312 is set to 0, the screensaver function is disabled.)

Exit screensaver state: The following actions make the system exit the screensaver state (wake up the screen display): press any of the (position), (program), (tool compensation/variable), (parameter), (diagnosis), (alarm), (graph), (settings), (machine tool/index) and (reset) buttons on the MDI panel; press any button on the machine tool operation panel; change the WULPS signal from 0 to 1.

(Note: When exiting the screensaver by pressing the button on the MDI panel, the function of the button pressed takes effect at the same time. For example, if the system enters the screensaver state on the position screen, after the (program) button is pressed, the system will exit the screensaver state and switch to the program screen. The WULPS signal can be used to wake up the screen display through DI signals, e.g. "emergency stop" signal, etc.)

9.11.2 Position screen

The position screen comprises 5 pages: total, relative, machine tool, absolute and PLC channel. Press the soft keys [total], [relative], [machine tool], [absolute] and [PLC channel] to switch to these pages.

9.11.2.1 Total page

As shown in Figure 9–27, the total page comprises all the position information and a lot of machining information.

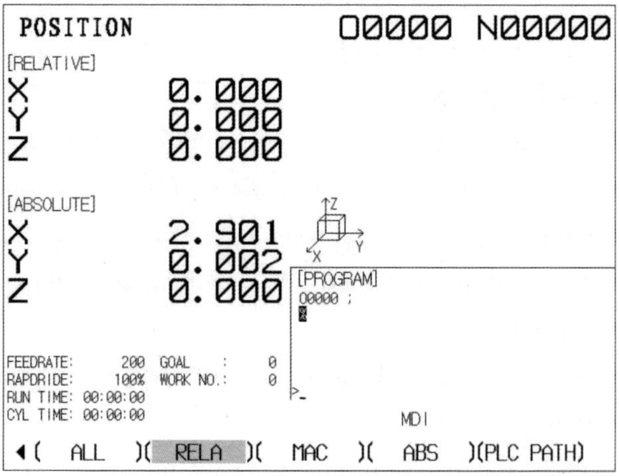

Figure 9–27 Total Page

Detail information on the total page is described as follows:

(1)Relative coordinate: The relative coordinate is the variation quantity of coordinate after the user cleared the relative coordinate value last time. Steps to clear the relative coordinate are as follows:

- Switch to the total page.
- Switch to manual/handwheel/step-by-step/zero returning operation mode.
- Press the numeric key(1~5)corresponding to the axis number, until the axis letter flashes.
- Repeat the previous operation until the axis letters of all axes to be cleared are flashing.
- Press the(cancel)button, and all axis letters will stop flashing, and the corresponding relative coordinates will be cleared.

(2)Absolute coordinate: The absolute coordinate is the coordinate of each axis relative to the origin of the workpiece coordinate system. The parameters "DAL"(P2300.6)and "DAC"(P2300.7)can be used to choose whether the absolute coordinate contains the tool length compensation and the tool radius compensation values.

(3)Machine tool coordinate: The machine tool coordinate is the coordinate of each axis relative to the zero point of machine tool. For a machine tool without machine zero point, the user can manually clear the machine tool coordinate in an appropriate position. The steps are as follows:

- 1. Switch to the total page
- 2. Switch to manual/handwheel/step-by-step/zero returning operation mode
- 3. Press the(cancel)button + the numeric key(1~5)corresponding to the axis number to clear the machine tool coordinate of corresponding axis

(4)Residual amount of movement: The length value to the end point during movement of each axis.

(5)Spindle speed: "Sxxxx": The actual speed of the current spindle, which is fed back by the spindle encoder.

(6)Actual speed: The display content of this item is determined by parameter "INTSPD"(P2304.0).

- INTSPD=0: Display the actual feed speed and display the feed rate after it. Actual feed speed=program instruction value × feed rate. In addition, it is lim-

ited to the maximum feed speed. When the actual feed speed is less than 1, the display is "<1".

• INTSPD=1: Display the real-time feed rate. Real-time feed rate is the instantaneous feed speed at the current moment obtained by considering the feed rate, acceleration, deceleration and other factors.

• Real-time feed rate is a composed feed speed obtained by compounding the amount of movement of each axis; however, because of the calculation error, there may be small error between the real-time rate and the program instruction value.

• The real-time feed rate uses the programming unit(mm/min or in./min).

• The current feed rate is displayed on the right of the real-time feed rate; when it is not in the manual mode, the feed rate is the cutting feed rate; when it is in manual mode, the display is the manual feed rate, and if the manual fast is valid, the display is the fast rate.

(7)MST instruction value: Display the M/S/T code value being currently executed, and display the current spindle rate value after the S code value.

(8)Programming rate: The value specified by F code in the program.

(9)Fast rate: The current state of fast rate, 100%, 50%, 25% or F0.

(10)Machining time: The system automatic operation time, format: "hour: minute: second". Feed holding will not be counted in the machining time. The machining time will be cleared automatically upon startup; the user can press the (cancel)+(modify)buttons at the same time to clear the machining time manually.

(11)Cycle time: The start time of an automatic operation, excluding the suspension and stop times; cleared upon the start of reset state and upon startup.

(12)Target parts number: The number of workpiece planned to be machined, which can be set on the first setting page.

(13)Number of machined parts: For every execution of M30, the number of machined parts is increased by 1; the user can press the(cancel)+(delete)buttons at the same time to clear this value.

(14)Single batch count: The count of single batch of workpieces to be machined. When this value is equal to the diagnostic parameter "number of single batch of machined workpieces", the system suspends the machining. This value cleared by press the(cancel)+(0)buttons, in order to restart the machining. This value is

displayed only when "MCNT"(P2303.2)is 1. When MCNT is 0, F156 is equal to F154, and G156 is equal to G20.

(15)Spindle position: The current position of spindle, display the content of G150. It is displayed only when G0151 is set to 1.

(16)Tool case number: The current tool case number, display the content of G22. It is displayed only when G0151 is set to 2.

(17)Modal value: Display the current mode of each G code group, the M/S/T value being currently executed, and the current spindle rate value.

(18)Program: The program area of the position screen.

9.11.2.2 Relative page

As shown in Figure 9–28, the relative page comprises less information than the total page; however, the relative page comprises a graph display window, through which the trajectory graph and the graphic entity can be observed.

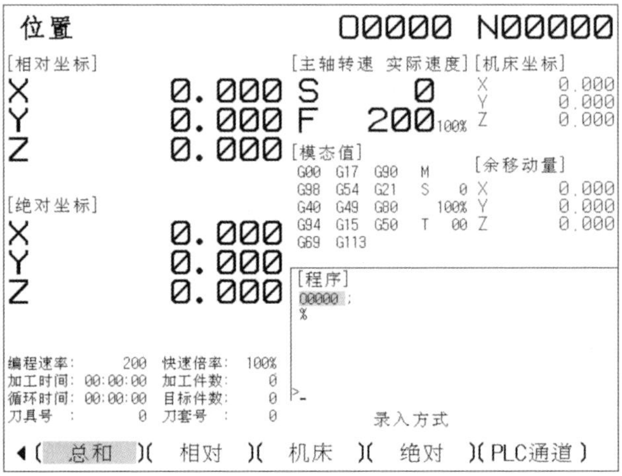

Figure 9–27 Total Page

(1)Graph window: The system scales down the content of the graph screen and displays it in the graph window of the relative screen.

(2)Servo load: For a 4–axis system, when the parameter "SVLOAD"(P2304.5) is set to 1, the system displays the dynamic display bar of servo load on the right of the page, in order to facilitate the real–time observation of the servo load. The display content is as shown in Figure 9–28:

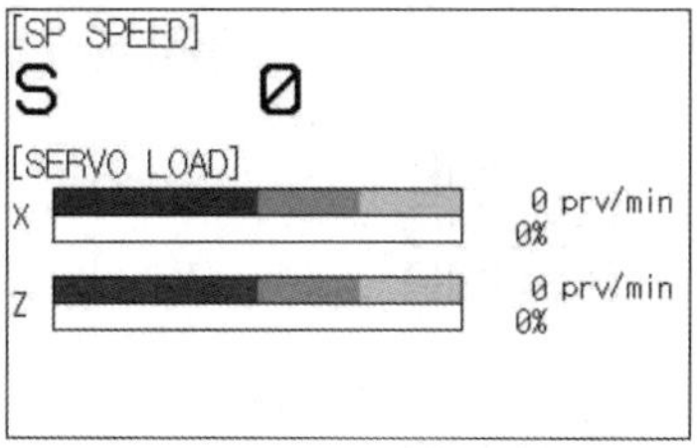

Figure 9-28 Servo Load Screen

Notes:

- The scale part can at most display 200% load, where 0%~100% is displayed in cyan, 100%~150% is displayed in yellow, 150%–200% is displayed in red, and beyond 200% is displayed in full grid. The percentile part displays the real-time servo load;
- When the axis is configured as the servo spindle, if NC axis display is not shielded, the servo load graph displays the axis address of the NC axis, otherwise, it displays the spindle address "S". When there are multiple spindles, it displays spindle "S1", "S2";
- When the NC axis display is shielded, and PLC axis display is not shielded, the servo load graph displays this axis;
- When the spindle is a non-bus spindle, the dynamic load is not displayed.

(3)Others: The other items are the same as corresponding items on the total page.

9.11.2.3 Machine tool page

As shown in Figure 9-29, the machine tool page is almost the same as the relative page, but the displays of relative coordinate and absolute coordinate are changed to the displays of machine tool coordinate and residual amount of movement. The description of each item is the same as that for the total page and the relative page.

9.11.2.4 Absolute page

As shown in Figure 9-30, the absolute page displays the current absolute coordinate and feed rate of each axis in large font. The interpretation of each item is the same as that of corresponding item on the total page.

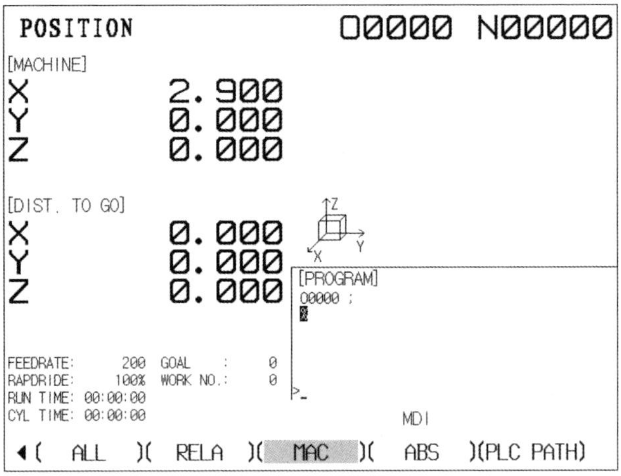

Figure 9–29 Machine Tool Page

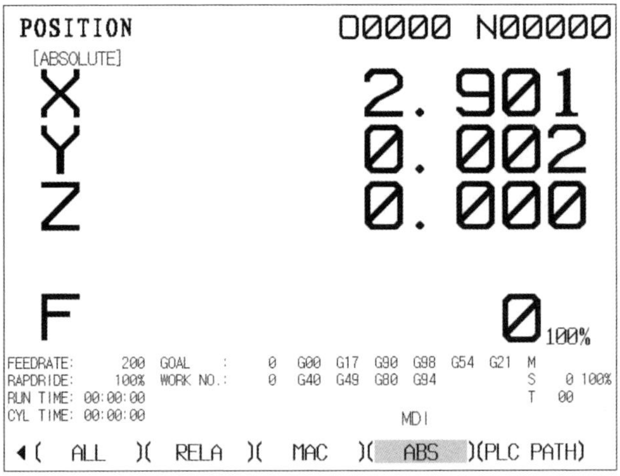

Figure 9–30 Machine Tool Page

9.11.3 Program screen

The program screen comprises 5 pages: address value, program, directory, USB flash disc and network. Press the soft keys [address value], [program], [directory], [USB flash disc] and [network] to switch to these pages.

(Note: The network page is displayed only when the network function is enabled, that is, the parameter "NET"(P0004.3)is set to 1.)

9.11.3.1 Program page

As shown in Figure 9–31, the program page comprises a relatively large pro-

gram area and all the coordinate values. The program area is used to display the program codes; the display of each coordinate is the same as the coordinate display on the position screen.

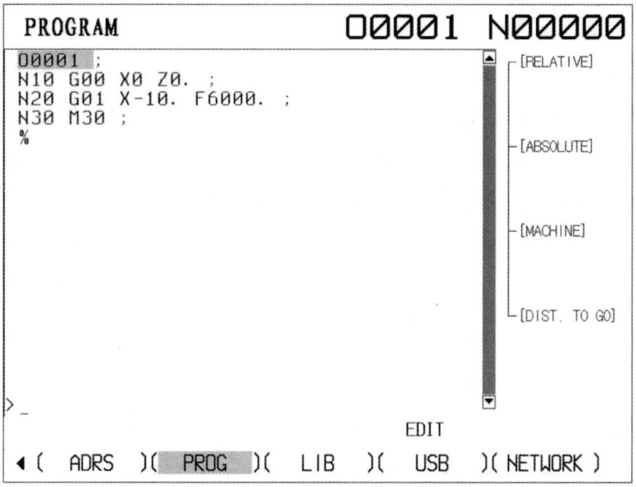

Figure 9–31 Program Subpage

9.11.3.2. Directory page

As shown in Figure 9–32, the directory page comprises the system version information, the program list, the number of programs and the memory usage of programs.

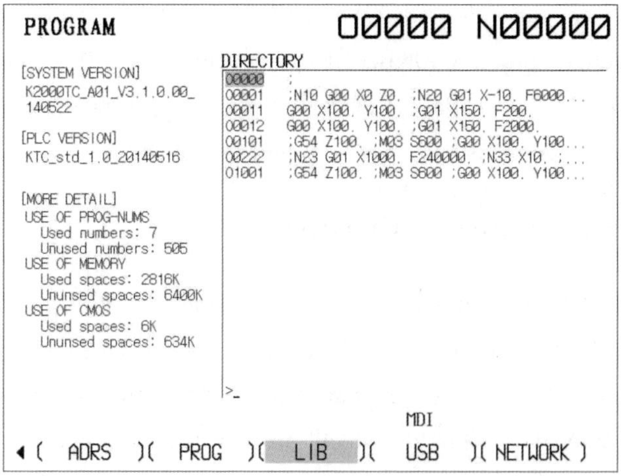

Figure 9–32 Directory Page

Detail information on the directory page is described as follows:

(1)System version information: Display the current system model, number of axes and release date.

(2)Directory: The directory is the list of all programs in the system memory, arranged in the order of program serial numbers. The user can browse the program list by the cursor button (direction keys and page up/down keys). The program corresponding to the program number pointed by the cursor will become the current program and be displayed in the program area. The system supports two display methods of directory list. Press the [directory] soft key to switch. a. Compact: Display the program numbers only (same as previous). b. Detail: Display a program number in each line, with valid comments contained in the first and the second program segments displayed after the program number; if there is no comment, display the content of the start part of program.

(3)Details:

- Program number usage: It supports at most 512 programs; the number of used programs is the number of programs in the memory; the number of available programs is 512 minus the number of used program.
- Memory usage: The standard memory configuration is 22MB; normal programs, MDI temporary programs, DNC programs and alike share the memory resources.
- CMOS usage: The CMOS is powered by the backup battery; when the system is powered off, the data in RAM is still retained. The available CMOS space of standard configuration is 640KB. All normal programs will be stored in CMOS; when "RMPP"(P2302.3 on Page 158 of the Connection Commissioning Manual)is 1, MDI temporary programs will also be stored in CMOS.

9.12 Ethernet communication

The Ethernet communication software provided by KND can complete the communication between computer and the CNC system. It comprises the uploading/downloading of machining programs, parameters, tool compensation, macro variables and other data. The "download" in this document specially refers to the operation that the computer sends data to the NC system; and "upload" specially

refers to the operation that the NC system sends data to the computer.

Ethernet communication settings comprise the NC terminal and the PC terminal:

(1)NC terminal

• NC system IP address(P8111), subnet mask(P8112), default gateway IP (P8113)

• Programs witch: Before downloading a machining program from the PC terminal to the NC system, the program switch of NC system must be turned on, otherwise the NC system will deny the download request.

• Parameter switch: Before downloading system parameters, tool compensation and macro variables to the NC system, the parameter switch must be turned on.

(3)PC terminal

• PC IP address(P8114)

• Network communication timeout delay(P8115)

• The user interface of KND Ethernet communication software is as shown in Figure 9–33, in which the working area comprises two pages: NC system list page and information page.

• NC system list: The left of the interface is the working area window, which comprises two root directories–"CNC system list" and "local files". The "CNC system list" comprises the CNC system that can be currently operated; the "local files" comprises the files under the set working directory.

• Information page: The "information" records the information of all transmission tasks between PC and NC.

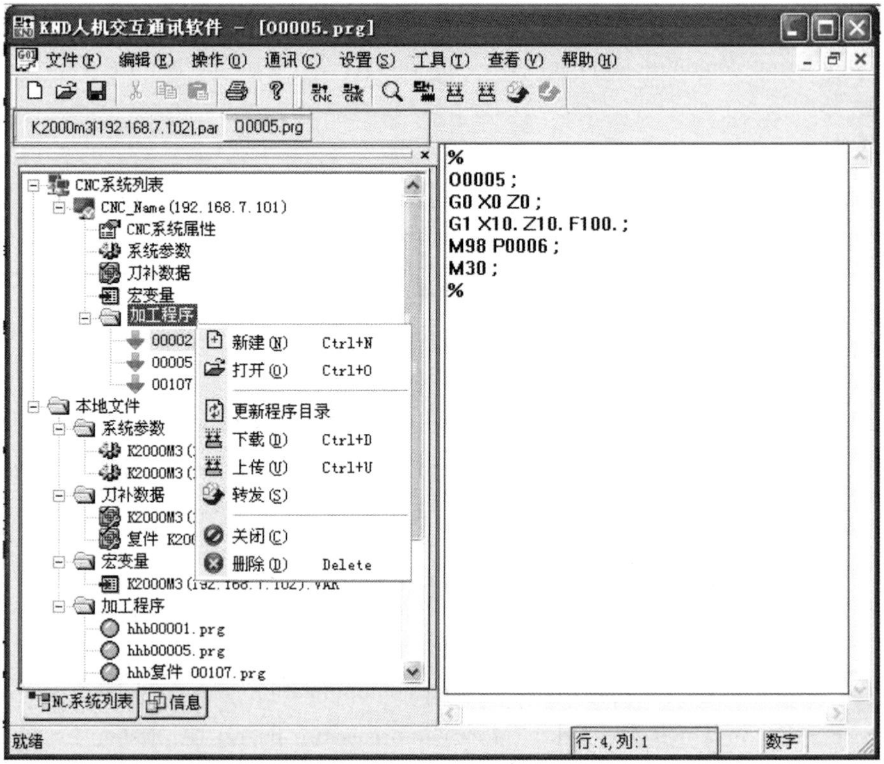

Figure 9–33 KND Communication Software Interface

Chapter 10

Practice Projects

The project required the installation and commissioning of the main hardware equipment and the control system for the intelligent manufacturing unit, and realize the safe and efficient operation of the intelligent manufacturing unit. The main content comprises the following tasks:

10.1 Installation and commissioning of intelligent manufacturing equipment

Basic precision detection of CNC machine tool and machining center, parameter setting and function commissioning, commissioning and control of pneumatic valves, zero point and power fixture, interconnection between CNC system and external system, installation, commissioning and protection of cameras in the machine, proper installation and setting of tools, and preparation work before machining.

(1)Programmed control of pneumatic valves and power fixtures

• Complete the hardware connection and commissioning related with the automatic control of pneumatic valves and hydraulic three-jaw chuck of the CNC machine tool; realize the opening and closing of pneumatic valves as well as the correct and reliable workpiece clamping by the three-jaw chuck;

• Complete the hardware connection and commissioning related with the automatic control of pneumatic valves, pneumatic vice and zero-point clamp of the machining center; realize the opening and closing pneumatic valves as well as the correct and reliable workpiece clamping by the pneumatic vice and zero-point clamp.

(2)Installation and commissioning of cameras in the machine; complete the installation and commissioning of cameras and pneumatic cleaning nozzles in the CNC machine tool and the machining center. Detailed requirements.

- Realize the timed blowing and the manual blowing at any time through compiling PLC programs or setting the machine tool parameters;
- Set the camera communication parameters through the system camera parameter interface, which should be able to display images clearly.

(3)Main parameter settings and function commissioning of CNC machine tool; complete the check and setup of main parameters of the CNC machine tool and the machining center according to the equipment configuration, and complete the commissioning of some main functions of the CNC machine tool and the machining center.

- Complete the zero returning operation through machine tool operation and parameter setting, based on the provided technical parameters of CNC machine tool;
- Complete the zero returning and spindle orienteering operations through machine tool operation and parameter setting, based on the provided technical parameters of machining center.

(4)Tool installation and tool setting commissioning.

- Install the tools required for machining of the part to the tool carrier of the CNC machine tool and the tool changer of the machining center;
- Complete the tool setting and corresponding data setting of the CNC machine tool and the machining center, confirm the tool and corresponding tool number, and measure the tool length.

(5)Completed the network hardware connection between the CNC machine tool and the CNC machining center in the interconnection architecture of intelligent manufacturing unit.

10.2 Installation and commissioning of online detection unit

Carry out the installation and commissioning of online measurement system (measuring head)of the machining center, perform online measurement for the parts to be measured, and upload the measurement data through Ethernet. Judge

the error trend of parts and determine whether the parts are qualified according to the detection data, and optimize the installation and commissioning of the system.

(1)Installation and connection of online measurement device(measuring head)

• Complete the installation of online measurement device (measuring head), correctly clamp the measuring head on the tool handle, and correctly install the measuring head on the machine tool spindle;

• Complete the connection with CNC system, install the wireless receiver in correct position and connect it with the CNC system, which should be able to display the online measurement data on the machine tool panel;

• Correctly place the calibration gauge on the machine tool fixture, and align it.

(2)Calibrate the online measurement device(measuring head), complete the calibration of online measurement device(measuring head), which should be able to display the correctly calibrated measurement data on the machine tool panel.

(3)Workpiece online measurement, trial cut workpiece as shown in Figure 10-1, online measurement of dimensions of straight joint 35. Complete the online measurement of dimensions of the workpiece under test, display the correct workpiece measurement data in MES system.

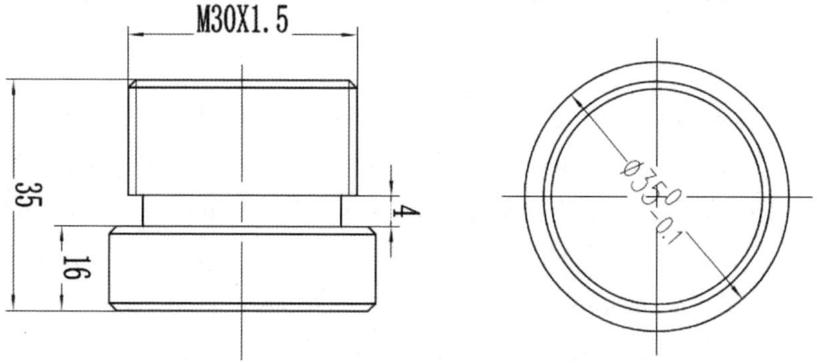

Figure 10-1 Trial Cut Workpiece

10.3 Installation, commissioning and programming of industrial robot

Carry out the installation and commissioning of external equipment like in-

dustrial robot quick-change gripper and pneumatic components according to the components provided by the system, and complete the programming and commissioning of the actions of equipment like industrial robot(including the seventh axis), CNC machine tool and stereoscopic warehouse through the robot programming and the robot calibration test.

(1)Digital design of parts

Carry out parts 3D modeling and assembly building, product machining process design, BOM construction, parts production process quality control, and parts machining process by using the CAD/CAM/CAPP software according to the given drawings.

(2)CAM programming and NC code uploading

Carry out CAM programming for the parts under test according to the machining process, and perform the simulation test of machining process; generate the NC machining program corresponding to the CNC machine tool and the machining center; upload the program to the MES system according to the MES operation procedure, and carry out corresponding operations.

10.4 Installation and commissioning of intelligent manufacturing unit control system

Installation and commissioning of intelligent manufacturing control system MES control software and PLC control system; realize the fetching of blank from stereoscopic warehouse, machining and online measurement, and sending it back to specified position in the stereoscopic warehouse by the industrial robot through the manual scheduling of MES control software; and update the RFID data. Achieve the safe and coordinated operation of each piece of equipment in the intelligent manufacturing unit. Display all commissioning and operation data in the visualized system through the MES system provided by the competition platform, including machine tool state, robot state, stereoscopic warehouse state and product state data information, etc.

(1)Compile the PLC and HMI interface programs, realize the connection and communication with the robot, and modify data at the robot terminal, which should be displayed synchronously on the PLC terminal and the HMI.

(2)Programming of robot teach pendant: Compile the industrial robot teach pro-

gram, and complete the tool coordinate system setting for the industrial robot, the loading/unloading teach programming and automatic commissioning between CNC machine tool and stereoscopic warehouse, the loading/unloading teach programming and automatic commissioning between the machining center and stereoscopic warehouse, and the loading/unloading teach programming and automatic commissioning between the CNC machine tool and machining center. The test is as follows:

• Select the warehouse position(2,3)on the HMI of PLC terminal and start it, fetch the blank in position(2,3)of stereoscopic warehouse by the robot, and place it to the chuck position of the CNC machine tool, where the work blank should be tightly clamped;

• Start the material fetching on the HMI of PLC terminal, correctly fetch the material from the CNC machine tool by the robot, and place it back to the original position of the stereoscopic warehouse;

• Select the warehouse position(3,3)on the HMI of PLC terminal and start it, fetch the blank in position(3,3)of stereoscopic warehouse by the robot, and place it to the pneumatically pressured vice position of the CNC machining center, where the work blank should be tightly clamped;

• Start the material fetching on the HMI of PLC terminal, correctly fetch the material from the CNC machining center by the robot, and place it back to the original position of the stereoscopic warehouse.

10.5 Trial cut operation of intelligent manufacturing unit

This task need to write the connection and communication programs for PLC, MES, RFID system, stereoscopic warehouse, online detection device and other systems. Perform data acquisition for CNC machine tool, industrial robot, online detection device, RFID system, stereoscopic warehouse, video surveillance system, etc., which should be able to realize the complete requirements of flexible machining control that the industrial robot fetches the blank from the stereoscopic warehouse, reads the RFID data, sends the blank to the CNC equipment, and puts it back to the specified position in stereoscopic warehouse after machining and online measurement and then updates the RFID data. In addition, it should be able to complete the loading/unloading and machining of multiple different parts.

Appendix

Annexed Table 1　List of PLC Variables

Name	DataType	Logical Address	Comment
AlwaysFALSE	Bool	%M1.3	
AlwaysTRUE	Bool	%M1.2	
Clock_10Hz	Bool	%M0.0	
CNC_Alarm	Bool	%M8000.5	
DiagStatusUpdate	Bool	%M1.1	
Emg_Alarm	Bool	%M8000.0	
FirstScan	Bool	%M1.0	
iCNC_Alarm	Bool	%I8.1	Machining center alarm
iCNC_Chuck2Opened	Bool	%I3.4	Zero–point clamp in open state
iCNC_ChuckClosed	Bool	%I1.5	Machining center fixture in closed state
iCNC_ChuckOpened	Bool	%I1.4	Machining center fixture in open state
iCNC_DoorOpened	Bool	%I3.6	Machining center protective door in open state
iCNC_Finished	Bool	%I3.1	Machining center completed machining (M30 execution completed)
iCNC_Homed	Bool	%I3.2	Machining center XYZ in set position (machine coordinates X(FANUC=–520.0KND=–300),Y=0.0,Z>–100.0)
iCNC_Linked	Bool	%I3.0	Machining center connected normally, ready (automatic mode)
iCNC_Running	Bool	%I3.3	Machining center in operation
iHostEmg	Bool	%I0.3 stop input	Master control, warehouse emergency
iLATHE_Alarm	Bool	%I8.0	CNC lathe alarm
iLATHE_ChuckClosed	Bool	%I2.5	CNC lathe fixture in closed state
iLATHE_ChuckOpened	Bool	%I2.4	CNC lathe fixture in open state
iLATHE_DoorOpened	Bool	%I2.6	CNC lathe protective door in open state
iLATHE_Finished	Bool	%I2.1	CNC lathe machining completed (M30 execution completed)
iLATHE_Homed	Bool	%I2.2	CNC lathe XYZ in set position (machine coordinates X=0.0, Z=0.0)

CON'D

Name	DataType	Logical Address	Comment
iLATHE_Linked	Bool	%I2.0	CNC lathe connected normally, ready (automatic mode)
iLATHE_Running	Bool	%I2.3	CNC lathe in operation
iM/A	Bool	%I0.4	Master control standalone/online switch input (1=standalone)
iSafeDoorLocked	Bool	%I0.7	Protective fence door locked input signal
iStoreDoorLocked	Bool	%I0.6	Warehouse door locked input signal (not started)
iStoreEmg	Bool	%I1.0	Warehouse door input
iStoreStartBtn	Bool	%I1.2	Warehouse start button
Lathe_Alarm	Bool	%M8000.4	
MesComm_Alarm	Bool	%M8000.2	
protectivefencemagneticlock	Bool	%Q0.7	
qCNC_Ack	Bool	%Q8.1	Machining center machining completion confirm signal
qCNC_ChuckOpen	Bool	%Q3.2	Machining center zero-point clamp control on
qCNC_Chuck2Clean	Bool	%Q8.4	Machining center zero-point clamp purging
qCNC_Clean	Bool	%Q5.1	Machining center camera purging
qCNC_DoorClose	Bool	%Q3.5	Machining center door closing (rising edge triggered)
qCNC_DoorOpen	Bool	%Q3.4	Machining center door opening (rising edge triggered)
qCNC_Link	Bool	%Q8.3	Machining center control online enabled (position=1, the control signal is valid)
qCNC_Openthevise	Bool	%Q3.6	Machining center chuck open
qCNC_Start	Bool	%Q3.0	Machining center start (KND=rising edge valid FANUC=falling edge valid)
qLATHE_Ack	Bool	%Q8.2	CNC lathe machining completion confirm signal

CON´D

Name	DataType	Logical Address	Comment
qLATHE_ChuckOpen	Bool	%Q2.2	CNC lathe chuck open (1 rising edge =open, 0 falling edge=close)
qLATHE_Clean	Bool	%Q5.0	CNC lathe camera purging
qLATHE_DoorClose	Bool	%Q2.5	
qLATHE_DoorOpen	Bool	%Q2.4	
qLATHE_Link	Bool	%Q8.0	CNC lathe control online enabled (position=1, the control signal is valid)
qLATHE_Start	Bool	%Q2.0	CNC lathe start (KND=rising edge valid FANUC=falling edge valid)
qLedGreen	Bool	%Q4.0	Tri–color light, green
qLedRed	Bool	%Q4.1	Tri–color light, red
qLedYellow	Bool	%Q4.2	Tri–color light, yellow
qPauseRBT	Bool	%Q5.6	Robot remote suspension
qResetRBT	Bool	%Q5.7	Robot remote reset program
qStartRBT	Bool	%Q5.5	Robot remote start
qStoreLedRunning	Bool	%Q0.6	Warehouse LED operation indicator
qStoreLedUnLock	Bool	%Q0.5	Warehouse LED unlock indicator
qStoremagneticlock	Bool	%Q1.0	Warehouse door electromagnetic lock
RbtComm_Alarm	Bool	%M8000.3	
SQ1	Bool	%I4.0	Position 1
SQ10	Bool	%I5.1	Position 10
SQ11	Bool	%I5.2	Position 11
SQ12	Bool	%I5.3	Position 12
SQ13	Bool	%I5.4	Position 13
SQ14	Bool	%I5.5	Position 14
SQ15	Bool	%I5.6	Position 15
SQ16	Bool	%I5.7	Position 16
SQ17	Bool	%I6.0	Position 17
SQ18	Bool	%I6.1	Position 18
SQ19	Bool	%I6.2	Position 19
SQ2	Bool	%I4.1	Position 2
SQ20	Bool	%I6.3	Position 20
SQ21	Bool	%I6.4	Position 21
SQ22	Bool	%I6.5	Position 22
SQ23	Bool	%I6.6	Position 23

CON´D

Name	DataType	Logical Address	Comment
SQ24	Bool	%I6.7	Position 24
SQ25	Bool	%I7.0	Position 25
SQ26	Bool	%I7.1	Position 26
SQ27	Bool	%I7.2	Position 27
SQ28	Bool	%I7.3	Position 28
SQ29	Bool	%I7.4	Position 29
SQ3	Bool	%I4.2	Position 3
SQ30	Bool	%I7.5	Position 30
SQ4	Bool	%I4.3	Position 4
SQ5	Bool	%I4.4	Position 5
SQ6	Bool	%I4.5	Position 6
SQ7	Bool	%I4.6	Position 7
SQ8	Bool	%I4.7	Position 8
SQ9	Bool	%I5.0	Position 9
System_Byte	Byte	%MB1	
SystemAlarmCode	Word	%MW8000	System alarm code
HMI control allowed	Bool	%M40.0	
RFID read	Bool	%M41.0	
RFID start	Bool	%M40.7	
RFID completion indication	Word	%MW160	
RFID write	Bool	%M41.1	
RFID position select	Word	%MW90	
Warehouse in	Bool	%M40.6	
Warehouse out	Bool	%M40.5	
Measuring rod offset compensation X	Real	%MD104	
Measuring rod offset compensation Y	Real	%MD108	
Measuring head spherical radius compensation X	Real	%MD96	
Measuring head spherical radius compensation Y	Real	%MD100	

CON´D

Name	DataType	Logical Address	Comment
Measuring head data request	Word	%MW120	
Measuring head length compensation	Real	%MD92	
Read storage area RFID_1	Word	%MW140	
Read storage area RFID_2	Word	%MW142	
Read storage area RFID_3	Word	%MW144	
Read storage area RFID_4	Word	%MW146	
Placement position HIM input	Word	%IW104	
Workpiece type HIM input	Word	%IW106	
Fixed control word RFID2	Word	%QW70	RFID fixed control word 4
Fixed control word RFID3	Word	%QW68	RFID fixed control word 4
Robot communication pulse	Bool	%M9.2	
Robot communication exception	Bool	%M9.3	
Machining center material placement	Bool	%M40.4	
Machining center material fetching	Bool	%M40.3	
Fixture control enabled	Bool	%M2.0	
Control word RFID1	Word	%QW72	RFID control word 3 read 6 write
Position indication	Word	%MW162	
Fetching position HIM input	Word	%IW102	

CON´D

Name	DataType	Logical Address	Comment
Manual warehouse scanning	Bool	%M42.4	
Data rfid_date1	Word	%IW74	
Data rfid_date2	Word	%IW76	
Data rfid_date3	Word	%IW78	
Data rfid_date4	Word	%IW80	
Data rfid_date5	Word	%QW74	
Data rfid_date6	Word	%QW76	
Data rfid_date7	Word	%QW78	
Data rfid_date8	Word	%QW80	
Data rfid_done	Word	%IW72	RFID read and write complete
CNC lathe material placement	Bool	%M40.2	
CNC lathe material fetching	Bool	%M40.1	
Write storage area RFID_1	Word	%MW148	
Write storage area RFID_2	Word	%MW150	
Write storage area RFID_3	Word	%MW152	
Write storage area RFID_4	Word	%MW154	

Annexed Table 2 List of MES System Variables

Variable name	Data Type	Offset	Starting value	Hold	Accessible from HMI/ OPC UA	Writable from HMI/ OPC UA	On HMI Visible in engineering configuration	Set value	Moni-toring	Notes
▼Static										
▼MesToPlc	Struct	0.0		False	True	True	True	False		MES->PLC
▼MesSendPlcCmd	Struct	0.0		False	True	True	True	False		Message information from MES to PLC
MesCmdCode	Int	0.0	0	False	True	True	True	False		MES command code (98 start 99 stop 100 reset 102 robot calling/103RFID initialization)
PickPos	Int	2.0	0	False	True	True	True	False		Material fetching position
PutPos	Int	4.0	0	False	True	True	True	False		Material placement position
DeviceID	Int	6.0	0	False	True	True	True	False		Equipment number (1=lathe, 2=machining center)
--------Reserve_3	Int	8.0	0	False	True	True	True	False		
--------Reserve_4	Int	10.0	0	False	True	True	True	False		
WpType	Int	12.0	0	False	True	True	True	False		Type of workpiece
--------Reserve_0	Int	14.0	0	False	True	True	True	False		
--------Reserve_1	Int	16.0	0	False	True	True	True	False		
--------Reserve_2	Int	18.0	0	False	True	True	True	False		
▼MesAckPlc_L	Struct	20.0		False	True	True	True	False		MES response to PLC command

CON´D

Variable name	Data Type	Offset	Starting value	Hold	Accessible from HMI/ OPC UA	Writable from HMI/ OPC UA	On HMI Visible in engineering configuration	Set value	Moni- toring	Notes
CmdAck	Int	20.0	0	False	True	True	True	False		Command response code (machining complete 202, request for machining program 201)
--------Reserve_3	Int	22.0	0	False	True	True	True	False		
Result	Int	24.0	0	False	True	True	True	False		Result
--------Reserve_2	Int	26.0	0	False	True	True	True	False		
--------Reserve_1	Int	28.0	0	False	True	True	True	False		
▼MesAckPlc_C	Struct	30.0		False	True	True	True	False		MES response to PLC command
CmdAck	Int	30.0	0	False	True	True	True	False		Command response code (machining complete 202, request for machining program 201)
--------Reserve_3	Int	32.0	0	False	True	True	True	False		
Result	Int	34.0	0	False	True	True	True	False		Result
--------Reserve_2	Int	36.0	0	False	True	True	True	False		
--------Reserve_1	Int	38.0	0	False	True	True	True	False		
▼PlcToMes	Struct	40.0		False	True	True	True	False		PLC–MES

CON´D

Variable name	Data Type	Offset	Starting value	Hold	Accessible from HMI/ OPC UA	Writable from HMI/ OPC UA	On HMI Visible in engineering configuration	Set value	Moni-toring	Notes
▼PlcSendMesCmd_L	Struct	40.0		False	True	True	True	False		Command from PLC to MES (lathe–related)
PlcCmdCode	Int	40.0	0	False	True	True	True	False		PLC command code (machining complete 202, request for machining program 201)
StorePos	Int	42.0	0	False	True	True	True	False		Workpiece position number
Result	Int	44.0	0	False	True	True	True	False		Execution result
DeviceID	Int	46.0	0	False	True	True	True	False		Equipment number (1=lathe, 2=machining center)
--------Reserve_1	Int	48.0	0	False	True	True	True	False		
▼PlcSendMesCmd_C	Struct	50.0		False	True	True	True	False		Command from PLC to MES (milling machine related)
PlcCmdCode	Int	50.0	0	False	True	True	True	False		PLC command code (machining complete 202, request for machining program 201)
StorePos	Int	52.0	0	False	True	True	True	False		Workpiece position number
Result	Int	54.0	0	False	True	True	True	False		Execution result

CON´D

Variable name	Data Type	Offset	Starting value	Hold	Accessible from HMI/ OPC UA	Writable from HMI/ OPC UA	On HMI Visible in engineering configuration	Set value	Moni-toring	Notes
DeviceID	Int	56.0	0	False	True	True	True	False		Equipment number (1 = lathe, 2 = machining center)
--------Reserve_1	Int	58.0	0	False	True	True	True	False		
▼PlcAckMes	Struct	60.0		False	True	True	True	False		PLC response to MES command
CmdAck	Int	60.0	0	False	True	True	True	False		PLC response MES code (98 start 99 stop 100 reset 102 robot calling) /103RFID initialization)
PickPos	Int	62.0	0	False	True	True	True	False		Material fetching position
PutPos	Int	64.0	0	False	True	True	True	False		Material placement position
DeviceID	Int	66.0	0	False	True	True	True	False		Equipment number (1 = lathe, 2 = machining center)
--------Reserve_1	Int	68.0	0	False	True	True	True	False		
▼PlcSendMesCmd_Rfid	Struct	70.0		False	True	True	True	False		
--------Reserve_4	Int	70.0	0	False	True	True	True	False		
RfidResult	Int	72.0	0	False	True	True	True	False		
--------Reserve_2	Int	74.0	0	False	True	True	True	False		
--------Reserve_3	Int	76.0	0	False	True	True	True	False		

CON′D

Variable name	Data Type	Offset	Starting value	Hold	Accessible from HMI/ OPC UA	Writable from HMI/ OPC UA	On HMI Visible in engineering configuration	Set value	Moni-toring	Notes
PLCstate	Int	78.0	0	False	True	True	True	False		
▼RobotData	Struct	80.0		False	True	True	True	False		
RbtState	Int	80.0	0	False	True	True	True	False		Current robot state 0 stop 1 fault 2 in operation
Home	Int	82.0	0	False	True	True	True	False		Robot at Home point
mode	Int	84.0	0	False	True	True	True	False		Current robot mode
RbtSpeed	Int	86.0	0	False	True	True	True	False		Current robot speed
Axis1	Int	88.0	0	False	True	True	True	False		Robot axis 1 angle
Axis2	Int	90.0	0	False	True	True	True	False		Robot axis 2 angle
Axis3	Int	92.0	0	False	True	True	True	False		Robot axis 3 angle
Axis4	Int	94.0	0	False	True	True	True	False		Robot axis 4 angle
Axis5	Int	96.0	0	False	True	True	True	False		Robot axis 5 angle
Axis6	Int	98.0	0	False	True	True	True	False		Robot axis 6 angle
Axis7	Int	100.0	0	False	True	True	True	False		Robot axis 7 angle
x	Int	102.0	0	False	True	True	True	False		Robot axis X position
y	Int	104.0	0	False	True	True	True	False		Robot axis Y position
z	Int	106.0	0	False	True	True	True	False		Robot axis Z position
a	Int	108.0	0	False	True	True	True	False		Robot a angle

CON´D

Variable name	Data Type	Offset	Starting value	Hold	Accessible from HMI/ OPC UA	Writable from HMI/ OPC UA	On HMI Visible in engineering configuration	Set value	Moni-toring	Notes
b	Int	110.0	0	False	True	True	True	False		Robot b angle
c	Int	112.0	0	False	True	True	True	False		Robot c angle
▼-------Reserve_3	Array [1.. 3] of Word	114.0		False	True	True	True	False		
-------Reserve_3[1]	Word	114.0	16#0	False	True	True	True	False		
-------Reserve_3[2]	Word	116.0	16#0	False	True	True	True	False		
-------Reserve_3[3]	Word	118.0	16#0	False	True	True	True	False		
▼StoreWpExistInfo	Array	120.0 [1.. 32] ofBool		False	True	True	True	False		Warehouse material information (0: with material; 1: without material)
StoreWpExistInfo[1]	Bool	120.0	false	False	True	True	True	False		Warehouse material information (0: with material; 1: without material)
StoreWpExistInfo[2]	Bool	120.1	false	False	True	True	True	False		Warehouse material information (0: with material; 1: without material)

CON´D

Variable name	Data Type	Offset	Starting value	Hold	Accessible from HMI/ OPC UA	Writable from HMI/ OPC UA	On HMI Visible in engineering configuration	Set value	Moni-toring	Notes
StoreWpExistInfo[3]	Bool	120.2	false	False	True	True	True	False		Warehouse material information (0: with material; 1: without material)
StoreWpExistInfo[4]	Bool	120.3	false	False	True	True	True	False		Warehouse material information (0: with material; 1: without material)
StoreWpExistInfo[5]	Bool	120.4	false	False	True	True	True	False		Warehouse material information (0: with material; 1: without material)
StoreWpExistInfo[6]	Bool	120.5	false	False	True	True	True	False		Warehouse material information (0: with material; 1: without material)
StoreWpExistInfo[7]	Bool	120.6	false	False	True	True	True	False		Warehouse material information (0: with material; 1: without material)
StoreWpExistInfo[8]	Bool	120.7	false	False	True	True	True	False		Warehouse material information (0: with material; 1: without material)

CON´D

Variable name	Data Type	Offset	Starting value	Hold	Accessible from HMI/ OPC UA	Writable from HMI/ OPC UA	On HMI Visible in engineering configuration	Set value	Moni-toring	Notes
StoreWpExistInfo[9]	Bool	121.0	false	False	True	True	True	False		Warehouse material information (0: with material; 1: without material)
StoreWpExistInfo[10]	Bool	121.1	false	False	True	True	True	False		Warehouse material information (0: with material; 1: without material)
StoreWpExistInfo[11]	Bool	121.2	false	False	True	True	True	False		Warehouse material information (0: with material; 1: without material)
StoreWpExistInfo[12]	Bool	121.3	false	False	True	True	True	False		Warehouse material information (0: with material; 1: without material)
StoreWpExistInfo[13]	Bool	121.4	false	False	True	True	True	False		Warehouse material information (0: with material; 1: without material)
StoreWpExistInfo[14]	Bool	121.5	false	False	True	True	True	False		Warehouse material information (0: with material; 1: without material)

CON´D

Variable name	Data Type	Offset	Starting value	Hold	Accessible from HMI/ OPC UA	Writable from HMI/ OPC UA	On HMI Visible in engineering configuration	Set value	Moni-toring	Notes
StoreWpExistInfo[15]	Bool	121.6	false	False	True	True	True	False		Warehouse material information (0: with material; 1: without material)
StoreWpExistInfo[16]	Bool	121.7	false	False	True	True	True	False		Warehouse material information (0: with material; 1: without material)
StoreWpExistInfo[17]	Bool	122.0	false	False	True	True	True	False		Warehouse material information (0: with material; 1: without material)
StoreWpExistInfo[18]	Bool	122.1	false	False	True	True	True	False		Warehouse material information (0: with material; 1: without material)
StoreWpExistInfo[19]	Bool	122.2	false	False	True	True	True	False		Warehouse material information (0: with material; 1: without material)
StoreWpExistInfo[20]	Bool	122.3	false	False	True	True	True	False		Warehouse material information (0: with material; 1: without material)

CON´D

Variable name	Data Type	Offset	Starting value	Hold	Accessible from HMI/ OPC UA	Writable from HMI/ OPC UA	On HMI Visible in engineering configuration	Set value	Moni-toring	Notes
StoreWpExistInfo[21]	Bool	122.4	false	False	True	True	True	False		Warehouse material information (0: with material; 1: without material)
StoreWpExistInfo[22]	Bool	122.5	false	False	True	True	True	False		Warehouse material information (0: with material; 1: without material)
StoreWpExistInfo[23]	Bool	122.6	false	False	True	True	True	False		Warehouse material information (0: with material; 1: without material)
StoreWpExistInfo[24]	Bool	122.7	false	False	True	True	True	False		Warehouse material information (0: with material; 1: without material)
StoreWpExistInfo[25]	Bool	123.0	false	False	True	True	True	False		Warehouse material information (0: with material; 1: without material)
StoreWpExistInfo[26]	Bool	123.1	false	False	True	True	True	False		Warehouse material information (0: with material; 1: without material)

CON´D

Variable name	Data Type	Offset	Starting value	Hold	Accessible from HMI/ OPC UA	Writable from HMI/ OPC UA	On HMI Visible in engineering configuration	Set value	Moni-toring	Notes
StoreWpExistInfo[27]	Bool	123.2	false	False	True	True	True	False		Warehouse material information (0: with material; 1: without material)
StoreWpExistInfo[28]	Bool	123.3	false	False	True	True	True	False		Warehouse material information (0: with material; 1: without material)
StoreWpExistInfo[29]	Bool	123.4	false	False	True	True	True	False		Warehouse material information (0: with material; 1: without material)
StoreWpExistInfo[30]	Bool	123.5	false	False	True	True	True	False		Warehouse material information (0: with material; 1: without material)
StoreWpExistInfo[31]	Bool	123.6	false	False	True	True	True	False		Warehouse material information (0: with material; 1: without material)
StoreWpExistInfo[32]	Bool	123.7	false	False	True	True	True	False		Warehouse material information (0: with material; 1: without material)

CON´D

Variable name	Data Type	Offset	Starting value	Hold	Accessible from HMI/ OPC UA	Writable from HMI/ OPC UA	On HMI Visible in engineering configuration	Set value	Moni-toring	Notes
▼StartToMes	Array [1.. 3] ofWord	124.0		False	True	True	True	False		
StartToMes[1]	Word	124.0	16#0	False	True	True	True	False		Robot start feedback signal
StartToMes[2]	Word	126.0	16#0	False	True	True	True	False		
StartToMes[3]	Word	128.0	16#0	False	True	True	True	False		
▼LatAndCncState	Struct	130.0		False	True	True	True	False		Machine tool door and fixture state
LatheDoorClose	Bool	130.0	false	False	True	True	True	False		
LatheDoorOpen	Bool	130.1	false	False	True	True	True	False		
LatheChuckState	Bool	130.2	false	False	True	True	True	False		
ReserveBool_1	Bool	130.3	false	False	True	True	True	False		
ReserveBool_2	Bool	130.4	false	False	True	True	True	False		
ReserveBool_3	Bool	130.5	false	False	True	True	True	False		
ReserveBool_4	Bool	130.6	false	False	True	True	True	False		
ReserveBool_5	Bool	130.7	false	False	True	True	True	False		
ReserveWord_1	Byte	131.0	16#0	False	True	True	True	False		
CncDoorClose	Bool	132.0	false	False	True	True	True	False		

CON´D

Variable name	Data Type	Offset	Starting value	Hold	Accessible from HMI/ OPC UA	Writable from HMI/ OPC UA	On HMI Visible in engineering configuration	Set value	Moni-toring	Notes
CncDoorOpen	Bool	132.1	false	False	True	True	True	False		
CncChuckState	Bool	132.2	false	False	True	True	True	False		
CncChuck2State	Bool	132.3	false	False	True	True	True	False		
ReserveBool_7	Bool	132.4	false	False	True	True	True	False		
ReserveBool_8	Bool	132.5	false	False	True	True	True	False		
ReserveBool_9	Bool	132.6	false	False	True	True	True	False		
ReserveBool_10	Bool	132.7	false	False	True	True	True	False		
ReserveWord_2	Byte	133.0	16#0	False	True	True	True	False		
▼CNCt5date_get	Array [1.. 3] ofWord	134.0		False	True	True	True	False		
CNCt5date_get[1]	Word	134.0	16#0	False	True	True	True	False		Request measuring head information
CNCt5date_get[2]	Word	136.0	16#0	False	True	True	True	False		
CNCt5date_get[3]	Word	138.0	16#0	False	True	True	True	False		

CON´D

Variable name	Data Type	Offset	Starting value	Hold	Accessible from HMI/ OPC UA	Writable from HMI/ OPC UA	On HMI Visible in engineering configuration	Set value	Moni-toring	Notes
▼StoreInfoDetail	Array [1..30] of"Struct_WpSta	140.0		False	True	True	True	False		MES warehouse information
▼StoreInfoDetail[1]	"Struct_WpState"	140.0		False	True	True	True	False		MES warehouse information
iNumName	Int	140.0	0	False	True	True	True	False		
iWpType	Int	142.0	0	False	True	True	True	False		
iMaterialQuality	Int	144.0	0	False	True	True	True	False		
iCurrentState	Int	146.0	0	False	True	True	True	False		0–no workpiece 1–blank 2–in machining 3–qualified 4–disqualified 5–used out in lathing 6 used out in milling
▼StoreInfoDetail[2]	"Struct_WpState"	148.0~154.0		False	True	True	True	False		MES warehouse information

CON´D

Variable name	Data Type	Offset	Starting value	Hold	Accessible from HMI/ OPC UA	Writable from HMI/ OPC UA	On HMI Visible in engineering configuration	Set value	Moni-toring	Notes
▼StoreInfoDetail[3]	"Struct _W pState"	156.0~ 162.0		False	True	True	True	False		MES warehouse information
▼StoreInfoDetail[4]	"Struct _W pState"	164.0~ 170.0		False	True	True	True	False		MES warehouse information
▼StoreInfoDetail[5]	"Struct _W pState"	172.0~ 178.0		False	True	True	True	False		MES warehouse information
▼StoreInfoDetail[6] ~StoreInfoDetail[10]	"Struct _W pState"	180.0~ 218.0		False	True	True	True	False		MES warehouse information
▼StoreInfoDetail[11] ~StoreInfoDetail[20]	"Struct _W pState"	220.0~ 298.0		False	True	True	True	False		MES warehouse information
▼StoreInfoDetail[21] StoreInfoDetail[30]	"Struct _W pState"	300.0~ 378.0		False	True	True	True	False		MES warehouse information

CON´D

Variable name	Data Type	Offset	Starting value	Hold	Accessible from HMI/ OPC UA	Writable from HMI/ OPC UA	On HMI Visible in engineering configuration	Set value	Moni-toring	Notes
▼CNCt5date	Array[1- 5]ofReal	380.0		False	False	False	False	False		
CNCt5date[1]	Real	380.0	0.0	False	False	False	False	False		
CNCt5date[2]	Real	384.0	0.0	False	False	False	False	False		
CNCt5date[3]	Real	388.0	0.0	False	False	False	False	False		
CNCt5date[4]	Real	392.0	0.0	False	False	False	False	False		
CNCt5date[5]	Real	396.0	0.0	False	False	False	False	False		

Annexed Table 3 List of Industrial Robot Variables

Variable name	Data Type	Offset	Starting value	Hold	Accessible from HMI/OPC UA	Writable from HMI/OPC UA	On HMI Visible in engineering configuration	Set value	Moni-toring	Notes
▼Static										
RbtControlCmd	Int	0.0	0	False	True	True	True	False		Robot control word
RbtTeachNo	Int	2.0	0	False	True	True	True	False		Teaching number
RfidRWDone	Int	4.0	0	False	True	True	True	False		RFID read and write complete
Reserved_1	Int	6.0	0	False	True	True	True	False		
WpType	Int	8.0	0	False	True	True	True	False		1 upper plate, 2 lower plate, 3 connecting shaft 35, 4 intermediate shaft 68
Reserved_2	Int	10.0	0	False	True	True	True	False		
StoreRow	Int	12.0	0	False	True	True	True	False		Warehouse line number
StoreColn	Int	14.0	0	False	True	True	True	False		Warehouse row number
LatheChuckState	Int	16.0	0	False	True	True	True	False		Lathe chuck state 0 closed 1 open
CncChuckState	Int	18.0	0	False	True	True	True	False		Milling machine chuck state 0 closed 1 open
LatheSafe	Int	20.0	0	False	True	True	True	False		Lathe feeding safety
CncSafe	Int	22.0	0	False	True	True	True	False		Machining center feeding safety
Reserved_3	Int	24.0	0	False	True	True	True	False		

CON´D

Variable name	Data Type	Offset	Starting value	Hold	Accessible from HMI/OPC UA	Writable from HMI/OPC UA	On HMI Visible in engineering configuration	Set value	Moni-toring	Notes
Reserved_4	Int	26.0	0	False	True	True	True	False		
RfidReadOrWrite	Int	28.0	0	False	True	True	True	False		RFiD read 11 write 22
RbtRemoteCmd	Int	30.0	0	False	True	True	True	False		1=suspend 2=start 4= clear alarm
RbtCurrentState	Int	32.0	0	False	True	True	True	False		Robot status word 100=idle 200=busy
RfidRWReady	Int	34.0	0	False	True	True	True	False		RFID warehouse scanning write all complete 22
Reserved_5	Int	36.0	0	False	True	True	True	False		
Reserved_6	Int	38.0	0	False	True	True	True	False		
Reserved_7	Int	40.0	0	False	True	True	True	False		
RbtCurRow	Int	42.0	0	False	True	True	True	False		Robot reached warehouse line (RFID use)
RbtCurColn	Int	44.0	0	False	True	True	True	False		Robot reached warehouse row (RFID use)
LatheChuckOpt	Int	46.0	0	False	True	True	True	False		Lathe chuck 1 open/0 closed
CncChuckOpt	Int	48.0	0	False	True	True	True	False		CNC chuck 100 open/0 closed
Reserved_8	Int	50.0	0	False	True	True	True	False		

CON´D

Variable name	Data Type	Offset	Starting value	Hold	Accessible from HMI/ OPC UA	Writable from HMI/ OPC UA	On HMI Visible in engineering configuration	Set value	Moni- toring	Notes
Reserved_9	Int	52.0	0	False	True	True	True	False		
Reserved_10	Int	54.0	0	False	True	True	True	False		
Reserved_11	Int	56.0	0	False	True	True	True	False		
Reserved_12	Int	58.0	0	False	True	True	True	False		
Reserved_13	Int	60.0	0	False	True	True	True	False		
Reserved_14	Int	62.0	0	False	True	True	True	False		
Axis1	Real	64.0	0.0	False	True	True	True	False		
Axis2	Real	68.0	0.0	False	True	True	True	False		
Axis3	Real	72.0	0.0	False	True	True	True	False		
Axis4	Real	76.0	0.0	False	True	True	True	False		
Axis5	Real	80.0	0.0	False	True	True	True	False		
Axis6	Real	84.0	0.0	False	True	True	True	False		
Axis7	Real	88.0	0.0	False	True	True	True	False		
X	Real	92.0	0.0	False	True	True	True	False		Not required
Y	Real	96.0	0.0	False	True	True	True	False		Not required
Z	Real	100.0	0.0	False	True	True	True	False		Not required
A	Real	104.0	0.0	False	True	True	True	False		Not required
B	Real	108.0	0.0	False	True	True	True	False		Not required

CON´D

Variable name	Data Type	Offset	Starting value	Hold	Accessible from HMI/ OPC UA	Writable from HMI/ OPC UA	On HMI Visible in engineering configuration	Set value	Moni-toring	Notes
C	Real	112.0	0.0	False	True	True	True	False		Not required
Mode	Real	116.0	0.0	False	True	True	True	False		Not required
Speed	Real	120.0	0.0	False	True	True	True	False		Not required
Reserve	Real	124.0	0.0	False	True	True	True	False		Not required

Annexed Table 4 List of MES Function Block Variables

Name	Data Type	Offse	Starting value	Hold	From HMI/OPC UA access	From HIM/OPC UA write	On HMI Visible in engineering configuration	Set value	Monitoring
▼Input									
MesCmdAddr	Word	16#0	Non-holding	True	True	True	False		
Rst	Bool	false	Non-holding	True	True	True	False		
▼Output									
ERROR	Bool	false	Non-holding	True	True	True	False		
▼InOut									
PlcReplyAddr	Word	16#0	Non-holding	True	True	True	False		
▼Static									
▼IEC_Timer_0_Instance		TON_	Non-holding	True	True	True	False		
		TIME							
PT	Time	T#0ms	Non-holding	True	True	True	False		
ET	Time	T#0ms	Non-holding	True	False	True	False		
IN	Bool	false	Non-holding	True	True	True	False		
Q	Bool	false	Non-holding	True	False	True	False		
▼MB_SERVER_Instance	MB_			True	True	True	False		
		SERVER							
▼Input									
DISCONNECT	Bool	false	Non-holding	True	True	True	False		

CON´D

Name	Data Type	Offse	Starting value	Hold	From HMI/OPC UA access	From HIM/OPC UA write	On HMI Visible in engineering configuration	Set value	Monitoring
CONNECT_ID	UInt	1	Non-holding	True	True	True	False		
IP_PORT	UInt	502	Non-holding	True	True	True	False		
▼Output									
NDR	Bool	false	Non-holding	True	True	True	False		
DR	Bool	false	Non-holding	True	True	True	False		
ERROR	Bool	false	Non-holding	True	True	True	False		
STATUS	Word	16#0	Non-holding	True	True	True	False		
▼InOut									
MB_HOLD_REG	Variant			False	False	False	False		
▼Static									
▼TCON_SFB	TCON			False	False	False	False		
▼Input									
REQ	Bool	False	Non-holding	False	False	False	False		Function to be executed on risin gedge
ID	CONN_ OUC	W#16#0	Non-holding	False	False	False	False		Connection identifier
▼Output									
DONE	Bool	False	Non-holding	False	False	False	False		Function completed

CON´D

Name	Data Type	Offse	Starting value	Hold	From HMI/OPC UA access	From HIM/OPC UA write	On HMI Visible in engineering configuration	Set value	Monitoring
BUSY	Bool	False	Non–holding	False	False	False	False		Functionbusy
ERROR	Bool	False	Non–holding	False	False	False	False		Errordetected
STATUS	Word	16#0	Non–holding	False	False	False	False		Functionresult/errormes–sage
▼InOut									
CONNECT	TCON_ Param			False	False	False	False		Connectiondescriptionas UDT65ofS 7classic
Static									
▼TDISCON_SFB	TDISCON			False	False	False	False		
▼Input									
REQ	Bool	False	Non–holding	False	False	False	False		Functiontobeexecutedonrisin gedge
ID	CONN_ OUC	W#16#0	Non–holding	False	False	False	False		Connectionidentifier
▼Output									
DONE	Bool	False	Non–holding	False	False	False	False		Functionperformed
BUSY	Bool	False	Non–holding	False	False	False	False		Functionbusy
ERROR	Bool	False	Non–holding	False	False	False	False		Errordetected
STATUS	Word	W#16 #7000	Non–holding	False	False	False	False		Functionresult/errormes–sage

Name	Data Type	Offse	Starting value	Hold	From HMI/OPC UA access	From HIM/OPC UA write	On HMI Visible in engineering configuration	Set value	Monitoring
InOut									
Static									
▼TSEND_SFB	TSEND			False	False	False	False		
▼Input									
REQ	Bool	False	Non–holding	False	False	False	False		Functiontobeexecutedonrisin gedge
ID	CONN_ OUC	W#16#0	Non–holding	False	False	False	False		Connectionidentifier
LEN	UInt	0	Non–holding	False	False	False	False		Datalengthtosend
▼Output									
DONE	Bool	False	Non–holding	False	False	False	False		Sendperformed
BUSY	Bool	False	Non–holding	False	False	False	False		Functionbusy
ERROR	Bool	False	Non–holding	False	False	False	False		Errordetected
STATUS	Word	16#0	Non–holding	False	False	False	False		Functionresult/errormes–sage
▼InOut									
DATA	Variant			False	False	False	False		Pointerondataareatosend
ADDR	TADDR_ Param			False	False	False	False		Pointeronaddressofreceiv–er

CON´D

CON´D

Name	Data Type	Offse	Starting value	Hold	From HMI/OPC UA access	From HIM/OPC UA write	On HMI Visible in engineering configuration	Set value	Monitoring
Static									
▼TRCV_SFB	TRCV			False	False	False	False		
▼Input									
EN_R	Bool	False	Non–holding	False	False	False	False		EN_R=1:functionenabled
ID	CONN_ OUC	W#16#0	Non–holding	False	False	False	False		Connectionidentifier
LEN	UInt	0	Non–holding	False	False	False	False		Datalengthtoreceive
▼Output									
NDR	Bool	False	Non–holding	False	False	False	False		Newdatareceived
BUSY	Bool	False	Non–holding	False	False	False	False		Functionbusy
ERROR	Bool	False	Non–holding	False	False	False	False		Errordetected
STATUS	Word	16#0	Non–holding	False	False	False	False		Functionresult/errormes–sage
RCVD_LEN	UInt	0	Non–holding	False	False	False	False		Lengthofreceiveddata
▼InOut									
DATA	Variant			False	False	False	False		Pointeronareatoreceiveddata
ADDR	TADDR_Par			False	False	False	False		Addressofsender
Static									
▼TCON_Param	TCON_ Param		Non–holding	False	False	False	False		

CON´D

Name	Data Type	Offse	Starting value	Hold	From HMI/OPC UA access	From HIM/OPC UA write	On HMI Visible in engineering configuration	Set value	Monitoring
BLOCK_LENGTH	UInt	64	Non–holding	False	False	False	False		bytelengthofSDT
ID	CONN_OUC	1	Non–holding	False	False	False	False		referencetotheconnection
CONNECTION_TYPE	USInt	17	Non–holding	False	False	False	False		17:TCP/IP,18:ISOonTCP,19:UDP
ACTIVE_EST	Bool	false	Non–holding	False	False	False	False		active/passiveconnectionestablishment
LOCAL_DEVICE_ID	USInt	1	Non–holding	False	False	False	False		1:localIEinterface
LOCAL_TSAP_ID_LEN	USInt	2	Non–holding	False	False	False	False		bytelengthoflocalTSAPid/portnumber
REM_SUBNET_ID_LEN	USInt	0	Non–holding	False	False	False	False		bytelengthofremotesub–netid
REM_STADDR_LEN	USInt	0	Non–holding	False	False	False	False		bytelengthofremoteIPad–dress
REM_TSAP_ID_LEN	USInt	0	Non–holding	False	False	False	False		bytelengthofremoteport/TSAPid
NEXT_STADDR_LEN	USInt	0	Non–holding	False	False	False	False		bytelengthofnextstationaddress
▼LOCAL_TSAP_ID	Array[1..16] ofByte		Non–holding	False	False	False	False		TSAPid/localportnumber
LOCAL_TSAP_ID[1]	Byte	16#0	Non–holding	False	False	False	False		TSAPid/localportnumber

CON´D

Name	Data Type	Offse	Starting value	Hold	From HMI/OPC UA access	From HIM/OPC UA write	On HMI Visible in engineering configuration	Set value	Monitoring
LOCAL_TSAP_ID[2]	Byte	16#0	Non-holding	False	False	False	False		TSAPid/localportnumber
LOCAL_TSAP_ID[3]	Byte	16#0	Non-holding	False	False	False	False		TSAPid/localportnumber
LOCAL_TSAP_ID[4]	Byte	16#0	Non-holding	False	False	False	False		TSAPid/localportnumber
LOCAL_TSAP_ID[5]	Byte	16#0	Non-holding	False	False	False	False		TSAPid/localportnumber
LOCAL_TSAP_ID[6]	Byte	16#0	Non-holding	False	False	False	False		TSAPid/localportnumber
LOCAL_TSAP_ID[7]	Byte	16#0	Non-holding	False	False	False	False		TSAPid/localportnumber
LOCAL_TSAP_ID[8]	Byte	16#0	Non-holding	False	False	False	False		TSAPid/localportnumber
LOCAL_TSAP_ID[9]	Byte	16#0	Non-holding	False	False	False	False		TSAPid/localportnumber
LO-CAL_TSAP_ID[10]	Byte	16#0	Non-holding	False	False	False	False		TSAPid/localportnumber
LO-CAL_TSAP_ID[11]	Byte	16#0	Non-holding	False	False	False	False		TSAPid/localportnumber
LO-CAL_TSAP_ID[12]	Byte	16#0	Non-holding	False	False	False	False		TSAPid/localportnumber
LO-CAL_TSAP_ID[13]	Byte	16#0	Non-holding	False	False	False	False		TSAPid/localportnumber
LO-CAL_TSAP_ID[14]	Byte	16#0	Non-holding	False	False	False	False		TSAPid/localportnumber
LO-CAL_TSAP_ID[15]	Byte	16#0	Non-holding	False	False	False	False		TSAPid/localportnumber
LO-CAL_TSAP_ID[16]	Byte	16#0	Non-holding	False	False	False	False		TSAPid/localportnumber
▼REM_SUBNET_ID	Array[1..6]		Non-holding	False	False	False	False		remotesubnetid
	ofUSInt								

CON′D

Name	Data Type	Offse	Starting value	Hold	From HMI/OPC UA access	From HIM/OPC UA write	On HMI Visible in engineering configuration	Set value	Monitoring
REM_SUB-NET_ID[1]	USInt	0	Non-holding	False	False	False	False		remotesubnetid
REM_SUB-NET_ID[2]	USInt	0	Non-holding	False	False	False	False		remotesubnetid
REM_SUB-NET_ID[3]	USInt	0	Non-holding	False	False	False	False		remotesubnetid
REM_SUB-NET_ID[4]	USInt	0	Non-holding	False	False	False	False		remotesubnetid
REM_SUB-NET_ID[5]	USInt	0	Non-holding	False	False	False	False		remotesubnetid
REM_SUB-NET_ID[6]	USInt	0	Non-holding	False	False	False	False		remotesubnetid
▼REM_STADDR	Array[1..6] ofUSInt		Non-holding	False	False	False	False		remoteIPaddress
REM_STADDR[1]	USInt	0	Non-holding	False	False	False	False		remoteIPaddress
REM_STADDR[2]	USInt	0	Non-holding	False	False	False	False		remoteIPaddress
REM_STADDR[3]	USInt	0	Non-holding	False	False	False	False		remoteIPaddress
REM_STADDR[4]	USInt	0	Non-holding	False	False	False	False		remoteIPaddress
REM_STADDR[5]	USInt	0	Non-holding	False	False	False	False		remoteIPaddress
REM_STADDR[6]	USInt	0	Non-holding	False	False	False	False		remoteIPaddress
▼REM_TSAP_ID	Array[1..16] ofByte		Non-holding	False	False	False	False		TSAPid/remoteportnumber
REM_TSAP_ID[1]	Byte	16#0	Non-holding	False	False	False	False		TSAPid/remoteportnumber
REM_TSAP_ID[2]	Byte	16#0	Non-holding	False	False	False	False		TSAPid/remoteportnumber

CON´D

Name	Data Type	Offse	Starting value	Hold	From HMI/OPC UA access	From HIM/OPC UA write	On HMI Visible in engineering configuration	Set value	Monitoring
REM_TSAP_ID[3]	Byte	16#0	Non–holding	False	False	False	False		TSAPid/remoteportnumber
REM_TSAP_ID[4]	Byte	16#0	Non–holding	False	False	False	False		TSAPid/remoteportnumber
REM_TSAP_ID[5]	Byte	16#0	Non–holding	False	False	False	False		TSAPid/remoteportnumber
REM_TSAP_ID[6]	Byte	16#0	Non–holding	False	False	False	False		TSAPid/remoteportnumber
REM_TSAP_ID[7]	Byte	16#0	Non–holding	False	False	False	False		TSAPid/remoteportnumber
REM_TSAP_ID[8]	Byte	16#0	Non–holding	False	False	False	False		TSAPid/remoteportnumber
REM_TSAP_ID[9]	Byte	16#0	Non–holding	False	False	False	False		TSAPid/remoteportnumber
REM_TSAP_ID[10]	Byte	16#0	Non–holding	False	False	False	False		TSAPid/remoteportnumber
REM_TSAP_ID[11]	Byte	16#0	Non–holding	False	False	False	False		TSAPid/remoteportnumber
REM_TSAP_ID[12]	Byte	16#0	Non–holding	False	False	False	False		TSAPid/remoteportnumber
REM_TSAP_ID[13]	Byte	16#0	Non–holding	False	False	False	False		TSAPid/remoteportnumber
REM_TSAP_ID[14]	Byte	16#0	Non–holding	False	False	False	False		TSAPid/remoteportnumber
REM_TSAP_ID[15]	Byte	16#0	Non–holding	False	False	False	False		TSAPid/remoteportnumber
REM_TSAP_ID[16]	Byte	16#0	Non–holding	False	False	False	False		TSAPid/remoteportnumber
▼NEXT_STADDR	Array[1..6] ofByte		Non–holding	False	False	False	False		nextstationaddress
NEXT_STADDR[1]	Byte	16#0	Non–holding	False	False	False	False		nextstationaddress
NEXT_STADDR[2]	Byte	16#0	Non–holding	False	False	False	False		nextstationaddress

CON´D

Name	Data Type	Offse	Starting value	Hold	From HMI/OPC UA access	From HIM/OPC UA write	On HMI Visible in engineering configuration	Set value	Monitoring
NEXT_STADDR[3]	Byte	16#0	Non–holding	False	False	False	False		nextstationaddress
NEXT_STADDR[4]	Byte	16#0	Non–holding	False	False	False	False		nextstationaddress
NEXT_STADDR[5]	Byte	16#0	Non–holding	False	False	False	False		nextstationaddress
NEXT_STADDR[6]	Byte	16#0	Non–holding	False	False	False	False		nextstationaddress
SPARE	Word	16#0	Non–holding	False	False	False	False		reserved
MB_State	UInt	0	Non–holding	True	True	True	False		
Request_Count	UInt	0	Non–holding	True	True	True	False		
Server_Message_Cou	UInt	0	Non–holding	True	True	True	False		
Xmt_Rcv_Count	UInt	0	Non–holding	True	True	True	False		
Exception_Count	UInt	0	Non–holding	True	True	True	False		
Success_Count	UInt	0	Non–holding	True	True	True	False		
SL_Status_Hold	UInt	0	Non–holding	False	False	False	False		
HR_Start_Offset	UInt	0	Non–holding	True	True	True	False		
Init_OK	Bool	false	Non–holding	False	False	False	False		
SL_Error_State	Bool	false	Non–holding	False	False	False	False		
Connected	Bool	false	Non–holding	True	True	True	False		
XMT_Set_NDR	Bool	false	Non–holding	False	False	False	False		
XMT_Set_DR	Bool	false	Non–holding	False	False	False	False		

CON´D

Name	Data Type	Offse	Starting value	Hold	From HMI/OPC UA access	From HIM/OPC UA write	On HMI Visible in engineering configuration	Set value	Monitoring
STATE	UInt	0	Non-holding	True	True	True	False		
▼MesCmdExchange_ Instance	"MesCmd Ex-change"			True	True	True	False		
▼Input									
Rst	Bool	false	Non-holding	True	True	True	False		Reset program block, interrupt with MES command interaction
Continue	Bool	false	Non-holding	True	True	True	False		After the external machining is completed, the signal setting will continue to receive the specified MES command
MesCmdAddr	Word	16#0	Non-holding	True	True	True	False		Address of PLC receiving command from MES
WaitCmdWord	Word	16#0	Non-holding	True	True	True	False		MES command number to be processed by the block
▼Output									
Done	Bool	false	Non-holding	True	True	True	False		MES command interaction completion signal

CON´D

Name	Data Type	Offse	Starting value	Hold	From HMI/OPC UA access	From HIM/OPC UA write	On HMI Visible in engineering configuration	Set value	Monitoring
▼InOut									
PlcReplyAddr	Word	16#0	Non-holding	True	True	True	False		Address of PLC response to MES command
▼Static									
StepRecord	Int	0	Non-holding	True	True	True	False		
Trig_1	Bool	false	Non-holding	True	True	True	False		
▼MesCmdExchange_ Instance_	"MesCmd Ex-change"			True	True	True	False		
▼Input									
Rst	Bool	false	Non-holding	True	True	True	False		Reset program block, interrupt with MES command interaction
Continue	Bool	false	Non-holding	True	True	True	False		After the external machining is completed, the signal setting will continue to receive the specified MES command
MesCmdAddr	Word	16#0	Non-holding	True	True	True	False		Address of PLC receiving command from MES

CON´D

Name	Data Type	Offse	Starting value	Hold	From HMI/OPC UA access	From HIM/OPC UA write	On HMI Visible in engineering configuration	Set value	Monitoring
WaitCmdWord	Word	16#0	Non-holding	True	True	True	False		MES command number to be processed by the block
▼Output									
Done	Bool	false	Non-holding	True	True	True	False		MES command interaction completion signal
▼InOut									
PlcReplyAddr	Word	16#0	Non-holding	True	True	True	False		Address of PLC response to MES command
▼Static									
StepRecord	Int	0	Non-holding	True	True	True	False		
Trig_1	Bool	false	Non-holding	True	True	True	False		
▼MesCmdExchange_Instance_	"MesCmd Ex-change"			True	True	True	False		
▼Input									
Rst	Bool	false	Non-holding	True	True	True	False		Reset program block, interrupt with MES command interaction

CON´D

Name	Data Type	Offse	Starting value	Hold	From HMI/OPC UA access	From HIM/OPC UA write	On HMI Visible in engineering configuration	Set value	Monitoring
Continue	Bool	false	Non–holding	True	True	True	False		After the external machining is completed, the signal setting will continue to receive the specified MES command
MesCmdAddr	Word	16#0	Non–holding	True	True	True	False		Address of PLC receiving command from MES
WaitCmdWord	Word	16#0	Non–holding	True	True	True	False		MES command number to be processed by the block
▼Output									
Done	Bool	false	Non–holding	True	True	True	False		MES command interaction completion signal
▼InOut									
PlcReplyAddr	Word	16#0	Non–holding	True	True	True	False		Address of PLC response to MES command
▼Static									
StepRecord	Int	0	Non–holding	True	True	True	False		
Trig_1	Bool	false	Non–holding	True	True	True	False		
Temp									
Constant									

Annexed Table 5 List of RFID Function Block Variables

Name	Data Type	Default value	Hold	Accessible from HMI/ OPC UA	Writable from HMI/ OPC UA	Visible in HMI engineering configuration	Set value	Moni toring	Notes
Input									
Output									
InOut									
▼Static									
StorePosition	Int	0	Non-holding	True	True	True	False		
▼PlcCmdExchange_	"PlcCmdEx-			True	True	True	False		
Instance	change"								
▼Input									
Start	Bool	false	Non-holding	True	True	True	False		Start sending command to MES, which needs to prepare command parameters in advance
Rst	Bool	false	Non-holding	True	True	True	False		Reset program block, interrupt with MES command interaction
MesReplyAddr	Word	16#0	Non-holding	True	True	True	False		Current address that MES responds to PLC command
PlcCmdWord	Word	16#0	Non-holding	True	True	True	False		Command number that the PLC sends to MES under user control

CON´D

Name	Data Type	Default value	Hold	Accessible from HMI/ OPC UA	Writable from HMI/ OPC UA	Visible in HMI engineering configuration	Set value	Moni toring	Notes
Continue	Bool	false	Non-holding	True	True	True	False		Response continue input signal upon completion of user processing
▼Output									
Done	Bool	false	Non-holding	True	True	True	False		PLC command interaction complete
▼InOut									
PlcCmdAddr	Word	16#0	Non-holding	True	True	True	False		Address that PLC sends commands to MES
▼Static									
CurrentPlcCmd	Word	16#0	Non-holding	True	True	True	False		
StepRecord	Int	0	Non-holding	True	True	True	False		
Trig_1	Bool	false	Non-holding	True	True	True	False		
▼									
PlcCmdExchange_ Instance_1	"PlcCmdEx-change"			True	True	True	False		
▼Input									

CON´D

Name	Data Type	Default value	Hold	Accessible from HMI/ OPC UA	Writable from HMI/ OPC UA	Visible in HMI engineering configuration	Set value	Moni toring	Notes
Start	Bool	false	Non-holding	True	True	True	False		Start sending command to MES, which needs to prepare command parameters in advance
Rst	Bool	false	Non-holding	True	True	True	False		Reset program block, interrupt with MES command interaction
MesReplyAddr	Word	16#0	Non-holding	True	True	True	False		Current address that MES responds to PLC command
PlcCmdWord	Word	16#0	Non-holding	True	True	True	False		Command number that the PLC sends to MES under user control
Continue	Bool	false	Non-holding	True	True	True	False		Response continue input signal upon completion of user processing
▼Output									
Done	Bool	false	Non-holding	True	True	True	False		PLC command interaction complete

CON´D

Name	Data Type	Default value	Hold	Accessible from HMI/ OPC UA	Writable from HMI/ OPC UA	Visible in HMI engineering configuration	Set value	Moni toring	Notes
▼InOut									
PlcCmdAddr	Word	16#0	Non–holding	True	True	True	False		Address that PLC sends commands to MES
▼Static									
CurrentPlcCmd	Word	16#0	Non–holding	True	True	True	False		
StepRecord	Int	0	Non–holding	True	True	True	False		
Trig_1	Bool	false	Non–holding	True	True	True	False		
▼RFID manual_ Instance	"RFID manual"			True	True	True	False		
Input									
Output									
InOut									
▼Static									
Step	Int	0	Non–holding	True	True	True	False		
posEx	Int	0	Non–holding	True	True	True	False		
▼GetRowColnBy Position_Instance	"GetRow ColnBy–			True	True	True	False		
▼Input									
Position	Int	0	Non–holding	False	False	False	False		

CON´D

Name	Data Type	Default value	Hold	Accessible from HMI/ OPC UA	Writable from HMI/ OPC UA	Visible in HMI engineering configuration	Set value	Moni toring	Notes
▼Output									
Row	Int	0	Non-holding	False	False	False	False		
Coln	Int	0	Non-holding	False	False	False	False		
InOut									
▼Static									
date1	Int	0	Non-holding	True	True	True	False		
date2	Int	0	Non-holding	True	True	True	False		
date3	Int	0	Non-holding	True	True	True	False		
date4	Int	0	Non-holding	True	True	True	False		
▼									
IEC_Timer_0_Instance TON_TIME			Non-holding	True	True	True	False		
PT	Time	T#0ms	Non-holding	True	True	True	False		
ET	Time	T#0ms	Non-holding	True	False	True	False		
IN	Bool	false	Non-holding	True	True	True	False		
Q	Bool	false	Non-holding	True	False	True	False		
▼HMI warehouse scanning_Instance	"HMI scan"			True	True	True	False		

CON´D

Name	Data Type	Default value	Hold	Accessible from HMI/ OPC UA	Writable from HMI/ OPC UA	Visible in HMI engineering configuration	Set value	Moni toring	Notes
Input									
Output									
InOut									
▼Static									
Step	Int	0	Non–holding	True	True	True	False		
▼MES warehouse scanning_Instance	"MES warehouse scanning"			True	True	True	False		
Input									
Output									
InOut									
▼Static									
▼PlcCmdExchange_In–stance_1	"PlcCmdEx–change"			True	True	True	False		
▼Input									
Start	Bool	false	Non–holding	True	True	True	False		Start sending command to MES, which needs to prepare command parameters in advance

CON´D

Name	Data Type	Default value	Hold	Accessible from HMI/ OPC UA	Writable from HMI/ OPC UA	Visible in HMI engineering configuration	Set value	Moni toring	Notes
Rst	Bool	false	Non-holding	True	True	True	False		Reset program block, interrupt with MES command interaction
MesReplyAddr	Word	16#0	Non-holding	True	True	True	False		Current address that MES responds to PLC command
PlcCmdWord	Word	16#0	Non-holding	True	True	True	False		Command number that the PLC sends to MES under user control
Continue	Bool	false	Non-holding	True	True	True	False		Response continue input signal upon completion of user processing
▼Output									
Done	Bool	false	Non-holding	True	True	True	False		PLC command interaction complete
▼InOut									
PlcCmdAddr	Word	16#0	Non-holding	True	True	True	False		Address that PLC sends commands to MES

CON´D

Name	Data Type	Default value	Hold	Accessible from HMI/ OPC UA	Writable from HMI/ OPC UA	Visible in HMI engineering configuration	Set value	Moni toring	Notes
▼Static									
CurrentPlcCmd	Word	16#0	Non–holding	True	True	True	False		
StepRecord	Int	0	Non–holding	True	True	True	False		
Trig_1	Bool	false	Non–holding	True	True	True	False		
▼MesCmdExchange_ In–stance_1	"MesCmd Ex–change"			True	True	True	False		
▼Input									
Rst	Bool	false	Non–holding	True	True	True	False		Reset program block, interrupt with MES command interaction
Continue	Bool	false	Non–holding	True	True	True	False		After the external machining is completed, the signal setting will continue to receive the specified MES command
MesCmdAddr	Word	16#0	Non–holding	True	True	True	False		Address of PLC receiving command from MES
WaitCmdWord	Word	16#0	Non–holding	True	True	True	False		MES command number to be processed by the block

CON´D

Name	Data Type	Default value	Hold	Accessible from HMI/ OPC UA	Writable from HMI/ OPC UA	Visible in HMI engineering configuration	Set value	Moni toring	Notes
▼Output									
Done	Bool	false	Non-holding	True	True	True	False		MES command interaction completion signal
▼InOut									
PlcReplyAddr	Word	16#0	Non-holding	True	True	True	False		Address of PLC response to MES command
▼Static									
StepRecord	Int	0	Non-holding	True	True	True	False		
Trig_1	Bool	false	Non-holding	True	True	True	False		
Temp									
Constant									